建筑中的数学之旅（修订版）

[美] 亚力山大·J. 哈恩（Alexander J. Hahn） 著

李莉 译

Mathematical Excursions to the World's Great Buildings

人民邮电出版社
北京

图书在版编目（CIP）数据

建筑中的数学之旅 / (美) 亚力山大·J.哈恩
(Alexander J. Hahn) 著 ; 李莉译. -- 2版（修订版）
. -- 北京 : 人民邮电出版社, 2023.10
（图灵新知）
ISBN 978-7-115-62449-9

Ⅰ. ①建… Ⅱ. ①亚… ②李… Ⅲ. ①数学－应用－
建筑 Ⅳ. ①TU12

中国国家版本馆CIP数据核字(2023)第149059号

内 容 提 要

本书带领读者享受了一场世界最壮观的建筑物背后的数学之旅，探寻了人类感知形状和创造建筑的历史，分析了抽象的数学与现实的建筑之间的相互作用，探讨了建筑物的设计、结构和材料，特别是对穹顶、拱、柱子和梁进行了深入的数学分析。作者对人类不同时期的伟大建筑的建造过程、面临的挑战、如何运用数学知识解决建筑难题做出了详尽的描述，并讲解了建筑领域所运用的数学知识，包括几何学、向量及微积分基础知识等。本书还呈现了大量的建筑物历史资料图和建筑剖析图，使读者能够同时领略数学和建筑的魅力。

本书适合对数学与建筑及它们之间的关系感兴趣的读者阅读和参考。

◆ 著　　　[美] 亚力山大·J. 哈恩（Alexander J. Hahn）
　译　　　李　莉
　责任编辑　赵　轩
　责任印制　胡　南

◆ 人民邮电出版社出版发行　　北京市丰台区成寿寺路11号
　邮编　100164　　电子邮件　315@ptpress.com.cn
　网址　https://www.ptpress.com.cn
　三河市中晟雅豪印务有限公司印刷

◆ 开本：720×960　1/16　　　彩插：8
　印张：21　　　　　　　　2023年10月第2版
　字数：363千字　　　　　　2023年10月河北第1次印刷

著作权合同登记号　图字：01-2013-1130号

定价：79.80元

读者服务热线：(010)84084456-6009　印装质量热线：(010)81055316

反盗版热线：(010)81055315

广告经营许可证：京东市监广登字 20170147 号

版权声明

致 谢

本书得到了许多朋友和我在美国诺特丹大学的同事的帮助。尤其感谢我在数学系的同事，感谢他们多年来的支持。特别感谢数学家和前教务长 Timothy O'Meara，他阅读了本书早期版本的大量内容，提出了宝贵的修改意见。感谢哲学系的 Neil Delaney，与他之间关于弗兰克·盖里和圣地亚哥·卡拉特拉瓦的创造性建筑等内容的交谈让我获益良多，我们还有许多共同感兴趣的话题。还要感谢土木工程和地质科学系的 David Kirkner，他总是挤出宝贵时间回答我提出的结构工程方面的问题。我还要对建筑学院院长 Michael Lykoudis 道谢，是他激起了我对建筑的兴趣；还要感谢他的同事 Richard Bullene、Norman Crowe、Dennis Doordan、Richard Economakis、David Mayernik、John Stamper 和 Carroll Westfall，他们为本书提供了各种资料与信息。我还要向朋友及美国诺特丹大学 Kaneb 教育和学习中心的同事表示感谢，他们总是提醒我根据学生的学习体验而非讲解的好坏来评价教学质量。

特别感谢印第安纳大学布鲁明顿分校数学系的 Marc Frantz 对本书的积极回应。他的评论颇具批判性，却又总是言之有理，其深刻的建设性意见提高了本书中多处探讨的水准和科学性。还要感谢伯克利数学研究所特殊项目主任 Robert Osserman，他澄清了关于圣路易斯大拱门的一个观点。

还要衷心感谢普林斯顿大学出版社，尤其是本书编辑 Vickie Kearn 及其助手 Stefani Wexler 和 Quinn Fusting，以及制作编辑 Sara Lerner。他们总能快速做出回应，且做事极其专业，给了我很大的帮助和鼓舞。

非常感谢我的妻子 Marianne，感谢她的爱与支持，也感谢她在我撰写本书之时对我无尽的包容与理解。最后，感谢我的父亲 George Hahn 博士，感谢他以身作则并让我认识到信守承诺的重要性。

亚力山大·J. 哈恩

美国诺特丹大学数学系

2011 年 9 月

前　言

本书围绕两条历史叙事主线展开介绍。基本叙事主线主要集中在某些伟大建筑的建筑形式（几何学、对称性及比例）和结构（推力、负载、张力、挤压问题）上，其中涵盖了从埃及金字塔到 20 世纪的标志性建筑，比如雅典的帕提农神庙，圣索菲亚大教堂，久负盛名的清真寺，伟大的罗马式、哥特式及文艺复兴时期的大教堂，帕拉迪奥圆厅别墅，美国国会大厦，悉尼歌剧院，毕尔巴鄂的古根海姆博物馆，以及罗马的竞技场和万神殿。

第二条叙事主线从历史的角度逐步阐述当前的初等数学，包括欧几里得几何学的部分知识、三角学、向量的性质、二维和三维解析几何以及微积分基础知识。本书的目的就是将两条叙事主线交织在一起，展示它们是如何互相影响的。数学使人们对建筑的理解清晰化，而建筑则是应用抽象数学的舞台。为清晰起见，这两条叙事主线都围绕所论述的问题展开，而不是完全按照时间顺序安排。实际上，单从时间顺序上来看，人们对于互相影响的建筑和数学的理解并不对等（希腊几何学和建筑除外）。事实上，有可能阐明复杂结构的初等数学知识几乎总是超出当时建筑者的理解能力。

彩图 1（指书后彩图）拼贴了各种历史性建筑（均以同样的比例显示），给出了本书的快速导览。本书研究了图中的许多建筑，并特别对其穹顶、拱、柱子和梁进行了数学分析。

阅读本书，你需要具有高中基础数学的应用知识（如初等代数和一些几何学知识）和学习建筑学及相关词汇（如本书所附的术语表①所列）的兴趣。本书可按多种顺序阅读，而具体选择什么顺序在很大程度上受到你自身数学知识的影响。如果你不是特别擅长该学科，我的建议是耐心学习第 2 章中的欧几里得几何学、三角学的一些原理以及向量基础知识，持之以恒并深入研究一下。第 1 章、第 2 章、第 3 章

① 术语表见图灵社区本书页面上的“随书下载”。——编者注

和第 5 章将带你领略一些建筑知识。第 4 章将初步介绍一些基础数学以及二维、三维坐标系的知识。只要多点耐心，坚持不懈，掌握这些知识并非难事。相信你在学习本书前 6 章内容之时，可以享受一段美好的“旅程”。第 5 章中关于透视法的内容及第 6 章中与结构工程历史有关的内容专业性较强，但你可以先跳过，因为它们并不直接影响其他内容的学习。如果你希望有一次更具挑战性的数学学习之旅，可以先读完这两章的内容，然后全面学习第 7 章。第 7 章将带领你复习微积分基础知识，并将相关方法用在对穹顶和拱的分析中。本书的 7 章内容均以“问题和讨论”一节结束，里面的 200 多个问题和 18 个讨论大都关注细节，但有一些偏离主题，拓展了关注范围。若要轻松快速地阅读本书，你完全可以忽略它们。而对于其中一些具有挑战性的问题，使用本书的教师应谨慎取舍。

目　　录

第 1 章

人类的觉醒：感知形状与创造建筑

人类最早的祖先大约出现在 700 万年前，而人类种群也已存在了约 10 万年。这段时期的大部分时间内，人类的主要精力都放在获取食物和寻求遮蔽物上。他们居住在洞穴里，制造石头工具和武器，进行打猎并觅食。大约 1 万年前发生了一次重大转变。那时，约始于 6 万年前的冰河期已过去，覆盖现今欧亚大陆的冰原逐渐消退，被森林、平原和沙漠所替代。人类开始了解植物如何自然萌芽、生长，然后自己种植作物。随着时间的推移，他们从洞穴里走出来，建造自己的原始住所，以耕作为生。一些早期棚屋遗址显示它们是以松枝和骨头作为框架，覆盖兽皮建造而成。后来村庄逐渐形成，人类开始烘焙面包、酿造啤酒并储存食物。编织、陶器制作及手工艺发展起来，人们开始交换基本商品。字词被用来表达非常具体的事物，但语言的结构仍很简单。人们发现了铜，并开始冶炼青铜，将它们用于铸造工具和武器。几何图案被用来装饰陶器和编织品，而且这些图案还反映出一些数值关系。贸易活动不断向外辐射，人类的语言能力也随之提高。随着工艺的进步、食品产量的提高及商业的发展，人们日益需要口头及用符号表示“有多少”以及“多少钱”，因此终于出现了数字的概念。

随后，较大的社区发展起来。安纳托利亚高原（今土耳其境内）就发掘出过一个大量居所的聚集地，其入口位于房顶上。土坯墙和木制框架围成一个个矩形空间，它们鳞次栉比，共同组成有围墙的城镇。神殿散布在住宅之间，里面有装饰性的动物图像及神祇雕塑。公元前 5000 年左右，这些定居点开始沿着世界上的几条大河逐渐扩展，并从这些连接彼此通信和商贸的要道中获益，成为经济繁荣、文化兴盛的城市社区。那些位于美索不达米亚和埃及尼罗河上下游的地方后来成为西方文明的摇篮。河流两岸肥沃的平原孕育了需要具有组织及仓储设施的大规模农业生产。人们兴建灌溉工程，控制河水泛滥，不断促进科技的发展。数学的实践就此展开。此时的数学是一种基础算术，几乎没有符号，也不能用公式表示通用方法。它用于计算基本面积和体积，实际上只是一种解决特定实际问题的工具。为了满足商业和农业的需求，为了向保佑成功的慈悲神祇表示尊敬，以及出于统治者对安稳来生的执着追求，建筑得到了发展。城市里出现了仓库、大量的神殿及精心建造的陵园。根据功用的不同，这些建筑分别由晒干的砖、石柱与木梁，以及巨石板构成。人们的审美观在有花纹的釉面砖、用于装饰的红陶器物及统治者与神祇的纪念雕像中得到表达。

1.1 感知形状与理解数字

人们开始更敏锐地注意身边的环境，小心的观望转为清醒的认识，敬畏和本能变为谨慎与深思。人们对物理世界感到好奇，开始观察事物间的相似性，并注意到规律和次序。他们观察到夜晚天空的亮光点点、地平线上的海天一线，还有月亮、太阳及眼睛虹膜的圆形。他们意识到树干垂直于平坦的地面、树干与其树枝呈一定角度、明亮天空下松树的影子是三角形。他们好奇于彩虹的弧线、雨滴的形状、叶子和花朵的图案、鱼与海星的形状、海贝的螺旋线、鸡蛋的椭圆形，还有兽角、鸟嘴与獠牙的曲线。他们抬头看到广阔的天空和上面流动的云彩，看到太阳和月亮，认识到周围辽阔的空间。大约 3 万年前完成的洞穴壁画（彩图 2）证实，早期人类具有记录所观察到事物的出色能力。实际上，他们向我们表明自己对所处环境有强烈的感受力，能思考所见到及所经历的，并有创作意识。他们清楚地认识到自然的组织结构：蕨类植物的叶片构造、冬季里秃树的枝条图案、子房内种子的排列、鸟巢的交织形式、蜂房六角形的重复结构以及蛛网网状的排列。他们开始感受到基本形状，如图 1-1 和图 1-2 所示。当人们注意到 3 棵树、3 只吃草的斑马、3 只喳喳叫的鸟儿、3 朵蘑菇和 3 声狮吼的共同之处时，开始有了数字的感觉。人类最早关于计数的记录已有 1.5 万~3 万年的历史。图 1-3 中的骨头就是一个例子。

大约 1 万年前发生了一次重要的转变，人们从通过采集和打猎获得食物变为种植庄稼和驯养动物。人们离开洞穴，开始建造原始住所，为了安全，他们聚集在村庄内。他们通过使用绳索和棍棒，能够画出直线和圆。人们布置生活区，但不管是圆形帐篷还是矩形棚屋，其形状和结构都学自自然。他们烤面包、造谷仓、发明轮子和轴，并制作车辆。随后贸易产生了，语言变得更复杂。当人们需要清点物品、估计距离和测量长度时，通常使用手指、双脚和步幅来计数和测量。原始陶器、编织和木工工作得到发展。这些早期的设计、建筑和造型工作培养了人类对平面和空间关系的感觉。英语里“stretch”和“straight”以及“linen”和“line”的关联为这些早期手工艺与早期几何学之间的联系提供了证据。装饰有几何图案的纺织品见图 1-4。它们证明人类已更清楚地认识到次序、图案、对称及比例。

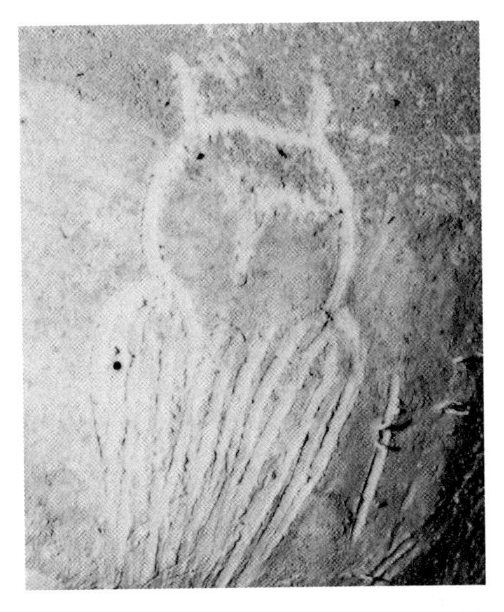

图 1-1　肖维岩洞内刻画的猫头鹰，HTO 摄

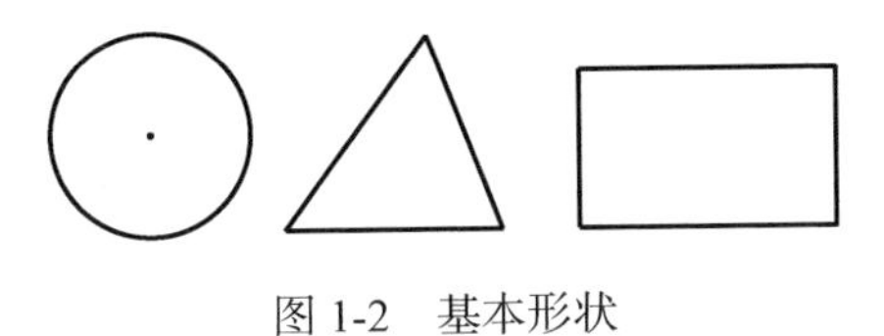

图 1-2　基本形状

图 1-3　非洲刚果民主共和国伊塞伍德一个村庄内发现的骨头。照片来自布鲁塞尔科学博物馆

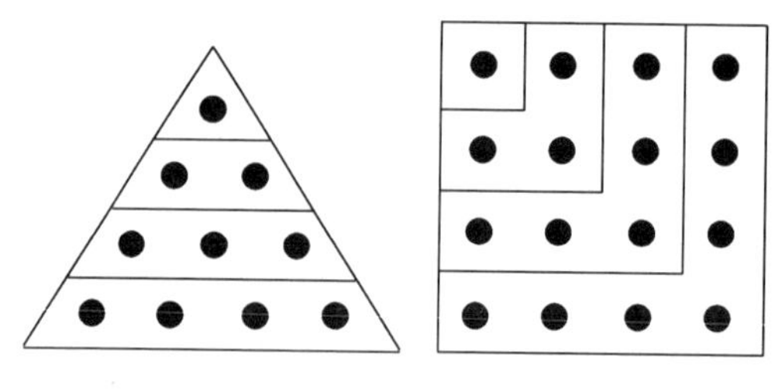

图 1-4

人们把诸如危险的天气现象、狂烈的雷暴、破坏性的洪水以及火山爆发这样的强大自然现像及事件的发生均归因于超自然力。为了解释这些现象，神话及原始宗教应运而生。季节性的气候变换及植物的生命周期循环往复，与天空中正午太阳的高度相关，这就使得追踪时光流转中的天象变得重要起来。建筑物成为天文学的开端。英格兰南部的巨石阵就是一个例子。它大概起源于公元前 3000 年，之后的 1000 年甚至更晚都有所增加，其特点是巨大的石板两两相对、垂直排列，上面盖有水平的石板。石板按照一定的模式仔细摆放，围出一个直径约 100 英尺[①]的圆环。该模式根据太阳活动排列，表明巨石阵曾被用作史前天文台，能够用于预测夏至日和冬至日（分别是一年中白昼最长和最短的一天）。图 1-5 展示了现存的几十块石板，最大的一块重 20 吨。巨石阵还证明其建造者具有让人难以置信的能力，他们能够移动并改变巨石（megaliths，在希腊语中，mega 意为“巨”，liths 意为“石”）的形状，按照预期目标将其放置妥当。

图 1-5 英格兰南部的巨石阵，Josep Renalias 摄

① 英制长度单位。1 英尺 ≈ 0.3 米。——编者注

1.2 上升的文明

农业盈余的出现允许一些人从事与食物生产并不直接相关的特定职业（牧师、商人、建筑工人和工匠），这就产生了城市居住区。从公元前 5 世纪起，更先进的社会在一些大河，如底格里斯河、幼发拉底河、尼罗河、印度河、黄河以及长江流域发展起来。这些大型河流作为通信和贸易的通道，从邻近高地带来原始材料。大量的灌溉系统把河水引入肥沃的低地平原，使它五谷丰登。庞大的工程如防洪堤、水坝、运河、水库及仓储设施出现了，用于限制和调节水流，以及安排农业生产。精美的神殿得以建造，用以安抚众神，而人们认为上述工作的成功正仰赖于他们的慈悲。人们设计并建造纪念陵园，是为了让古埃及统治者法老及其他“尊贵”的公民顺利、舒适地通向来世。由木材和土坯建造的东西敌不过时光侵蚀的力量，如今只剩下那些雄伟壮观的石头建筑，其一是大约建于公元前 2500 年古埃及首都孟菲斯附近的陵园，包括一座带一个墓室的阶梯金字塔、一座重建的法老宫殿、庭院、祭坛以及一座神殿，这些建筑均建造在由 33 英尺高的墙围成的周长 1 英里[①]的矩形内。如今只有金字塔和部分墙残留下来。最大的几座金字塔大约在同一个时代建造，距离今天的城市吉萨不远，见图 1-6。其建筑艺术让人叹为观止，除了斜坡、杠杆和结实的绳子，不使用任何机械，也没有比铜更坚硬的金属，成千上万的古埃及劳工切割巨大的石块，将它们运到指定地点，并堆叠在精确的位置上。这些金字塔中最大的一座是法老胡夫的（图 1-6 中右方远处），它的顶点距正方形基座 481 英尺，基座的每边长 755 英尺。金字塔的顶点差不多正好在正方形基座的中心上方。它由 230 万块重 2.5 ~ 20 吨的石块组成。最下层的石块建在该处石灰岩基岩上，承受了大约 650 万吨的重量。古埃及人在建造纪念碑时最常使用的材料是石灰岩和砂岩。二者均因沉积而成，石灰岩含有碳酸钙；砂岩通常更硬一些，内含沙子，一般是石英碎片，由各种物质黏合在一起。石灰岩和砂岩的结构特性取决于特定的沉积物，不过二者的雕刻与切割都不困难。金字塔内部宽敞的墓室由花岗岩建造，这样可以承受上方石块的巨大压力。花岗岩是从地球炽热的核心流出的熔岩结晶凝固而成，比石灰岩和砂岩要坚硬结实得多。

---

① 英制长度单位。1 英里≈ 1609 米。——编者注

图 1-6　埃及吉萨的大金字塔，Ricardo Liberato 摄

建造金字塔这样的大型建筑需要良好的组织能力、高超的专业技术以及日益庞大的中央政府所必须要进行的档案保存工作。而这些均需要更丰富的语言符号和进一步发展的数学提供支撑。河流文明的数学最初被用作一种实践科学，以方便进行历法计算、土地测量、公共项目协调、农产品轮换种植的组织以及税赋收缴。在管理人员和牧师的手中，计数及测量的实践与对形状和图案的研究逐步演变为最初的代数学和几何学。

最先进的河流文化由位于底格里斯河与幼发拉底河之间的美索不达米亚（Mesopotamia，希腊语中，meso 意为“在……之间”，potamia 意为“河流”）的人民所创造，该地域呈新月形，土地肥沃。这里的人们引入一种按位数值符号，在六十进制的基础上表示整数和分数，用楔形符号表示 $1, 60, 60^2 = 3600, 60^{-1}=1/60, 60^{-2}=1/60^2$。现在我们还能从 1 小时等于 60 分钟、1 分钟等于 60 秒、圆可以分成 $6 \times 60° = 360°$ 中追寻到一点蛛丝马迹。后来，公元前 2000 年左右，古巴比伦的数学家求出了线性方程、二次方程，甚至某些三次方程的解。尤其是，他们知道二次方程 $ax^2 + bx + c = 0$ 的解为：

$$x = \frac{-b \pm \sqrt{b^2 - 4ac}}{2a}$$

古巴比伦人知道我们今天熟知的勾股定理，即任何直角三角形，边长为 a、b、c，

其中 c 是斜边，则有 $a^2+b^2=c^2$ 成立。一块公元前 1900 年 ~ 公元前 1600 年间铸造的泥板证实了古巴比伦人的成就。美国哥伦比亚大学收藏的标作 322 号的泥板[①]列出了一些 3 个一组的整数 a、b 和 c，它们具有 $a^2+b^2=c^2$ 的特点。如果这些数代表直角三角形的边，那么它们就成为勾股定理的具体实例。例如，三组数为 $a=3$、$b=4$、$c=5$（见图 1-7）。再如，$a=5$、$b=12$、$c=13$。泥板上一些数值非常大的数组强有力地表明古巴比伦人掌握了提出这些数的方法。古巴比伦人还掌握了计算标准平面面积及一些简单立体体积的公式。他们还分析了天体的位置，提出计算天文学，用于预测日食和月食。

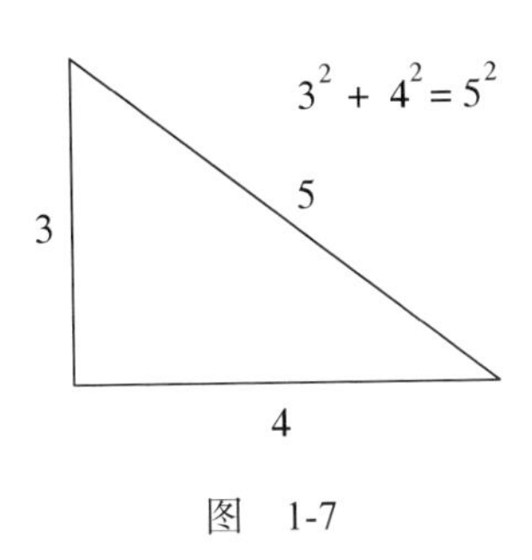

图　1-7

古埃及的《莱茵德纸草书》是可追溯至公元前 1600 年左右的一幅长卷。这部纸草书（古埃及人书写于纸沙草制成的草纸上的文献）得名于苏格兰人 A. Henry Rhind，他于 19 世纪从埃及买到这幅长卷。它的简介宣称它是“对万物的彻底研究，对一切存在的洞察，对所有隐秘的认识”。但实际上它只不过是一本用于商业和行政领域的数学练习教科书。它提出了 85 个数学问题以及详细的分数理论，凭此可求解许多问题，它们展现了彼时埃及数学家的才华与成就。它还记录了圆周长 c 与其直径 d 的比率 $\frac{c}{d}$ 约为 $\left(\frac{16}{9}\right)^2=\frac{256}{81}\approx 3.1605$。这一比率现在记作 π（更精确的估计是 $\pi\approx 3.1416$）。《莱茵德纸草书》还包括一些实用的建议：“捕捉害虫和老鼠，拔去有毒的野草；向太阳神拉祈求热、风和丰沛的水。”

作为思想日益走向成熟的物理见证，建筑也得到了发展。带围墙的古巴比伦城有着雄伟的神殿和高塔，以建筑奇观闻名世界。公元前 15 世纪，古希腊历史学家希罗多德广泛游历了地中海地区，并记录下亲眼所见。关于古巴比伦，他写道：“就富丽

① 美国收藏家 G. A. 普林顿去世后，他的收藏品古巴比伦数学泥板遗赠给了美国哥伦比亚大学。
——编者注

堂皇而言，没有其他城市可与之媲美。”但不幸的是，该城现在几乎荡然无存。它的一个内城主城门建于公元前 16 世纪初期，用于供奉伊斯塔女神，其中央大道以高高的半圆形拱券、贴蓝色琉璃瓦的墙以及雪松木的门和屋顶为特色。伊斯塔门的中部（只是古代城门的一小部分）现已用原址发掘的材料重建。它高 47 英尺，矗立在柏林的佩加蒙博物馆内。伊拉克巴格达的原址附近也有类似的复建物。

古埃及的建筑物比古巴比伦的更能经受住时间的考验。公元前第二个千年中期，太阳神阿蒙升为国家的主神，这激发了人们建造出比以前更精美壮观的石头神殿。例如，从公元前 16 世纪中期到公元前 14 世纪，人们在如今的城市卡尔纳克附近建造了引人注目的宏伟的卢克索神庙。一代代法老下令建造有纪念意义的入口大门、方尖碑、巨大的雕像以及宏伟的典礼大厅。这些厅中最大的一间建于强大的拉美西斯二世统治时期。它的面积是 165 英尺 × 330 英尺，用许多高大的柱子支撑着屋顶沉重的石板。从彩图 3 可以看出，仅现存的结构就足以让而今的游客感受到它之前的宏大和庄严。

另一个例子是同样由拉美西斯二世为其荣誉而造的阿布辛贝勒神庙，它建于公元前 14 世纪，位于埃及南部。图 1-8 展示了在尼罗河河畔的砂岩壁上凿出的神庙，其正面大部分被伟大的拉美西斯二世正襟危坐的雕像所占据。这些巨大的雕像高 67 英尺，重 1200 吨。较小的雕像用于纪念王后及地位稍低的权贵。图片显示砂岩已受到破坏。

图 1-8 埃及阿布辛贝勒神庙的正面，由 Louis Haghe 印刷（1842~1849），选自 David Roberts 的绘画（1838~1839）

这座古代的阿布辛贝勒神庙有着一段现代的历史。1815 年前后，一度几乎完全被流沙掩埋的它显露出来，被人们重新发现。到 20 世纪 60 年代，神庙受到上埃及阿斯旺附近大坝所形成的人工湖水位上升的威胁，联合国组织人们进行拯救，付出了巨大的努力。他们将寺庙正面及其精美的内部（延伸至岩石内 200 英尺处）切割成好几吨重的石块，然后逐一小心地移动并重新安放，最后完全按照原样把神庙挪到了几百英尺远的较高地带。

以上内容非常粗略地回顾了早期的数学和建筑，人类正是这样不断认识身边的形状、图案和结构，并将其用于影响他们生存的活动中去。古代文明中的数学和建筑受到不同因素的推动作用。数学的出现首先与组织和生产管理、商贸及基础设施的实际需要相关，而建筑的主要目标是给统治者及其神祇的价值与伟大提供强大的视觉表达。

1.3　问题和讨论

下面的问题与文中讨论的内容有关。你可以通过这些题目思考并熟练掌握一些基础数学知识。

问题 1　考虑图 1-9a 中的图形。自顶而下点的总数是 $1+2+3+4+5+6$。而图 1-9b 中点的个数为

$$2(1+2+3+4+5+6)=(1+6)+(2+5)+(3+4)+(4+3)+(5+2)+(6+1)=6\times 7$$

因此 $1+2+3+4+5+6=\frac{1}{2}(6\times 7)$。用同样的方法，对任意正整数 n，有 $1+2+\cdots+(n-1)+n=\frac{1}{2}n(n+1)$。

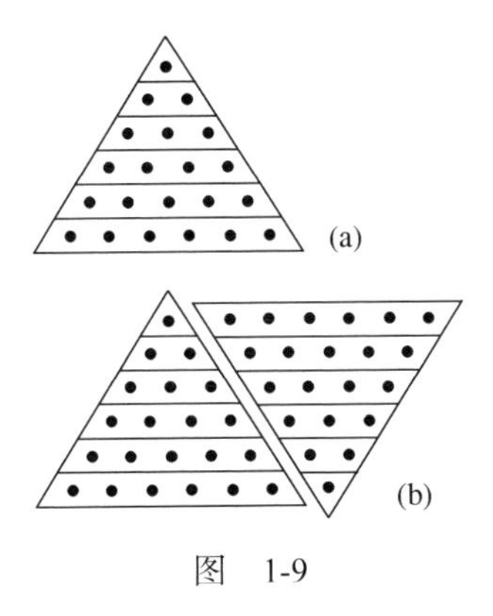

图　1-9

问题 2 从 1 开始的任何连续奇数的和应该都是平方数，例如 $1+3=2^2$、$1+3+5=3^2$、$1+3+5+7=4^2$、$1+3+5+7+9=5^2$。图 1-10 表明 $1+3+5+7+9+11=6^2$。假设 n 为任意正整数，考虑奇数 $2k-1$。令式中的 $k=1, k=2, \cdots, k=n$，则前 n 个奇数列为 $1, 3, 5, \cdots, 2n-1$。证明它们的和 $1+3+5+\cdots+(2n-1)$等于 n^2。【提示：用与问题 1 相同的求解方法可得。】

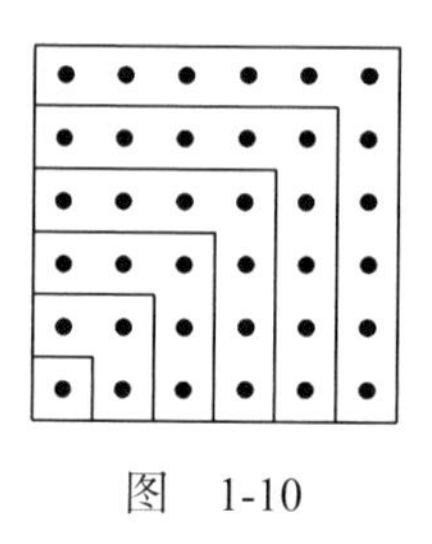

图 1-10

问题 3 取任意两个正整数 m 和 n，$n>m$。令 $a=n^2-m^2$、$b=2nm$、$c=n^2+m^2$，可得到正整数 a、b、c。这便是生成能满足 $a^2+b^2=c^2$ 的数 a、b、c 的方法。取 m=1、n=2，可得 $a=4-1=3, b=2\times2=4, c=4+1=5$。因为 $3^2+4^2=5^2$，可见在这个例子中这种方法有效。取 $m=2$，$n=3$，可得 $a=9-4=5, b=2\times6=12, c=9+4=13$。因为 $5^2+12^2=169=13^2$，同样，在本例中这种方法也有效。证明一般情况下这种方法成立，并用它列出其他 5 组满足 $a^2+b^2=c^2$ 的正整数(a, b, c)。

问题 4 研究图 1-11 所示的三个图形。直角三角形边长为 a、b、c，其中 c 已给定。中间的图有两个正方形，这两个正方形按照如下方式安排，即它们所确定的 4 个三角形区域均与给定的三角形全等。利用这些图，写出验证勾股定理的过程。

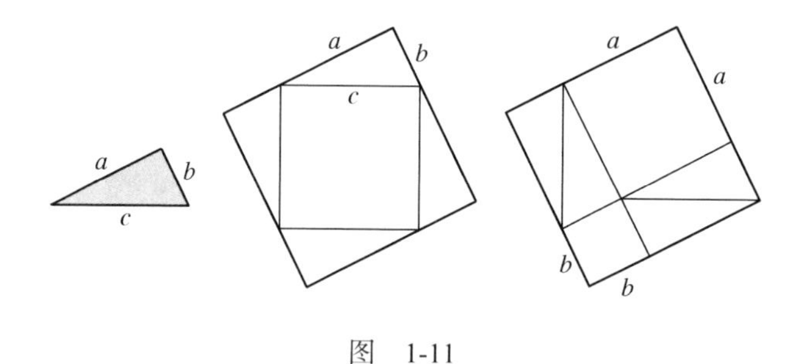

图 1-11

问题 5 中国人也熟知勾股定理。用图 1-12b 表示图 1-12a 的中国古代图形的基本信息。它在一个正方形内绘制了 4 个相同的直角三角形（每个的边长均为 a、b、c）。确定里面正方形的大小，并用该图来验证勾股定理。

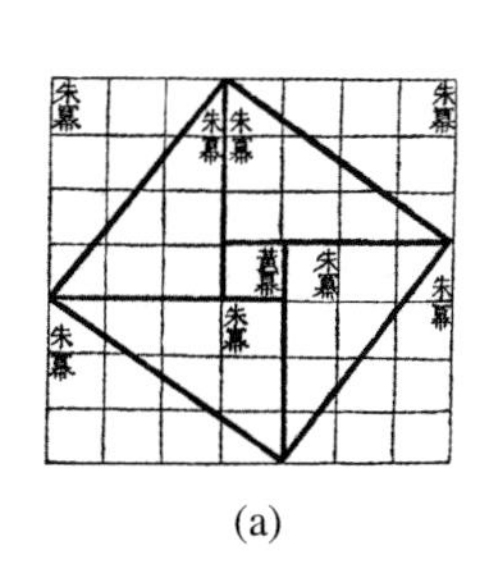

(a)

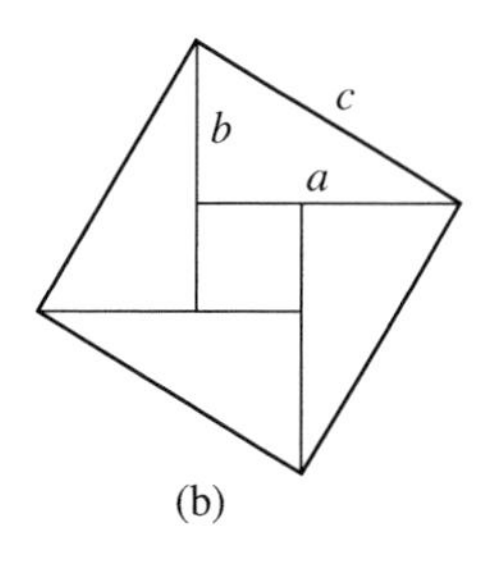

(b)

图 1-12　(a) 是中国的勾股定理，选自《中国科学技术史第三卷：数学、天学和地学》，李约瑟著，科学出版社出版，2018

讨论 1.1　求解二次方程　二次方程 $ax^2+bx+c=0\ (a\neq 0)$ 的解可由二次公式 $x=\dfrac{-b\pm\sqrt{b^2-4ac}}{2a}$ 给出。对该公式的证明需要使用配方法。它包含几步代数变换，如下文中二次多项式 $6x^2+28x-80$ 的例子所示。

首先提取 x^2 项的系数，则 $6x^2+28x-80=6\left(x^2+\dfrac{28}{6}x-\dfrac{80}{6}\right)$。注意 $\dfrac{28}{6}x=\dfrac{14}{3}x$，$\dfrac{14}{3}$ 除以 2 得 $\dfrac{14}{6}=\dfrac{7}{3}$，其平方为 $\dfrac{49}{9}$。现在可将 $6\left(x^2+\dfrac{28}{6}x-\dfrac{80}{6}\right)$ 写作 $6\left(x^2+\dfrac{14}{3}x+\dfrac{49}{9}-\dfrac{49}{9}-\dfrac{80}{6}\right)$。重新结合得 $6\left[\left(x^2+\dfrac{14}{3}x+\dfrac{49}{9}\right)-\dfrac{49}{9}-\dfrac{80}{6}\right]$。因为 $\left(x^2+\dfrac{14}{3}x+\dfrac{49}{9}\right)=\left(x+\dfrac{7}{3}\right)^2$，则有

$$6x^2+28x-80=6\left(x^2+\frac{28}{6}x-\frac{80}{6}\right)=6\left[\left(x+\frac{7}{3}\right)^2-\frac{49}{9}-\frac{80}{6}\right]=6\left[\left(x+\frac{7}{3}\right)^2-\frac{169}{9}\right]$$

将 $6\left(x^2+\dfrac{28}{6}x-\dfrac{80}{6}\right)$ 写成 $6\left[\left(x+\dfrac{7}{3}\right)^2-\dfrac{169}{9}\right]$ 后，就完成了对二次多项式 $6x^2+28x-80$ 的配方。现在就很容易求解 $6x^2+28x-80=0$ 中 x 的值了。将 $6\left[\left(x+\dfrac{7}{3}\right)^2-\dfrac{169}{9}\right]=0$ 除以 6，得到 $\left(x+\dfrac{7}{3}\right)^2-\dfrac{169}{9}=0$。由于 $\left(x+\dfrac{7}{3}\right)^2=\dfrac{169}{9}$，则有 $x+\dfrac{7}{3}=\pm\sqrt{\dfrac{169}{9}}=\pm\dfrac{13}{3}$。因此有 $x=-\dfrac{7}{3}\pm\dfrac{13}{3}$，所以 $x=2$ 或 $x=-\dfrac{20}{3}$。

问题 6　按照以上步骤完成 $4x^2-8x-12$ 的配方。据此来求解 $4x^2-8x-12=0$ 中 x 的值。

问题 7　完成多项式 $-5x^2+3x+4$ 的配方。然后据此求解 $-5x^2+3x+4=0$ 中 x 的值。同样处理 $-5x^2+3x-4$。【**注意：**方程 $-5x^2+3x-4=0$ 的解需要求负数的平方根。在本文中我们不考虑虚数，因此认为这样的方程无解。】

问题 8　用配方法验证 $ax^2+bx+c=0\ (a\neq 0)$ 的解的二次公式 $x=\dfrac{-b\pm\sqrt{b^2-4ac}}{2a}$。当 $a=0$ 时，会出现什么情况？

问题 9　设 x 和 d 为任意正数。研究图 1-13 中的图形，讨论它们与配方法的联系。

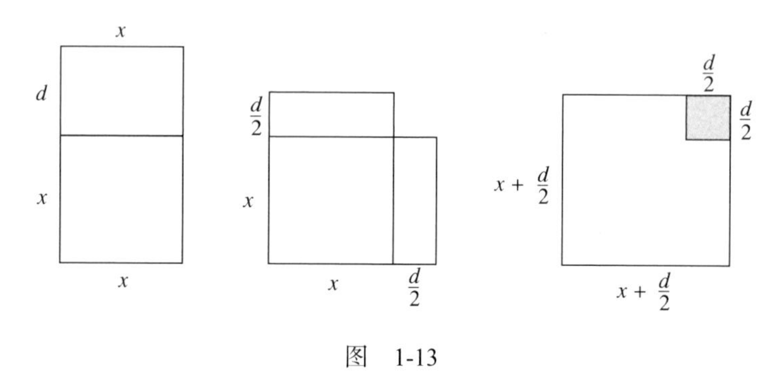

图　1-13

第2章

希腊几何学与罗马工程

公元前最后一个千年初期，希腊城邦开始繁荣起来。独立、具有政治意识的商人阶级统治着爱琴海和意大利南部海岸沿线的商贸城镇。不断增长的贸易使他们生活富裕并和地中海沿岸及其他更远处的地方产生了联系。他们建立崭新的社会秩序并孕育了一种新的理性方法。他们不再接受神和半神控制自然并一时兴起就会发火的神话，而是意识到自己所观察到的现象依照理性的原则运行，其原因能被找出并为人所领会。希腊的政治家、哲学家、剧作家、雕塑家和数学家依靠这种精神认识并改变了现实。

希腊建筑是这种精神最明显的表现。希腊神庙的设计和施工既重视重要建筑构件的美观，也注意将各结构组成一个整体。柱子有柱础，柱身一般有垂直的长凹槽，随着高度的增加，它会逐渐变细，以便与上方的装饰部件相连接。成排的柱子支撑着刻花的水平构件，这些水平构件承载了三角形构件，三角形构件则负载着屋顶结构。人们规定一些部分的尺寸、间距以及它们彼此之间的比例关系的通用惯例。人们还发现一些原理和规律，它们起源于人类对几何学的认识。一些神庙拥有排列成圆形的柱子以及精心砌成螺旋图样的地砖。大型剧院建在斜山坡上，其座位由沉重的石板建造而成，并被排列成不断升高、不断加宽的半圆形。

公元前600年到公元200年左右，古希腊智者在希腊及地中海沿岸的殖民地工作，这奠定了数学和科学的基石。他们的许多回答，如“一切物质都由土、空气、水和火这4种基本要素组成”都是错误或不完整的，但重要的是他们追问“一切物质都是由基本元素构成的吗？”，便提出了正确的问题。数学被认为是理解自然世界和设计万物的关键。公元前约300年之前，亚历山大（今埃及境内）因其伟大的图书馆成为此类活动的中心。学者在由国家支持用来进修的博物馆（主司艺术和科学的缪斯女神的宅邸）内工作，研究天文学、数学和药学。

公元前约300年，欧几里得写出集大成的《几何原本》（*Elements*），这部综合论著建立在古巴比伦人及其追随者毕达哥拉斯的数学基础上。它是一部结构严谨的作品，受到逻辑学推动，分为 13 卷。欧几里得给出了 10 条陈述，作为公理或公设，是全书的核心部分。它们被放在书的开头部分，在一开始就受到严格检验。其余部分的内容则以几百个命题的形式提出，涵盖平面几何学和数的性质的各个不同方面。现在的数学理论仍然遵循这种基本结构。阿基米德（公元前 287 年—公元前 212 年）是一位卓越的数学家、权威的物理学家以及著名的机械工程师。他发现了杠杆原理，即力的转动效应等于力的大小乘以它与旋转轴间的距离。他的流体静力学（hydrostatics，在希腊语中，hydro 表示“水”，statikos 表示“静止”）定律给出液体对漂浮物体的推力等于物体所排开液体的重量。他在现代微积分学出现之前就用一些方法计算出平面区域和固体的质心（重心）。他还设计了用于军事的滑轮系统和石弩。阿波罗尼斯（公元前 262 年—公元前 190 年）写出了《圆锥曲线》（*Conic Section*）一书，这是对椭圆、抛物线和双曲线的一次全面研究。克罗迪斯・托勒密（约公元 150 年）在其前辈的基础上，提出了定量三角学，他精心设计了一张圆形轨道的图，该图描述了以地球为静止观察点，太阳、月亮和行星是如何移动的。在哥白尼、伽利略和开普勒发现太阳是宇宙的中心并用阿波罗尼斯曲线描述了天体如何围绕太阳运行之前，他的这种天体运动论一直为人们所接受。

公元前约 600 年到公元 400 年，罗马文明紧随着希腊文明变得繁荣昌盛起来。公元前 1 世纪，罗马已把它的帝国扩展到整个地中海世界。罗马、希腊以及叙利亚的工程师、劳工大军以及由人和动物拖动的建筑机械发挥了重要作用。人们疏浚海港，建造码头，排干沼泽，创建经久耐用的路桥网络，设立大型的热水公共浴池，挖掘下水道。他们修建水渠，将水从数十英里远的泉眼引到市内。为了保证有让水平稳流动所需的高度和坡度，这些管道穿过山脉，架设在山谷上方。为了满足罗马人对公共表演的狂热，建筑师建造了剧场、竞技场和体育场。罗马建筑受到希腊设计的极大影响，其共同特点是都有垂直的柱子、水平部件和三角形构件。不过，罗马建筑还大量使用曲线，用拱券和拱顶构筑空间。万神殿是一座具有大型圆柱形墙、宏伟的半球形穹顶、精美的门廊和古典内部装饰的神庙，它将罗马工程师的力量与希腊的审美形式结合在一起。混凝土的发明是关键。它容易倾倒、浇筑和成形，可以获得与石头类似的强度和适应力。《建筑十书》（*The Ten Books of Architecture*）是罗马建筑师维特鲁威在公元前 1 世纪开始写的一本著作，是留给我们的一部与古代古典建筑相关的重要作品。它成为我们了解希腊和罗马的建筑设计、构造方法和城市规划基本原理的重要信息源。

罗马数学局限于基本算术和实用几何学。罗马人清楚地了解享有盛名的阿基米德及其辉煌成就。我们从维特鲁威的 10 本书中的一本知道了阿基米德惊呼“我找到了”的故事以及他所发现的方法。（这一著名传说讲述了坐在浴缸里的阿基米德是如何意识到用流体静力学定律能解决王冠问题的。阿基米德跳出浴缸，跑上街道，边跑边欢呼“我找到了”。）考虑到罗马工程师设计与建造的公共建筑和基础设施的规模与复杂性时，有一点让人十分吃惊，即他们对希腊几何学和三角学以及阿基米德应用数学的潜在价值好像都不感兴趣。

2.1　希腊建筑

雅典在公元前 500 年到公元前 350 年间达到鼎盛时期。这是伟大的政治家地米斯托克利和伯里克利，伟大的思想家苏格拉底、柏拉图和亚里士多德，伟大的剧作家阿里斯托芬、索福克勒斯和欧里庇得斯，以及伟大的雕塑家普拉克西特列斯和菲迪亚斯的时代。雅典建筑是对该城的伟大的视觉表现。

公元前 5 世纪，雅典卫城（Acropolis）内聚积了大量的神庙，它们矗立在雅典中心的石山之上。这里是雅典娜的圣地，她是该城的女守护神，是和平、智慧及艺术女神。这些神庙中最重要的一座是帕提农神庙，它是古典希腊时期最大的建筑之一。正如彩图 4 所示，帕提农神庙在山的顶峰，它由附近采石场出产的最好的大理石（石灰岩的一种）建造而成，面积为 110 英尺 × 250 英尺，神庙前后两面都有 8 根柱子，侧面每边各有 17 根。雅典娜的大型大理石雕像镶嵌着象牙和黄金，俯视着神庙神圣的内部。其外部如图 2-1 所示。它是多立克柱式（Doric order，一种以其创造者古希腊多立克人命名的建筑风格）的一个范例，其特点是用坚固的柱子支撑大理石板。檐壁位于石板上方，它是一行水平安放的带雕刻的大理石部件。檐壁支撑着一种叫山花的三角形部件。大理石山花上装饰着希腊神话中狂欢场面的浮雕。目前只残留了几幅图像。山花上方是瓦屋顶，由沉重的木材支撑。承担沉重负载的柱子由一段段圆柱形部件，即圆鼓石堆叠而成。它们被精心制作，彼此之间几乎没有任何缝隙。其他大理石构件间的接缝也具有同样的精度。柱子彼此离得很近，它们底部较粗，随高度增加而逐渐变细。值得注意的是，柱子的粗细变化符合人们认真计算过的精密且相同的曲线。称为长凹槽的平行的垂直凹槽让其外表更美观。由相邻凹槽形成的锋利的脊线随着柱子的不断收缩上升而彼此逐渐靠近。在前排位于两端的两根柱子要稍微粗一些，与其他柱子靠得更紧。这就增加了该结构转角处的强度，同时也使得当光线透过角落照亮它们的时候，这些柱子看起来不那么纤细。帕提农神庙的矩形大理石地面不是平坦的，中间最高，然后向旁边倾斜，斜度很小但也能看得出来。这就意味着安放柱子的基座从中心的一个高点向末端的低点弯曲。如果不对竖立在这一基座上的柱子进行校正，它们就会向外倾斜。建筑师通过使柱子最底层的圆鼓石一边比另一边高（一些圆鼓石大约相差 3 英寸[①]）来进行补偿。实际上，为了使柱子稍微向内倾斜，他们会多补偿一些，这样会更好地支撑沉重的负载。对这一神庙做过研究的历史学家曾提出，帕提农神庙的建筑师们引入这些轻微弯曲和倾斜的部件是为了使神庙看起来不那么刚硬，而是更有活力。虽然完全实现建筑师的想法是不可能的，但是这一结构本身就证明建筑师凭借他们与希腊几何学家相同的创造性和对完美的执着态度在不断进步。

图 2-1　雅典的帕提农神庙，Onkel Tuca 摄

雅典卫城还有另一座让人印象深刻的神庙——厄瑞克提翁神庙，它以早期的雅典王厄瑞克透斯[②]命名。在彩图 4 帕提农神庙的左侧可看到它。它的门廊（一种廊式结构，特点是有柱子，通常附属于一座建筑物）的屋顶由 6 个优雅的女性形象的雕像所支撑。历史学家称这 6 个女性雕像承担了沉重的负载，这是一种对卡利亚城邦的象征

① 英制长度单位。1 英尺 = 2.54 厘米。——编者注

② 希腊神话中的雅典国王。——编者注

性惩罚，因为他们在一场与希腊的战争中支持波斯人。厄瑞克提翁神庙将不同的风格和标准相结合，包括爱奥尼式和科林斯式部件，并发展成为一件衔接很好的古典作品。爱奥尼式和科林斯式建筑样式由爱奥尼和科林斯的希腊人传入，是多立克式的演变，它们更华丽、更纤细。

雅典卫城每年举行一次活动，庆祝雅典娜女神的生日。一个目击者叙述了这一盛况。成千上万兴高采烈的雅典人，包括穿藏红色和紫色长袍的女人、骑士、乘战车的战士和冠军运动员等，其中一些人拿着祭祀用的火炬和盛供品的银盘，随祭祀队伍爬上山顶。卫城的建筑师有意使庆祝的人群在沿着指定路线前进的同时，能享受一次与建筑物结构相关的视觉盛宴，如同观赏建筑方面的戏剧表演一样。同样的空间考虑也影响了雅典娜市场（agora，在希腊语中，agora 意为“市场”）的规划，它位于卫城脚下，是城市居民生活和商业活动的中心。建筑的高度、长度和宽度以及柱子间隔和各个构件与整体之间的比例都受到通用规范的限制。在城市规划时，建筑师对公共与市民建筑、神殿与神庙、纪念碑、人造喷泉和矩形长廊（stoa，用于集会或散步的大型门廊）之间的空间关系均进行了仔细的考量。

公元前 4 世纪，埃皮达鲁斯（在雅典南部伯罗奔尼撒半岛上）的两座建筑物展现了希腊建筑与几何学之间的联系。埃皮达鲁斯圆形神庙是一座有柱廊的圆形建筑，功能未知。（tholos，在希腊语中指多种不同形式的这类古典圆形建筑物。）残留的地基和地板碎片被人们发掘并重新拼合起来。图 2-2 的下半部分展示了地板砖上复杂的几何图案（图的上半部分绘出了部分天花板）。黑色圆盘排成两个圆形，代表柱子的位置。外圆的直径约 72 英尺。内部的圆形墙的直径约 45 英尺。埃皮达鲁斯剧院建于公元前 360 年，座位区约容纳 14 000 人，如图 2-3 所示。该剧院以山坡上凿出的石块为座位，这些座位共同构成一种不断增大并升高的半圆形图案，最大的一个半圆的半径约为 200 英尺。至今，该剧场仍可以为夏季古希腊戏剧表演项目提供戏剧布景。

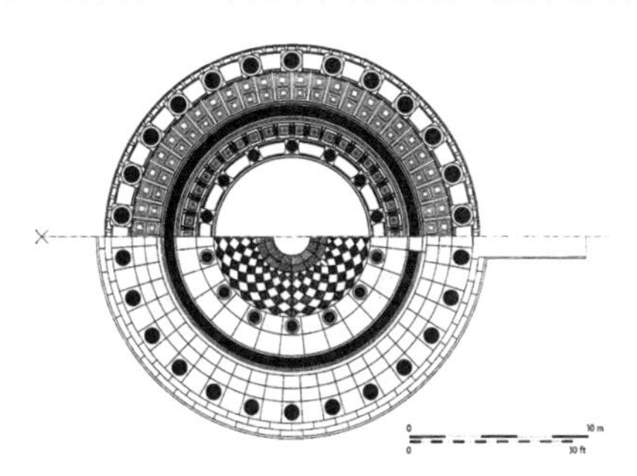

图 2-2　希腊埃皮达鲁斯圆形神庙

图 2-3　希腊埃皮达鲁斯剧院，Olecorre 摄

希腊建筑工人有好几种方法可用来解决移动和放置建筑中的沉重构件时遇到的困难。移动圆形柱子时，他们在柱子两端插进铁钉，用驮畜拉着它滚动。移动矩形厚板时，他们先造出沉重的木头轮子，然后套到板的两端，再用同样的方法滚动。人们把沉重的石板拖上由沙子或松软的泥土堆成的斜坡，等它们到达适当位置后，再将沙子或泥土去掉。后来，希腊人发明了由绳索、卷轴、滑轮和绞盘系统构成的起重机，能将重物吊起并放到指定位置。这些机械装置还用来在战争中围攻有城墙的城市。

几个世纪以来，断断续续的战争以及公众机构的漠不关心使辉煌的希腊建筑，尤其是帕提农神庙受到忽视和损害。公元 5 世纪，帕提农神庙被用作一座基督教堂，雅典娜雕像及内部许多柱子被移走。15 世纪，雅典败给土耳其人之后，帕提农神庙变成清真寺。17 世纪，土耳其人在与威尼斯人的战争中用它来储放军需品。威尼斯舰队的炮火引发一场爆炸，将其内部墙壁震裂。19 世纪初，在土耳其占领雅典的末期，英国埃尔金勋爵从土耳其人手里获得购买檐壁的权利。他把这些精致的艺术品切割下来，运到英国，现在保存在伦敦的大英博物馆中。在保护较好的角落里发现的原始绘画的痕迹告诉我们，檐壁用生动的色彩绘制，其外表与我们今天见到的雅致的白色大理石迥然不同。人类和时间未曾毁灭的地方如今又受到汽车尾气的威胁，它们会损害大理石的表面。人们做出大量的努力来修复并保存这一建筑。如今帕提农神庙残留的只是它以前的一丝余晖，然而，它还是不断提醒我们，西方文明植根于古希腊。一些现代城市中有许多建筑都具有帕提农神庙的风格，它成为受到最多模仿和赞美的古代神庙。

2.2　几何学之神

在希腊建筑中到处都能看到基本几何图形。在构造建筑物时，希腊人把绳索系在钉子上，将其拉直并旋转，从而画出他们设计的直线和圆弧。希腊的几何学家将这种实践进行抽象，将其发展成对尺规作图的研究。这一研究收在欧几里得的《几何原本》里。让我们从卷 1 的两个基础作图看起。

从图 2-4a 开始。用直尺（没有刻度的标尺，不能测量长度）画出一条线段 AB。将圆规的一只脚放在 A 点，另一只伸到 B 点，画出一个圆弧，如图所示。然后以 B 为中心，以同样的半径画另外一条圆弧。设 C 为两条弧的交点，这样就用尺规作出了等边三角形 ABC。为什么角 A、角 B 和角 C 均等于 60°？（答案将在本章末问题 1 和问题 2 中得出。）现转向图 2-4b。设 $\angle AOB$ 为任意角。将圆规放在 O 点，画一条经过该角的圆弧，令 C 和 D 为圆弧与线段 OA 和 OB 的交点。将圆规的脚分别放在 C 和 D 点，画出两个半径相同的圆弧。设 E 是这两条弧的交点，则从 O 到 E 的线将 $\angle AOB$ 分成两部分。（见问题 3。）这样用尺规将 $\angle AOB$ 进行了等分。

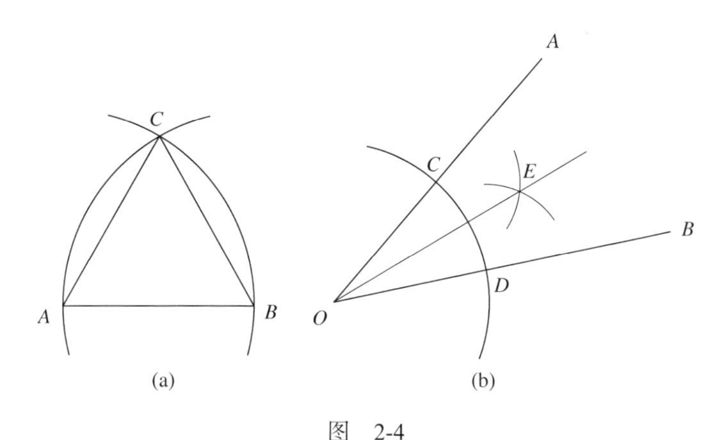

图　2-4

在第 6 卷中，欧几里得解释道："一条线段被分割时，若整条线段与分割后的长线段的比等于长线段与短线段的比，则称这条线段以'中外比'分割。"让我们从数学角度看一下这段话的意思。图 2-5 画出了一条被分成两部分的线段。其长度是 a 和 b，且 $a \geqslant b$，则线段的总长是 $a+b$。欧几里得认为如果 $a+b$ 与 a 的比等于 a 和 b 的比，即 $\frac{a+b}{a}=\frac{a}{b}$，则该线段以“中外比”分割。注意此时

$$\frac{a}{b}=1+\frac{b}{a}=\left(\frac{a}{b}\right)^{-1}+1$$

将此方程乘以 $\frac{a}{b}$，可以看出 $\frac{a}{b}$ 是多项式 x^2-x-1 的根。用二次公式可求得 $\frac{a}{b}=\frac{1\pm\sqrt{1+4}}{2}=\frac{1\pm\sqrt{5}}{2}$。由于 $\frac{a}{b}$ 为正数，可得 $\frac{a}{b}=\frac{1+\sqrt{5}}{2}$。

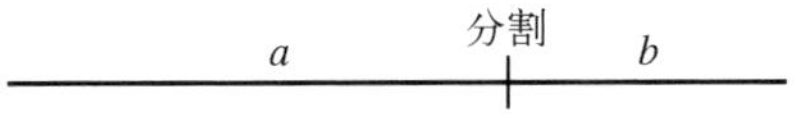

图 2-5

在现在的术语中，这样的分割是黄金分割，比率 $\frac{a}{b}=\frac{1+\sqrt{5}}{2}$ 是黄金分割率。数学上习惯用希腊字母 ϕ 表示黄金分割率。一般人们声称这是对伟大的希腊雕塑家菲迪亚斯的纪念，据说他使用了黄金分割率。当然，这种比率本身有内在的说服力，它要求整体与较大部分的比等于较大部分与较小部分的比。

我们根据惯例，用小写希腊字母 ϕ 表示黄金分割率。则有

$$\phi=\frac{1+\sqrt{5}}{2}$$

因为 ϕ 是多项式 x^2-x-1 的根，则

$$\phi^2=1+\phi\text{，}\ \phi^{-1}=\phi-1=\frac{\sqrt{5}-1}{2}$$

用计算器计算可得 $\phi=\frac{\sqrt{5}+1}{2}=1.618\,033\,989\cdots$。

如果矩形的边长比率符合黄金分割率，则该矩形为黄金矩形。用尺规作出黄金矩形的方法如图 2-6 所示。设 b 为任意长度，以 b 为边长先画出一个正方形。可以通过平分 180° 角（给定一条直线及其上的一个点）得到需要的 90° 角，过程如图 2-4b 所示。现在找出正方形底边的中点，将圆规的一只脚放在该点上，将另一只脚沿虚线拉

到正方形上面的一个角上。由勾股定理可知，该虚线的长度为 $\sqrt{\frac{b^2}{4}+b^2}=\frac{\sqrt{5}}{2}b$。向下旋转这一圆弧直到它与正方形底边的延长线相交。取该交点所确定的线段，完成图中所示的一个矩形。设 a 是该矩形的底边，注意 $a=\frac{b}{2}+\frac{\sqrt{5}}{2}b=\frac{(1+\sqrt{5})}{2}b$。因为

$$\frac{a}{b}=\frac{1+\sqrt{5}}{2}=\phi$$

该矩形为黄金矩形。考虑黄金矩形的底边。正方形的右侧边将其分割成较长的线段 b 和较短的线段 $a–b$。因为

$$\left(\frac{b}{a-b}\right)^{-1}=\frac{a-b}{b}=\frac{a}{b}-1=\phi-1=\phi^{-1}$$

则有 $\frac{b}{a-b}=\phi$。这一分割是矩形底边的黄金分割。

这一构造也告诉我们对任何线段而言，在哪里“下刀”才能进行黄金分割。设 AB 为一条线段，将图 2-6 的构造添加到它身上，如图 2-7 所示。从黄金矩形底边的右端点 D 出发，画一条线，连接线段 AB 的右端点 B。过点 P 构造一条它的平行线（如何构造平行线见问题 6）。这条平行线确定了线段上的 C 点。根据相似三角形的基本性质（见问题 16 及该问题的引言），有 $\frac{AB}{AC}=\frac{a}{b}=\phi$。因为 $\frac{CB}{AC}=\frac{AB-AC}{AC}=\phi-1=\phi^{-1}$，$\frac{AC}{CB}=\phi$。因此 $\frac{AB}{AC}=\frac{AC}{CB}$，$C$ 处的分割是黄金分割。

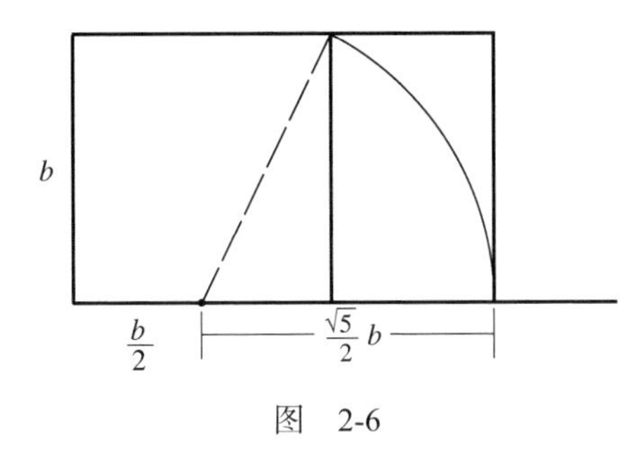

图　2-6

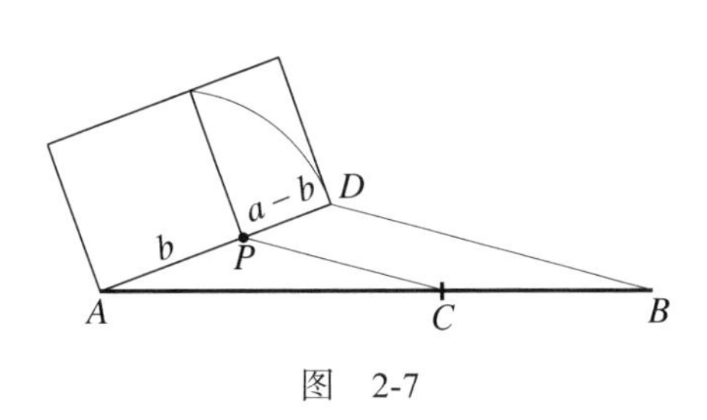

图　2-7

以上提出的所有构造均可以只通过一个用来画圆弧的圆规（这是对钉子和绳子作用的抽象）和一把连接端点的直尺（这是模仿两个钉子间拉长的那条绳子）来实现。任何尺规作图都必须使用上述两种工具。

平面内的一个多边形包含多个点，这些点通过线段进行连接，从而形成一个闭环。图 2-8a 给出了一个典型的例子。点 V_1、V_2、V_3 等称为顶点，连接它们的线段称为边。图 2-8a 中的多边形有 10 个顶点，被称为十边形。如果一个多边形有 n 个顶点（或 n 条边），则为 n 边形。如果所有的边长都相同，所有的内角 α_1、α_2、α_3 等均相等，则该多边形是正多边形。图 2-8b 展示了一个正七边形。它是通过在一个圆周上等距离分布点 $V_1,V_2,\cdots,V_7$ 得到的。因为圆被等分成 7 份，则每个圆心角的度数都是 $\frac{360}{7}$。

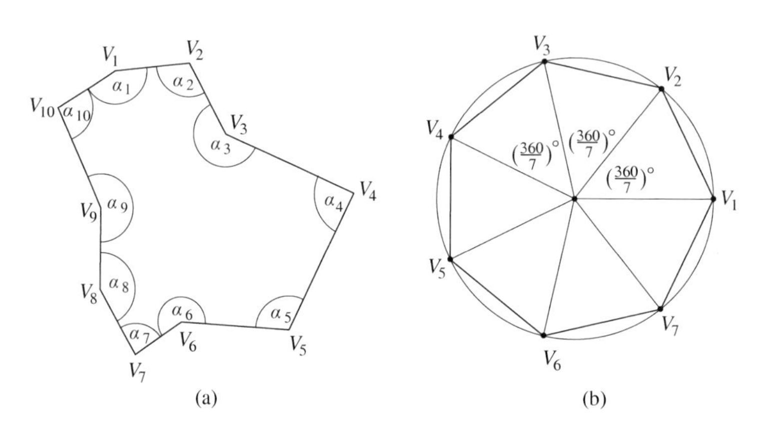

图 2-8

我们回头来看能用尺规构成哪些正多边形。图 2-4a 告诉我们如何构造等边三角形。构造黄金矩形是从构造正方形开始的。因此，正三角形和正四边形都能用尺规构造。构造正 n 边形最直接的方法是构造 $\left(\frac{360}{n}\right)^\circ$ 角。如果能构造出这个角，就能在一个圆上标出 n 个等距离分布的点。用线段连接圆上相邻的点就能画出正 n 边形。例如，构造等边三角形时构造了 60°的角，连续划分出 60°角，得到点 H_1、H_2、H_3、H_4、H_5、H_6，如图 2-9 所示，这样就构造出了正六边形，即六方形。平分 90°角得到 45°角，重复划分 45°角可确定图 2-9 中的点 $O_1,O_2,\cdots,O_8$，因此构造出正八边形。

我们还能构造正五边形。首先如图 2-6 那样构造黄金矩形。在图 2-10 中，分别以 A 和 B 为圆心，以 b 为半径画两条圆弧。点 C 为两条弧的交点。可以证明 $\angle CAB = 72^\circ$。因此，可以构造出 72°角。5 次标出这一角度，得到图 2-9 中的 P_1、P_2、P_3、P_4、P_5。因为 $5\times72^\circ = 360^\circ$，这样就完成了正五边形的构造。

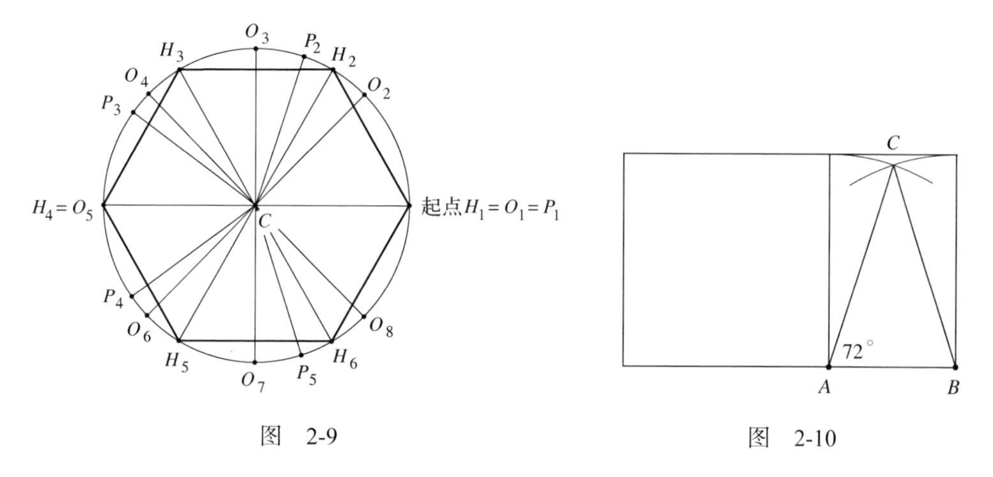

图　2-9

图　2-10

不过我们怎么知道 $\angle CAB=72°$？详细答案有些复杂，但主要的原因如下。首先看图 2-11a 中位于中心的正五边形。（不能假设该五边形能被构造，而且它也不是被构造出来的，否则说明你正在假设需要进行证明的结论成立。）点 O 是五边形的 5 个顶点所在的圆的圆心。因为 $5\gamma=360°$，内角 γ 等于 72°。根据等腰三角形的基本性质，$\beta=54°$，则有 $2\beta=108°$。现在用该五边形完成一个五角星。转到图 2-11b，像图中那样标出点 A、B、C 和 D。注意 $\angle CAB=72°$。现在到了最难的部分，即需要证明以 DA 为一条边的正方形沿线段 AB 拉长后得到的矩形是黄金矩形。讨论 2.2 详细描述了欧几里得在他的《几何原本》中是如何做到的。剩下的就简单了。线段 DA 和 AC 长度相等表明图 2-10 和图 2-11b 中的三角形 ABC 是用同样的方式获得的。因此，图 2-10 中的 $\angle CAB$ 确实等于 72°。

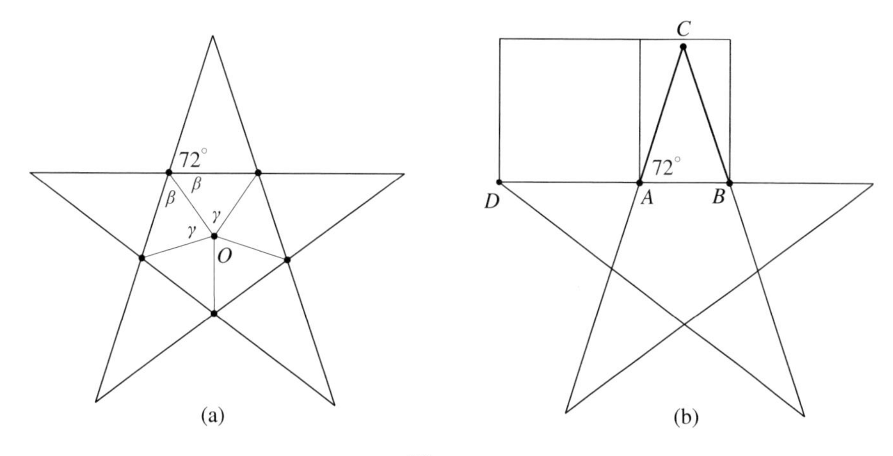

图　2-11

现在我们已看到边数为 3、4、5、6 和 8 的正多边形都能用尺规构造出来。这一事实提出了一个有趣也非常难的问题：正多边形的边数，即正整数 n 为何值时，能用尺规进行构造？直到 19 世纪，数学家们才向着答案的方向迈出了一大步。只有当这一几何问题转化为高等抽象代数问题（尤其是转化成系数为有理数的多项式的根的问题）之后，它才被彻底解决。例如，该方法指出，边数从 3 到 1002 的正多边形中，换句话说，前 1000 个正多边形中，那些边数为如下所示数值的可以被构造出来，而其他的都不能。

3, 4, 5, 6, 8, 10, 12, 15, 16, 17, 20, 24, 30, 32, 34, 40, 48, 51, 60, 64, 68,
80, 85, 96, 102, 120, 128, 136, 160, 170, 192, 204, 240, 255, 256, 257, 272,
320, 340, 384, 408, 480, 510, 512, 514, 544, 640, 680, 768, 771, 816, 960

数一下就知道，1000 个正多边形中，只有 52 个是能被构造出来的。因为 7 不在其中，则图 2-8b 中的正七边形不能被构造出来。因为 9 不在其中，则正九边形也不能被构造出来。注意这个列表中，数的间隔很大。这些及其他相关的事实远远超出了本文的目标和范围，不过在后面的讨论 2.3 中还会略有提及。

正如我们已注意到的，古希腊的建筑实践明确地影响了希腊几何学的发展方向。反之，希腊几何学，如三角形、半圆形、圆，也在其伟大建筑中得到了表达。不过影响有多深？在建筑设计或施工时，希腊建筑师试图坚持精确的数学比例或严格的几何关系了吗？人们一般用帕提农神庙作为例子，说明他们确实是这样做的。证据如图 2-12 中的框图所示。帕提农神庙正面的许多黄金矩形能告诉我们希腊人将黄金矩形作为一个模板吗？他们是如何选择矩形和正方形的，这种选择的相关性如何？它们的位置如何确定？精确度又如何呢？这是证明他们有意使用黄金矩形来完成设计的有力证据吗？还是黄金矩形只是人们事后强加到建筑立面的？不管是作为数字还是通过构造得到的黄金分割率都是非常准确的。具体而言，它不等于 $\frac{3}{2}=1.50$ 或 $\frac{5}{3}\approx 1.67$，也不等于 $\frac{8}{5}=1.60$。并没有决定性的证据证明希腊建筑人员在建筑设计和施工时遵循了精确的几何关系。实际上，图 2-2 中埃皮达鲁斯圆形神庙的平面图表明他们没有这样做。注意，这张平面图的特点是 14 根柱子排成的内圆和 26 根柱子排成的外圆。标出这些圆柱位置的圆的圆心分别是十四边形和二十六边形的顶点。因为 14 和 26 均未出现在上文提到的边数列表中，因此我们知道不可能构造出正十四边形或正二十六边形。如果说精确的施工对希腊人而言很重要，在布置这些圆柱时，他们难道不应该使用正十二边形和正二十四边形吗？他们知道如何用钉子和绳子精确构造这些多边形，只要先作出正六边形，再使顶点数加倍两次就可以了。

图 2-12　应用黄金分割率的帕提农神庙，Padfield 摄

15 世纪，文艺复兴时期的建筑师提出并开始使用数学中的比例。他们依照固定的数字比例，整理了建筑构件的各种尺寸，包括柱子、支撑柱子的柱础以及柱子所支撑部件的粗细和长度。5.2 节及讨论 5.1 中会提到这部分内容。

2.3　测量三角学

聪明的希腊人能从他们称为三角学（trigonometry，在希腊语中，trigono 意为“三角形”，metrein 意为“测量”）的基础三角形研究中获得大量的信息。我们假设有一个好奇的希腊旅行者到了埃及，看到了金字塔。他对金字塔的规模产生了兴趣，他会步测底座的边，确定它的尺寸。接着他的注意力转到金字塔的高度上。在明媚的夏日午后，他步测从金字塔的一条边到它投下的阴影顶点处的距离，估计出从金字塔基座中心到阴影顶端的长度为 310 步。我们的旅行者知道他的身高为 3 步，测得他的影子长度为 5 步。利用现有的信息，他会在沙上画出如图 2-13 中所示的图形。三角形 *ABC*

代表金字塔，高为 h。两条斜线代表从太阳发出的用于形成阴影的光线。我们的希腊旅行者通晓相似三角形的知识，知道 $\frac{h}{310}=\frac{3}{5}$。这样他可以得出金字塔的高度约等于 $h=\frac{3\times310}{5}=186$ 步。这个旅行者有可能与描写过古巴比伦的辉煌的希罗多德是同一个人。他的编年史回忆了自己在公元前 5 世纪参观胡夫大金字塔（见图 1-6）的经历，并记录了它的一些尺寸。

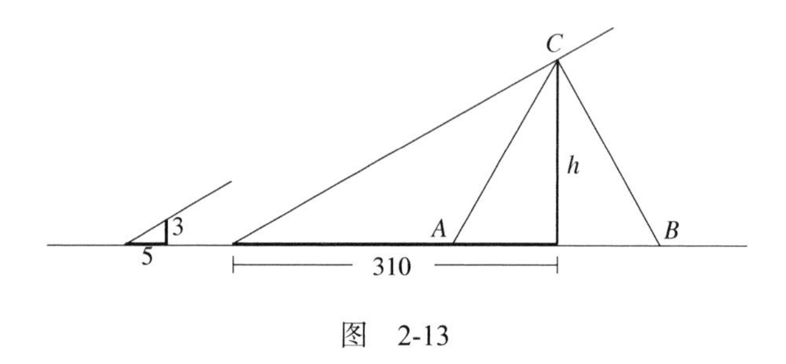

图 2-13

图 2-14 呈现了一个直角三角形，其锐角为 α、β。希腊人理解正弦、余弦和正切之间的比值关系，并有自己的术语和符号。按现在的定义它们可以分别记为：$\sin\alpha=\frac{a}{c}$，$\cos\alpha=\frac{b}{c}$，$\tan\alpha=\frac{a}{b}$。他们提出了标准三角恒等式。例如，因为 $\sin\beta=\frac{b}{c}$，$\cos\beta=\frac{a}{c}$，$\tan\beta=\frac{b}{a}$ 且 $\beta=90^\circ-\alpha$，可知

$$\sin(90^\circ-\alpha)=\cos\alpha，\cos(90^\circ-\alpha)=\sin\alpha，\tan(90^\circ-\alpha)=\frac{1}{\tan\alpha}$$

他们还发现

$$(\sin\alpha)^2+(\cos\alpha)^2=\frac{a^2+b^2}{c^2}=1$$

可直接由勾股定理得出。

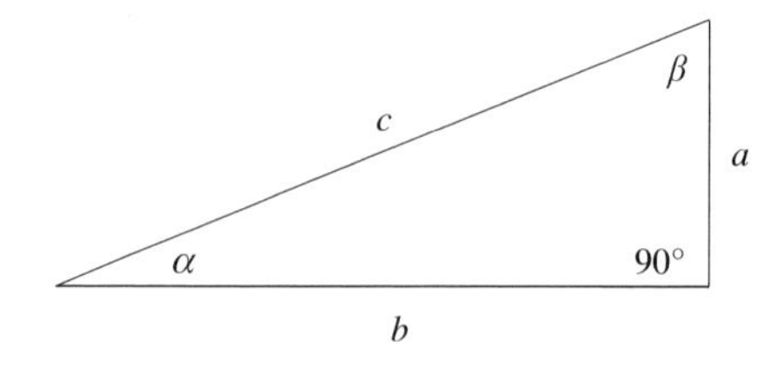

图 2-14

我们看看图 2-15 所示的两个三角形。应用勾股定理，图 2-15a 中的三角形的底边长为$\sqrt{2}$。接下来可得$\sin 45^\circ = \cos 45^\circ = \frac{1}{\sqrt{2}}$。再应用勾股定理，图 2-15b 中的等边三角形的高 h 满足$1^2 = h^2 + \left(\frac{1}{2}\right)^2$，则有$h^2 = \frac{3}{4}$，$h = \frac{\sqrt{3}}{2}$，则$\sin 30^\circ = \cos 60^\circ = \frac{1}{2}$，$\sin 60^\circ = \cos 30^\circ = \frac{\sqrt{3}}{2}$。

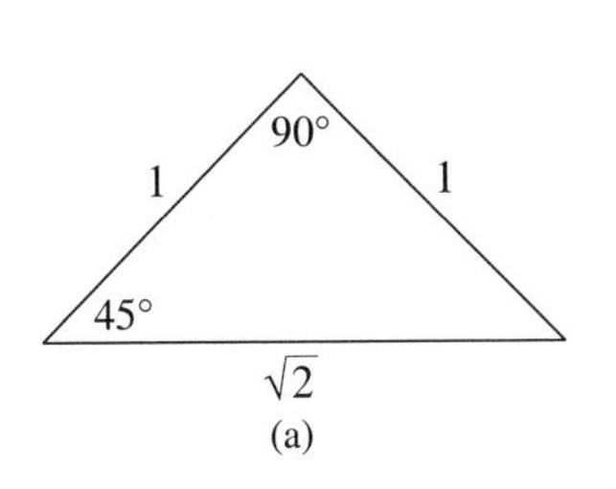

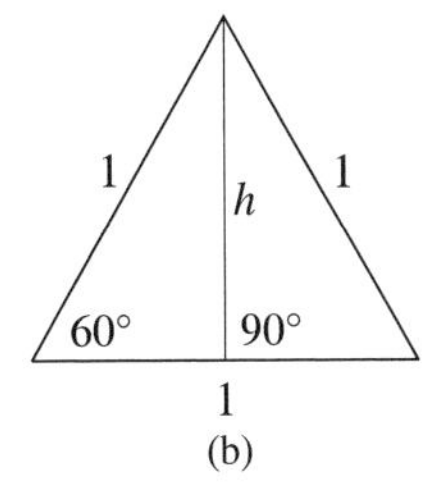

图　2-15

给定一个三角形，其角为α、β、γ。如果$\beta + \gamma < 90^\circ$，则有$\alpha > 90^\circ$。这种角不能应用图 2-14 给出的正弦、余弦和正切的定义。为了将正弦、余弦和正切的定义推广到任意角α（$0^\circ \leqslant \alpha \leqslant 180^\circ$），可做如下处理。设任意角$\alpha$，将其放在半径为 1 的半圆中。如果$0^\circ \leqslant \alpha \leqslant 90^\circ$，则如图 2-16a 所示，定义$\sin\alpha = h$，$\cos\alpha = b$。这和我们之前所知的一致。如果$90^\circ \leqslant \alpha \leqslant 180^\circ$，按图 2-16b 所示的进行，定义$\sin\alpha$和$\cos\alpha$为

$$\sin\alpha = h，\ \cos\alpha = -b$$

任何情况下均定义正切为$\tan\alpha = \frac{\sin\alpha}{\cos\alpha}$。令$\alpha$满足$0^\circ \leqslant \alpha < 90^\circ$，则有$180^\circ - \alpha > 90^\circ$。考虑图 2-16a 中的$\alpha$和图 2-16b 中的$180^\circ - \alpha$。研究这两个图形，并证明这两个直角三角形相似，因此有

$$\sin(180^\circ - \alpha) = \sin\alpha，\ \cos(180^\circ - \alpha) = -\cos\alpha$$

例如$\sin 120^\circ = \sin(180^\circ - 60^\circ) = \sin 60^\circ = \frac{\sqrt{3}}{2}$，$\cos 120^\circ = \cos(180^\circ - 60^\circ) = -\cos 60^\circ = -\frac{1}{2}$。

希腊人对数学的贡献简直让人大吃一惊。他们使几何学公理化，也就是说，他们将其作为数学结构，从几个核心定义和命题出发，将其他的所有知识都以一种紧密、严格、合理的方式进行展现。他们研究了椭圆、抛物线、双曲线，使用与解析几何及

现代微积分（见 4.1 节）联系极其紧密的方法，提出这些曲线的基本性质。他们还提出一种应用天文学。通过每天测量阴影（与希腊旅行者使用的方法类似），希腊人确定了夏至日和冬至日，测量出一年有 365.25 天。通过拉伸想象中的由地球、月球和太阳构成的三角形并应用他们的三角学，希腊人了解了这些天体的大小以及彼此之间的距离。现代数学和天文学均建立在希腊人打下的基础上。

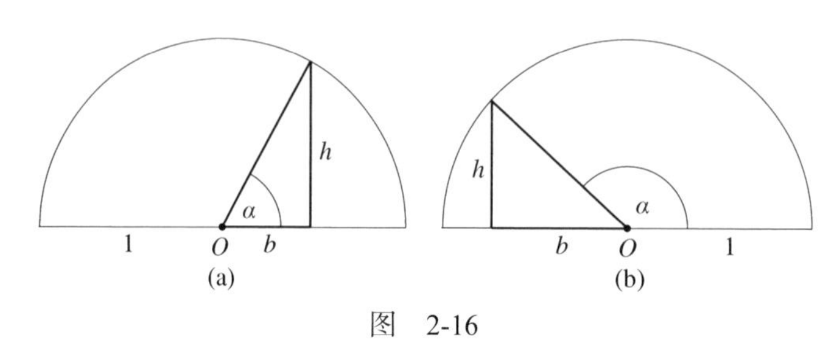

图 2-16

2.4 对力的处理

现在该分析结构表面以及内部所受的力了。考虑每天都会遇到的拉力或推力，尤其是建筑结构的一个构件施加到另一个构件上的推力或拉力。每个建筑结构都受到力的作用。重力（以建筑物部件重量的形式存在）是恒久存在的关键作用力，不过风、热和地震产生的力同样具有重要影响。古代建筑师清楚地认识到力的存在，对其影响有着本能的理解，但他们不能按照本节所用的清晰、定量的方式来对力进行处理。分析力的概念超出了古希腊建筑人员和古罗马工程师的知识范围。

回顾图 1-6。考虑任意一座金字塔中的任意一块典型石头。上面石块的总重量向下加到它的上表面，使其受到挤压，如图 2-17 所示。这种挤压受到石块内部结构的抵抗。这些与结构上的负载相反的内力被称为反作用力。金字塔底部的一层石块给下面的地面施加压力。它所导致的任何结构上的移动都被称为沉降。不均衡的沉降会产生致命的断层和结构破坏，而这在图 1-6 中的金字塔上并没有发生，这是由于它们建立在天然石灰石地基上。这种岩石能承受每平方英尺[①]100 吨的负载。但是，其他金字塔沉降并不均衡，在建设过程中或建设完成后，都遭到了严重的损害。

古埃及人和古希腊人建造神庙时用到的基础结构是柱和梁。这种结构包括两根垂直的柱子，它们支撑一根水平的梁，如图 2-18 所示。这种基础结构给我们带来了帕提

① 英制面积单位。1 平方英尺≈9.92 平方千米。——编者注

农神庙和其他壮丽的古希腊和古埃及建筑。巨石阵（见图 1-5）提供了早期的范例。柱梁结构有局限性，尤其是用石头施工的时候。一般而言，柱子没有什么问题。放柱子的地面可以用石头或砌筑墩基加固，它将载荷平均分配给下层土。梁对柱子向下的压力与柱子对梁向上的反作用力相同。梁的重量使柱子受到挤压，但石头能承受很大的挤压力，如图 2-19a 所示。但柱子之间的梁的情况又如何？除了石头内部的阻力，没有其他的力来抵消梁的重量。梁被其自身的重量向下拉，在此过程中，哪怕非常轻微，其底边也会被拉伸（上边则被挤压），如图 2-19b 所示。这一拉力是一种张力，它使所作用的构件受到拉伸。尽管石头的耐挤压能力极强，但抗拉伸能力要差得多。换句话说，把石板压碎的力要比拉断所需的力大得多。（图 1-8 展示了一个残缺的、已倒塌的法老雕塑，为上述事实提供了一些证据。）如果支柱彼此离得太远，梁底部的拉力就会大得超出石头的承受力。石头会断裂，梁会倒塌。因此，只有柱子彼此靠得很近时（见彩图 3），石制的柱梁才能支撑沉重的大型屋顶结构。所以，柱梁结构的净跨度不可能很大。我们后面很快就会看到罗马人用拱形结构改变了这一切。但在我们讨论拱形结构前，先定义研究力的方法。

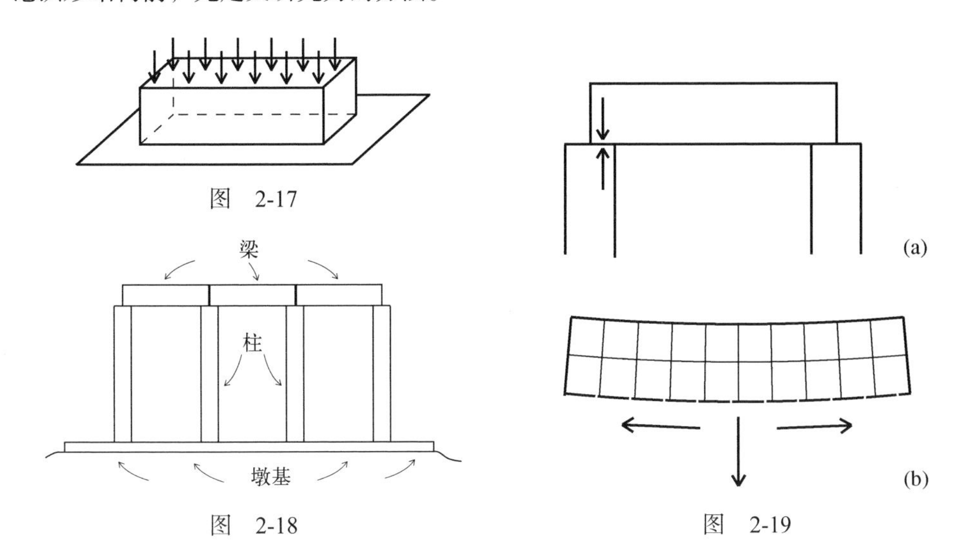

图　2-17

图　2-18

图　2-19

力有大小和方向。大小和方向共同确定一个力。在结构研究中，力用箭头表示，称为向量。当用向量表示力时，向量指向力的方向，如图 2-17 和图 2-19 所示。为了表示力的大小，需要给出长度的单位（如英寸、英尺或米）和力的单位（如磅[①]或吨）。

① 英制质量单位。1 磅 ≈ 0.453 6 千克。——编者注

（顺便提及，磅的通用缩写“lb”源自古代罗马重量单位的名字 libra。）大小为 x 单位的力由长度为 x 单位的向量表示。这样力的大小在数值上等于表示它的向量长度。例如，在图 2-20a 中，向量 A 代表 1000 磅水平向左的力。同样，图 2-20b 中向量 B 代表 10 磅水平向右的力。更长或更短的向量按比例代表更大或更小的力。假设图 2-19a 中梁对柱子向下的压力是 2000 磅，与柱子向上的反作用大小相等。图 2-20a 考虑了力的方向和大小，画出了这两个垂直向量。图 2-20b 展示了不同大小的力的情况。比如，垂直向量可能代表一个重 120 磅的妇女施加在地面上的重力。这组图里的第二个可能表示一个重 50 磅的物体受到沿对角线斜向上的 30 磅的力。你能想象出一圈 5 磅的力推一个点的情形吗？我们下面将要讨论的力，其方向可以根据上下文明显看出，因此我们用大写字母 F_1, F_2, F_3 或 P_1, P_2, P_3 表示力的大小。当我们提到力 F 以这种或那种方式起作用时，力的方向将会很容易看出，通常 F 指其大小。

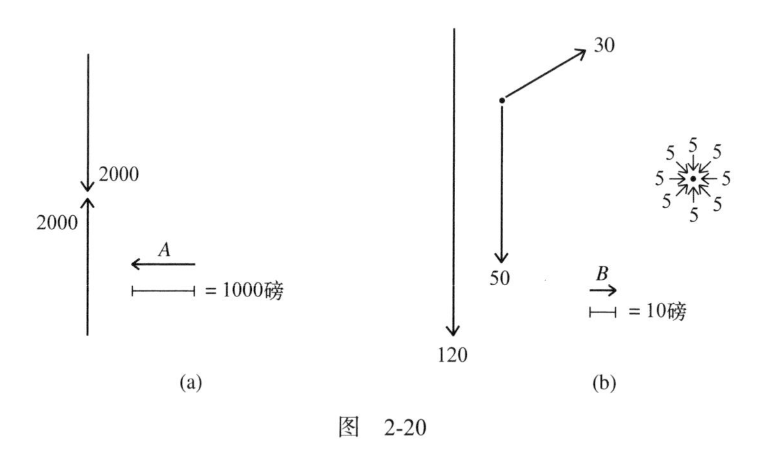

图 2-20

考虑大小为 F_1 和 F_2 的两个力作用在同一点上。二者的合力如何？如果这两个力的方向相同，则合力大小为 F_1+F_2，方向与这两个力相同。如果两个力的方向完全相反，则合力的方向与较大的力相同。如果 F_1 较大，则合力的大小为 F_1-F_2。一般而言，按如下方法确定两个力的合力。确定代表两个力的向量的位置，使它们的起点相一致。如图 2-21a 所示，这样就确定了一个平行四边形，从它的公共起点出发的对角线确定了一个向量。该向量代表一个力，这个力不管从方向还是大小上都是前两个力的合力，即合向量。这就是*平行四边形法则*。图 2-21b 和图 2-21c 表明将两个向量的起点和终点相连，也能获得合向量。图 2-21d 给出了一个用数字表示的例子。大小为 40 和 75 的两个向量互相垂直，则意味着其合力的大小可以通过勾股定理得到，为 $\sqrt{40^2+75^2}=$

$\sqrt{7225}=85$ 磅。

如果几个力作用在同一个点上，则其合力可以通过逐一应用平行四边形法则确定。请看图 2-21a 和图 2-22a 中的 4 个力 F_1、F_2、P_1、P_2。第一对力的合力为图 2-21a 中的力 F，第二对力的合力为图 2-22a 中的向量 P。通过运用平行四边形法则，可得 F 和 P 的合力为图 2-22b 中的 Q。任意多个向量的合向量都可以通过将它们按任意顺序将起点和终点相连得到。图 2-22b 中图形的外层折线展示了如何通过这种方法得到 F_1、F_2、P_1、P_2 的合力 Q。

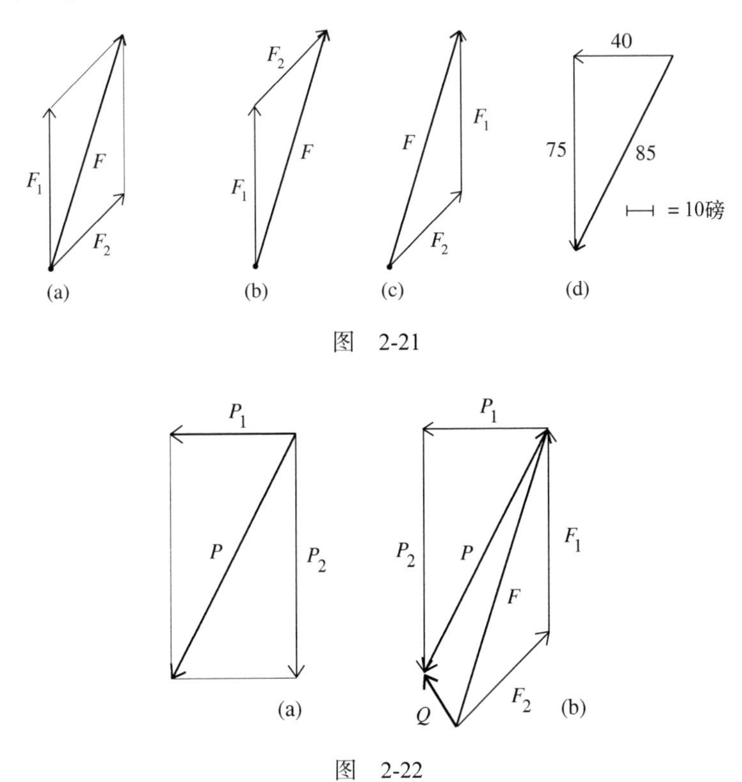

图　2-21

图　2-22

重要的是，合力的大小在数值上总是等于用来代表它的向量的长度。这意味着用向量来表示力不仅是一种研究力的简便方法，它还给出了一条认识力的作用方式的重要途径。

给定力 F。图 2-23a 中用虚线确定了一个方向，θ 角表示虚线与力的方向间的夹角，其中 $0^\circ \leqslant \theta \leqslant 90^\circ$。图 2-23b 从力向量 F 的尖端出发画一条垂直于虚线的垂线，将垂线所确定的向量加入。该向量代表力 F 在 θ 方向上的分量。如果 l 是该向量的长度，

则 $\cos\theta=\dfrac{l}{F}$。F 在 θ 方向上的分量大小为 $F\cos\theta$。为了记住这一分量的大小由余弦而非正弦给出，可以认为该分量从某种意义上说，与原来的力相邻。同样，力在方向 $90^\circ-\theta$ 上的分量大小为 $F\cos(90^\circ-\theta)$。应用 2.3 节中基本的三角恒等式，它也等于 $F\sin\theta$。图 2-23c 表明 F 的这两个分量确定了一个矩形，F 在矩形的对角线上。根据平行四边形法则，这两个分量的合力等于原来的力。

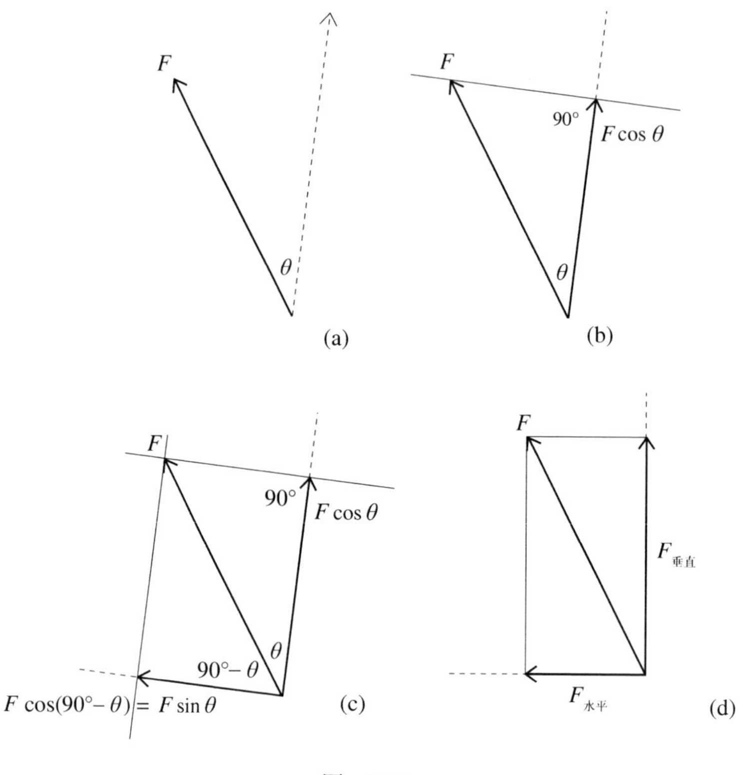

图 2-23

将力分解成分量 设给定一个大小为 F、方向为 θ 的力，其中 $0^\circ\leqslant\theta\leqslant 90^\circ$。则 F 在 θ 方向和与 θ 垂直的方向上的分量大小分别为

$$F\cos\theta,\quad F\cos(90^\circ-\theta)=F\sin\theta$$

这两个分量的合力是原来的力。图 2-23d 演示了这类分解的一种最重要的情况：力 F 的两个分量是垂直分量和水平分量。

只有金字塔的每一个石块用同样大小的力抵消重量对它的向下的压力，它的结构才能稳定。同样，柱梁结构要可靠，需要柱子有向上的力，其大小应等于负载对它产生的向下的力，除此之外，梁的制作材料的内部结构应能承受由重力产生的对它的拉伸力。这些例子是普遍原则——结构建筑第一原则——的一些具体情况。一座建筑及其结构构件要想稳定，该结构每一点处的力的总作用效果必须为零。否则，哪个点上有非零的作用力，哪个点就会移动，从而导致建筑发生移动，进而可能产生崩塌。即使只是最轻微的不平衡，多余的力也会使物体移动。有问题的力除了外力（如重力）外，还有建筑所用材料的内力（如反作用力和挤压力）。这一“只有零移动才能稳定”的原则实际上太过严格。毕竟，许多建筑物即使因风、热和地震的作用而移动却依然完整无损：摩天大楼被设计成通过向后的推力来应对强风，从而实现可控的运动平衡，以此对抗强风；建筑物会随温度的变化膨胀和收缩却不受到损害；较新的建筑物通常设计成能跟随地震的作用起伏而不倒塌。但是，考虑到本文的重点是刚性砌筑建筑物，以上的这些影响都可以看成次要的，主要用“只有建筑的每一点的总作用力都为零才能稳定”的原则来分析它的建筑结构。垂直向下的重力是主要的力。正是由于这一原因，在分析中，基本策略是将力分解成水平分量和垂直分量。

最后让我们用一个例子来说明结构建筑第一原则。建筑工地上的一架梯子由水平地面支撑，以 60° 角斜靠在竖直刚性的墙上。一个工人爬上梯子的顶部。他连同他所携带的物品和梯子的总重量共 240 磅。图 2-24a 画出了梯子的横截面。我们认为 240 磅的总重量垂直向下施加在 A 点上，垂直的墙对梯子的反作用力也作用于 A 点。假设垂直的墙非常光滑，则墙对梯子的向上的摩擦力可以忽略。这样反作用力 H 是水平的，整个 240 磅的垂直负载由底部的 B 点承受。图 2-24b 画出了 B 点的 3 个力。它们是地板向上的反作用力、梯子向下倾斜的推力 P、防止梯子滑动所必需的摩擦力 F。假设梯子及作用在其上的力是稳定的。根据结构建筑第一原则，作用在 B 上的 3 个力达到平衡。因此推力 P 的垂直分量等于 240 磅，F 的大小与 P 的水平分量相等。根据图 2-24c，可知 $P\cos 30° = 240$，$P\cos 60° = F$。因为 $\cos 30° = \frac{\sqrt{3}}{2}$，$\cos 60° = \frac{1}{2}$，所以有

$$P = 240 \times \frac{2}{\sqrt{3}} = \frac{480}{\sqrt{3}} \approx 277.1\text{磅}，\quad F = \frac{480}{\sqrt{3}} \times \frac{1}{2} = \frac{240}{\sqrt{3}} \approx 138.6\text{磅}$$

注意，梯子在 B 点的斜推力 P 大于梯子所支撑的 240 磅的负载。这似乎是不可能的。难道这个斜推力不该只是等于负载对梯子的力沿与斜推力一致的方向上的分量 $240\cos 30°$ 吗？事实并不完全是这样，因为还需要考虑墙的反作用力沿梯子向下的分量 $H\cos 60°$。这两个分量相加则有 $P = 240\cos 30° + H\cos 60°$。据此我们可以计算 H，

得$\frac{1}{2}H=\frac{480}{\sqrt{3}}-240\times\frac{\sqrt{3}}{2}$，因此

$$H=\frac{960}{\sqrt{3}}-240\times\sqrt{3}\frac{\sqrt{3}}{\sqrt{3}}=\frac{960}{\sqrt{3}}-\frac{720}{\sqrt{3}}=\frac{240}{\sqrt{3}}$$

因此有 $H=F$。这并不让人吃惊。人们本来就会预料到两个水平力 F 和 H 是互相平衡的。同样可以对 A 点的力进行分析，P、H 和 F 的结果均一致。

图 2-24b 抽象地表示出地板与梯子的接触点以及作用在该点的力。由于这一点独立于该结构的其他部分，这样的受力图被称为自由体受力图。

水平摩擦力是保持梯子在地面上不滑动所必需的，这一事实说明了一个非常重要的一般规律：除非对倾斜结构部件的推力的水平分量被整体结构所抵消，否则该结构不会稳定。

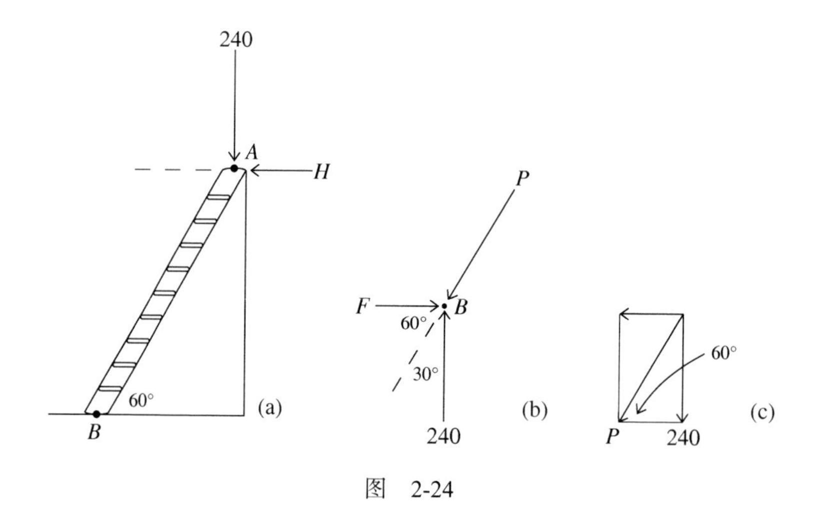

图 2-24

2.5 罗马拱

罗马建筑人员主要使用石制拱。图 2-25 展示了一个华美的范例。其他文明中也使用拱及与它相关的形式，如穹顶和拱顶，但只有在罗马人的手中，它们才成为一种新型建筑的基本元素。通过利用石头抗挤压的特性，拱能横跨大型空间。半圆拱券尤其容易建造，罗马人把它们广泛地用于建设桥梁、高架渠、竞技场、神庙和别墅。

图 2-25　以弗所城（今土耳其镜内）的哈德良神庙的拱，Evren Kalinbacak 摄

我们抽象地考虑一个典型的半圆形拱券。它的形状以及组成拱券的楔形块由两个同心圆的上半部分及一些半径所确定，如图 2-26a 所示。楔形块被称为拱石（voussoir 是法语单词，具有拉丁词根 volvere，意为“滚动”）。顶部的拱石是拱顶石。位于拱券和支撑柱之间的构件是拱墩。起拱点是指内表面上拱券开始上升的点。起拱线是由起拱点确定的线。通常它是该拱券内部半圆水平方向的直径。这些构件以及拱的跨度如图 2-26b 所示。

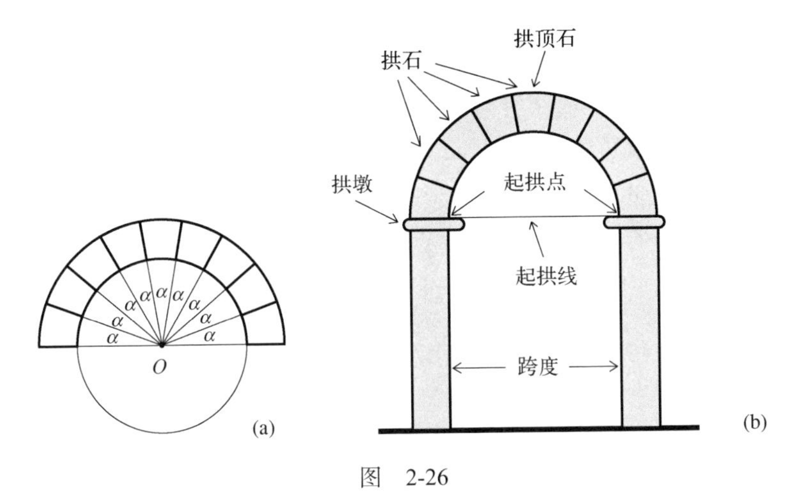

图　2-26

图 2-27a 展现了罗马人是如何建造拱券的。在建筑过程中，他们使用被称为拱鹰架的木制结构使拱石保持在正确位置。拱顶石放好后，其他的拱石就不会向内倾斜，它们都被固定在特定位置后，就可以把拱鹰架拿走了。拱石及拱券所支撑结构的重量会产生垂直向下的重力。这些力被弯曲的拱券改变了方向，转移到支撑柱上，从柱子又转到地面上，如图 2-27b 所示。这些力的稳定传送要依靠石头耐挤压的能力。不过要使这些力沿弯曲的拱券向下平稳传送，还需要抑制它们向外的水平分量。只有考虑到这些，拱券才能保持稳定。

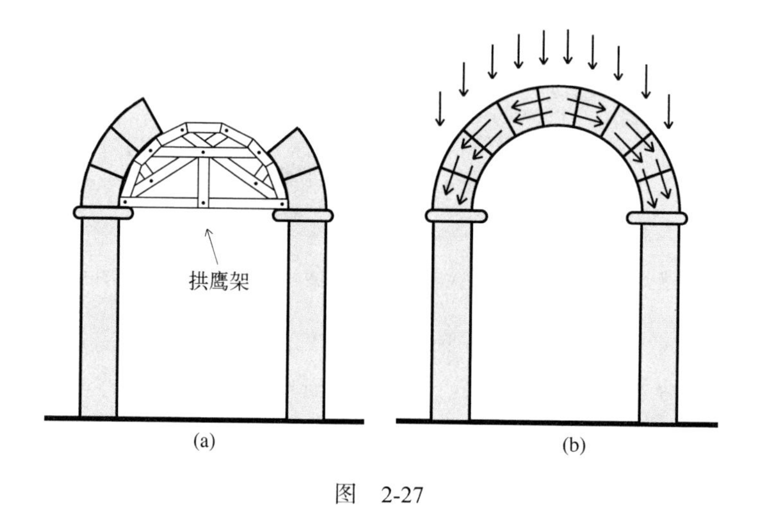

图 2-27

现在我们转而研究拱石重量所产生的力，重点研究它们向外的水平分量。假设拱券稳定且它只支撑自身的重量，没有额外的负载。如图 2-26a 所示的情形，我们假设拱石是相同的，所以每块拱石的重量都为 W，每块拱石的两条边都有同样大小的角度 α 。

拱顶石被放在正确位置，两块拱石紧挨在它下面，典型的拱石只由它下面的那一块拱石支撑。位置较低的拱石对位置较高拱石的推力有两个分量，如图 2-28a 所示。两块拱石的分界面上存在与它垂直向上的推力，沿着分界面方向有摩擦力。图 2-28b 画出了这两个力以及它们的合力。这个合力是位置较低的拱石对位置较高拱石的总作用力。在大多数情况下，罗马建筑师在建拱券时不使用灰泥，而依靠拱石精确的形状。因此，我们认为拱石的边非常光滑，这样摩擦力的影响是次要的。接下来的分析将忽略摩擦力，假设位置较低的拱石对位置较高拱石的推力垂直于它们的分界面。我们将单独考虑一块拱石，先从拱顶石开始研究。

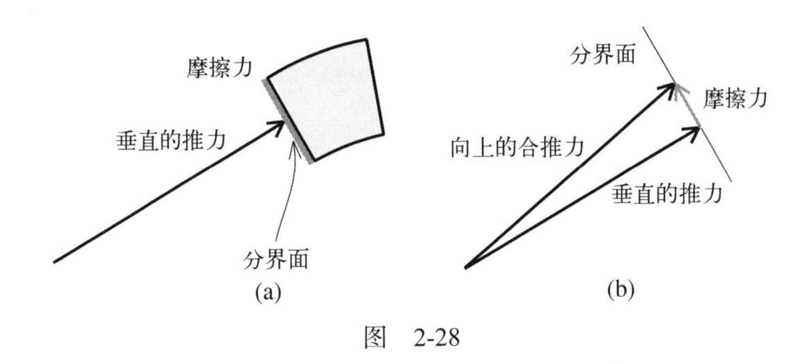

图　2-28

由于拱券是对称的，我们可以假设拱顶石的两个推力大小相等，设为 P_0，如图 2-29 所示。因为这两个力的垂直分量一起支撑了拱顶石的重量，则每个垂直分量均等于 $\frac{W}{2}$。现在转到图 2-30a。点 C_0 是拱顶石的中心（质心）。图 2-26a 给出了 O 点的位置和位于 O 点的角 $\frac{\alpha}{2}$。选择 A 点，使线段 AC_0 与向上的推力在一条线上。取 B 点，使 AB 水平，从而垂直于 C_0O。注意两个直角三角形的斜边分别为 OC_0 和 AC_0，它们有公共角 C_0。因为任意三角形的内角和均等于 $180°$，则有 $\angle C_0AB=\frac{\alpha}{2}$。设 H_0 为 P_0 的水平分量。图 2-30b 中的两个角相等，推力 P_0 的垂直分量为 $\frac{W}{2}$，则可以得到如图 2-30c 所示的受力分析图。将力分解成分量，得 $H_0=P_0\cos\frac{\alpha}{2}$，$\frac{W}{2}=P_0\sin\frac{\alpha}{2}$。因此 $P_0=\frac{W}{2}\times\frac{1}{\sin\frac{\alpha}{2}}$，且有

$$H_0=\left(\frac{W}{2}\times\frac{1}{\sin\frac{\alpha}{2}}\right)\cos\frac{\alpha}{2}=\frac{W}{2}\times\frac{1}{\tan\frac{\alpha}{2}}$$

这是使拱顶石保持在合适位置的力的水平分量。

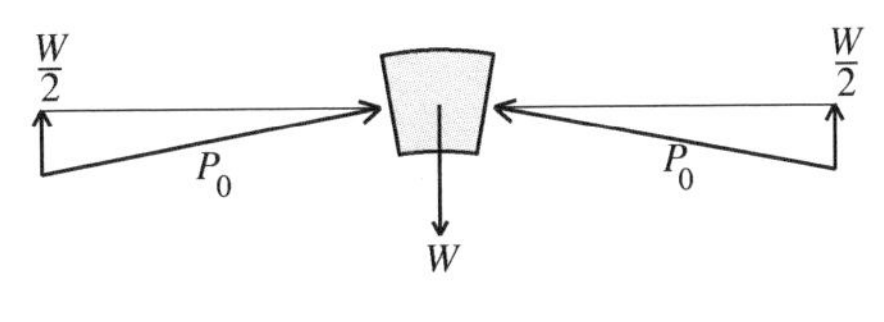

图　2-29

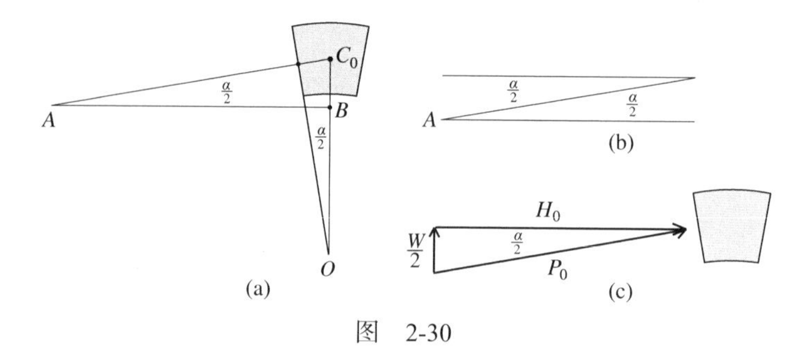

图 2-30

分析完拱顶石，我们可以将其从拱券中移除，转而分析紧挨在它下面的那块拱石所承受的力。图 2-31 考虑了拱顶石左边的那块拱石。设 P_1 是支撑并只支撑这块拱石的推力的大小，令 H_1 为其水平分量。P_1 的垂直分量等于拱石的重量 W。在图 2-31a 中，C_1 为拱石的中心，选择 A 点，使 AO 水平且 AC_1 与推力在一条线上。AC_1 垂直于拱石的边，则 A 点的角为 $\frac{3\alpha}{2}$。图 2-31b 中的两个角相等，则可以得到如图 2-31c 所示的受力分析图。将力分解成分量，得 $H_1 = P_1\cos\frac{3\alpha}{2}$，$W = P_1\sin\frac{3\alpha}{2}$。因此 $P_1 = W\times\frac{1}{\sin\frac{3\alpha}{2}}$，且有

$$H_1 = \left(W\times\frac{1}{\sin\frac{3\alpha}{2}}\right)\cos\frac{3\alpha}{2} = W\times\frac{1}{\tan\frac{3\alpha}{2}}$$

这是 P_1 的水平分量，它使该拱石保持在拱顶石的左侧。

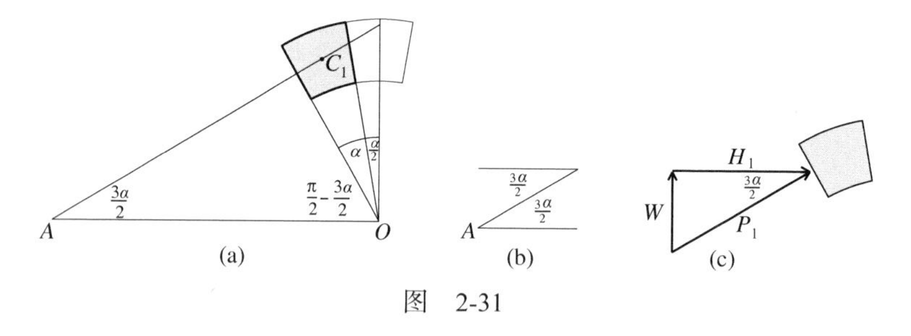

图 2-31

用与图 2-31 类似的方法可知，负载拱顶石下方第二对拱石所需要的力的水平分量是 $H_2 = W\times\frac{1}{\tan\frac{5\alpha}{2}}$。对第三对拱石，这一水平力为 $H_3 = W\times\frac{1}{\tan\frac{7\alpha}{2}}$。你看出这些式子

中 H_1、H_2、H_3 所遵循的模式了吗？这种模式在后续的拱石对中会一直持续下去。（$H_2 = W \times \frac{1}{\tan\frac{5\alpha}{2}}$ 的讨论参见问题 31。）

举个例子，假设 $W = 30$ 磅且 $\alpha = 20°$。因为 $9 \times 20° = 180°$，所以该拱有 9 块拱石。将 W 和 α 的值代入到前面得到的公式中（对计算结果四舍五入），得 $H_0 = 851$ 磅、$H_1 = 520$ 磅、$H_2 = 252$ 磅、$H_3 = 109$ 磅。则这些拱石在每一方向上产生的水平力共为 851+520+252+109=1732 磅。这是相当大的力，尤其考虑到这 9 块拱石的总重量是 $9 \times 300 = 2700$ 磅。当然，如果拱还需要支撑负载，产生的水平力会更大。

支撑拱石所需的力的水平分量如图 2-32 所示。因为拱券是稳定的，所以这些力需要由拱券所在的整体结构来提供。我们也可以从结构建筑第一原则的角度进行分析。该原则告诉我们稳定拱券的拱石对结构产生推力，其大小与上述力相同，方向相反，这些向外的力需要由结构整体来承担。这种向外的力被称为侧推力。图 2-25 的拱中，最底部拱石的水平延伸部分向里推，这一推力被逐块向上传送到拱石上，用来抵消水平侧推力。

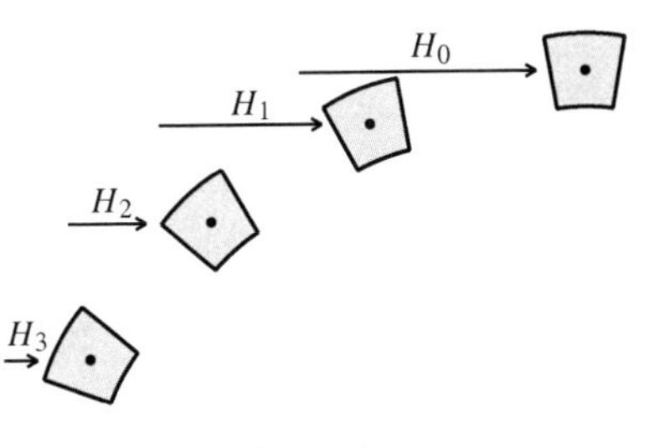

图　2-32

上文对拱所做的分析，考虑的是单块拱石。它研究了支撑单独一块拱石的斜向上的推力及其水平分量。图 2-32 总结了这些研究结果。由于结构对称，同样的结论也适用于拱的另一侧的拱石。但拱券内部的实际情况并非如此。相对的每两块拱石支撑着位于两者之间的拱券的所有部分，而不是仅支撑其上方紧挨着的那对拱石。拱石非常光滑的假设限制了它们表面摩擦力的影响。而在拱券的动力学中，摩擦力实际上起到一定作用。考虑一个界面，可以注意到摩擦力向上推上面的拱石，向下推下面的拱石。尽管我们分析时所做的简化假设意味着得到的结论只是一个近似，但这种分析还是抓住了拱的基本性质。重要的是一定要记住，要对复杂结构（无论多复杂）做任何定量分析，首先必须做假设简化，因而只能得到估计的结果。为了使这些估计有用，做假设简化时，必须要抓住结构的主要特征。有趣的是，在分析半圆拱时可以注意到，实际的水平侧推力比忽略摩擦力后所得到的结果小。因此，用这种分析方法计算水平侧推力并用其设计拱形结构时，需要给出安全裕度或系数（见问题 32）。

维特鲁威的书是罗马建筑实践的全面记录。对当前的讨论，他的评论是：

> “当用到拱……最靠外的墩柱必须建得比其他墎柱厚，这样当楔形石在墙的负载的压力下开始……向外推拱座时，它们可以有一定的强度来抵抗。”

这段评论使人们确信古罗马建筑师知道他们的建筑需要处理拱（还有拱顶和穹顶结构）产生的侧推力。但是古罗马建筑师和工程师不可能定量分析力。力能分解成分量并可以用三角学进行估计的想法超出了他们的知识范围。他们只能靠经验，在建造时反复试验，纠正以前出现的错误和误差。

利用石头、砖和混凝土，罗马人建造了管道系统，将附近山中的泉水引入到他们的城市，得到新鲜的水。水只靠重力流动，不用水泵。这就要求管道从高处的泉眼向城市终点的水库逐渐向下倾斜。沿途遇山要挖隧道，遇谷需架桥梁。高架渠正是实现这些要求的建筑。它包括一排排叠成几层的被称为拱廊的半圆形拱。法国南部横跨在加德河上的罗马式水渠建于公元前 20 年到公元前 16 年，让人印象深刻，如图 2-33 所示。最高的那层半圆拱券让输送水流的管道通过。它位于山谷上方，高 160 英尺，长 882 英尺，拱券的跨度为 20 英尺。下面两层的拱券除了中间的跨度为 80 英尺外，其余都是 60 英尺。为了能支撑桥面，最底层的一排拱做得要更厚一些。这么厚的拱形结构称为拱顶，更精确地说，它被称为筒拱顶。图 2-34 展示了拱廊中两拱所夹的三角形区域内填充的抗挤压砌筑材料是如何平衡拱的水平侧推力的。

图 2-33　法国南部的加德桥（罗马式水渠），Hedwig 摄

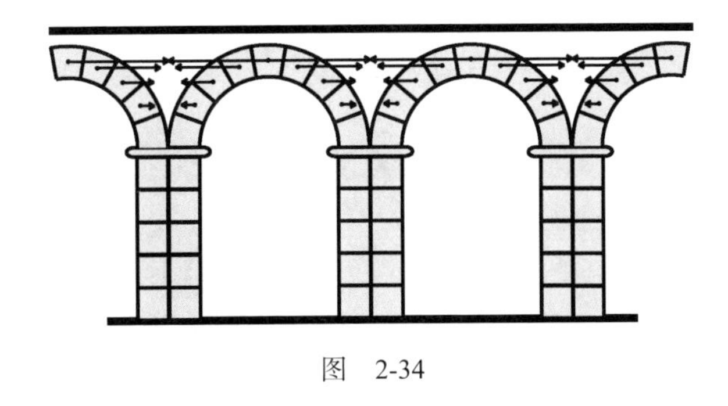

图　2-34

罗马人的另一项重要革新是混凝土的使用。他们发现在石灰、沙子、碎石和砌筑材料里混入某种火山灰，再加上水后，就能得到一种混合物，该物质变硬后的密度与石头相似。该混合物在变硬前，可以改变形状，进行浇筑。维特鲁威把火山灰描述成“一种自然存在的灰，用这种天然粉末，靠自然的力量就能产生让人吃惊的结果”。他的论文讨论了罗马混凝土的合成及应用。罗马人认识到混凝土的强度并将其用在他们的许多建筑物中。因为涂抹混凝土的建筑并不美观，罗马人开始熟练地使用砖、灰泥、大理石和马赛克对建筑进行装饰。罗马混凝土的密度很大，它被人们手工分层涂抹在大块石头和砌筑碎片周围。它的抗挤压强度大，但抗拉伸强度小。罗马混凝土并不比传统的石头和砖等建筑材料更具有结构上的优势，它的广泛应用只是出于施工和经济上的考虑。相对而言，用它施工更为容易，也相对便宜。现代混凝土与罗马混凝土有一个重要的不同点。虽然罗马混凝土的密度大，但现代混凝土是流体的且成分均匀，不仅能被浇筑成形，还能浇筑到钢筋网中，它的强度被大大提高，尤其是抗拉伸强度。

2.6　罗马竞技场

罗马人广泛使用拱廊结构。希腊人在半山坡上凿出大剧院，用山体支撑倾斜排列的半圆形座位（见图 2-3），而罗马人则不是这样，他们在城中的平地上修建剧场和竞技场。这需要有大量的混凝土、砌筑材料和石头作为基础。罗马人使用拱券和筒拱顶来支撑座位区，建立观众入口。罗马剧院和竞技场四周带拱廊的外墙实际上是半圆形或椭圆形分布的沟渠。罗马的马赛卢斯剧院建于公元前 13 年至公元前 11 年，正是符合以上描述的一个范例。它的平面图如图 2-35 所示，其座位区约能容纳 11 000 人。环绕的半圆形拱廊半径约为 200 英尺。图 2-36 展现了该建筑的残余部分。

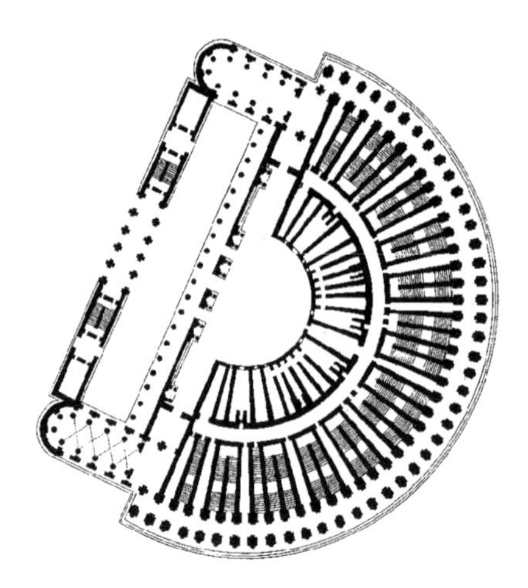

图 2-35 罗马马赛卢斯剧院平面图

图 2-36 罗马马赛卢斯剧院残余的墙壁结构，Joris van Rooden 摄

几十年之后，罗马人雄心勃勃地开展了一个大型项目。它的设计从一个如图 2-33 所示的高架渠开始，但它的长度更长，且围成椭圆形，两端相接。在这个椭圆拱形结构的内部，还有一个同样的结构，与它平行但比它矮。再向里还有第三个更矮的结构，以此类推，最后有个最矮的椭圆围出了活动区域。这些带拱廊的椭圆结构由一些拱券和筒拱顶连接，它们沿椭圆结构及从外到内的椭圆半径方向分布。这一设计是罗马竞技场的核心，也是它的精华所在。筒拱顶作为观众的入场通道，也是倾斜座位区的支撑。图 2-37 和图 2-38 展示了如今罗马竞技场残留的遗迹。图 2-37 展现了一个外部和两个内部的椭圆结构。注意外部椭圆结构光滑的外表面依旧完好无损。内部的椭圆结构表面有损坏，我们可以看到它建造时所用的坚硬的混凝土。

图 2-37　罗马竞技场，Marcok 摄

图 2-38　竞技场的鸟瞰图，选自 Michael Raeburn 的《西方世界的建筑》，纽约，Rizzoli 出版社，1980。普林斯顿大学图书馆，马昆德艺术建筑藏书室，Barr Farre 收藏

罗马人究竟是如何构造出竞技场一系列平行的椭圆结构的？这在学术上一直是个存在争议的问题。他们很有可能是通过逐个连接圆弧得到的。人们已经知道，早期的一些小型罗马圆形剧场的椭圆形结构是用圆弧构造的，方案如下。在一片平坦、水平的地面上，画出一个等腰三角形 T，如图 2-39a 所示。三角形底边长度为 b，高为 h。顶点记作 1、2、3，从 1 到 2 与从 3 到 2 的边的长度都等于 s。紧挨着它再画一个与它全等的三角形，使顶点 1、2、3、4 构成一个菱形。像图中那样延长菱形的 4 条边，延长线的长度为 r。在 1、2、3、4 处钉上钉子。在点 1 处的钉子上系上一根绳子，标

出它到 A 点的长度 r，从 A 到 B 画一条圆弧。接下来在钉子 2 处系一条绳子，将它拉到 B 点，从 B 到 C 画一条圆弧。接着在钉子 3 和 4 处同样画出从 C 到 D 和从 D 到 A 的圆弧。这 4 条圆弧连接起来就形成如图 2-39b 所示的椭圆。该椭圆在点 A、B、C、D 处从一个圆弧到另一个圆弧的过渡非常平滑。事实上，圆上的任意一点 P 处的切线均垂直于从圆心到 P 点的半径（见图 2-40a）。将这个事实用在点 A 和从 1 到 A 点的半径以及从 4 到 A 点的半径上，如图 2-41b 所示，可得过 A 点的两圆弧的两条切线重合，因此在 A 点的过滤是平滑的。出于同样的原因，B、C、D 点处的过滤也是平滑的。图 2-41a 给出了一个椭圆以及它的长短轴。图 2-41b 中的另外两个椭圆可以通过上述的方法重复构造，其中三角形仍为 T，而长度 r 却各不相同。从同一三角形 T 得到的椭圆互相平行，但形状不同。如果 r 比三角形底边要长，则椭圆接近于圆。如果 r 相对较短，则椭圆扁平。通过改变等腰三角形的形状，罗马人可以构造出无数个不同形状的椭圆。

根据 2-39b，椭圆的长轴长 $b+2r$，从椭圆中心到圆弧 DA 顶部的距离为 $s+r-h$。则短轴的长度为 $2s-2h+2r$。根据勾股定理，$s^2=h^2+\left(\frac{b}{2}\right)^2$，因此 $h=\sqrt{s^2-\frac{b^2}{4}}=\frac{1}{2}\sqrt{4s^2-b^2}$。因此，短轴长为 $2s-\sqrt{4s^2-b^2}+2r$。

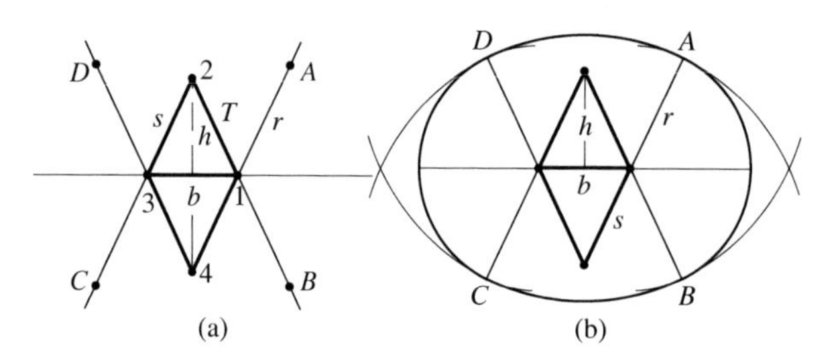

图 2-39　罗马人构造椭圆的方法

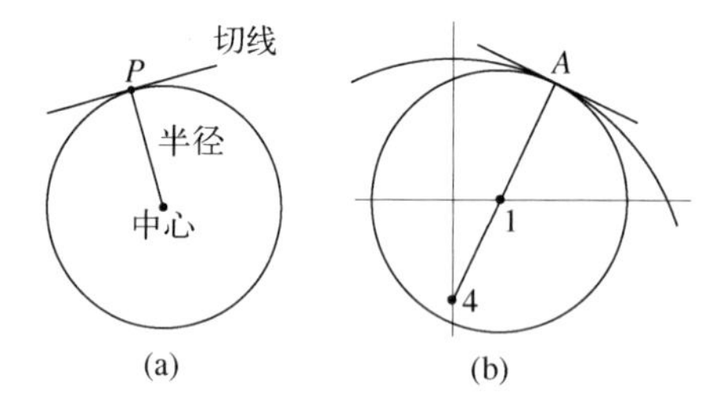

图 2-40　平滑的过渡

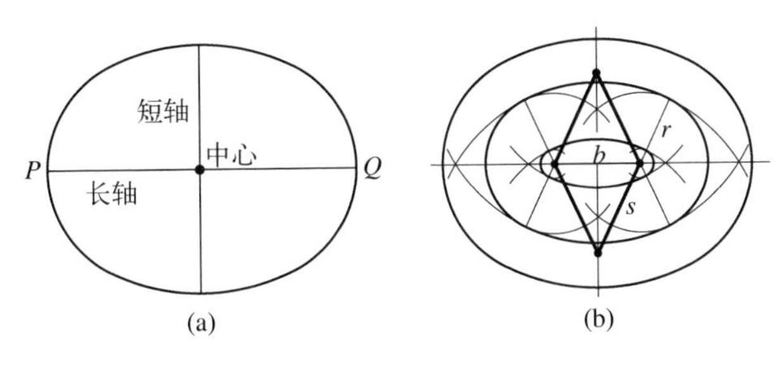

图 2-41　罗马椭圆

罗马建筑人员是用上述方法构造竞技场外部椭圆的吗？有可能。已知竞技场外部椭圆的长短轴长度约为 615 英尺和 510 英尺。取 $s=b$（则 T 为等边三角形），用以上得到的长短轴公式，可得

$$b+2r=615\text{，}\quad 2b-\sqrt{4b^2-b^2}+2r=(2-\sqrt{3})b+2r=510$$

解 b 和 r，得 b=143 英尺，r=236 英尺。则当 $s=b$=143 英尺，r=236 英尺时所获得的椭圆，其长短轴具有需要的长度。（问题 35 将进一步探讨该问题。）

竞技场于公元 80 年完工，是最大的古罗马遗迹。据估计，它的座位区能容纳 50 000 到 80 000 人，这里是罗马皇帝用血腥场面娱乐大众的竞技场。观众们在此观赏角斗士搏斗。这些“游戏”在公元 400 年中断之后，竞技场遭到漠视、故意破坏和地震的损害。在从文艺复兴开始的罗马复兴期间，它成为这座永恒之城里新建筑的采石场。18 世纪中期，罗马教皇宣称竞技场是纪念基督徒在此殉难的神圣纪念碑，停止了对它的拆除。

2.7　万神殿

罗马古迹中最让人印象深刻的是万神殿（不要与雅典卫城的帕提农神庙混淆）。它的总建筑师是罗马皇帝哈德良。它建于公元 118~128 年，用于祭祀罗马所有的神。它的立面图（对建筑立面的表示形式）如图 2-42 所示。万神殿的门厅是一座希腊科林斯风格的门廊，该门廊位于一个顶部被半球形穹顶所覆盖的大型圆柱形结构的正面。万神殿的穹顶被认为是传达美和力量的理想完美形状。彩图 5 展现了它壮观的内部。万神殿的圆形地板的直径为 142 英尺，穹顶的最高点离地约为 142 英尺。为了采光和透气，它的顶部有一个圆形的开口，即圆孔，直径约为 24 英尺。除了入口，圆孔是内部唯一的自然采光源。注意天花板上排成圆形的一些凹进去的矩形，即镶板。与希

腊人更重视外部空间和形式不同，罗马人更注意内部细节，他们在内部的框架里放上雕像，大量使用有凹槽的科林斯柱和壁柱（每两根柱子旁边的矩形垂直部件）。在建造万神殿的大型穹顶之前，罗马人需要对穹顶面临的结构难题有一定认识并且能够将其解决。

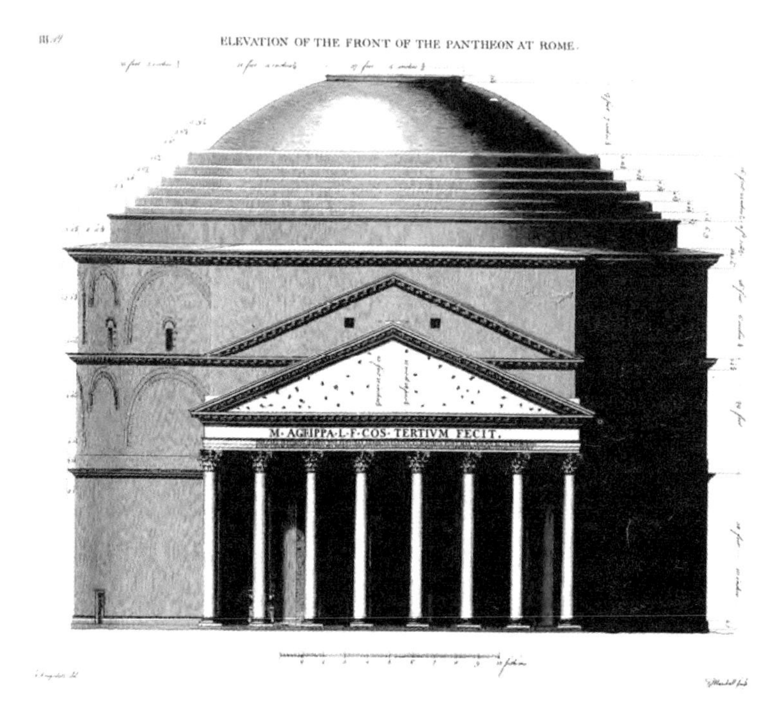

图 2-42 Antoine Desgodetz，雕版万神殿立面图。选自《古罗马的建筑》，巴黎，Claude-Antoine Jambert 出版社，1779

穹顶的壳是它的结构部分。一般而言，穹顶壳是砌筑或用混凝土建造的。图 2-43 展示了如何通过经中心轴垂直切割穹顶把壳看成拱的组合。就像之前研究的那样，这些拱产生向外的水平力。因为随着高度的增加，壳的这些拱越来越细，它们的重量也越来越轻，因此水平力也比以前小。但是，与图 2-33 和图 2-34 中的高架渠不同，这里只有穹顶底部和壳的内部阻力来抑制它们。穹顶过其垂直中心轴的垂直切面称为子午线，水平圆形切面则称为环，如图 2-44 所示。环是壳的环形水平切面。环上作用有两个力，一个是穹顶底部沿刚性壳向上传递的推力，另一个是环上方穹顶向下的重力。靠近顶部时，重力已不重要，从下传递的该结构的推力占主要地位，这就使环受到挤压，正如拱的拱顶石受到挤压一样。而在非常靠下的地方，环上方壳的重量超过了下方传递的向上的推力。这一多出来的力产生向外推的水平分量，使环（只有从底部到壳约 $\frac{2}{3}$ 部分的环）受到拉伸，如图 2-44 所示。这种拉伸力被称为环向应力。结构建筑第一原则告诉我们，除非壳能耐拉伸，否则穹顶壳将环向扩大，某些子午线上会产生裂缝（极端情况下能造成结构破坏）。

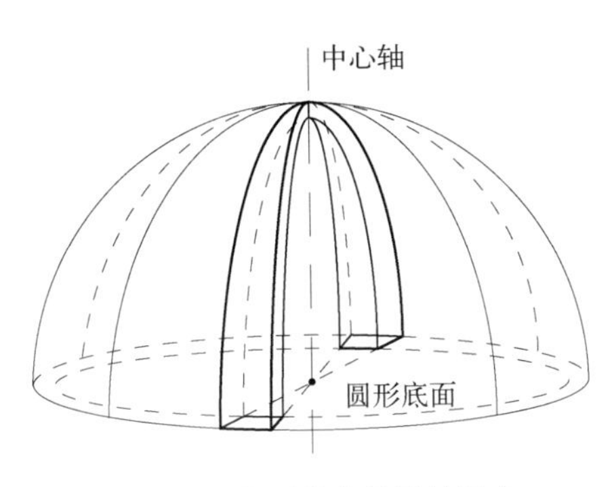

图 2-43　穹顶的壳是拱的组合

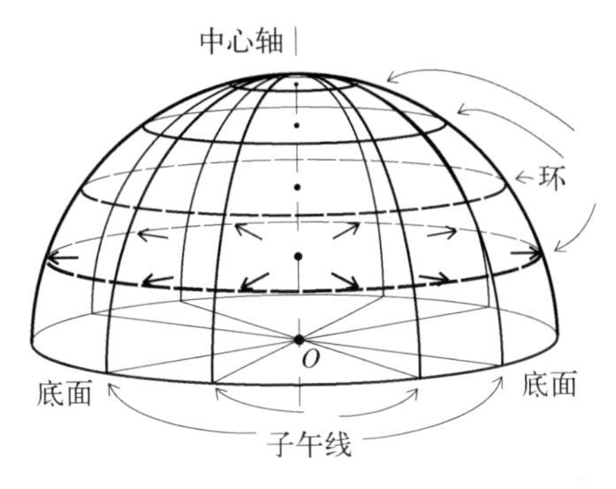

图 2-44　穹顶壳上的环向应力

罗马人用混凝土建造万神殿。混凝土是一种相对容易使用的建筑材料，但就像砖或石头一样，它的抗拉强度小。因此，虽然它使万神殿的建造变得容易，但相对而言，它在限制穹顶壳的环向应力方面性能较差。不过只要在混合时增加轻的或重的骨料，即石头或砌筑材料，混凝土就能变得较轻或者较重一些。罗马人利用了这个特性，将混合重量轻的火山岩浮石制成的混凝土作为穹顶上部，减轻了穹顶的重量，从而减小了环向应力。穹顶壳上大部分的混凝土每立方英尺①约重 81 磅，而承重圆柱形墙上方的壳的密度约为每立方英尺 100 磅。顶部的圆孔不仅能透光透气，还进一步减轻了穹顶的重量。（7.2 节将用基础微积分估算穹顶的重量。）为了限制穹顶底部向外的侧推力，罗马人使承重圆柱形墙的厚度达 20 英尺，所用混凝土的密度从墙顶部的每立方英尺 100 磅增加到底部的每立方英尺 115 磅。圆柱形墙里的混凝土骨料含有密集、有弹性的玄武岩火山石。刚性混凝土壳将推力从底部向上传递。与桶箍把木板绑在一起的方法类似，这个推力向内的分量抵消了环上的拉伸应力。万神殿的圆柱形墙建在坚实的地基上。地基所用的混凝土也含有玄武石，每立方英尺 140 磅（接近于现代标准混凝土每立方英尺 150 磅的密度）。

彩图 5 展示的壳内侧的镶板向内凹得不深，并没有结构上的用途，对穹顶的重量

① 1 立方英尺 ≈ 0.028 立方米。——编者注

没有本质上的影响。但是镶板所需要的水平和垂直棱线的配置确实与在后期穹顶和拱顶中起到重要结构作用的拱肋部件相似。罗马人经常将砌筑材料和混凝土块用在拱券和穹顶外侧位置较低的部分，目的是增加这些结构的稳定性。他们将环形台阶建到万神殿穹顶靠下的部分（见图 2-42 和图 2-45），有可能是想实现以上功能，并限制环向应力。但是最近的研究表明，环形台阶在这一点上似乎没起什么重要作用。修建环形台阶也可能是为了方便人们在外壳上从事建筑工作。穹顶建造时使用了拱鹰架，许多精心搭建的木材从万神殿的地面上竖起，用来支撑不断增加的壳，直到建设完成、浇筑上混凝土。

图 2-45　万神殿截面图，选自安德里亚 · 帕拉迪奥的《建筑四书》，威尼斯，1570。普林斯顿大学图书馆，马昆德艺术考古藏书室

图 2-45 绘出了万神殿中心垂直截面图的一半。它展现了壳的结构、圆柱形承重墙的截面、圆孔以及环形台阶。沿壳向下的向量代表穹顶的重量向下传递。它们的水平分量产生了前面讨论过的环向应力。箭头向上的向量代表壳从其圆柱形底部所获得的支撑。它们的水平向量抵消了环向应力。加粗的弧位于一个半径为 $\frac{1}{2}\times 142 = 71$ 英尺的圆上。它的圆心 C 是拱鹰架上的一点，在建造过程中，万神殿的施工人员从这点开始向上面各个方向拉长绳子，确保球形壳的形状。

尽管人们做出各种努力来控制万神殿穹顶的环向应力，但它还是在穹顶的一些子午线上产生了大量的裂缝。裂缝的分布通常与圆柱形墙上部的开口（图 2-42 和图 2-45 展示了其中的一些）相对应。这些开口增加了它们周围壳的环向应力。不过万神殿已屹立了近 1900 年，这一事实告诉我们罗马人是多么成功。万神殿是建筑历史上最重要的建筑物之一。古罗马设计和建筑实践影响深远，很难想象如今的建筑物如果不使用拱券、穹顶和混凝土会怎样。

2.8　问题和讨论

第一组问题将研究能在欧几里得的《几何原本》中找到的基础希腊几何学。之后的一组是关于三角学的问题，再接下来的一组将研究力，余下的大多数问题将关于拱。一些问题的求解依靠之前问题的结论。最后用 3 个讨论结束本节，它们均与本章讨论过的题目密切相关。

问题 1　用图 2-46 证明三角形的内角和为 180°。

接下来的两个问题要使用全等三角形。如果把一个三角形移动到另一个三角形的上面，二者能够完成重合，则这两个三角形是全等的。图 2-47 的两个三角形是全等的。图左边的这个三角形应该怎样移动才能使它与右边的完全重合？

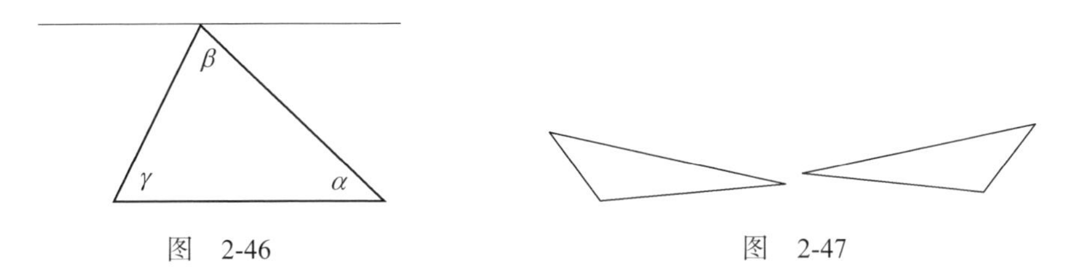

图　2-46　　　　图　2-47

问题 2 给定一个等腰三角形 ABC，底边为 AB，边 AC 和 BC 相等。证明$\angle A$ 和$\angle B$ 相等。【**提示**：将图 2-48a 中的三角形的侧边延长，使得 $CD=CE$，如图 2-48b 所示，可以证明三角形 CAE 与 CBD 全等。推出三角形 ABD 与 BAE 全等。】

问题 2 是欧几里得《几何原本》第一卷的第五个命题。它被称为 pons asinorum，这是拉丁语“笨人之桥”的意思。对这个名字有两种解释，比较简单的解释是证明时用的图（图 2-48b）像是一座桥。更通用的解释是《几何原本》第一卷的第五个命题是对读者智力的首次真正测试，它被看成通向下面更难命题的一座桥。不管它的来源是什么，pons asinorum 用来指对能力或理解力的关键测试，以区分反应敏捷的头脑与迟钝的头脑。

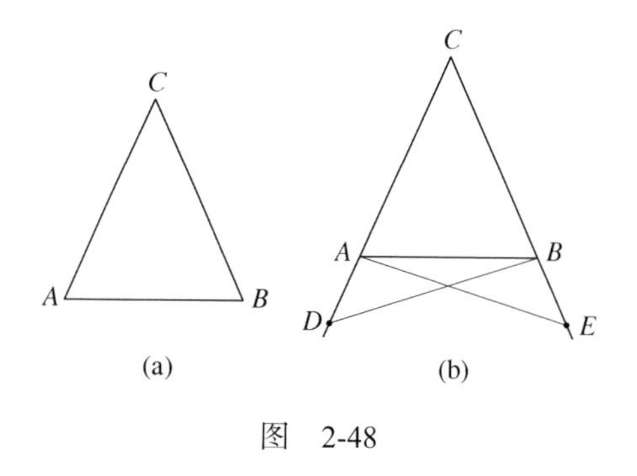

图 2-48

问题 3 证明图 2-4b 中的 $\angle AOE = \angle BOE$ 。【**提示**：两次使用问题 2 的结论。】

问题 4 在一个圆内作它的内接三角形，使三角形的一条边是该圆的直径。利用图 2-49 证明该三角形为直角三角形。

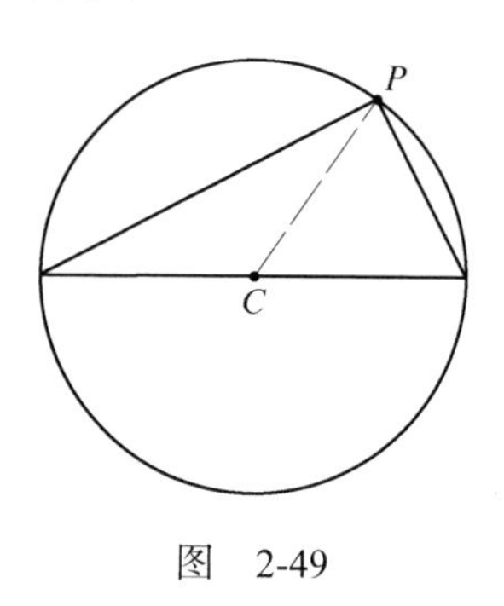

图 2-49

问题 5 令 R 为任意一个矩形，a 和 b 是它的边长，且有 $a \geqslant b$ 。

i. 在 R 的长边上添加一个正方形，形成一个新的矩形 R_1 。问 R_1 的边长是多少？证

明如果 R 为黄金矩形，则 R_1 也是。

ii. 在 R 的内部作一个正方形，使正方形的一条边与矩形的一条短边重合。设 R_2 为原矩形被正方形切除后余下的部分。则矩形 R_2 的边长是多少？证明如果 R 为黄金矩形，则 R_2 也是。

【提示：利用黄金分割率 ϕ 满足 $\phi^{-1}=\phi-1$ 的事实。】

参考图 2-12 中的帕提农神庙图像，分析包围它的黄金矩形。注意通过多次使用问题 5 的步骤 ii 可以得到图中的其他黄金矩形。

以下的几个问题是欧几里得的尺规作图练习。

问题 6　已知直线 L 和不在直线上的一点 P。过 P 点作一条 L 的平行线。【提示：首先过 P 点作一条 L 的垂线。】

问题 7　给定长度单位及长度为 1 的线段。实现下面 i 和 ii 的构造。解释如何完成 iii 和 iv 的构造。

i. 构造长度为 3 的线段。取任一线段，将其三等分。【提示：用与图 2-7 相似的方法构造。】

ii. 构造一条长度为 $\frac{5}{3}$ 的线段。

iii. 设 n 为任意正整数，如何构造长为 n 的线段？如何将一条线段分成 n 等份？

iv. 设 $\frac{n}{m}$ 为正有理数，如何构造一条长度为 $\frac{n}{m}$ 的线段？

问题 8　给定长度单位、长度为 1 的线段及正整数 n。构造长度为 $n+1$ 的线段，并以该线段为直径作一个圆。如图 2-50 那样作一条该直径的垂线，设其长度为 y。3 次使用勾股定理来证明 $y=\sqrt{n}$ 。这样对任意 n，都能构造长为 $\sqrt{n}$ 的线段。【提示：使用问题 4 的结论。】

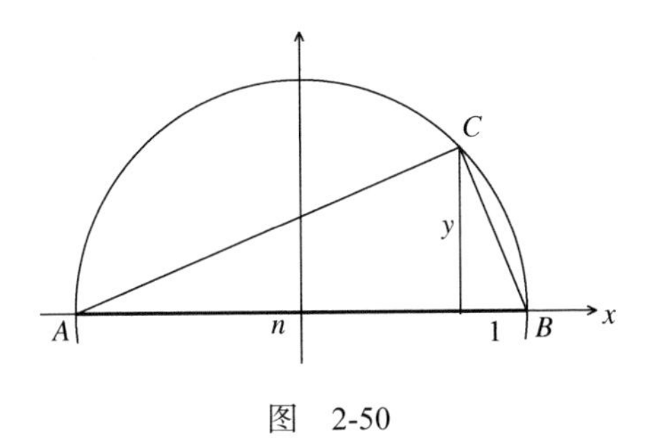

图　2-50

将一个角搬移到另一处是非常有用的构造。图 2-51 展现了如何用尺规将角 α 从 A 处搬移到 D 处。

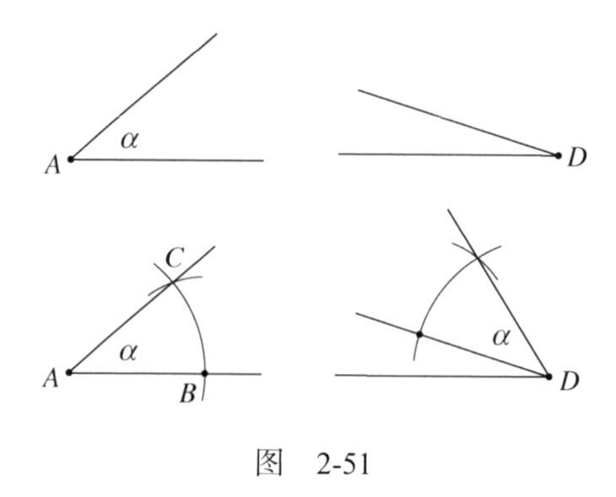

图 2-51

问题 9　给定图 2-52 中的角 α 和 β，构造 $\alpha+\beta$ 和 $\alpha-\beta$。

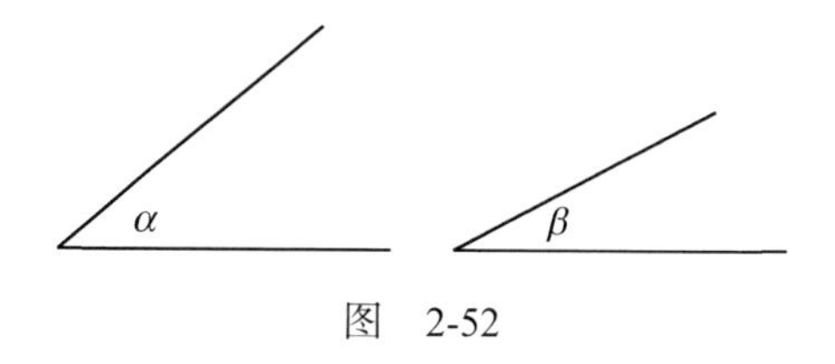

图 2-52

问题 10　用尺规构造 15° 角。

问题 11　构造 36°、18°、54°、24° 角。

问题 12　描述如何用问题 10 和问题 11 的知识构造正十边形、正十五边形、正二十边形和正二十四边形。

托勒密的综合性论述《天文学大成》（*The Almagest*）中提出了希腊三角学。希腊三角学在形式和认识上都与现代版本不同，但它们是等价的。问题 13 到问题 16 考虑了基础三角学。

问题 13　回顾图 2-10，设正方形的边长为 1。图 2-53 绘出了其中的三角形 ABC。证明该三角形的底边等于 $\frac{\sqrt{5}-1}{2}$，高 $h=\sqrt{\frac{5+\sqrt{5}}{8}}$。验证 $\sin 18^\circ=\cos 72^\circ=\frac{\sqrt{5}-1}{4}\approx 0.31$，$\sin 72^\circ=\cos 18^\circ=\sqrt{\frac{5+\sqrt{5}}{8}}\approx 0.95$。

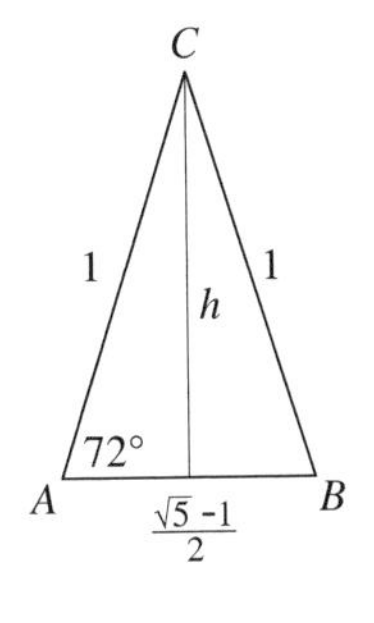

图　2-53

问题 14　考虑任意三角形的角是α 、β 和γ，与它们相对的边的长度分别为 a、b 和 c。证明正弦定理，即

$$\frac{\sin\alpha}{a}=\frac{\sin\beta}{b}=\frac{\sin\gamma}{c}$$

【**提示**：设α 和β 为三角形中小于 90° 的两个角。用图 2-54b 证明图 2-54a 中 $\frac{\sin\alpha}{a}=\frac{\sin\beta}{b}$ 。可以得到如果所有的角都小于 90°，正弦定理成立。如果其中一个角等于或大于 90°，设这个角为γ，考虑图 2-54c。用图 2-54d 证明 $\frac{\sin\gamma}{c}=\frac{\sin\alpha}{a}$ 。】

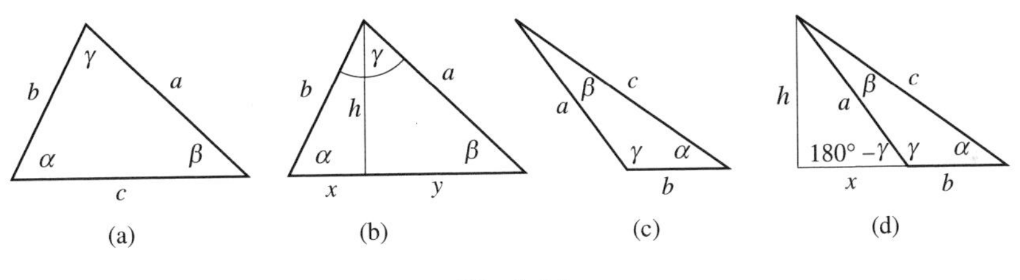

图　2-54

问题 15　考虑任意三角形的任意一个角γ。设γ 所对的边长度为 c，另外两条边的长度为 a 和 b。证明余弦定理，即

$$c^2=a^2+b^2-2ab\cos\gamma$$

【**提示**：如果$\gamma\leqslant 90°$，用与图 2-54b 类似的图，使用两次勾股定理即可。如果$\gamma>90°$，用图 2-54d 再使用两次勾股定理。】

三角形 T 和 T' 的角互相吻合时，这两个三角形相似。或者说，当这两个三角形的角对应相等时，这两个三角形相似。在图 2-55 中，因为两个三角形的角α 和α'、β 和β' 及γ 和γ' 对应相等，这两个三角形相似。（为什么只要两对角对应相等即可？）

问题 16 所有的几何学中都提到一个最重要、最有用的事实，即两个相似三角形对应边（位于对应角对面的边是对应边）的比相等。图 2-55 中，对应边是 $a \to a'$，$b \to b'$，$c \to c'$。则有

$$\frac{a}{a'} = \frac{b}{b'} = \frac{c}{c'}$$

用正弦定理证明相似三角形的这一性质。

剩下的问题研究力、梯子、拱、椭圆以及尺规作图。

问题 17 金字塔中石灰石的重量对它们下面的石块产生相当大的压力。考虑有 10 块石灰石，每块重约 12 吨。

i. 将这些石块竖直堆放，估计它们对底层石块的压力。

ii. 将这些石块堆成三角形。底层一排水平放置 4 块，在这排上面对称地放置 3 块，在它上面放置 2 块，最后在第三排上面放最后 1 块。估计底层 4 块石头中每一块所承受的压力。【提示：假设所有的石块均被垂直切割。做了这个假设后，有没有使结果偏离真实情况？】

问题 18 图 2-56 用简笔画绘出了一个人体。这幅画左右对称，人物完全静止地站着。单独取出画内 5 点中的每一点，作出受力分析图。说明每一点处的受力情况。

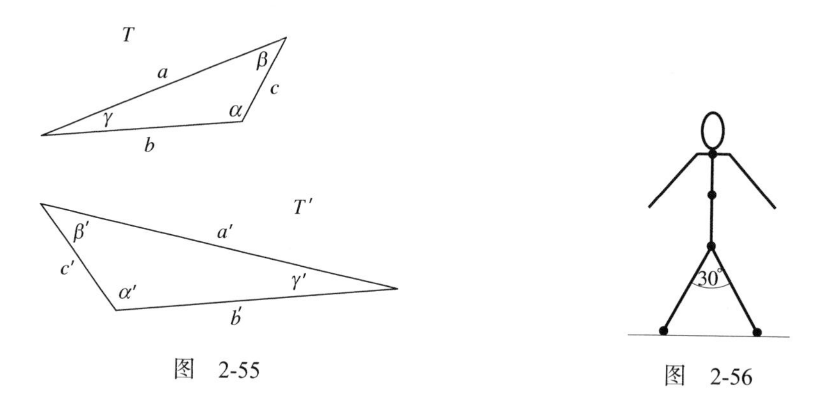

图 2-55

图 2-56

问题 19 图 2-57 中的向量代表力的方向和大小。用向量画出每种情况下力的水平分量和垂直分量并计算它们的大小。

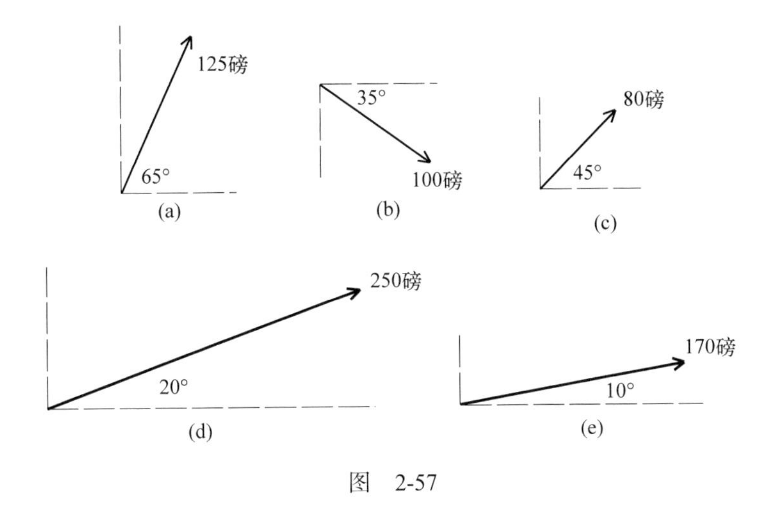

图　2-57

问题 20　图 2-58 中的每个图都代表两个力及它们的合力。辨别出每种情况中的合力。图中给出了一些力的大小（以及某两个力间的夹角）。用正弦定理或余弦定理计算没有给出的力的大小。

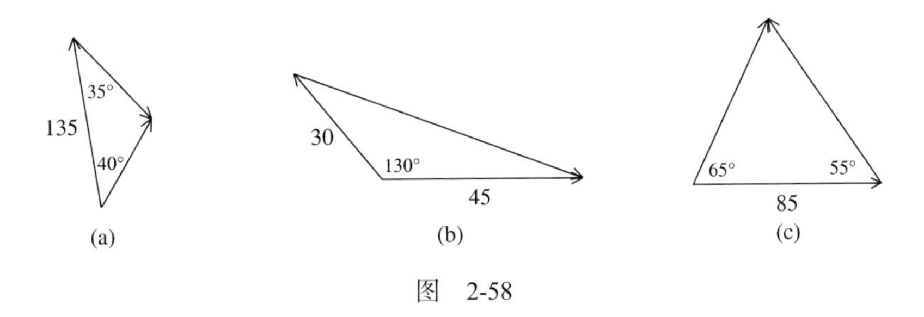

图　2-58

问题 21　参考图 2-59。向量 A 代表作用在某物体上的重力。向量 B 和 C 是对 A 进行分解后得到的分量。向量 D 是 B 的水平分量。图 2-59 说明向下的力 A 具有非零的水平分量，即 D。但由于原来 A 的作用方向垂直向下，所以这不可能成立。解释这一明显的矛盾。

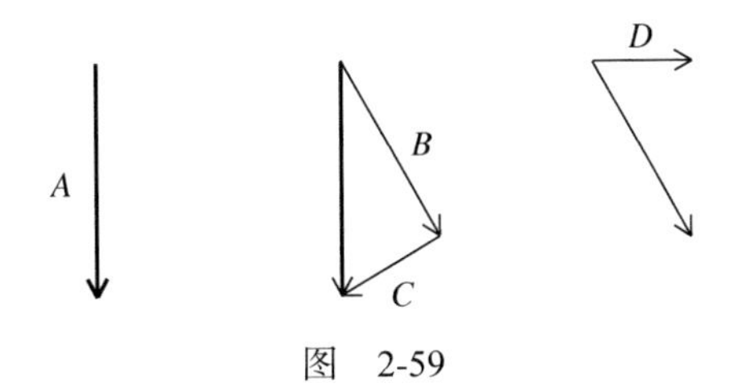

图　2-59

问题 22　回到图 2-24 中的梯子。假设它仍然以 60° 的角斜靠在光滑的墙上，但只有 190 磅的负载。计算此时力 F、P 和 H 的大小。

问题 23　假设图 2-24 中的梯子有 240 磅的负载，但它以 72° 而非 60° 的角斜靠在光滑的墙上。计算此时力 F、P 和 H 的大小。计算这些力沿梯子倾斜方向的分量，证明它们互相平衡。【提示：利用问题 13 的结论。】

问题 24　图 2-60 展示了一架梯子，它受到地板对它的垂直方向的力 U 和绳子对它的垂直拉力 V 的支撑并保持平衡。梯子的倾斜角为 β，α 是梯子与垂直方向的夹角。令 W 为梯子的重量。证明 $W = U + V$，并证明梯子沿其倾斜方向的向下推力为 $W\cos\alpha - V\cos\alpha = U\cos\alpha$。据此推出 B 点的摩擦力 F 必须为零。

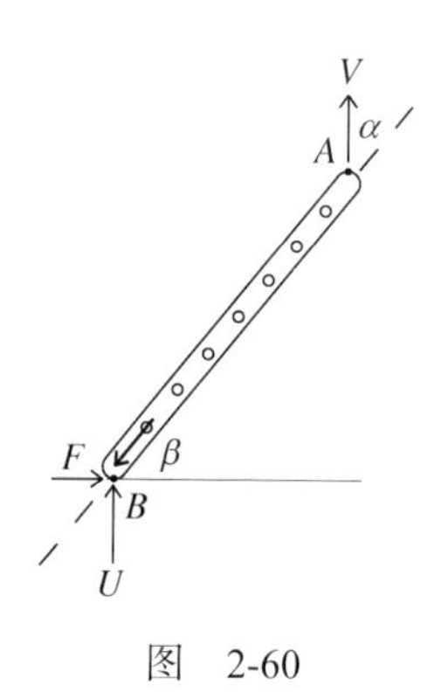

图　2-60

问题 25　调查彩图 4 中雅典卫城脚下半圆拱券的起源。

问题 26　研究加德桥的最底层拱。描述该结构有可能的崩塌方式。

问题 27　图 2-61 展示了巴尔米拉的罗马拱。巴尔米拉位于叙利亚沙漠的腹地。对该拱中拱顶石的滑落，2.5 节中的哪些知识能给出合理的解释？

图 2-61　巴尔米拉（今叙利亚境内）的罗马拱，Odilia 摄

问题 28　图 2-62 中的拱屹立在以弗所城内。它的跨度约为 6 英尺。假设拱石由砂岩制成，每立方英尺重 140 磅。考虑理想的情况，即该拱的 5 块拱石全部相同。估计该拱中拱石的重量，再估计上方 3 块拱石对底层两块所产生的向外的力的水平分量。【提示：通过将拱的表面看成是两个同心半圆的差来估计拱石的体积。给出相应尺寸的估计值。】

图 2-62　以弗所城的罗马拱

问题 29　考虑 2.5 节研究的罗马拱，其中 W=300 且 $\alpha = 20°$。假设该拱只有自重，没有任何额外负载。通过复习，可知上方 3 块拱石产生的每一侧的水平侧推力的估计值均为 $H_0 + H_1 = 1371$ 磅。在图 2-63 中，上方的 3 块拱石被粘接成一块大的拱顶石，重 900 磅。估计这块大的拱顶石在每侧产生的水平侧推力。为什么此时的侧推力比早先的 1371 磅要小得多？在回答这个问题之前，先考虑半圆拱被筑成一整块的情况。图 2-64 展示了这样的实心拱。这样的拱对两根支撑它的柱子产生的水平力是多少？重力会沿拱的方向产生水平力吗？如果产生，拱如何处理它们？

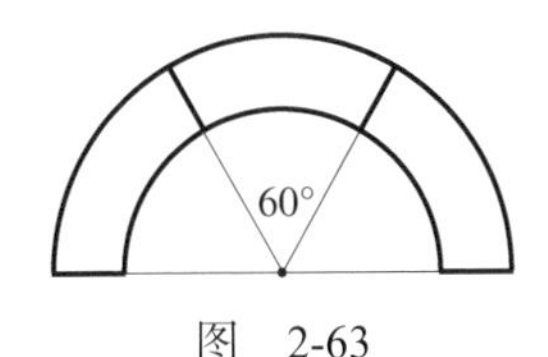

图　2-63

图 2-64　罗马哈德良别墅庭院内的拱廊

问题 30 研究图 2-65 中的拱。你认为它的拱石有可能不粘接在一起吗？拱有可能只靠拱石接触面处的力而维持原状吗？对后一种情况，解释拱石如何克服向外的水平侧推力。

图 2-65 瓦卢比利斯（今摩洛哥境内）的罗马拱，版权归 pabloqtoo 所有

问题 31 回到对拱石受力情况的讨论。图 2-66 与图 2-31 类似，也用于分析拱顶石下方（左侧）的第二块拱石。用该图证明作用在该拱石上的向上推力 P_2 为

$P_2 = W \times \dfrac{1}{\sin \dfrac{5\alpha}{2}}$，其水平分量为 $H_2 = W \times \dfrac{1}{\tan \dfrac{5\alpha}{2}}$。

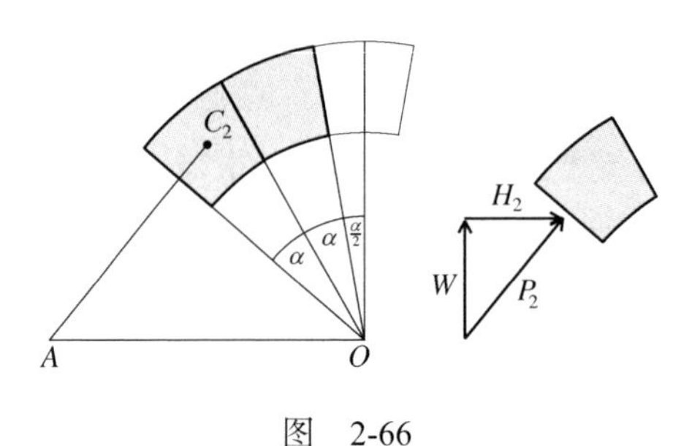

图 2-66

问题 32 我们在分析拱石产生的水平侧推力时，忽略了摩擦力的影响。考虑拱石接触面处的摩擦力作用，对该分析进行修正。修正后这些水平侧推力的估计值是变得更大还是更小？【**提示**：研究图 2-28b。】

以下 3 个问题研究 2.6 节中椭圆的构造。

问题 33 用等边三角形 T 构造一个短轴长 150 英尺、长轴长 200 英尺的椭圆。$b(s)$和 r 的长度应取多少？

问题 34　设 L 和 S 是由三角形构造的椭圆的长短轴的长度。证明用固定三角形构造的所有椭圆其 $L–S$ 值均相等。

问题 35　罗马竞技场外部椭圆的长轴和短轴分别约为 615 英尺和 510 英尺。而罗马竞技场内竞技区的内椭圆其长轴约为 287 英尺，短轴约为 180 英尺。这两个椭圆能用同一个等边三角形（b=s=143 英尺）设计吗?

问题 36　寻找纽约市内纽约证券交易所和华盛顿特区内的杰弗逊纪念堂的图片。它们让你想起了本章提到的哪些建筑物?

讨论 2.1　帕提农神庙的柱子　我们在 2.1 节了解到，帕提农神庙的建设者让其正面的柱子稍微向内倾斜。有些严肃的建筑文献提到，这种向内的倾斜非常精确，以至于如果将正面柱子的中轴线向上延长，它们就会在帕提农神庙上方的高空中交于一点，而这个必定存在的点的高度则各不相同。一篇报告指出是 6800 英尺，另一篇则认为是 16 200 英尺。图 2-67 绘出了正面角落上的柱子，展示了将两根角落柱子的中轴延长后交于有争议的一点。该图利用了帕提农神庙正面宽 110 英尺的事实（不过它没有按比例画）。角 α 是柱子的倾斜角。假设帕提农神庙的希腊建筑者如上面所述，想要得到中轴延长线的交点。因为 $\tan\alpha=\dfrac{6800}{55}$，所以他们需要使 α 的取值非常接近 $89.54°$。（确切地说，需要 $\alpha=89.536\,6°$。）

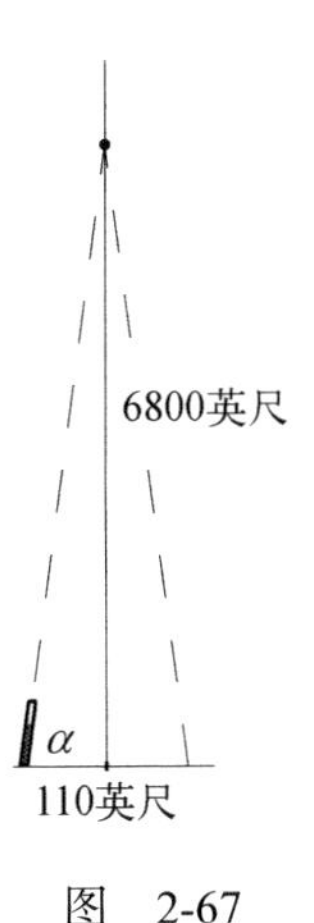

图　2-67

问题 37　讨论竭尽全力竖立柱子时 α 角的任何最轻微的误差所带来的后果。例如，考虑 $\alpha=89.55°$ 或 $\alpha=89.53°$，研究该误差对轴线交点问题的影响。帕提农神庙的建筑师本来可以成功地使巨型柱子的轴线以上面所说的方式交于一点，这是合理的吗？如果他们确实成功地做到了，现今帕提农神庙的轴线有可能以这种方式交于一点吗？帕提农神庙的历史中有什么事件表明这是不可能的？

讨论 2.2 黄金矩形和五边形 这部分内容补充了欧几里得《几何原本》中对由图 2-11b 中的五角星所确定的矩形是黄金矩形的证明。在证明可以用尺规画出 72° 角时需要用到这些知识。图 2-68 给出了一个正五边形。它的 5 个顶点都位于圆上，5 条边的长度相等，其边长为 s，对角线长 d。点 O 是圆和五边形的中心。考虑从中心点 O 到两个相邻顶点的线段。注意两条线段间的夹角为 $\frac{360°}{5}=72°$。这两条线段和五边形的边一起确定的三角形是等腰三角形。可知三角形的其他两个角均为 54°。因此五边形两条相邻边间的夹角为 $108°$。将五边形的顶点记为 A、B、C、D 和 E。设 M 为两条对角线 AC 和 BE 的交点，考虑图 2-69。因为 B 点处的角为 $108°$，ΔABC 是等腰三角形，则有 $\angle BAC=36°$。因此 $\angle BAM=36°$。用同样的方法，得 $\angle ABM=36°$。这就表明 $\angle AMB=108°$。因为对应角相等，故三角形 ABC 和 AMB 相似。

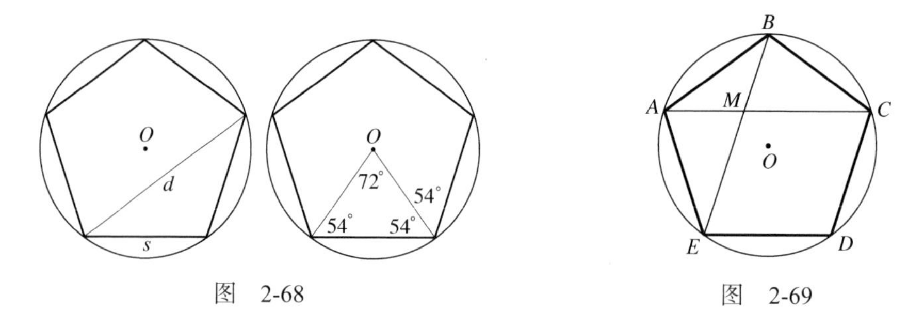

图 2-68

图 2-69

我们下面研究四边形 $MEDC$。欧几里得先证明了 $MEDC$ 为平行四边形。我们知道该四边形在 M 和 D 点处的角都等于 $108°$，其在 C 和 E 点处的角均为 $108°-36°=72°$。因此这两个角也都相等，则如前面所述，$MEDC$ 为平行四边形。因为相邻的边 ED 和 DC 相等，则平行四边形 $MEDC$ 的四条边相等。因为 s 和 d 是五边形的边和对角线的长度，欧几里得知道 $MC=ED=s$，$AM=d-s$。根据 ΔABC 和 ΔAMB 相似，他能得到

$$\frac{d}{s}=\frac{AC}{AB}=\frac{AB}{AM}=\frac{MC}{AM}=\frac{s}{d-s}$$

注意，$\frac{s}{d}=\frac{d-s}{s}=\frac{d}{s}-1$。然后则有 $\frac{d}{s}-\left(\frac{d}{s}\right)^{-1}-1=0$，因此令 $x=\frac{d}{s}$，它是方程 $x^2-x-1=0$ 的正根。因此 $\frac{d}{s}$ 是黄金分割率 $\frac{1+\sqrt{5}}{2}$。欧几里得已经确定五边形对角线

与其边的比率是黄金分割率。因此 $\frac{MC}{AM}=\phi$ 且 $\frac{AC}{MC}=\frac{AC}{AB}=\phi$。图 2-70 中，$N$ 是对角线 AC 和 BD 的交点。根据对称性，$AN=MC$，因此

$$\frac{AC}{AN}=\phi=\frac{AN}{AM}$$

则知以 AM 为短边，AN 为长边的矩形为黄金矩形。剩下的工作就是证明该图中心的小五边形是正的（这不过是例行公事罢了）。通过延长正五边形的边可以确定以 A、B、C、D、E 为拐角的五角星。证明完成。

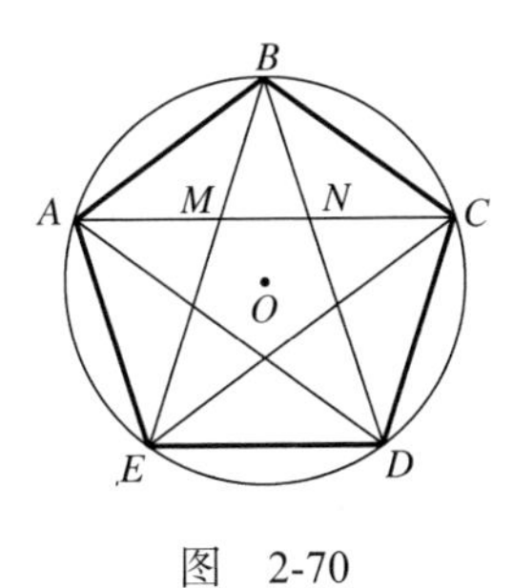

图　2-70

注意对角线 AC，可知 N 是 AC 的黄金分割点，M 是 AN 的黄金分割点。因为一条对角线与其他对角线的性质相似，对该五边形的 5 条对角线中的每一条而言结论都成立。尤其是由五边形的边所确定的五角星，其中充满了黄金分割率。

讨论 2.3　更多尺规作图的问题　我们在 2.2 节已看到 n=3、4、5、6 和 8 的正 n 边形能用尺规进行构造。但是，n=7 和 n=9 的正 n 边形不能被构造。因为能构造正五边形，所以也能构造正十边形。表 2-1 总结了 $n\leqslant 30$ 时正 n 边形能否被构造的情况。第二行给出了能或不能构造它们的原因。举个例子，因为正七边形不能被构造，所以正十四边形不能被构造。由于能构造 $18°$ 角，所以能构造正二十边形。

表 2-1　$n\leqslant 30$ 时能否构造正 n 边形

正七边形	正八边形	正九边形	正十边形	正十一边形	正十二边形
不能	能 45°	不能	能 36°	不能	能 30°
正十三边形	**正十四边形**	**正十五边形**	**正十六边形**	**正十七边形**	**正十八边形**
不能	不能 正七边形	能 24°	能 22.5°	能 高斯	不能 正九边形

（续）

正十九边形	正二十边形	正二十一边形	正二十二边形	正二十三边形	正二十四边形
不能	能 18°	不能	不能 正十一边形	不能	能 30°
正二十五边形	**正二十六边形**	**正二十七边形**	**正二十八边形**	**正二十九边形**	**正三十边形**
不能	不能 正十三边形	不能	不能 正十四边形	不能	能 24°

我们很难回答某种形状能否被构造的问题。只有当这个问题转化到抽象代数和数论领域之后，它才能被解决。伟大的德国数学家卡尔·弗里德里克·高斯（1777—1855）了解这一基本事实。参见文中的表，他知道正七边形、正九边形、正十一边形、正十三边形、正十九边形、正二十三边形、正二十九边形不能被构造，而正十七边形能被构造。图 2-71 绘出了其中的一种构造。（J、L 和 K 是正十七边形的顶点，剩下的点可以用它们进行划分。）高斯知道这一事实，但并没有提供数学证明。只有在法国数学家皮埃尔·洛朗·万芝尔（1814—1848）和德国数学家卡尔·路易斯·费迪南德·林德曼（1852—1939）填补完成这个谜题的最后一个重要部分后，它才最终得以解决。这一解答包括了对古希腊三大几何问题的回答。

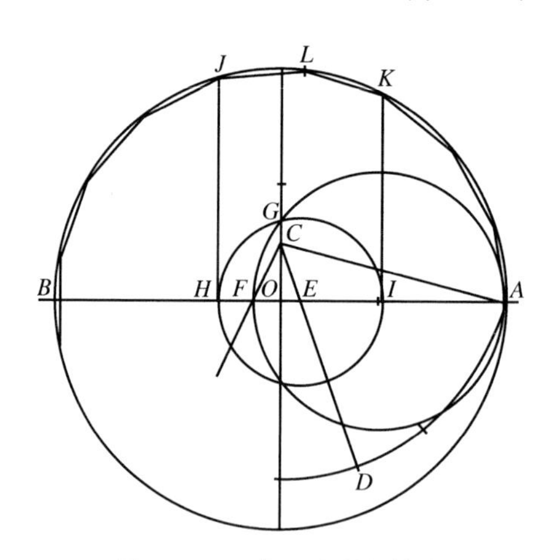

图 2-71 正十七边形的构造

i. 能三等分一个角吗？这是三等分角问题。通过尺规作图，可以对许多角进行三等分。因为能构造 $60°-45°=15°$ 角，则 45° 角能被三等分。因为能构造 18° 、$54°-30°=24°$ 和 $12°$ 角，则 54° 、72° 、36° 角都能三等分。但是否任何角都能用尺规三等分呢?

ii. 给定一个圆，有可能构造一个面积和该圆相等的正方形吗? 这是化圆为方问题。由于半径为 1 的圆面积等于 π，该问题就变为构造一条线段，它的长度为 s，满足 $s^2=\pi$，即 $s=\sqrt{\pi}$。这个问题有可能得到解决吗?

iii. 给定一条长为 a 的线段，有可能构造一条线段，其长度 b 满足 $b^3=2a^3$ 吗? 这是倍立方问题。取 $a=1$，则构造时要求线段长度 b 满足 $b^3=2$，即 $b=\sqrt[3]{2}$。这个问题有可能得到解决吗?

问题 38　用表 2-1 中的信息证明 60° 角不能用尺规三等分。

问题 7 和问题 8 让我们认识到给定单位长度的线段，任何长度为 $\frac{n}{m}$ 和 $\sqrt{n}$ 的线段都能被构造。但根据上述定理的推论，长度为讨论 2.3 中 ii 和 iii 所提到的线段则不能构造。

第 3 章

受信仰启示的建筑

本章将研究公元 4 世纪至 17 世纪受信仰启示的一些非凡的建筑物。

3.1 圣索菲亚大教堂

拜占庭建筑的杰作圣索菲亚大教堂是世界上最伟大的建筑之一。令人简直不敢相信的是，它是在拜占庭皇帝查士丁尼统治期间，即公元 532 年到公元 537 年这样极短的时间内建成的。它的两个建筑师是数学家和科学家，精通几何学和工程。完成这座不朽教堂的空前设计需要他们的所有才能。建筑的中心部分包含 4 个呈正方形排列的大型半圆拱券，其顶部由一个半球形穹顶覆盖。图 3-1 绘出了这种设计的基本要素。穹顶的圆形底面和 4 个拱券形成了 4 个弯曲的三角形结构，称为帆拱。大型的支撑柱称为墩柱。圣索菲亚大教堂穹顶底部的直径约为 105 英尺，其最高点距底部 180 英尺。穹顶下的一对大型拱券通往半穹顶，半穹顶则通向凹室，它们一起为教堂提供了连续的 250 英尺长的空旷空间。穹顶底部围绕着有 40 个窗户的圆形拱廊，给人一种穹顶

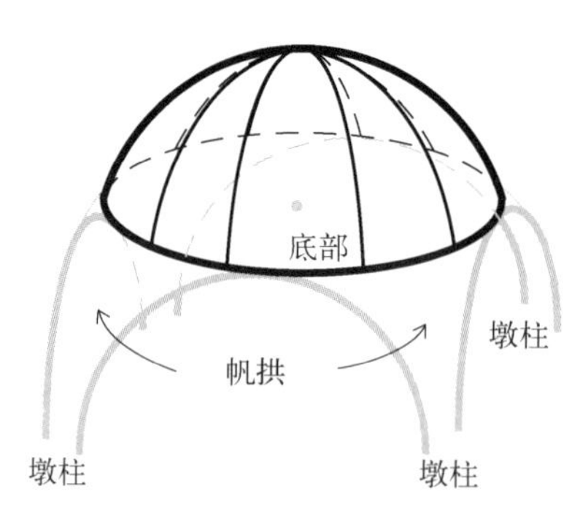

图 3-1 抽象的圣索菲亚教堂穹顶

正飘浮在它所创造的高空中的感觉。教堂的内表面由大理石、壁画和金色的马赛克组成。彩图 6 中使用彩色马赛克精心绘制的作品告诉我们这种艺术形式会将建筑变得多么精美和辉煌。教堂内部及穹顶、拱券和拱顶具有超凡脱俗的品质。从高度不同的窗户流泻进来的光线照射着内表面，丰富了它们的艺术性，使其更加绚丽。曾有人这样描述参观圣索菲亚大教堂的经历。

> 我们不知道是在天上还是在地上。因为地上没有这样的辉煌和美丽，我们不知如何用语言描述它。我们不能忘记那美丽。

让我们来看看圣索菲亚大教堂的基础结构。图 3-2 展示了经穹顶、半穹和凹室的教堂截面图。穹顶的壳由砖和灰泥建成，约有 2.5 英尺厚。它们的内外表面是球心相同的球体的一部分。它们的圆形截面和公共球心分别用黑色（外圆和球心）和白色（内圆）加粗表示。40 根拱肋从穹顶顶部向下辐射，与雨伞的伞骨一样。它们向下延伸到 40 扇窗户之间，支撑着穹顶并将其固定到它的圆形底部上。圣索菲亚大教堂建筑人员所面临的基本结构难题与 4 个世纪以前罗马万神殿建筑师所面临的一样。砖和灰泥的抗拉强度不足，这意味着作用在壳上的环向应力要由穹顶底部坚固的支撑结构来控制，该应力由穹顶重量引起的向下的推力产生。正如我们在 2.7 节所看到的，罗马万神殿中的这一结构是对称、封闭的大型圆柱体，穹顶就竖立在它上面。从以上对圣索菲亚大教堂的简单描述中可以看出，它的几何形状比封闭圆柱体要复杂得多。它的穹顶坐落在 4 个大型拱券及拱券间的帆拱上，其中两个拱券通向半穹，形成教堂

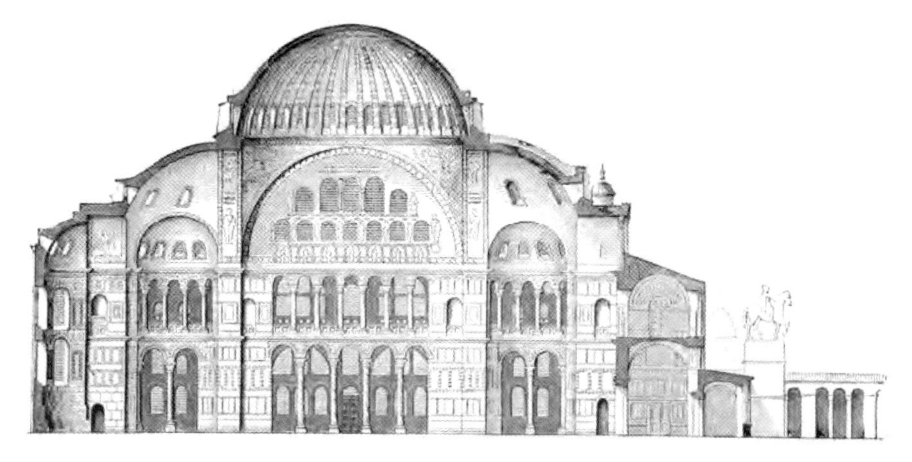

图 3-2　圣索菲亚大教堂的截面图，选自 Wilhelm Lübke 和 Max Semrau 的《艺术史概要》，Paul Neff Verlag 出版社，埃斯林格尔，1908

狭长的内部空间。其他两个拱券，如彩图 7 和图 3-2 所示，则被几排窗户和拱廊的墙所封闭。因此，与万神殿穹顶的支撑结构不同，圣索菲亚大教堂的支撑结构并不对称。这是有问题的，它意味着圣索菲亚大教堂穹顶底部周围的支撑曾经（现在依然）并不均匀。

让我们停下来思考一下一排 40 扇窗户上方的穹顶的壳所产生的力。图 3-3 为从图 3-2 抽象出来的穹顶横截面的细节。图中给出了窗户的位置、窗户之间的拱肋和支撑扶壁。两个圆弧是壳的内外表面的截面图。下面关于穹顶尺寸和建筑材料的信息来自最近的研究。从两个圆的公共圆心发出的射线与水平面呈 20° 角。壳的内外球面半径分别为 r=50 英尺、R=52.5 英尺。二者的差 2.5 英尺是壳的厚度。壳的砖和灰泥的平均密度是每立方英尺约 110 磅。7.2 节应用基础微积分推出有窗户的圆形长廊上方穹顶壳的体积约为 27 600 立方英尺。这表明这部分壳的重量为 27 600 立方英尺 × 110 磅/立方英尺 ≈ 3 000 000 磅。这些重量平均分布在 40 根支撑拱肋上，我们得出每根拱肋载重约 75 000 磅。这意味着如果 P 是拱肋产生的斜推力，则 P 的垂直分量大小约为 75 000 磅。从图 3-4 可得 $\sin 70^\circ = \frac{75\,000}{P}$，因此，$P = \frac{75\,000}{\sin 70^\circ} \approx 80\,000$ 磅。推力 P 的水平分量 H 满足 $\tan 70^\circ = \frac{75\,000}{H}$。因此，$H = \frac{75\,000}{\tan 70^\circ} \approx 27\,000$ 磅。这是一根拱肋向外推穹顶底部的力的估计值。

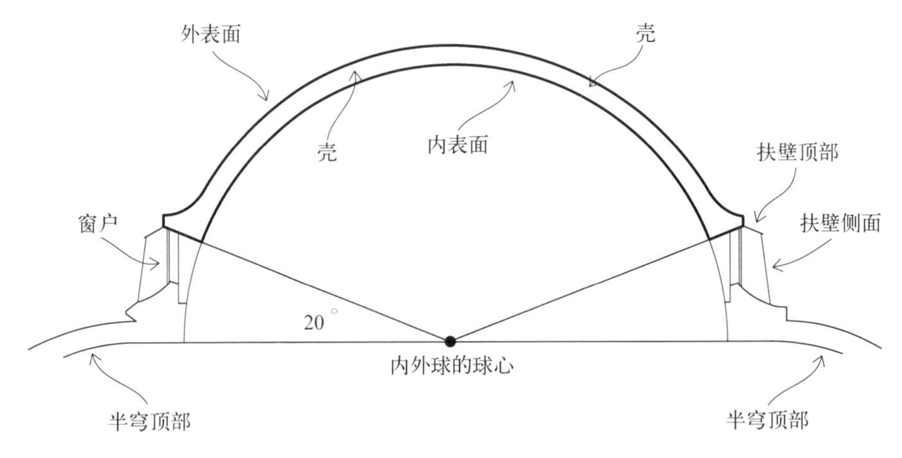

图 3-3

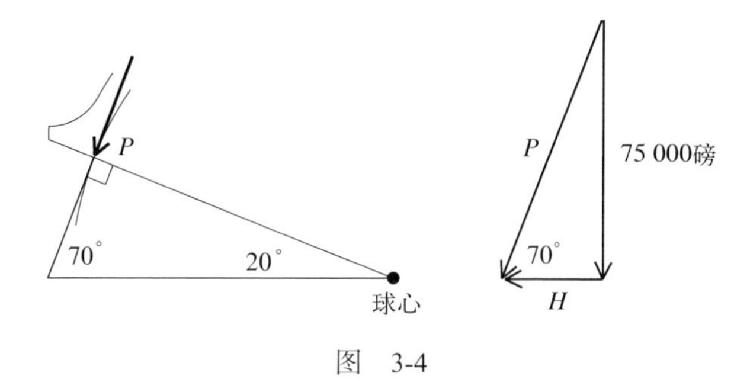

图　3-4

圣索菲亚大教堂的建筑师清楚穹顶向外的侧推力会带来的问题（尽管不是以数值计算的形式），他们采取一些措施来对其进行限制。一个矩形的屋顶结构在底部支撑着穹顶，它有4个敦实的砌筑而成的角，就在帆拱的上面。在图3-5中排成圆形的窗户下方能看到它。这一结构与4个主拱券由前面提到的4根石制墩柱所承载。这些墩柱建在坚硬的岩石地基上，在图3-2中用黑色加粗表示。穹顶向外的侧推力用两种方法限制。在狭长有开口的方向，它被向下引导，由支撑半穹及远处的倾斜结构所吸收（如图3-2和图3-5所示）。从原理上来说，这和罗马拱券向下传送负载的方式类似。在垂直方向，向外的侧推力被矩形屋顶两边下方的外部大拱券所限制。在图3-5中可以看到其中一个。

图3-5　如今的圣索菲亚大教堂南侧。Terry Donofrio摄

圣索菲亚大教堂曾有过一段艰难的历史。建筑物所受到的应力使其在地震时尤其脆弱，而地震在希腊和土耳其时有发生。在穹顶完工仅 20 年后，就有一场地震使其部分坍塌。到 563 年，穹顶已被完全重建。这一穹顶就是前面我们所讨论的。如今它依然维持原状。就在那时，人们增加了 40 个扶壁以支撑穹顶的窗户之间的 40 根拱肋。在图 3-5 中可以看到它们。在 10 世纪和 14 世纪，又有地震对穹顶造成严重的破坏，每次都需要大量修复。这些修复也解决了随时间推移而出现的基础结构问题。包括校正主墩柱的变形。穹顶和两个大型外拱券在两个拱券方向产生的力为半穹及其后面的结构所吸收。但两个大拱券受穹顶的侧推力作用向外倾斜，因此人们在拱的旁边增加了巨大的扶壁来对其进行加固。在图 3-5 中能看到扶壁中的两个。加进去限制穹顶侧推力的结构部件并没有侵占教堂的内部空间，但它们确实影响了教堂的外表。圣索菲亚大教堂这个像土堆一样的外表不像内部一样逐渐变得优雅。

应力作用所带来的结构损坏以及应对这些损坏所做的大量修复使穹顶的底部不再是一个圆，而是椭圆。图 3-6 给出了穹顶底部的水平横截面。注意在两个半穹开口方向上的直径约比两个大型外拱券间的直径短 3.5 英尺。这与两个半穹承担保持稳定的作用及大型拱券因受力向外倾斜相一致。图 3-6 还给出了拱肋的位置，它们处在穹顶底部的窗户之间，编号为 1~40，它还标明了穹顶的不同部分在何时得到过修复。

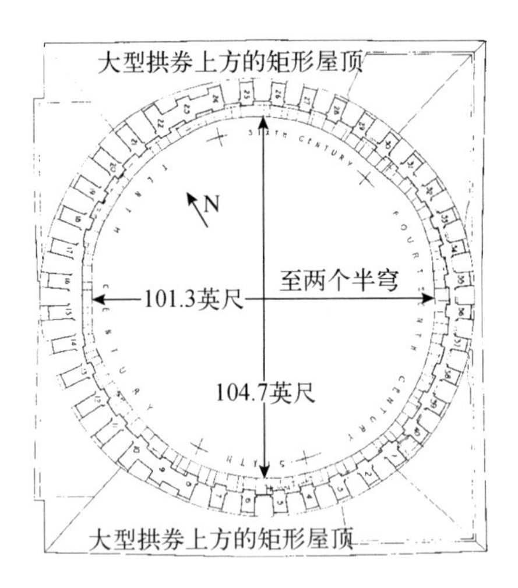

图 3-6　圣索菲亚大教堂穹顶底部截面图。选自《伊斯坦布尔的圣索菲亚大教堂：近期对其结构的初步检查报告》，作者为 William Emerson 和 Robert L. van Nice，《美国考古学报》，第 47 卷第 4 期（1943 年 10 月~12 月），p424

19 世纪中期，这座伟大的建筑又一次需要大规模修复。当时苏丹请两个瑞士建筑师佛萨提兄弟来从事这一工作。为更好地限制圣索菲亚大教堂穹顶向外的力，他们在其底部缠绕上一条铁链。这一措施在一个世纪前支撑罗马圣彼得大教堂穹顶时就用过。彩图 7 是 25 幅平版印刷的彩图中的一幅，它由两兄弟中的一个制成，用来记录重修后的效果。如今，在建成 1500 多年之后，圣索菲亚大教堂（已于 1935 年转为博物馆）仍不失为一座庄严的建筑。

据说圣索菲亚大教堂的建筑师在设计和施工时应用了数学知识。尽管几何学明显地起到了作用，但简单的几何学并不能为保证大型建筑的稳定性提供大量知识。后来，伽利略深刻体会到这一点，他注意到仅仅凭几何学不能保证结构上的成功。没有证据表明，建造圣索菲亚大教堂时，应用数学已得到充分发展，能够为结构所需要承担的负载提供哪怕最基本的分析。几乎可以毫无疑问地说，圣索菲亚大教堂的建筑师直接或间接地依靠罗马拱形结构的设计和建造方法，而非靠理论分析。

3.2　伊斯兰建筑的辉煌

清真寺是伊斯兰建筑最突出、最具特色的表现形式。大清真寺的门一般开向一个矩形大庭院，院内有一个喷泉。每座清真寺至少有一座宣礼塔，重要的清真寺有几座宣礼塔。清真寺用被称为阿拉伯式花饰的繁复华丽的几何图形以及阿拉伯文的书法元素进行装饰。

耶路撒冷的岩石穹顶清真寺是一座早期伊斯兰圣殿，如图 3-7 所示。它于公元 687 年到 691 年建造在一块岩石上方。该建筑呈八边形，直径 67 英尺的木结构穹顶从建筑中心的圆柱形砌筑鼓座上升起。它由内壳和外壳构成，每个壳都由 32 根向中心聚集的木拱肋所支撑。穹顶的内表面上绘有几何和书法图案，外部则覆盖着镀铅和贴有金箔的木板。与圣索菲亚大教堂的穹顶不同，该木制穹顶不会带来结构难题，因为它质量轻，架在鼓座上就像是盖子盖在罐子上。

图 3-8 绘制了岩石穹顶清真寺的平面图。先从一个圆开始，在其内部内接一个正八边形。图 3-8a 添加了该圆的 4 条直径，如虚线所示，这样就得到了它们所确定的两个正方形 *ABCD* 和 *EFGH*。这两个正方形相交，得到 8 个交点。这些点确定了图 3-8b 中标号为 1 到 8 的 8 根墩柱的位置。这些墩柱和它们之间的柱子（其位置没在图中显示）支撑着八边形屋顶。同样的 8 个点还是两对平行线段的端点。这些线段的 4 个交

点确定了设置穹顶鼓座位置的内圆。这些交点还给出了 4 根墩柱的位置。这些墩柱和位于它们之间的 4 组（每 3 根为一组）柱子承载着鼓座和穹顶。图 3-8b 展示了圆（圆心为点 O）和 4 根墩柱以及 12 根柱子的位置。

图 3-7 耶路撒冷的岩石穹顶清真寺，公元 688~692 年，I. van der Wolf 摄

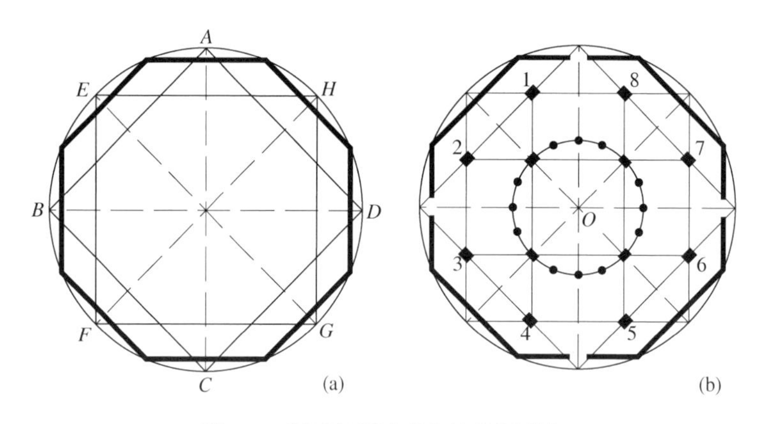

图 3-8 岩石穹顶清真寺的几何形状

科尔多瓦作为首都和文化中心，是一座拥有哲学家、诗人和学者的城市。成千上万的学生在大学里学习哲学、法律、科学、数学和地理。工程师和工匠在该城的瓜达基维尔河（Guadalquivir，阿拉伯语，意为“大河”）上重建了伟大的罗马石桥，它有 16 个拱，跨度约为 800 英尺。该桥如今还横跨在这条河上。科尔多瓦的大清真寺如今仍然屹立不倒。它是在公元 786 年到 988 年间经过几个阶段建造完成的，其规划是一个规模约为 590 英尺 × 420 英尺的大矩形，其内部空间让人惊叹不已。彩图 8 和彩图 9 以及图 3-9 展现了它的某些无与伦比的艺术性。请注意双拱券、马蹄形拱券、三叶拱券、尖拱券以及它们的华美细节。我们分析一下图 3-9 内的穹顶。穹顶底部的每个尖拱券都是拱券组合的一部分，将穹顶的负载向下传送到下方垂直的墙上。这种结构被称为突角拱。这一结构部件通常在伊斯兰建筑中使用，是一种广受欢迎的替代帆拱的方法。

图 3-9　科尔多瓦大清真寺米哈拉布上空的穹顶，Richard Semik 摄

彩图 10 描绘了塞维利亚城的一座钟塔。它仍然是当今塞维利亚城的一座著名的地标，尖顶顶部的风向标使这座塔得名吉拉达（Giralda）。这个词源自西班牙语“*gira*”，意为“转动的东西”，其粉刷和砖砌的精巧花边图案以及拱形结构和阳台都是伊斯兰设计的出色代表。

11 世纪末，辉煌的清真寺仍在继续建造。一个让人印象深刻的例子是伊斯法罕的星期五清真寺，其砖砌穹顶的开始建造时间可以追溯到 11 世纪。图 3-10 可供人们对这座砖砌建筑进行研究，它体现了从底层加固两个八边形穹顶的尖拱券和突角拱的形状。图 3-11 显示了同样被突角拱支撑的圆形穹顶。注意它的壳内嵌入了拱肋，它们以双五角形的图案排列，向下延伸直到底部，承担着支撑结构的功能。图 3-10 和图 3-11 都展示了科尔多瓦大清真寺内部镀金装饰下方的建筑施工技术。

图 3-10　星期五清真寺的内部结构，伊朗。seier+seier 摄

图 3-11　星期五清真寺的圆形穹顶，伊朗。seier+seier 摄

建筑师使用了拱券、拱廊、穹顶，并运用自己的创造力对其进行转化，得了新的设计与结构。一个多世纪之后，伊斯兰建筑的外观，包括它的装饰性元素、尖拱券和肋拱结构开始出现在欧洲中部地区。

3.3　罗马式建筑

当东方基督教偏爱用集中式理念设计教堂时，西方基督教则转向巴西利卡。这是一种有柱廊的大型矩形大厅，有倾斜的屋顶，罗马人用它来从事商业交易和法律事务。巴西利卡的矩形内部空间通常由平行的柱廊分成三部分或更多部分。罗马行政官坐在入口对面一端的拱形凹室内，一般是在一个高台上。在巴西利卡成为早期基督教教堂的模板后，中部的纵向空间成为中殿，拱形凹室成为后殿。后殿是放主祭坛的地方。两层斜屋顶结构留出了放置窗户的空间，这是一种高侧窗，开在中殿墙壁的高处。旧圣彼得大教堂展示了这种建筑形式，如图 3-12 所示。

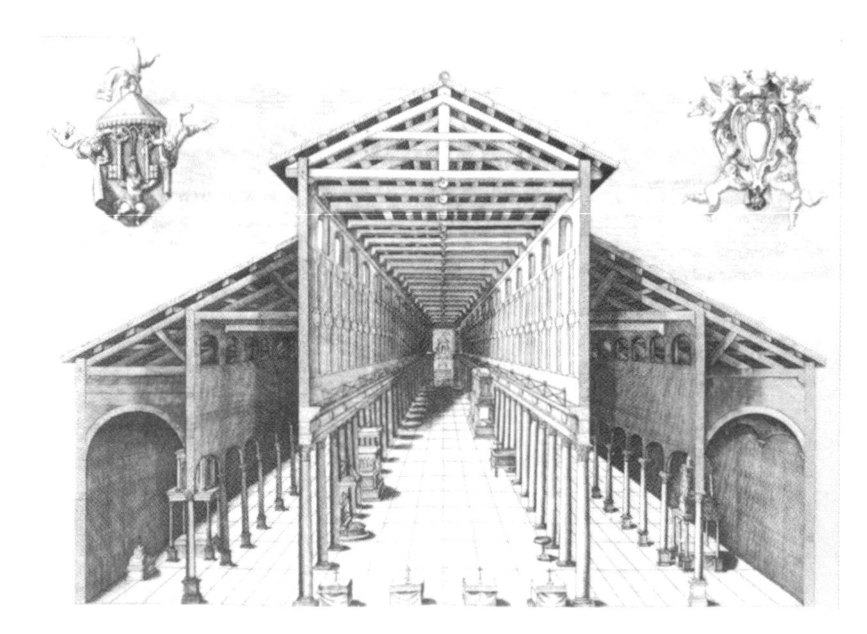

图 3-12　罗马的旧圣彼得大教堂，建于公元 320—337 年。Jacopo Grimaldi 画于约 1590 年。选自《梵蒂冈的圣彼得大教堂》，G. B. Costaguti 著，罗马，1684

图 3-12 表明旧圣彼得大教堂的屋顶由木梁结构支撑。下面的研究集中在经过简化的顶部三角形构件上。忽略三角形中间的水平和竖直梁，假设剩下的 3 根梁是刚性的，彼此间用钉子固定。图 3-13 展现了这一构件（如今称为简单桁架）。我们假设三角形上的整个重力负载 L（例如，单位为磅或吨）均作用于 C 点，且该结构稳定。该三角形结构将负载 L 向下沿两根倾斜的梁传递到 A 点和 B 点。这两个点由两堵竖直的墙支撑。假设该结构是对称的，在 A 点和 B 点的负载相等，且在 A 点和 B 点处的角斜边与水平面的夹角均为 α 。设两根梁中每一根所产生的斜向下推力的大小均为 P。

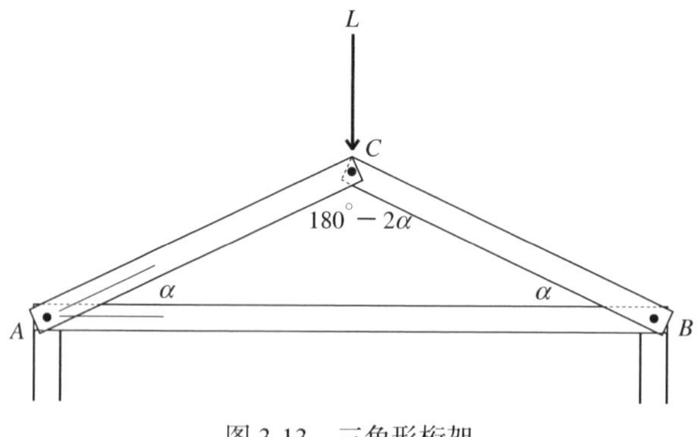

图 3-13　三角形桁架

图 3-14a 将 A 点处的推力 P 分解成水平和垂直分量。图 3-14b 的受力分析图显示了该结构在 A 点的受力情况。垂直的墙以 $\frac{L}{2}$ 的力向上推，以克服 P 的垂直分量，称为系梁的水平梁用 $T=H$ 的力向里拉，以克服 P 的水平分量。注意两个斜梁被压缩，而系梁则被拉伸。图 3-14b 表明

$$\sin\alpha = \frac{L/2}{P} \text{ 且 } \tan\alpha = \frac{L/2}{T}$$

重新调整这两个方程后得

$$P = \frac{L}{2\sin\alpha} \text{ 且 } T = \frac{L}{2\tan\alpha}$$

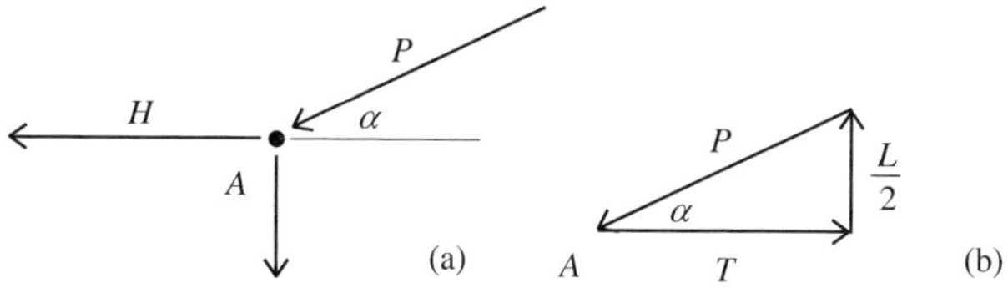

图 3-14　两个受力分析图

正如我们所预料的，如果已知 L 和 α，就能确定推力 P 和拉力 T。根据对称性，在 B 点进行分析可以得到相同的结论。还能通过分析作用在该结构 C 点的力得到以上的方程。（见问题 7。）

设 $\alpha = 25°$（它约等于图 3-12 中的对应角），L=10 000 磅。则

$$P = \frac{10\,000}{2\sin 25°} \approx 11\,800\text{ (磅)},\quad T = \frac{10\,000}{2\tan 25°} \approx 10\,700\text{ (磅)}$$

注意到水平系梁的拉力 $T \approx 10\,700$ 磅，它比垂直负载 L=10 000 磅要大。水平系梁的拉力很大，不过木材的抗拉伸和抗挤压能力都不错。木材的强度（拉伸和挤压时）从软木的 2100 磅每平方英寸[①]到硬木的 5700 磅每平方英寸不等。具体值要根据木材特定的内部结构、潮湿度及纹理方向确定。

公元 7 世纪，日尔曼人停止了对欧洲中部地区的入侵。该地区开始从黑暗时代复苏，在接下来的几个世纪里，被基督教教化。公元 1000 年前后，更多的教堂被建造

① 1 平方英寸 ≈ 0.000 65 平方米。——编者注

起来，出现了经过改进的罗马巴西利卡设计。基础设计得到了扩展，在靠近后殿的地方增加了与中殿垂直的矩形空间。这个新增的部分称为耳堂，使平面呈十字形。中殿和耳堂相交的空间称为十字交叉处。耳堂在教堂内部做出了新的空间分割。后殿与耳堂间的区域是高坛，它包括供牧师使用的主祭坛和供歌手及乐师使用的唱诗区。

一种采用巴西利卡式的风格被称为罗马式。罗马式建筑各有差异，但具有相同的元素，包括带高侧窗的斜屋顶结构和自由使用的半圆形罗马拱券。大型的砌筑拱形结构竖立在中殿、侧廊和耳堂上空（一般被木框架屋顶覆盖，就像图 3-12 所示的旧圣彼得大教堂那样）。半圆形筒拱顶及十字拱顶（由两个半圆形筒拱顶正交得到）比较常见。这些拱形结构的重量带来了结构上的挑战。为了克服它们所产生的大侧推力，人们加入了沉重的柱子、墩柱和墙。这些大型砌筑构件与此前就有的罗马拱券以及墙上开凿的小窗户一起成为罗马式建筑的典型特征。

11 世纪中叶，德国施派尔城建造了一座巴西利卡式皇帝大教堂。12 世纪早期，完成了入口区的扩建工作，增加了第二个耳堂。地下室在中殿下面，用作墓室，数名神圣的罗马帝国皇帝和德国国王都在此安息。皇帝大教堂是现存最大的罗马式教堂，长 444 英尺。尽管遭到战争和火灾的损坏，之后又不断被大范围修复，该教堂仍然保留着原来的整体外形和结构规模。该建筑的外部竖立着两对高塔，它们在一端围住高坛，在另一端围住入口处的耳堂。两个十字交叉处的上空都有一座八边形穹顶。在彩图 11 的前景处可以看到这个穹顶和后殿旁的两座塔。这座教堂有一条带柱廊的走廊，围着教堂的整个外部，走廊高度恰好在屋顶轮廓线以下。两个穹顶的底部也有类似的走廊。中殿、塔和穹顶都铺着锈蚀的浅绿色铜，与建筑物所用石头的粉红色相映成辉。在教堂内部，两个拱廊内有沉重的半圆形拱券，它们由大型柱墩支撑，将中殿和两个侧廊分隔开来。中殿上方高耸的十字拱顶被横跨中殿的半圆形拱券隔开。这些拱券由柱子支撑，贴着中殿的墙壁延伸下来，与拱廊的大型墩柱连在一起。

法国在朝圣路沿线的歇脚点建造了许多辉煌的罗马式教堂。最好的一座是勃艮第韦兹莱的圣玛德莱纳大教堂。这座教堂在 12 世纪建造了第一部分（之后几个世纪，这一部分还经历了几次修整）。韦兹莱的圣玛德莱纳大教堂的内部结构与施派尔的大教堂很像，不过规模要小一些，拱顶也较低。彩图 12 展示了它的内部构造。它中殿的天花板含有一系列等间距的十字拱顶，它们均垂直于中殿上方的长拱顶。注意这些十字拱顶是如何创造出留给高侧窗的空间的。这些十字拱顶被带条纹的半圆形拱券分隔，这些半圆形拱券与垂直的柱子相连，柱子又与沿中殿分布的拱廊的墩柱连在一起。

这些拱券和柱子将中殿分成一系列称为隔间的部分。它最初的后殿在完工后不久就被火烧毁了，后来按哥特式进行了重建，具有了哥特式成排大窗户的特点。

3.4　飞升的哥特式风格

12 世纪初，罗马式外形逐渐被哥特式风格所取代。“哥特”一词最早用于意大利文艺复兴时期，作为对中世纪所有艺术和建筑的贬义词，暗示其品质与“野蛮”哥特人的作品一样。如今哥特时代指紧随罗马式之后的那段艺术和建筑时期。人们认为这是一段取得了杰出艺术成就的时期。

哥特式最容易辨别的特征是尖拱券，即哥特拱券。图 3-15 展示了一种常见的设计。取一条线段 AB，分别以 A 和 B 为圆心，以线段的长度为半径画两条圆弧。保持圆心不变，增大弧的半径，即可画出拱券的外边界。如图 3-16 所示，作为结构装置，与半圆形拱券相比，哥特拱券有优点，也有缺点。若要横跨同一空间，哥特拱券必须要更高一些。但在传递负载方面，哥特拱券有更小的水平分量和更大的垂直分量，这意味着哥特拱券产生的向外的侧推力更小，因此更容易控制。垂直分量更大则意味着构建哥特拱券的材料受到更大的挤压。对于这一点，我们不用担心，因为石块、砖石和混凝土的耐挤压能力都很强。

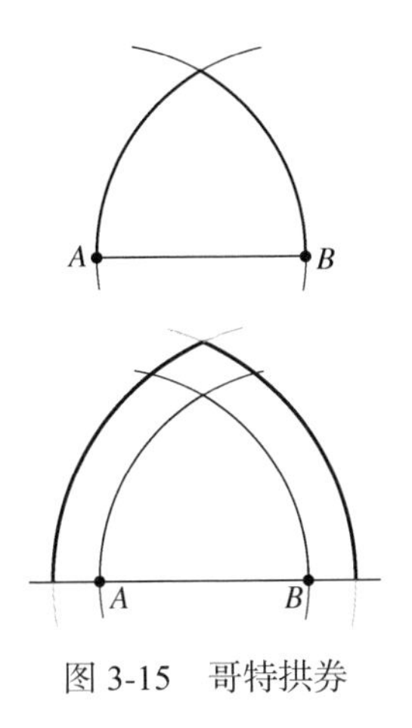

图 3-15　哥特拱券

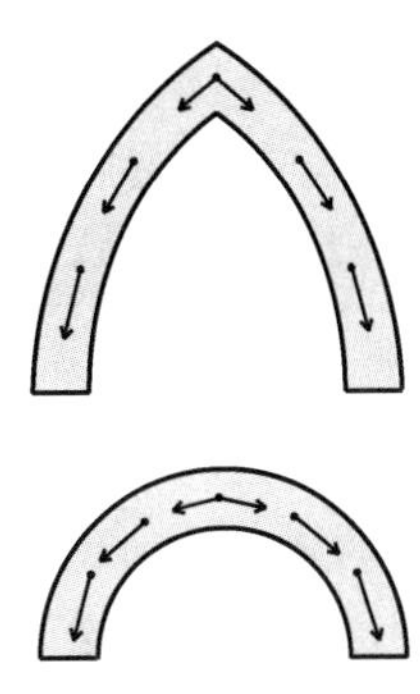
图 3-16　力的比较

现在我们定量分析哥特拱券产生的向外的推力。图 3-17a 是我们将分析的哥特拱券的简化模型。假设拱券支撑的总负载 L 作用在最顶部，该负载包括拱券的斜构件的重量。每一个斜构件都与水平面成 α 角。拱券的倾斜部分将负载向下传递。我们能计算或至少估计出它所产生的侧推力的水平分量 H 吗？我们将转而回答和它等价的问题。如果我们增加一个水平梁来加固该拱券，如图 3-17b 所示，要使拱券稳定，这根梁产生的拉力 T 必须是多少？这就是我们所寻求的水平力 H。拉力 P 的求解将以上问题转换为图 3-13 和图 3-14 的内容。应用前面的分析，可得

$$H=T=\frac{L}{2\tan\alpha}$$

例如，假设 L=5000 磅。令 α 分别等于 30°、45°、60°和 75°，计算 H 和拱券斜率的关系。因为 $\tan 30^\circ = 0.577$ 、$\tan 45^\circ = 1.000$ 、$\tan 60^\circ = 1.732$ 、$\tan 75^\circ = 3.732$ ，相应的水平力 H 分别为 4330 磅、2500 磅、1443 磅和 670 磅。正如图 3-16 用定性方式已表明的，随着拱券坡度的增大，水平侧推力 H 明显减小。

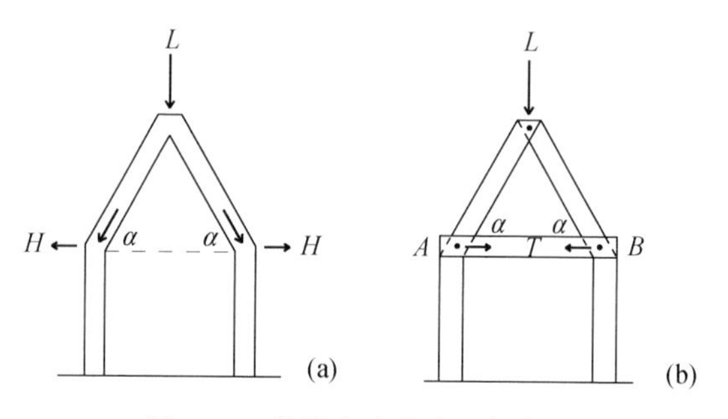

图 3-17　拱券产生的水平侧推力

我们的研究也指出了结构构件所用材料的重要性。如果拱券如图 3-17b 所示这样紧密地结合在一起，则有可能仅靠它就可以限制由其所支撑的负载引起的向外的侧推力。由结实材料，如优质钢和钢筋混凝土，建成的拱券也能用同样的方式承担负载。但由石块、砖石和普通混凝土建成的拱券内阻较小，所以只有当负载产生的水平侧推力被对拱券侧边产生作用力的结构构件抵消后，这类拱券才能支撑大负载。

哥特式建筑最重要的结构部件是肋拱顶。为了理解肋拱顶，先分析彩图 12 中韦兹莱的巴西利卡式天花板。它的中殿被分隔成隔间，每个隔间的天花板都是十字拱顶，它由两个圆柱形筒拱顶相交得到。这些筒拱顶每一个都被两个有条纹的半圆形拱所限定。仔细观看彩图 12，注意每个十字拱顶的两个圆柱形表面都产生了两个交叉的圆弧。图 3-18 用虚线标出了它们。图 3-19a 是图 3-18 中十字拱顶重新调整方向后的抽象示意图。两个筒拱顶，一个用黑色表示，一个用灰色表示，它们彼此正交。两根加粗的虚线代表它们相交产生的圆弧。（图中的一条弧被画成了直线，这只是方向选择的结果。）

现在按下面的方法修改图 3-19a。将两个圆柱形表面每一个都用有尖锐哥特弧的曲面代替，以此作为垂直截面图。经过这一改变，图 3-19a 中两个筒拱顶边界处的半圆形弧被转换成图 3-19b 中的两对哥特弧。形成图 3-19a 中的分界线的半圆也被转换成哥特弧。到目前为止，只进行了很小的几何变换。现在践行哥特建筑师的珍贵理念：将两个交叉的哥特弧（此时它们只是几何曲线）建立成为与结构相关的承重的哥特拱券。在边界上将哥特拱券结合，形成如图 3-19b 所示的连环拱肋网格。这一网格就是哥特肋拱顶的结构框架。

图 3-18　韦兹莱的十字拱顶，Vassil 摄

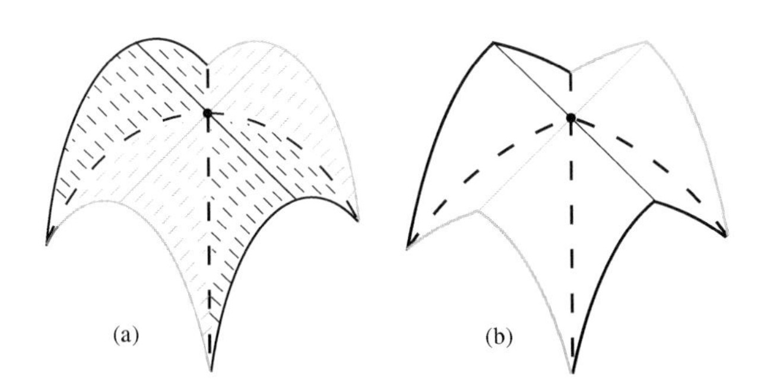

图 3-19　从十字拱顶到哥特式肋拱顶

肋拱顶对哥特式建筑的发展至关重要。它给建筑人员提供了新的设计和施工的可能性，成为中世纪建筑的主流。在肋拱顶中，拱肋是基本的结构构件。拱肋之间的空间与结构的关系不大，可以用较薄的砌筑材料填充。这样肋拱顶会比更大型的筒拱顶及十字拱顶轻，因此结构上更有弹性。它也更容易建造，使许多建筑革新成为可能。建造拱顶需要用拱鹰架（一种临时的木结构，我们在 2.5 节的内容中遇到过）支撑所砌筑的工程，直到穹顶的壳完工且抹好灰泥。在建造十字拱顶时，整个隔间的天花板也必须用这种方式来支撑。建造肋拱顶则要简单一些。建造人员将两个对角交叉的拱横在隔间上空，由高放在中殿墙上的轻型拱鹰架支撑。作为肋拱连环网格的一部分，它将拱顶分成更小的三角形单元。图 3-20 展示了这样的一种布置。拱肋放好后，再把砖石或混凝土填充到这些三角形单元中。同样，这一过程不需要大型拱鹰架。

图 3-20　哥特式教堂天花板内隔间上的肋拱顶，Magali Ferate 摄

中殿和耳堂天花板上拱肋的配置决定了哥特式教堂余下的结构建造计划。拱肋的汇聚点确定了顺中殿侧边向下的垂直支撑柱的安放位置，如图 3-21 所示。这些柱子朝下汇入更厚的墩柱中。最后一个要解决的结构谜题是拱形天花板尤其是拱肋产生的向外的力。参阅图 3-13 和图 3-17 以及对它们的讨论。由于这些侧推力均集中在拱肋的

汇聚点，并沿支撑它们的柱子向下传递，所以可以用飞扶壁进行抵消。图 3-22 展示了这些半拱如何沿由拱顶的拱肋和支撑柱所确定的垂直压力线从外面推中殿墙壁。柱间墙壁与哥特式教堂的结构完整性关系不大，这意味着可以在它们上面凿洞来安装窗户。精心制作的彩色大玻璃窗经光线照射，产生梦幻一般的效果，这是哥特式建筑的典型特征。镶嵌这些窗玻璃板的精美石工艺被称为花饰窗格。图 3-23 的玫瑰花窗就是富有艺术气息的一个例子。

图 3-21　3 根汇聚于一点的拱肋及支撑柱，BjörnT 摄

图 3-22　一系列支撑对应拱肋和柱子的飞扶壁，Harmonia Amanda 摄

图 3-23　大型玫瑰花窗，Harmonia Amanda 摄

哥特式教堂的结构方案先从肋拱顶开始，按向下和向外的逻辑进行。肋拱顶使哥特主建筑师建造的教堂内部高高耸立，比更早、更坚固、规模更大的罗马式教堂要高，也更优雅和精美。

法国、英格兰、德国和澳大利亚建造了许多辉煌的哥特式教堂。建筑历史学家认为沙特尔镇的圣母院是最好的一座，它距离巴黎约 50 英里，是重要的朝圣中心。这座教堂从 12 世纪中叶开始建造，但 12 世纪末的一场大火烧毁了已建成的许多部分以及镇上的许多地方。人们花了 25 年（对哥特式教堂而言时间已经很短了）对它进行重建，到 1220 年完工。图 3-20、图 3-21、图 3-22 和图 3-23 中的肋拱顶、支撑柱、飞扶壁和玫瑰花窗都属于这座圣母院。彩图 13 展现了它的全貌。飞扶壁分布在中殿侧面及后殿周围。这一模式被耳堂打破，它由小塔而非飞扶壁支撑。入口处的尖塔作为墩柱，抵抗入口附近的拱顶所产生的压力。这两座尖塔差别很大。一座高约 349 英尺，可追溯到 12 世纪，是朴素的早期哥特式风格。另一座高约 377 英尺，建于 16 世纪，是法国的哥特式风格。该教堂以其彩色玻璃窗著名，它们中许多都使用美丽的蓝色调，时间可追溯到 13 世纪。彩图 14 展现了从内部观看图 3-23 所示的玫瑰花窗的情形。就像设计繁复的彩色瓷砖是伊斯兰艺术的核心，精巧的金色圣像和马赛克是拜占庭艺术的标志一样，瑰丽的彩色玻璃窗也成为哥特时代艺术的典范。

我们已看到哥特式建筑本质上是石头上的几何学。后面的讨论会告诉我们这是多么地正确。

3.5　建筑委员会年报的记录

米兰是意大利北部伦巴第州的首府，于 14 世纪后半叶在一段不稳定的政治时期开始崛起，成为一个有权力和地位的城市。它吞并了邻近各州的大片领土，开始聚集财富。为彰显城市的新地位，新的教堂建设纳入规划中。首先在法国出现的哥特式传播到英格兰、德国和澳大利亚，哥特式在许多高耸的大型教堂中得到了体现。在设计和规模方面，米兰的新教堂被计划打造成这些建筑中最大、最让人难忘的一座。米兰的大公设立了一个建筑委员会来监督建筑过程。接下来发生的事都在《米兰大教堂建筑委员会年报》（后简称《年报》）中得到了披露。通常中世纪建筑的记录仅记录供应追踪情况、财务和人员情况，但建筑委员会的《年报》提供了一种稀有、珍贵的视角，使人们了解规划工作、建筑过程以及中世纪解决设计和结构问题的方法。

建筑委员会的成员没有经验，却固执己见。委员会决定教堂应是巴西利卡式的，中殿两侧都有两座侧廊，并批准了拱顶及其支撑墩柱的设计。《年报》记录了委员会的决定。图 3-24a 总结了其中的许多内容。它提供了拱顶的布局和形状、墩柱中轴线的位置以及墩柱的高度。《年报》以米兰布拉乔奥（1 米兰布拉乔奥[①]约等于 1.95 英尺）为单位列出了一些尺寸。图 3-24a 表明委员会的设计是建立在三角形主题的基础上，包括图中的虚线部分。例如，图 3-24a 中教堂内部的宽度应为 $96\times1.95\approx187$ 英尺，中殿上方主拱顶离地的高度应为 $84\times1.95\approx164$ 英尺，支撑它的墩柱高度应为 $56\times1.95\approx109$ 英尺。决定这种设计的 5 个三角形（其底边在图的底部）是等腰三角形，且彼此相似（这是由于它们对应边的斜率都为 $\frac{28}{16}$）。它们几乎是等边三角形。例如考虑底边 b=32、高 h=28 的三角形。图 3-24b 表明它的边 $s=\sqrt{16^2+28^2}=\sqrt{1040}\approx32.25\approx b$。这一计算也告诉我们，所设计的穹顶的横截面图接近于图 3-15 中的设计。

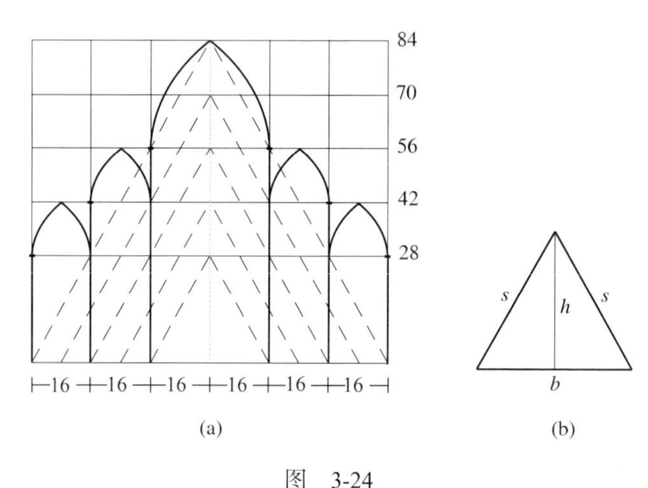

图 3-24

教堂于 1386 年破土动工，到 14 世纪 90 年代，已打好地基，开始建造墩柱。但随着墩柱高度的增加，地基的问题显现出来。委员会决定停止施工，重新审查教堂的规划。他们邀请德国的一名哥特式主建筑师作为顾问。原本确定的墩柱高度、中殿和侧廊规模、拱顶高度以及扶壁结构布局都受到严格的审查。这位德国专家强烈关注已建造部分的结构稳定性，尤其是墩柱和外扶壁。他建议拱顶的高度应与阿尔卑斯山以北的哥特式大教堂一致。他坚称应该遵循正方形而不是三角形几何学，尤其主拱顶应

① 古代意大利的长度单位。1 米兰布拉乔奥 ≈ 60 厘米。——编者注

从 84 布拉乔奥升至 96 布拉乔奥，从而和内部 96 布拉乔奥的宽度相匹配。建筑委员会召开了一次大型的讨论会来讨论德国专家的建议。《年报》用问答的形式总结了这次讨论及其结果，共有 11 组问答。问题部分使我们了解了德国专家提出的观点。回答部分告诉我们委员会关于此问题的最终决定。最重要的交流如下。

问：教堂后部及侧面和内部，即十字交叉处及其他部分，或至少说墩柱是否具有足够的强度？

答：这些已被考虑过，回答过，并且凭良心做出过陈述，即对上述强度而言，不管是整体还是单独构件，都足够支撑其结构甚至更多结构。

问：外墩柱或扶壁的工作是像开始那样继续下去，还是用其他方法做出改进？

答：据说这一工作让人满意，什么都不需要改动。工作应继续进行。

问：不把将要建造的塔的尺寸考虑在内的话，这座教堂是否应根据正方形或三角形来增加高度？

答：前面已经表示过它应该上升为一个三角形，并且不再增加高度。

记录显示德国主建筑师的所有提议都被拒绝了。他对墩柱强度的考虑得到了出自"良心"的回应。对外扶壁则"什么都不需要改动"。教堂应"上升为一个三角形"，正方形即中殿上方的拱顶高度应与内部宽度相匹配的观点也被驳回。实际上，委员会通过降低早期设计的内部结构部件来回应几个关于墩柱高度的问题。支撑外侧廊上方拱顶的墩柱高度保留了 28 布拉乔奥，但所有的拱顶和内部墩柱都变低了。图 3-25a 给出了修改后的墩柱和拱顶高度。该图中心处的虚线三角形给出了内侧廊上方穹顶的高度和支撑中殿上方拱顶的墩柱高度。这个虚线三角形的高度为 52–28=24（布拉乔奥），底边为 $4\times16=64$（布拉乔奥）。因为 $24=8\times3$ 、$32=8\times4$ 且

$$\sqrt{24^2+32^2}=\sqrt{8^2\times3^2+8^2\times4^2}=8\times\sqrt{3^2+4^2}=8\times5$$

可知这个三角形是由两个边长分别为 3、4、5 的直角三角形靠在一起得到的，如图 3-25b 所示。延伸到图 3-25a 顶部的较大的虚线三角形确定了中殿上方拱顶的高度。很容易验证它也是两个边长分别为 3、4、5 的直角三角形的和。在降低教堂内部拱顶和墩柱的高度时，委员会摈弃了图 3-24a 中的等边三角形几何形状，代之以图 3-25a 中的边长分别为 3、4、5 的直角三角形。这一观念获得了胜利，图 3-25a 列出的墩柱和穹顶高度接近于教堂建成时的尺寸。

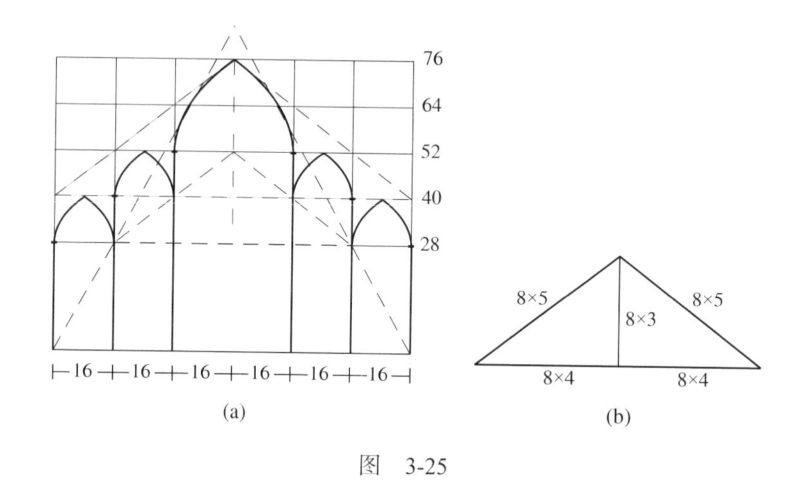

图　3-25

建筑委员会做出的裁定体现了对教堂外形的一种看法，即它应比早期的法国、英国和德国的哥特式教堂高耸的外形低矮和宽广一些。委员会的想法是如果中殿够矮，内侧廊够高，则中殿的拱顶能得到墙和每侧侧廊拱顶的足够支持。而这些部件又会受到外侧廊结构的支持，这样就完全或几乎不需要飞扶壁了。

委员会辞退了德国主建筑师，不久又辞退了另一个。几年后，墩柱建成，但关于拱顶的最后决定被推迟了。尽管教堂设计的关键问题尚未解决，但施工仍在继续进行。委员会不满意早期德国人的建议，转而寻求法国专家的意见。3 个法国专家中有两个觉察出他们的参与无足轻重，很快就离开了。第三个还是对结构做出警告，并提出诸多批评。他认为在十字交叉处上方建造的塔楼不可行，因为其支撑力不够。而后殿的结构，尤其是墩柱、地基以及扶壁太脆弱，不能支撑塔楼和拱顶的侧推力。他坚持这些结构需要有更大的强度。他还确信围绕教堂外边界的扶壁太不结实。他建议其宽度应加倍，推荐外扶壁与墩柱厚度之比为 3∶1，而非如委员会所规定的 1.5∶1。他还就沿中殿分布的墩柱高度与其顶端柱头高度的关系提出了一种美学观点。这些柱头的设计高度超出了当时传统上所要求的高度，如图 3-26 和图 3-27 所示。（图 3-27 的上方是对这些墩柱和柱头进行的研究。）

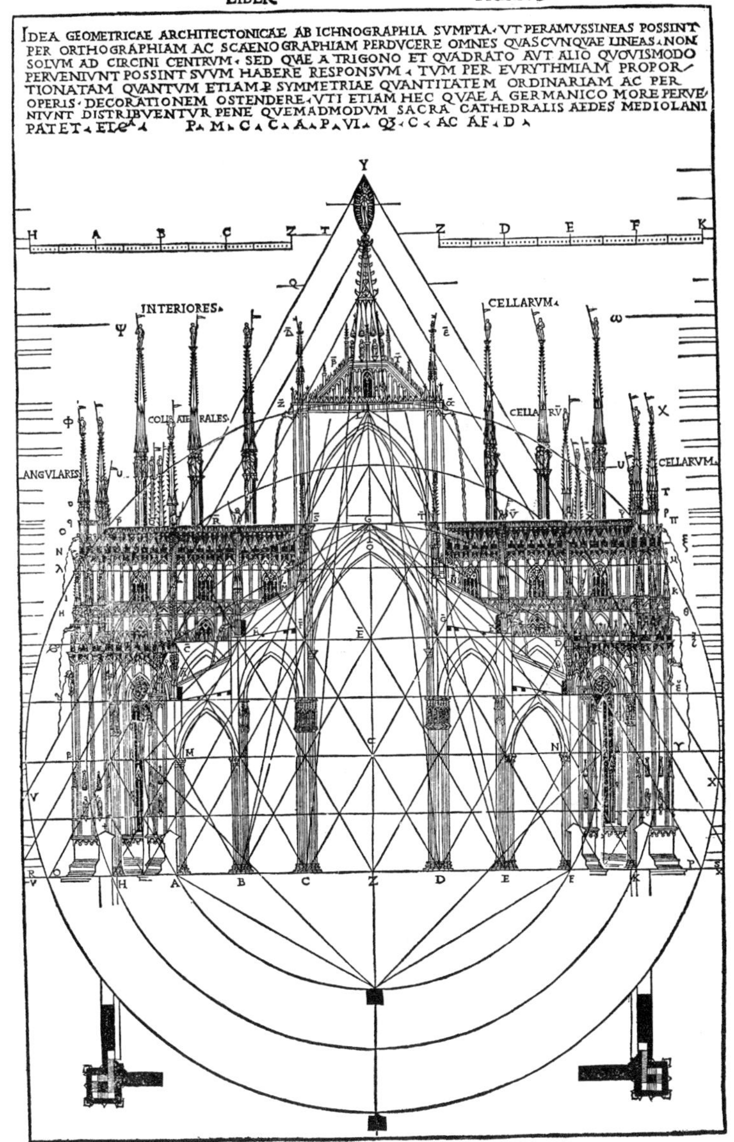

图 3-26　米兰大教堂的截面图，包括墩柱、中殿和侧廊上空的拱顶、十字交叉处塔楼的拱顶和耳堂。选自切萨雷 · 切萨利亚诺翻译的意大利版维特鲁威的《建筑十书》，科摩，1521。普林斯顿大学图书馆，马昆德艺术考古藏书室，Barr Farre 收藏

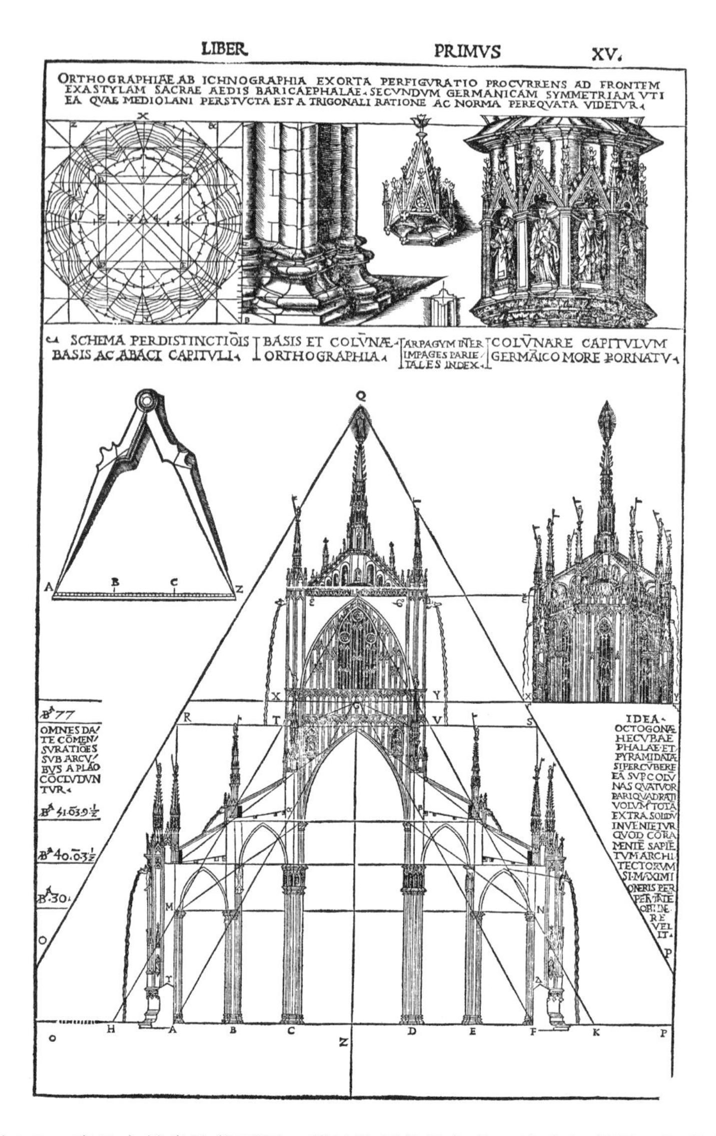

图 3-27 米兰大教堂的截面图，其结构部件的细节，选自切萨雷·切萨利亚诺翻译的意大利版维特鲁威的《建筑十书》，科摩，1521。普林斯顿大学图书馆，马昆德艺术考古藏书室，Barr Farre 收藏

历史又将重演。《年报》记录了建筑委员会拒绝了法国主建筑师的提议。委员会对他提出的每个观点做出了回应。专家和“官方誓言”都确信教堂的地基（它深入地下 14 布拉乔奥）是稳固的。墩柱内部是坚固的石头，并用铅铁钉加固过。为获得更多支撑，会把粗铁杆捆在柱头上，将它们连接在一起。委员会声称扶壁所用的米兰石

头和大理石强度是法国石头的两倍，因此扶壁的设计恰当无误，甚至能承载更大的重量。结论是教堂的任何部分都不需要增加扶壁。为了彻底为现有的设计辩护，委员会转到拱顶上，并令人难以置信地声称它们已经被确定为“尖拱顶，这是其他许多优秀专业的工程师所建议的类型，因为他们考虑到尖拱不会给扶壁施加侧推力”。

委员会自以为是，拒绝了德国和法国哥特式主建筑师对结构稳定性的不断警告。施工继续进行。教堂的主祭坛在1418年落成，但延误的形势依然持续。15世纪80年代，对所设计的拱顶和十字交叉处上方塔楼的新关注不断产生。一如既往，专家的建议又被忽略，甚至包括我们将在第5章所见到的莱昂纳多·达·芬奇（1452—1519）的意见。除了施工的巨大花费，伦巴第州动荡的政治和金融状况也造成了严重延误。教堂直到1572年才完工。图3-26和图3-27的研究证实，最终的设计结合了等边三角形和边长为3、4、5的直角三角形。除了拱顶和墩柱，这些研究还包括了对耳堂和十字交叉处上方塔楼的设计。屋顶上方的小尖顶起到结构作用。这些尖顶的重量增加了以其为顶部的柱子和墩柱的刚度。图3-28、图3-29和图3-30描绘了米兰大教堂如今的样子。墩柱、扶壁、墙和外部窗户上精巧密集的大理石装饰是19世纪的作品。

图3-28　米兰大教堂中殿的一些主墩柱及其柱头、铁杆和哥特式拱顶，Giovanni Dall’Orto摄

图 3-29 米兰大教堂的三角形哥特式正面及其尖塔状扶壁，Skarkkai 摄

图 3-30 米兰大教堂外观，包括后殿、耳堂、十字交叉处上方的塔楼，Fabio Alessandro Locati 摄

意料之中的是，石匠大师领导建造了哥特时代的这一部伟大的石头作品。他们监督石头的开采，指导石块的切割和加工。他们还指挥升降机和起重机将沉重的石块和砌筑材料吊起并放到施工现场的合适位置。（讨论3.3将进一步研究这些内容。）《年报》让我们知道了建筑艺术，尤其是石匠大师的经验和技能的重要性以及石头强度和砖石建筑的相关性。但《年报》也告诉我们，建筑艺术必须受精确的科学原理的指导。不过这与如今所谓的结构工程无关。人们普遍感觉负载和侧推力有关，还了解一些结构部件间相对厚度的经验法则。但是在哥特式建筑师和建筑委员会的争论中，没有任何一方能就米兰大教堂结构中的任一构件的可靠性提供合理的论证。即使如之前3.3节中已展现的那些对侧推力的粗略估计，也完全超出他们的概念范围。那么是什么样的科学指导着哥特式建筑师？那时唯一可利用的科学是几何学（彩图15）。他们用简单的几何学及相关的数值关系来确定相关结构部件的尺寸，包括墩柱、墙壁和拱顶的宽度、高度和间距。几何学不仅告知尺寸，也确定结构。哥特式建筑要稳固，其设计必须遵循整体几何学和数值方案。结构相关构件的配置需要与整体的几何学方案一致。哥特式结构的概念取决于几何学和数值关系，而非对负载、侧推力和应力的考虑。

米兰大教堂证明了上述内容。图3-24a、图3-25a、图3-26和图3-27对三角形方案做出了说明，该方案确定了重要结构构件的尺寸和位置以及它们的连接方式。中殿沿线的主墩柱每根都宽4布拉乔奥。4布拉乔奥的宽度决定其柱础高度为2布拉乔奥。主墩柱的柱础和柱头的关系为1∶4。因此它的柱头高8布拉乔奥。主墩柱的宽度为4布拉乔奥，与相邻的主墩柱间的距离为12布拉乔奥，它们之间的关系是1∶3。两根墩柱柱心间的距离为16布拉乔奥。中殿的宽度是它的两倍，为32布拉乔奥。人们对正方形的喜爱决定了主墩柱的柱身（不包括柱头的墩柱）长度也是32布拉乔奥。外侧廊上方拱顶高为40布拉乔奥，与主墩柱的高度相等。因此我们看到该结构基本构件的尺寸由一系列数值比给出，这些比可依据它们与整体方案的几何关联性得到。最后，正是数字关系网证明了结构的稳定性。

如果提出两种不同的几何标准会怎样？一种标准是怎样比另一种更受欢迎的？这样的问题要利用传统的建筑实践和石匠的专业知识来解决。垂直几何图形（究竟是等边三角形还是边长分别为3、4、5的直角三角形）就是这样决定的。建筑委员会和法国主建筑师对墩柱与扶壁厚度的恰当比例意见不统一（究竟是1∶3，还是1∶1.5）时，也是这样解决的。就是用这种方式，结构得以发展，并成为实际知识（也就是艺术）和几何形式（也就是科学）之间的一种折中。

我们再回到哥特式专家和建筑委员会之间的争辩。历史宣判哪一边获胜？尽管哥特式专家的观点更有可取之处，但决定性的证据更支持委员会。事实上，根据委员会的决定建造的大教堂至今仍然屹立不倒。不稳固的地基、不结实的墩柱、不充足的扶壁、有“不施加侧推力的尖拱”的拱顶已存在了 5 个世纪。主墩柱不合比例的柱头及其装饰性的壁龛和圣像如图 3-27 和图 3-28 所示，已成为这座教堂的显著特征。不过委员会想要避免的飞扶壁在 19 世纪晚期得到增加。考虑它的新颖设计，教堂的施工已成为一次重大试验。《年报》的记录告诉我们它的成功更多靠运气，而非委员会内建筑者和专家的技能和知识。值得注意的是，哥特式石匠大师（正如他们之前的古埃及、古希腊和古罗马建筑人员）能完成那个时代令人惊叹的结构，尽管他们的施工方法很有限，而且缺少对负载和侧推力的理解。

3.6 威尼斯和比萨的魅力

公元 10 世纪，战略上属于地中海地区的威尼斯和比萨城邦的贸易逐渐繁荣起来。这些城市的商人用船运载并买卖木材、毛皮、羊毛、金属、粮食、衣物、香料和丝绸，他们变得富裕并具有影响力。同时，思想也沿贸易路线得以交流，而这些城市的建筑会受到拜占庭和伊斯兰形式的影响也就不足为奇了。

威尼斯建筑最突出、最重要的两个范例是圣马可大教堂和作为威尼斯大公住宅的道奇宫。（道奇是大公的意大利语威尼斯方言，源自拉丁词 dux，意为“领袖”。）圣马可大教堂在 1063 年到 1089 年按拜占庭式完全重建。新教堂上方有 5 个穹顶，一个大的中心穹顶由其他 4 个十字形分布的穹顶环绕。穹顶由砖砌成，由巨大的拱券、拱顶和墩柱支撑。每个穹顶的外形都比较低矮，基部有排成圆形的窗子，是圣索菲亚大教堂穹顶的缩小版。砖和红陶是这座教堂的主要建筑材料。由于装饰部件也是如此，这座教堂本应给人一种即便不是刻板也是朴素的印象。但在 13 世纪，它开始发生戏剧性的变化。战争期间君士坦丁堡受到了洗劫，许多艺术品被掠走。后来这些掠夺物使圣马可大教堂的内部得以改头换面。坚硬的砖表面为奢侈的金马赛克、耀眼的大理石镶嵌和富丽的装饰所代替，如图 3-31 所示。

图 3-31　圣马可大教堂内部，范旻昕摄

圣马可大教堂外部也发生了变化。图 3-32 描绘了从教堂前广场上的有利位置看到的新立面。立面的顶部被加上了洋葱形拱券，这是一种先向内弯曲，高度增加时再向外弯曲的拱券。这些洋葱形拱券中最大的一个高耸在中心入口的上面，内置 4 个引人注目的铜马。其他的 4 个洋葱形拱券罩在布满华丽马赛克的半圆形板上。彩图 16 展现了富丽的教堂正面。人们通过增加柱子和矩形面板，给立面低处的 5 个错落的高拱形结构增添了装饰性细节。

图 3-32　圣马可广场。选自托马斯罗斯科的《意大利旅游》，插图由 Samuel Prout 绘制，伦敦，1831

不过最引人注目的改变是教堂的 5 个低矮的拜占庭穹顶。它们每一个顶部都罩上了一个高耸鼓出的外壳。这些壳由固定在原穹顶上的木梁结构所支撑。人们在上面铺上铅板，再给它盖上洋葱形的采光亭。这些穹顶弯曲的几何形状使教堂的新外形呈现出异域风情。图 3-32 和彩图 16 描绘了这些新的穹顶，与它们现在的外形相同。图 3-33 让我们看到了内部结构的样子。它展示了 3 个原来穹顶的截面图以及支撑其外壳的木结构。1184 年，一位参观者详细描述了这座建筑的中央穹顶结构，内容如下。

然后我们赶紧进入穹顶内部，经过……大木梁板，它们都铺在位于外部浅灰色穹顶内部的较小穹顶上，……这儿有两个拱形窗户，透过它们你能俯瞰下面的建筑……这座穹顶是圆形的，就像一个球，其结构用木板建成，由结实的木头拱肋进行加固，并由铁条箍紧。拱肋沿着穹顶弯曲，在木圆圈的顶点处交会。从内部可以看到，其内部穹顶镶嵌着木板。它们都是镀金的，华丽无比，用各种色彩和雕刻加以装饰。大的铅灰色穹顶遮住了刚才描写的这个内部穹顶，它也由箍着铁条的木拱肋加固。这些拱肋共 48 根，每根拱肋间距 4 个跨距。拱肋在上方汇聚，统一到位于中心的一块木头内。大的铅灰色穹顶坐落在一个圆形基座上。

图 3-33　圣马可大教堂，南北截面图。选自 L. Cicognara、A. Diedo 和 G. Selva 的《威尼斯的著名工厂和古迹》，卷 1，威尼斯，1838。普林斯顿大学图书馆，马昆德艺术考古藏书室，由 Allan Marquant 博士提供

考虑到这个时期大马士革与威尼斯之间繁荣的商贸活动，这类报告无疑会传播到威尼斯。

日益强大的统治者和日益有钱的商人开始兴建豪华的宫殿和住所。道奇宫建于 1309 ~ 1424 年，其正面如图 3-34 所示。这座宫殿作为大公的住所，是威尼斯的政治中心和法律中心，其设计包含了不同的元素。正面上部拱廊的洋葱形拱券具有伊斯兰特点，与科尔多瓦大清真寺的三叶拱券相似，参见彩图 9 和图 3-10。粉红和白色的石头交替镶嵌，形成菱形图案，增加了正面大片平坦表面的活力。图 3-35 中精美的花饰窗格让人想起图 3-23 中沙特尔大教堂窗户上的花饰。窗户左右两边的雕像也是典型的哥特式。（窗花下方带翅膀的狮子是威尼斯共和国的象征。）最后，有拱廊的开放性宫殿是文艺复兴建筑的先声。（文艺复兴建筑将在第 5 章讲述。）

图 3-34　威尼斯道奇宫的正面，Benjamin Sattin 摄

图 3-35　威尼斯道奇宫正面细部，Deror Avi 摄

在地中海地区进行贸易往来的路线也将拜占庭的影响带到了比萨城。比萨大教堂于 1063 年开始规划，在 1118 年大体完工。它的布局基本为巴西利卡式，是意大利境内罗马式建筑的最佳代表之一，其内部明显受拜占庭的影响。除此之外，这座教堂的中殿每侧都有两层拱廊，令人想起圣索菲亚大教堂内部类似的特征。上面两层中的一层如图 3-36 所示。该图还表明，支承墙、拱券和在四角处的突角拱一起给十字交叉处上方的矩形空间盖上了拱顶。图 3-37 展示了这些结构所支撑的细长的八边形鼓座和穹顶。穹顶外侧基座周围的尖拱拱廊是后期建造的。

图 3-36　比萨大教堂中支撑拱顶和穹顶的拱券和突角拱，JoJan 摄

在欧洲其他地区建造高耸却刻板的哥特式杰作期间，威尼斯和比萨的艺术家和建筑人员却将拜占庭风格与罗马式和哥特式风格相结合，创造出奇妙的新建筑。

我们最后将补充两条，来更新威尼斯和比萨的故事。威尼斯坐落在一座潟湖环绕的岛上。这一背景增加了它的魅力，却威胁到它的生存。该岛的下层土始终不牢固，因此这座城市需要建在许多垂直竖立的木桩上。如今这些基础中有的地方已经损坏。经常发生的洪水使问题进一步恶化。拯救威尼斯的工作已经进行了好几年。最近的工作是建造一个大型水闸系统。比萨面临的问题要小一些。教堂的钟塔在 1175 年破土动工后不久就开始倾斜。建筑师没能保证松软潮湿的土壤内钟塔地基的安全。继续施工时，人们通过建造更高的楼层来校正这种倾斜。结果到 1350 年完工时，它的高度已约达 185 英尺，从倾斜的方向向着垂直面往上轻微弯曲（这样它就具有了像香蕉一样的曲线）。尽管进行了校正，几个世纪以来，倾斜幅度仍旧慢慢增加，钟塔开始以“比萨斜塔”闻名于世。1990 年，倾斜度约达 5.5°时，钟塔被关闭并进行了校正。人们用钢铁加固钟塔的最底层，将 600 吨铅灌进倾斜面相对一侧的地基里。这一措施好像能稳定该塔。

图 3-37　比萨大教堂及比萨斜塔，Marilyn Holland 摄

3.7　问题和讨论

第一组问题用定性和定量的方法分析负载和侧推力。接下来的 3 个讨论处理与本章所关心的内容有关的话题。【在几个问题里你会得到一些数值数据。你将需要确定有多少个数字是可靠的，这样接下来你才能相应地得出最后的答案。】

问题 1　要计算圣索菲亚大教堂的穹顶所产生的负载，先要估计穹顶壳的体积及建造它所使用的材料的密度。如果把这一计算方法用在罗马万神殿的穹顶中，会遇到什么困难？

问题 2　复习完环向应力现象（见 2.7 节）和圣索菲亚大教堂穹顶的设计与几何学后，评估其结构稳定性。

图 3-38 绘出了一张穹顶壳的垂直截面图，它与圣索菲亚大教堂开有 40 个窗户的拱廊上方的穹顶很相似。壳的内外边界在同心球上。在图 3-38a 中，C 为两个球的公共球心，r 是内球的半径，θ 为决定壳范围的角度。穹顶的水平圆形底部及其中心见图 3-38b。圆形底部半径为 b，它到壳内侧顶部的距离为 a。假设图中的壳像圣索菲亚大教堂的壳那样有一个拱肋结构，向量 P 表示相对的两对拱肋对壳底部的推力。

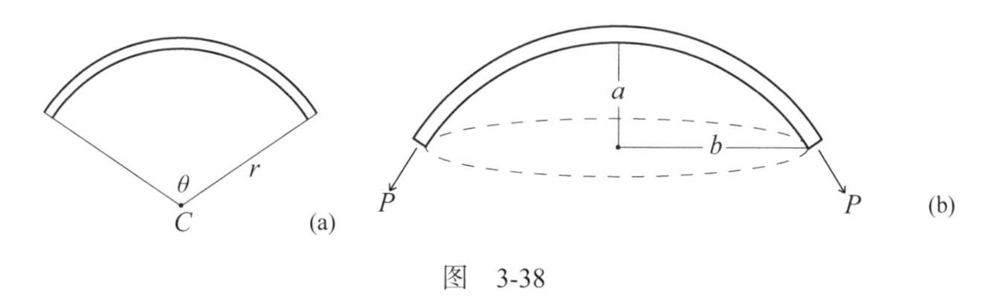

图　3-38

问题 3　回忆圣索菲亚大教堂的穹顶，其中 r = 50 英尺，$\theta = 140°$。推出 b = 47 英尺，a = 33 英尺。

圣索菲亚大教堂完工后不久，受地震影响，原来的穹顶部分坍塌，后来穹顶得到重建。对于原来的穹顶，人们所知似乎不多，仅知道它比重建后的要低矮和扁平一些。不过假设原来穹顶的基础结构与重建后的相同，有可能猜出许多结论。这些在下面的问题 4 和问题 5 中会提出。假设对于原来的穹顶，图 3-38 给出了其基本结构，其圆形底部的大小与重建后的穹顶相同，且有 40 根拱肋组成的拱肋结构。考虑到问题 3 的结果，我们取原来穹顶的圆形底部的半径为 b = 47 英尺，假设从该圆形底部到壳内侧顶部的距离为 a = 23 英尺，比重建后的穹顶矮 10 英尺。原来的穹顶扁平一些意味着图 3-38 中的内半径 r 应更大。

问题 4　考虑已做出的假设，证明圣索菲亚大教堂原来的穹顶 r = 60 英尺，$\theta = 104°$，二者均为估值。【提示：用勾股定理计算 r。注意 $\sin\frac{\theta}{2} = \frac{b}{r}$。】

已知圣索菲亚大教堂穹顶壳厚 2.5 英尺，则有可能推出其体积约为 27 600 立方英尺。该体积的计算将在 7.2 节中给出。假设原来壳的厚度也为 2.5 英尺。利用问题 4 的结果和类似的体积计算方法可得出原来壳的体积约为 23 300 立方英尺。

问题 5　假设原来壳的砌筑材料密度为 100 磅每立方英尺，与重建的壳相等，可得原来的壳的重量约为 2 560 000 磅。参见 3.1 节，可推出一根拱肋对原来穹顶底部的

推力 $P \approx 81\,000$ 磅，P 的水平分量 $H \approx 50\,000$ 磅。将这些估计值与重建穹顶的对应值相比较，讨论其中的差别。

重要的是，应注意到与 3.1 节相同，上述研究潜在的基本假设是图 3-38b 中所展示的相对的一对拱肋及其携带的负载都可以由图 3-13 中的简单桁架建模，并且可以用 3.3 节中的方法分析。

问题 6 假设图 3-13 中的桁架是哥特式教堂拱顶中的一根拱肋的抽象模型。教堂中的哪个结构起到连接 A、B 两点的系梁的作用？假设负载 L 为 10 000 磅。取 $\alpha = 25°$ 、$\alpha = 50°$ 及 $\alpha = 75°$ ，计算每种情况下斜梁在 A 点或 B 点产生的向外的侧推力的水平分量。

问题 7 回到图 3-13，考虑作用在点 C 处的力。给定负载 L 和角 α ，用图 3-39 的受力分析计算作用在 C 点的向上的推力 P 及其水平分量 H。

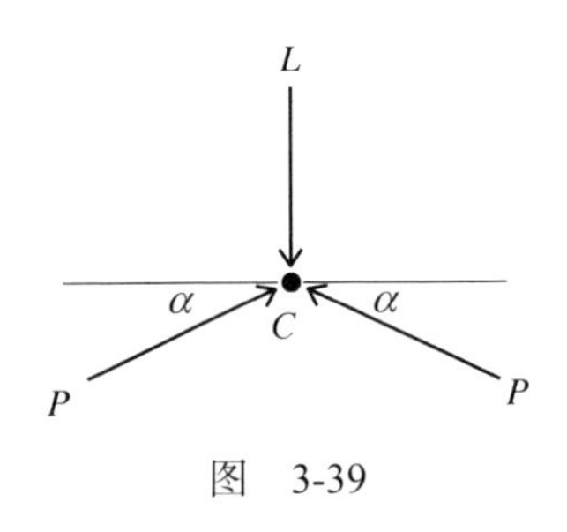

图 3-39

问题 8 假设图 3-40 中拱上的负载 L 只包含两根斜梁的总重量。令 α 为给定的角，d 为拱的跨距的一半，h 为高，l 为拱的斜梁长度。令 w 为这些部件单位长度的重量。解释为何 $L \approx 2w\sqrt{d^2 + h^2}$ 。令 H 是负载产生的水平侧推力，证明 $H \approx wd\sqrt{1 + \frac{d^2}{h^2}}$ 。现令 w 和 d 固定，讨论 L 和 H 如何随 h 变化。

问题 9 根据问题 8 的结论，讨论沙特尔大教堂的尖顶产生的向外的力。

问题 10 查阅法国博韦哥特式大教堂的历史，写出其结构失败的性质和原因。

讨论 3.1 对称的数学 西班牙安达卢西亚地区格拉纳达内的阿罕布拉宫建于 13 至 14 世纪，是一座耀眼的具有代表性的伊斯兰建筑。阿罕布拉宫的墙壁和地板都用复杂的几何图案装饰（其中一些在彩图 17 中有所展示），其中大部分让看到的人都会本能并直观地承认每种图案都是对称的，具有自身独特的对称方式。不过能用数学公式表示这种直观的“对称”概念吗？答案的关键在于数学上群的概念。

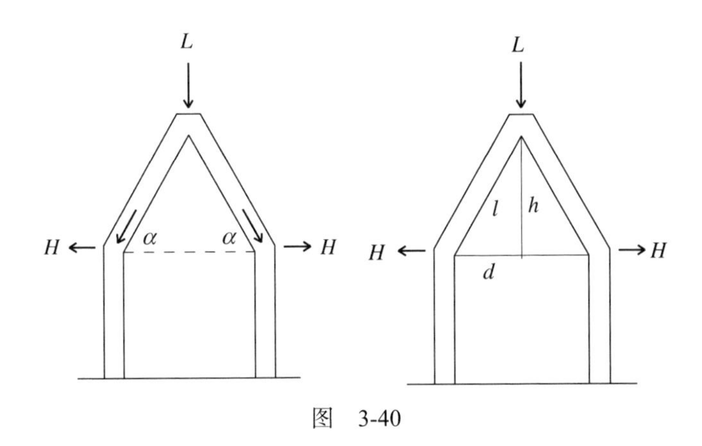

图　3-40

设 n 为正整数，令$1,2,\cdots,n-1,n$为前 n 个排成一列的连续的正整数。以其他顺序对这 n 个数进行的任何重排都是$1,2,\cdots,n-1,n$的一个排列。保持原来序列不变的“重排”也包含在内，称为恒等排列。我们将用$(\underline{1}\ \ \underline{2} \cdots \underline{n})$ 的形式表示排列的数字，其中重新排列过的 n 个数放在第二行。用这种方式表示排列，对所做的变动进行了强调。由于 n 个整数中任何一个都可以放在 1 下面，剩下的 $n-1$ 个整数中的任何一个都可以放在 2 下面，以此类推，则共有 $n(n-1)(n-2)\cdots 2\times 1$ 个排列。将该乘积写作 $n!$，称为 n 的阶乘。任意两个排列 P 和 Q 都可以结合，或者说相乘，通过先应用 P 再应用 Q，从而形成排列 PQ。对任意排列 P，恒等排列 I 满足 $PI=IP=P$。由于确定排列 P 的重排可以逆序，则存在一个排列 Q，使得 $PQ=QP=I$。这样的 Q 是 P 的逆排列。事实上，对任意 3 个排列 P、Q 和 R，P 与 QR 的乘积等于 PQ 和 R 的乘积，用公式表示，即 $P(QR)=(PQ)R$。任何集合如果其乘法运算满足上述恒等、逆和相乘的性质，都被称为一个群。一个群内不同元素的数目称为该群的阶。上面所描述的特殊例子是有 n 个元素的置换群。注意其阶为 $n!$。群论是现代数学的重要分支。群论中与下面要讨论的内容有关的方面由法国数学家（也是政治活动家和革命家）埃瓦里斯特·伽罗瓦（1811—1832）提出，他理解其为多项式方程是否有解的问题。

让我们仔细考虑一下 $n=4$ 的情况，此时有 $4!=24$ 个排列。它们由下列的 24 个对 1, 2, 3, 4 的重排构成：

1, 2, 3, 4	1, 2, 4, 3	1, 3, 2, 4	1, 3, 4, 2	1, 4, 2, 3	1, 4, 3, 2
2, 1, 3, 4	2, 1, 4, 3	2, 3, 1, 4	2, 3, 4, 1	2, 4, 1, 3	2, 4, 3, 1
3, 1, 2, 4	3, 1, 4, 2	3, 2, 1, 4	3, 2, 4, 1	3, 4, 1, 2	3, 4, 2, 1
4, 1, 2, 3	4, 1, 3, 2	4, 2, 1, 3	4, 2, 3, 1	4, 3, 1, 2	4, 3, 2, 1

对应的排列是 $I=\begin{pmatrix}1&2&3&4\\1&2&3&4\end{pmatrix},\begin{pmatrix}1&2&3&4\\1&2&4&3\end{pmatrix},\begin{pmatrix}1&2&3&4\\1&3&2&4\end{pmatrix}$，以此类推，最后是 $\begin{pmatrix}1&2&3&4\\4&3&2&1\end{pmatrix}$。令 $P=\begin{pmatrix}1&2&3&4\\1&3&2&4\end{pmatrix}$，$Q=\begin{pmatrix}1&2&3&4\\4&3&2&1\end{pmatrix}$，求 PQ 的积。先应用 P，再应用 Q，则有 $1\to1\to4$，$2\to3\to2$，$3\to2\to3$，$4\to4\to1$。因此 $PQ=\begin{pmatrix}1&2&3&4\\4&2&3&1\end{pmatrix}$。

考虑图 3-41 中的多边形。除了图 3-41a 的等腰三角形和图 3-41c 的菱形，其余都是正多边形。图形顶点处的数字标记固定不变（不过数字并不是图形的一部分）。我们认为每个多边形都是刚性框架。从图 3-41a 的等腰三角形开始，使该三角形绕图示的垂直轴线翻转并使它回到原平面，这就交换了顶点 1 和 2 的位置，但三角形看起来与翻转前的完全相同。实际上，似乎它根本没有移动过。任何用这种方法改变图 3-41 中多边形的位置且使人们不能判断该图形是否移动的举措即称为该多边形的对称变换。既然任何对称变换都会移动顶点，它就是标记这些顶点的数字的一个排列。考虑对称变换时，主要关注最终的结果，即它所带来的顶点的排列。尤其是如果两个对称变换带来相同的顶点排列，则这两个对称变换等价。那么哪些顶点排列是对称的呢？恒等排列当然是。既然我们认为多边形是刚性的，移动它们的唯一方法是绕一点旋转、绕一个轴翻转、平移（在平面内横向移动而不旋转）或者上述措施的综合运用。既然对称变换改变多边形的位置，使它与自身重叠，则如果不涉及翻转，可以通过绕多边形的中心旋转得到；如果涉及，则通过沿中心所在的一条直线翻转，然后再绕该中心旋转得到。考虑图 3-42a 中的圆及弧 AB。图 3-42b 展示了该圆沿轴 L 翻转，再旋转到一个新位置的情形。图 3-42c 表明先翻转再旋转得到的图形也可以通过只沿另一个轴翻转完成。将其用在对图 3-41 的多边形的讨论中，我们看出该多边形的任一对称变换要么是绕中心旋转，要么是沿过中心的一条直线翻转。从而可知对称就是指那些由这类旋转及翻转所确定的排列。我们可以观察到任一多边形的两个对称变换的乘积（先应用一个，再应用另一个）还是对称变换。因为旋转的逆还是旋转，翻转的逆是其自身，所以任何对称变换的逆还是对称变换。可知任一多边形的对称变换构成群，即多边形的对称群。它是一个有 n 个元素的置换群的子群，根据所考虑的具体多边形，$n=3$、4、5 或 6。图 3-41a 中的等腰三角形有两个对称变换：恒等变换和上面讨论过的翻转，即顶点 1、2、3 的排列为 $I=\begin{pmatrix}1&2&3\\1&2&3\end{pmatrix}$ 和 $\begin{pmatrix}1&2&3\\2&1&3\end{pmatrix}$。因为翻转变换是唯一的对称变换（除了恒等变换外），该等腰三角形只有左右对称。左右对称在建筑中很常见。它在本书图 2-12、图 2-42、图 3-7、图 3-12、图 3-28 和图 3-29 的结构中都有体现。

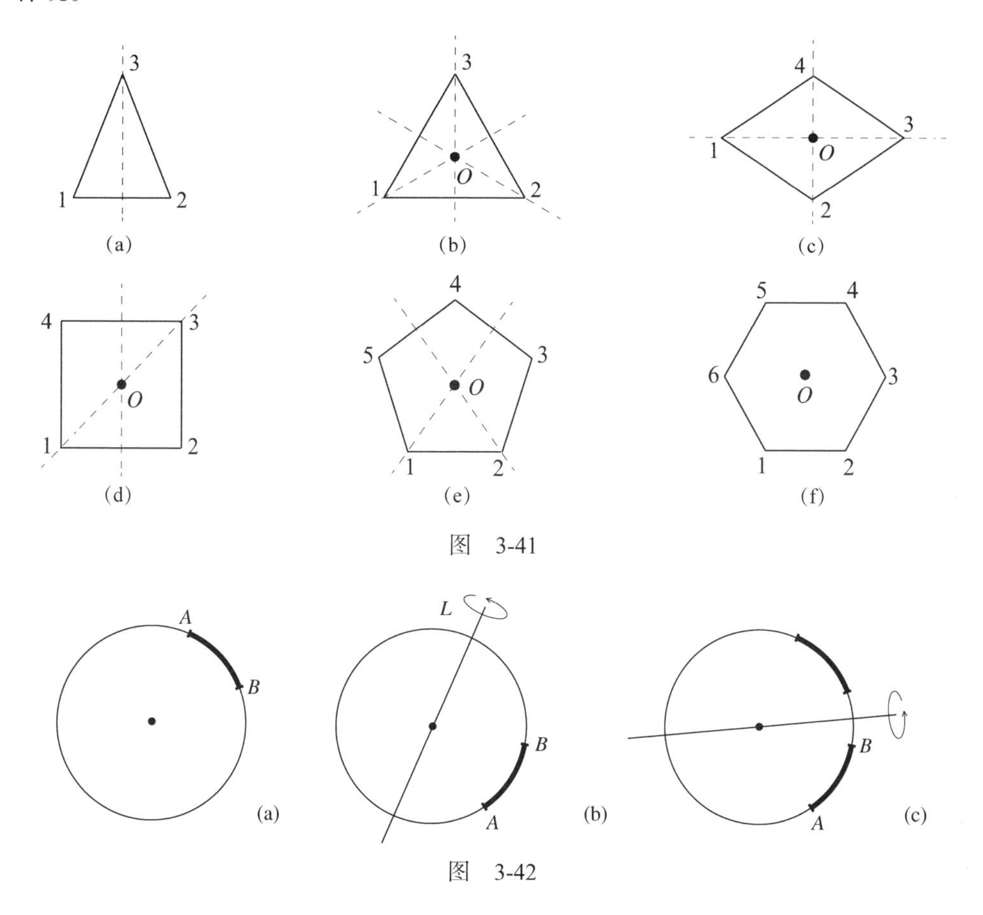

图　3-41

图　3-42

接下来研究图 3-41b 的等边三角形。它有两个与等腰三角形相同的对称变换，但它还有其他的对称变换。例如该三角形绕其中心 O 逆时针旋转$120°$后，又回到同一位置。它确定了顶点置换$1\to2$，$2\to3$，$3\to1$。注意顺时针旋转$120°$确定的置换$1\to3$，$3\to2$，$2\to1$也能通过逆时针旋转$240°$得到。对更一般的情况，得到这样的结论也并不困难。设θ为满足$0°\leqslant\theta\leqslant360°$的任一角。一个多边形顺时针旋转$\theta$得到的顶点置换与逆时针旋转$360°-\theta$得到的顶点置换相同。由于这个原因，我们只考虑逆时针旋转。

问题 11　等边三角形的顶点 1、2、3 的 6 个置换如下：

$$\begin{pmatrix}1&2&3\\1&2&3\end{pmatrix}\quad\begin{pmatrix}1&2&3\\2&3&1\end{pmatrix}\quad\begin{pmatrix}1&2&3\\3&1&2\end{pmatrix}\quad\begin{pmatrix}1&2&3\\2&1&3\end{pmatrix}\quad\begin{pmatrix}1&2&3\\3&2&1\end{pmatrix}\quad\begin{pmatrix}1&2&3\\1&3&2\end{pmatrix}$$

验证它们都是对称变换。对每个置换，如果它是一个旋转，确定旋转的角度，若是一个翻转，则确定翻转的轴。设 P 是一个沿过顶点 1 的轴所进行的翻转，Q 是一个沿过顶点 2 的轴所进行的翻转，计算乘积 PQ。结果是 6 个置换之中的哪一个？

考虑图 3-41d 的正方形，列出其对称变换。旋转变换包括逆时针旋转 0°（恒等变换）、90°、180° 和 270°。翻转变换也有 4 个，它们沿下列 4 个过 O 点的轴进行：水平线、垂直线、过顶点 1 和 3 的直线、过顶点 2 和 4 的直线。正方形的对称群有 4 个旋转和 4 个翻转。因此数字 1、2、3、4 构成的 4!=24 个置换群中，只有 8 个是正方形的对称变换。

问题 12　写出正方形的 8 个用数字形式描述的对称变换。指出对称变换

$$P=\begin{pmatrix}1 & 2 & 3 & 4\\ 1 & 4 & 3 & 2\end{pmatrix} \text{和} Q=\begin{pmatrix}1 & 2 & 3 & 4\\ 4 & 3 & 2 & 1\end{pmatrix}$$

以及它们的乘积 PQ 和 QP 是如何移动这个正方形的。

问题 13　列出图 3-41c 中菱形的所有对称变换，其中有多少个旋转，多少个翻转？比较菱形和正方形的对称群。

问题 14　图 3-41e 的正五边形有 10 个对称变换，其中有 5 个旋转、5 个翻转。5 个旋转的旋转角度是多少，5 个翻转的轴是哪些直线？图中给出了两个翻转的轴，用数字形式表示这两个翻转。

问题 15　考虑图 3-41f 的正六边形。它有 12 个对称变换，其中有 6 个旋转，6 个翻转。则 $\begin{pmatrix}1 & 2 & 3 & 4 & 5 & 6\\ 2 & 3 & 4 & 5 & 6 & 1\end{pmatrix}$ 的旋转角度是多少？其他 5 个旋转的旋转角度是多少？$\begin{pmatrix}1 & 2 & 3 & 4 & 5 & 6\\ 4 & 3 & 2 & 1 & 6 & 5\end{pmatrix}$ 的翻转轴是哪条直线？给出其他 5 个翻转的翻转轴。

问题 16　绘制对称群的阶为 1、2、4 的六边形，再绘制对称群的阶为 3、6 的六边形。【**提示：**绘制对阶为 2 和 4 的六边形，将两个梯形放在一起。绘制对阶为 3 和 6 的六边形，将两个等边三角形合并起来。】

考虑一个多边形。若它有 n 个顶点，则它就是 n 边形。一个 n 边形，如果它的 n 个顶点均匀分布在同一个圆上，则该多边形为正多边形。圆的中心也是该多边形的中心。

设给定一正 n 边形。R 表示逆时针绕中心 O 旋转 $\left(\frac{360}{n}\right)^{\circ}$。则旋转

$$R, R^2=RR, R^3=RRR, \cdots, R^n=I$$

都是正 n 边形的对称变换。设 L 为任一过 O 点的直线，它与正 n 边形相交的两个交点

或者是顶点，或者是多边形边的中点。则共有 n 条这样的线，且由这些线所确定的 n 个翻转是这个 n 多边形的对称变换。

问题 17　探讨上文对图 3-41 的正多边形做出的结论，并考虑更一般的情况。证明正 n 边形的每个对称变换都是上述的一个旋转或翻转。

上面的讨论不仅适用于多边形也适用于任何图案。图案的对称程度需要根据对它的对称变换的研究来评定。不改变图案形状的“移动”或者说变换就是该图案的对称变换。让我们先从彩图 17 左侧的图案开始。它包含重复出现的带浅色边的花形单元。注意该图案是左右对称的。除此之外，还能看出图案的形状并未因平移（例如向上或向下移动一个单元）而改变。观察彩图 17 的其余 4 种图案，如同前面的多边形一样，我们把自己的注意力限制在旋转和翻转以及它们所确定的对称群上。

图 3-43 是选自彩图 17 的一个图案。考虑落在两个圆中较小的圆里的部分图案。观察可知，如果将中心星形的 16 个顶点一一连接起来，则得到一个正十六边形。注意该图案的对称变换恰好就是正十六边形的对称变换。（你要忽略在正中心的鸟。）可知这个图案有 16 个旋转、16 个翻转，其对称群的阶为 32。考虑落在大圆中的大图案（在大脑中设想该图案）并用同样的方式对它进行分析。

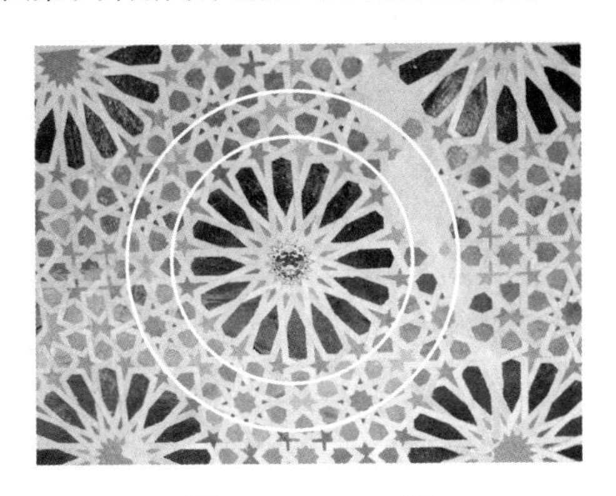

图 3-43　Jebulon 摄

问题 18　研究彩图 17 剩下的 3 种图案。对每种图案都给出对应的正多边形、旋转和翻转，并确定对称群的阶。

问题 19　观察图 3-23 中沙特尔大教堂的玫瑰花窗。讨论包括旋转和翻转在内的该窗的对称变换是什么。对称群的阶是多少？

沙特尔大教堂的玫瑰花窗图片提出了一个将在第 5 章结尾讨论的基本问题，即为什么这个圆形窗户在图中看起来像是椭圆？

问题 20 我们关于对称性的数学讨论蕴含着这样的内容，即图形的对称群越大，它就越对称。这符合你的对称概念吗？例如，你认为圆（它的对称群的阶是多少？）比六边形更对称吗？

讨论 3.2 诺曼式建筑 11 世纪末，诺曼式建筑发展起来。卡昂的圣艾蒂安大教堂和达拉谟大教堂是两座杰出代表。圣艾蒂安大教堂于 1066 年开始施工，到 13 世纪建成。达拉谟大教堂的施工始于 1093 年，40 年后大体完工。这两座大教堂的半圆形拱券和中殿侧面的大型墙壁都证实它们均继承了罗马式传统。图 3-44 描绘了达拉谟大教堂中的半圆形拱券和墙壁。但是，中殿上方的拱顶是肋拱顶，而非预期的筒拱顶。建筑历史学家认为这是重要的结构革新，后来哥特式教堂的特征就源自这两座教堂。科尔多瓦大清真寺（见图 3-9）的肋拱穹顶建得更早，但它的布局不同，且规模要小得多。这两座教堂中殿的墙壁外部都在拱肋汇聚的地方用垂直结构加固过，该特点后来发展为哥特式建筑的飞扶壁。

图 3-44 Oliver Bonjoch 摄

讨论 3.3 中世纪的建筑实践 本章所讨论的建筑，包括伟大的罗马式和哥特式大教堂，均是人工建造的。人们用简易工具切割木材和石料，用人、驴子或牛拉动简易升降机来将其吊起，通过不牢靠的脚手架把它们放到合适位置。人们用斧头、锤子和凿子加工石料；在木箱里混合并处理灰泥，将其盛在轻便的泥槽里递给砌墙的泥瓦匠；用楔子和锤子切割并截断木头，用斧头做预处理，从而得到光滑的表面。人们大量使用各种单手或双手操作的锯。钻的钻头由贝壳制成，靠转动木头支架来为销子、钉子和金属夹具钻孔。刨子、凿子、锤子和木槌组成木工的工具箱。在石匠大师（到后期才使用建筑师这个头衔）的带领下，一支由专业采石工、石匠、砖匠、木匠、铁匠、泥水匠、瓦匠、油漆工、玻璃工和雕刻家组成的队伍，在学徒和体力劳动者的协助下，就能建起一座建筑。熟练的手工艺人现场教授学徒这门手艺的方方面面。他们经证明可以出师后，就会拿到劳动报酬。这样的建筑队伍在项目间奔走，设计理念和建筑方法也随之传播开来。不过石匠大师的知识被小心地保护，秘而不宣。只有最有经验、最熟练的工人才能升为该门手艺的大师，只有最有才干的工艺大师才被委托指导建筑项目并被授予建筑师的头衔。关于中世纪建筑实践和方法的书面文件很少，甚至欧洲天主教修道院的档案室和图书馆收藏的也不多。这些记录涉及建筑合同和建筑物尺寸，但除了应“根据传统模型”建造的意见外，很少有建筑细节。残存的早期记录是维拉尔德·奥·内库尔在 1225~1250 年的笔记本。这些笔记本的内容覆盖了从几何学问题到拱顶和屋顶桁架设计以及石工、木工和装饰工作。里面有内外立面图和平面图（以垂直和水平剖面为代表）的素描以及确定拱顶中拱肋位置和墙壁厚度的详细资料。即使到后来，诸如《米兰大教堂建筑委员会年报》（1392 年以及 1400~1401 年）里记录的见解也很少。不过由亲眼目睹施工现场的人绘制的图片资料却比较丰富。图 3-45 和图 3-46 展示了其中的两幅，让人们看到了施工现场的活动及所使用的工具。图 3-45 还表现出一个建筑师正从皇家赞助人那里接受指示。

图 3-45　Offas 的生活，钢笔画，14 世纪末，伦敦大英博物馆，Cotton Nero D I[①]，第 23 张对开页。选自 Günther Bending 的《中世纪建筑技术》，Tempus 出版，2004。普林斯顿大学图书馆，马昆德艺术建筑藏书室

① Cotton 指来自科顿私人图书馆的收藏。科顿先生最初以凯撒时期的人物、字母和罗马数字给书进行分类。大英博物馆接受捐赠后保留了这一方法。Cotton Nero D I 指尼莫胸像所在的书柜第四层第一本书。——译者注

图 3-46 插图，13 世纪中期，旧约全书缩微。纽约摩根图书馆，MS M638，第 3 张对开页。David A. Loggie 摄，1990

中世纪是皇室、领主、贵族、骑士、封臣、农夫和农奴的时代。施工队建造高耸的大教堂，也建造强大的城堡和有围墙保护的城镇。建于 800 年到 1300 年间的有城堡的法国城镇卡尔卡松就是现存的一个很好的例子。

第4章

数学的传播及在建筑中的转化

公元12世纪到15世纪期间，地中海周边地区发生了一些根本性的变化，并波及它的北面和东面。农业生产方式的改进解放了人们，使他们进入城镇。工业生产和商业活动增加。人们建造了医院，设立了银行。商人和产业工人自己组织起来，形成所谓行会的机构。行会组织就业，设定价格和工资，促进和规范贸易。各条贸易路线穿过黑海和地中海，沿着大西洋海岸，越过北海和波罗的海，经过隆河、塞纳河、多瑙河、莱茵河、第聂伯河、伏尔加河及其他大河沿岸，翻越阿尔卑斯山，逐渐发展起来。它们将诸如威尼斯、热那亚、比萨、佛罗伦萨、米兰、维也纳、奥格斯堡、里斯本、波尔多、巴黎、伦敦、汉堡、但泽、里加和基辅这样重要的欧洲城市与巴格达、大马士革、开罗和君士坦丁堡连接起来，运送木材、羊毛、棉花、丝绸、糖、盐、香料、小麦、干果、酒、鱼和皮毛。信奉基督教的欧洲的人口和财富都得到了增长。

同时期另一项重要的进步是哲学、法律、修辞、科学及数学方面的古典希腊和罗马著作传入信奉基督教的欧洲。它们本来被保存在图书馆内，供伊斯兰、犹太和拜占庭学者使用，后被翻译成拉丁文，并在西班牙的托莱多、西西里的巴勒莫及其他城市所建的中心机构中被抄写了多遍。这些抄本在学者之间广泛传播。12世纪和13世纪，大学在主要的欧洲中心如巴黎、牛津、博洛尼亚和帕多瓦建立起来，它们一般由教会资助。成千上万的学生攻读法律或医学，或者学习如何从事政府或教会工作。大学成为学术演讲、讨论及辩论的中心。亚里士多德关于人类天性及灵魂、自然科学和宇宙的观点向已确立的解释发起挑战。

从12世纪开始，欧洲学者通过钻研欧几里得、阿基米德、阿波罗尼斯和托勒密的著作抄本，学习希腊科学和数学。他们从欧几里得的《几何原本》中学到了希腊人所理解的数字和几何学知识。他们根据阿波罗尼斯的《圆锥曲线》和阿基米德的作品研究用平面切割圆锥所获得的曲线。椭圆和抛物线是相关性最强的例子。欧洲学者还参阅托勒密的《天文学大成》来研究希腊人关于天体运动的杰出数学理论，从托勒密的《地理学指南》（*Geographike*）中看到令人难以置信的已知世界的地图。欧洲学者从阿拉伯数学家的作品中获得了印度—阿拉伯数字系统的知识，而几乎在同一时间，欧洲贸易商也看到了阿拉伯商人如何将这一系统付诸使用。欧洲人吸收所有上述知识进而做出自己的贡献还需要一段时间。16 世纪，代数学方面取得了重大进展。最重要的是，17 世纪早期，伽利略发现抛掷物的轨迹是抛物线；在哥白尼提出日心说之后，开普勒观察到行星的轨道是椭圆。17 世纪中期，笛卡儿和费马将希腊几何学与印度—阿拉伯数字系统相结合，形成一种单独的数学结构。这就是解析几何，它对欧几里得几何学在平面和空间中进行量化，并在这一过程中融合了代数和几何学。

与欧洲学者通过学习古典思想家的作品从而在科学与数学方面取得重大进步相同，欧洲建筑人员也受到了古典希腊和罗马结构及形式的启发。他们在 15 世纪和 16 世纪吸收了希腊和罗马建筑的柱子、拱券、山花和门廊，完善他们的设计，将这些作为和谐、雄伟、辉煌的新建筑的元素。这是文艺复兴建筑的内容，将在第 5 章中讲述。其中一名提出这种新型建筑艺术的、创造力丰富的天才是来自佛罗伦萨的菲利波・布鲁内莱斯基（1377—1446）。他认真研究了古代罗马的建筑，学习了其浴室、巴西利卡、圆形剧院和神庙的拱顶和穹顶的设计与施工方法。15 世纪初期，内部是显著哥特式风格的佛罗伦萨大教堂的十字交叉处上空还是敞开的八边形大洞，还没有被穹顶盖上。将要兴建的穹顶的规模空前，并将产生空前的大负载。布鲁内莱斯基规划了该穹顶并监督了它的施工过程。通过将罗马结构特征结合到设计中，他解决了穹顶的大负载及侧推力所带来的问题。佛罗伦萨大教堂预示着新建筑艺术的开始，标志着建筑从哥特时代走向文艺复兴。

从建筑开始兴建的那一刻起，建筑师已经在平坦的地面、羊皮纸和纸上画好了直线、圆和圆弧，来完成他们的设计，通过把平面、圆柱和球转化为墙壁、柱子、拱顶和穹顶，来实施他们的设计。数学家在坐标平面内研究直线、圆和其他曲线，在坐标空间内研究平面、球体和其他形状，作为理想的数学抽象。无疑，对曲线和形状所做的数学研究会影响建筑师绘制的曲线及实现的形状。本章的目标首先是讲述解析几何的历史，它以希腊人的贡献作为开端；然后应用解析几何来研究直线、圆、平面和球体；最后用这一研究来分析佛罗伦萨大教堂八边形穹顶逐渐上升的形状，而这只是解析几何在建筑中最普通的应用。第 5 章的最后一节给出了它在透视法研究上更丰富的应用，第 6 章和第 7 章的几节展示了解析几何的应用（以及微积分）是如何为理解建筑结构提供重要知识的。

4.1 神奇的曲线与神奇的地图

欧洲人从翻译的作品中学习到希腊数学的知识，包括对抛物线和椭圆的研究。它们与双曲线一样都是圆锥曲线，即用一个平面切割对顶圆锥所得到的曲线。（单词 section 源自拉丁单词，表示切割。）虽然欧几里得已经知道了这些曲线（见图 4-1），但直到希腊的阿波罗尼斯才深入、广泛地对它们进行了分析。我们将讲述他对抛物线和椭圆的分析，而省略对双曲线的分析。

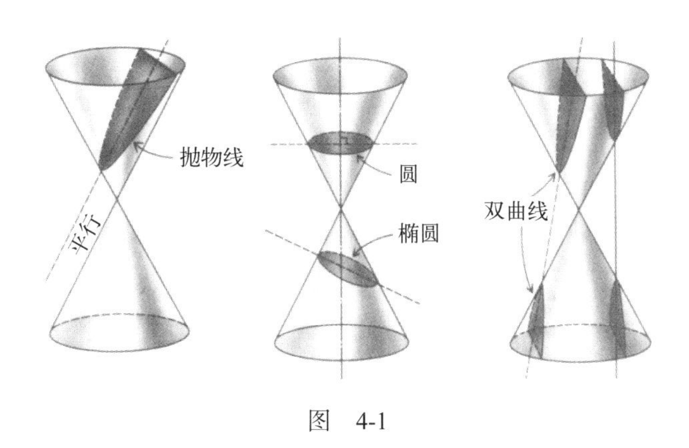

图　4-1

本节给出一个完全平坦的数学平面，这样就能测量距离，比如平面内两点之间的距离，此外，还给定长度单位，如英寸、英尺或米。对平面内的两点 P 和 Q，PQ 或 QP 代表连接这两点的线段。如果在公式中出现 PQ，则认为它是线段 PQ 的长度，即 P 和 Q 之间的距离。

我们先从抛物线开始。在平面内固定一条直线 D 和一个点 F，其中 F 不在 D 上。由 D 和 F 所确定的抛物线是平面内所有满足 P 点和 F 点的距离等于 P 点到直线 D 的垂直距离的 P 点的集合。直线 D 称为该抛物线的准线，F 称为该抛物线的焦点。过焦点垂直于准线的直线称为该抛物线的焦轴。图 4-2 展示了上述内容。它给出了焦点、准线、焦轴，确定了抛物线上的几个 P 点。每种情况下，P 点到 F 点之间的线段长度都等于 P 点和直线 D 间的虚线段的长度。我们只回顾阿波罗尼斯著作中关于抛物线的两个基本命题，但不做证明。

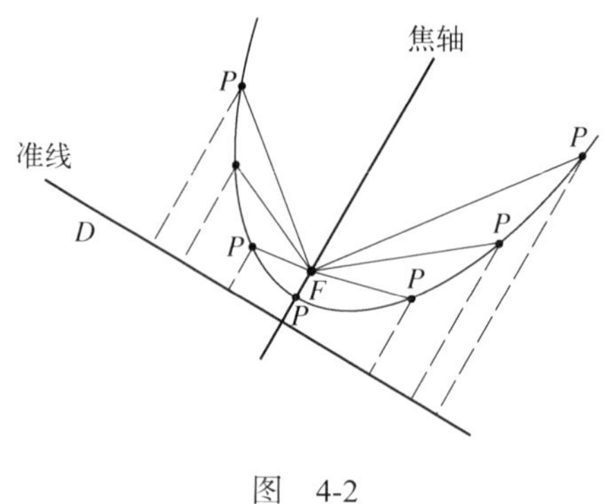

图 4-2

命题 P1 设 P 为抛物线上的任一点，考虑过 P 点的切线。切线与 P 点和焦点之间的直线在 P 点处的夹角等于该切线与过 P 点的焦轴的平行线在 P 点处的夹角。（图 4-3 展示了 3 个不同的 P 点的情况。）

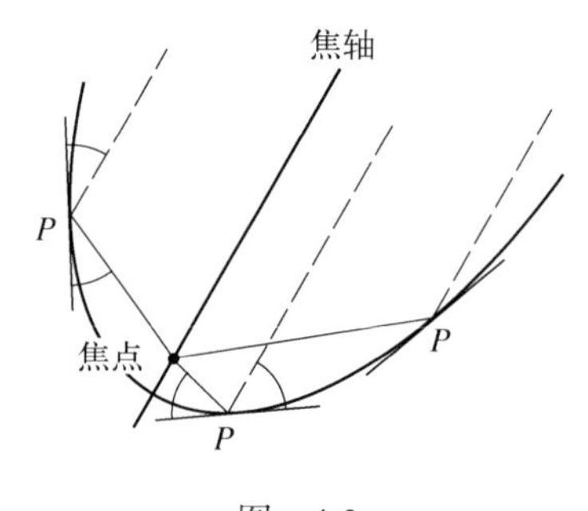

图 4-3

命题 P2 把抛物线与其焦轴的交点记为 O，考虑过 O 点垂直于焦轴的直线。令 A 和 C 为该线上的任意两点，其中 C 与 O 点不是同一点。令 B 和 D 为抛物线上的点，满足 AB 和 CD 均平行于焦轴。（图 4-4 展示了上述内容。）则有

$$\frac{AB}{CD}=\frac{OA^2}{OC^2}$$

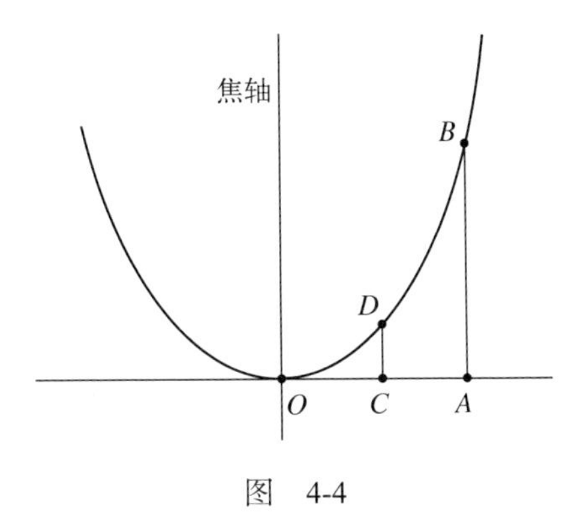

图　4-4

我们继续研究著名的阿基米德的数学发现。抛物线截面是指取一条抛物线并用某种方式对它进行切割所得到的区域。图 4-5 展示了由 AB 所切割的抛物线截面。取抛物线上的一点 C，它满足过 C 点的切线平行于该割线，考虑$\triangle ABC$。结合阿波罗尼斯关于抛物线的基本性质（包括命题 P2），按照高标准的数学精度及严谨性进行论证，阿基米德证明了抛物线截面的面积等于内切$\triangle ABC$面积的$\frac{4}{3}$。他的证明是早期微积分的一个特殊例子。

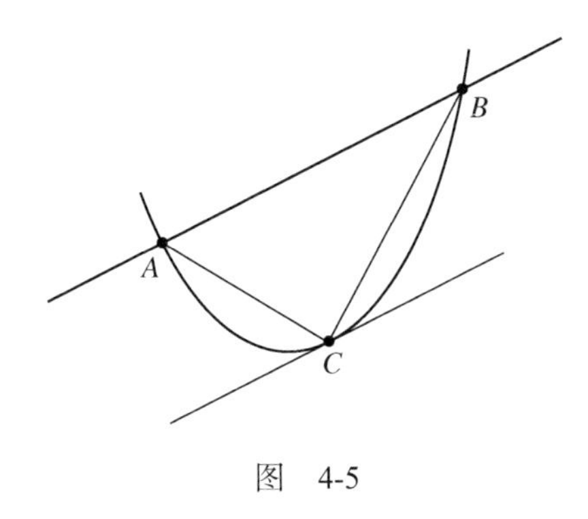

图　4-5

接下来我们转向椭圆。固定平面内的任意两点 F_1 和 F_2，确定一个常数 k，其值大于 F_1 和 F_2 之间的距离。考虑所有 P 点的集合，它满足从 P 点到 F_1 点的距离与 P 点到 F_2 点的距离之和等于 k，或者写作 $PF_1+PF_2=k$。这些点的集合就是椭圆，它由点 F_1、F_2 和 k 确定。在图 4-6 中，注意如果从 P 点出发的实线段与从 P 点出发的虚线段的距离之和等于 k，则 P 点就在该椭圆上。点 F_1 和 F_2 是该椭圆的焦点。过焦点的直线是该椭圆的焦轴。线段 F_1F_2 的中点 C 为椭圆的中心。从椭圆上的一点过中心到达另一边上的点所形成的任一线段都是椭圆的直径。过两个焦点的直径长度的一半是该椭圆的半长轴，垂直直径长度的一半是半短轴。考虑圆心为 C 点半径为 r 的圆，为什么它是焦点 $C=F_1=F_2$ 及 $k=2r$ 的椭圆？

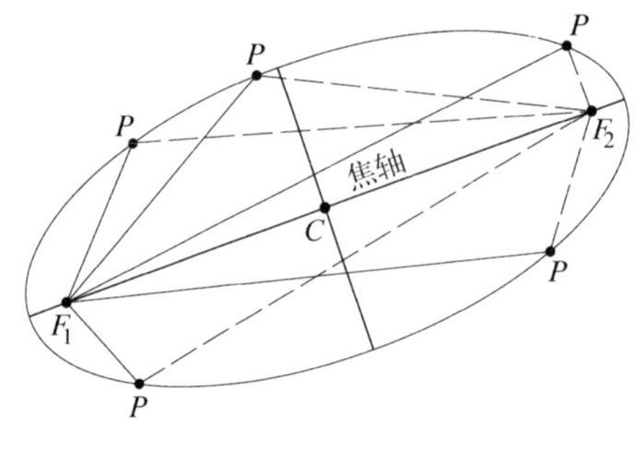

图 4-6

下面是关于椭圆的两个基本命题，也出自阿波罗尼斯的著作，同样也不做证明。

命题 E1 设 P 为椭圆上的任一点，考虑椭圆在 P 点的切线。则该切线与从 P 到一个焦点的直线在 P 点的夹角等于该切线与从 P 点到另一个焦点的直线在 P 点的夹角。（图 4-7a 展示了 4 个不同的 P 点的情况。）

假设该椭圆为一个圆。则它的两个焦点是同一点，即圆心。因此图 4-7b 和命题 E1 告诉我们半径与切线的夹角等于 90°。我们能得出这样的结论，即对任一圆和该圆的任一半径，半径和圆相交的那点处的切线垂直于该半径。我们在第 2 章研究罗马竞技场的椭圆时用过这一事实。

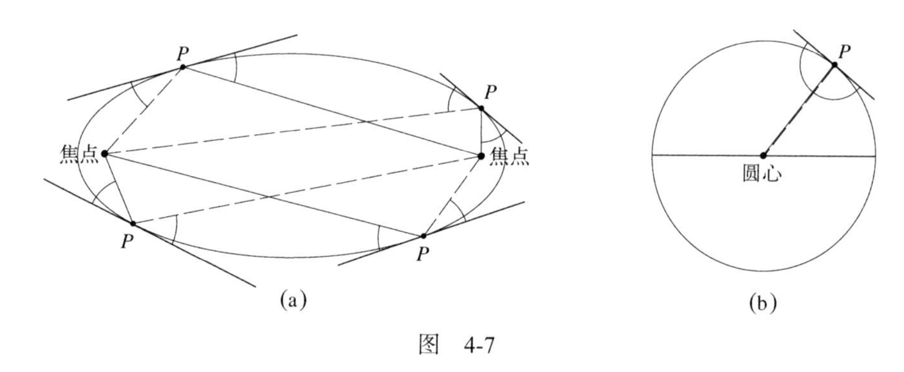

图 4-7

命题 E2 令 P 和 Q 是椭圆与其焦轴的交点。令 A 为焦轴上 P 和 Q 之间的任一点，B 为过 A 点的焦轴的垂线及椭圆上的一点。（注意 B 有两种可能性。）图 4-8 给出了提到的这些点。无论 A 位于 P 和 Q 之间的何处，比值 $\frac{PA\times AQ}{AB^2}$ 都是相同的。

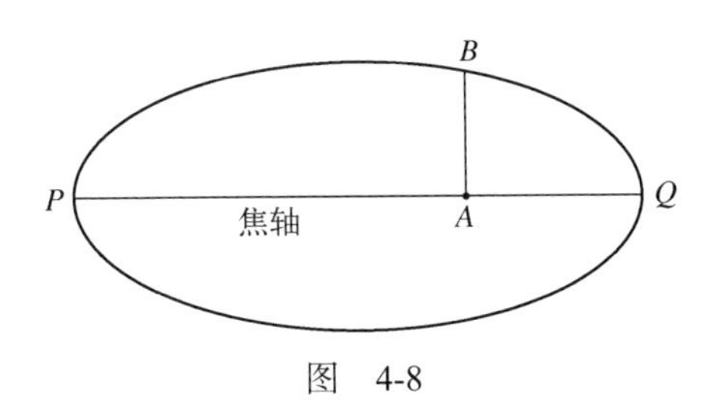

图　4-8

我们再看一下命题 P2 和命题 E2。回顾图 4-4。选择 C 点使 $OC=1$，设 $CD=c$。令 $OA=x$，$AB=y$。因为点 A 可以位于过 O 点的水平线上的任一处，所以 x 和 y 都是变量。通过应用命题 P2，$\frac{y}{c}=\frac{x^2}{1^2}$，因此 $y=cx^2$ 。接着再回到命题 E2。令 C 为图 4-8 中椭圆的中心，设 a 为 PC 的长度。考虑 PQ 在 C 点的垂线，令 b 为从 C 点到椭圆的线段长度。参见图 4-9。当 A=C 时，有 $\frac{PA\times AQ}{AB^2}=\frac{a\times a}{b^2}=\frac{a^2}{b^2}$ 。现令 A 为 PQ 上的任一点。令 $x=CA$，$y=AB$。因为 A 能在 PQ 的任一处，所以 x 和 y 都是变量。如果 A 在 C 点的右侧，则 PA=a+x，AQ=a−x，我们可得 $\frac{PA\times AQ}{AB^2}=\frac{(a+x)(a-x)}{y^2}$ 。验证当 A 点在 C 点的左侧时，该方程仍然成立。命题 E2 告诉我们对于任何 A，比值 $\frac{PA\times AQ}{AB^2}$ 都是相同的，因此 $\frac{(a+x)(a-x)}{y^2}=\frac{a^2}{b^2}$ 。经过代数变化，得 $a^2-x^2=a^2\times\frac{y^2}{b^2}$ 。这样 $1-\frac{x^2}{a^2}=\frac{y^2}{b^2}$ ，从而得出 $\frac{x^2}{a^2}+\frac{y^2}{b^2}=1$ 。

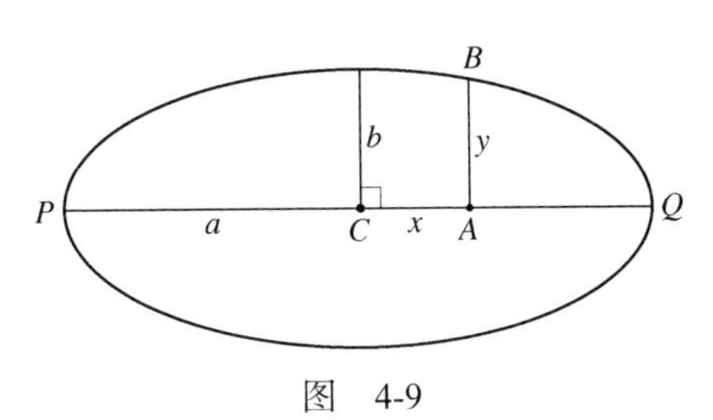

图　4-9

在抛物线的情况中，注意方程 $y=cx^2$ 将 B 点到固定的垂直轴的距离 x 和 B 点到固定的水平轴的距离 y 联系起来。同样的情况也发生在椭圆身上。方程 $\frac{x^2}{a^2}+\frac{y^2}{b^2}=1$ 将 B 点到固定的垂直轴的距离 x 和 B 点到固定的水平轴的距离 y 联系起来。如果你在工作中曾见到过 xy 坐标系，你就会意识到阿波罗尼斯掌握了这样的系统。不过要注意的是，他确实只是在考虑特殊情况，即抛物线和椭圆（以及双曲线）时才这样做。

天文学家和数学家托勒密在公元 2 世纪研究了天体，设计出一张精细的圆形轨道图，描述了以地球为静止观测点，太阳、月亮和行星如何运动。托勒密在他的专著《天文学大成》（*Almagest*，该名是其希腊题目 *Megiste Syntaxis* 的阿拉伯语衍生词，Megiste 意为“最伟大的”，Syntaxis 意为“系统或集成”）中提出这一复杂的太阳系数学模型。在 17 世纪伽利略确定太阳中心论、开普勒引入椭圆形轨道之前，它都是公认的行星运动理论。托勒密也是优秀的制图师。他的著作《地理学指南》奠定了制图科学的基础，其希腊语手稿从君士坦丁堡传播到西欧并于 15 世纪早期翻译成拉丁文。中世纪的制图师根据文本提供的精确的位置信息，重新绘制了非凡的地图。托勒密设计了精细间隔的栅格来绘制地图并提供主要外形的准确位置。他像使用坐标系那样来使用栅格。《地理学指南》中包含有 8000 个地点的坐标，使人们能够重建这些地图。地图底边的细长数字告诉我们托勒密的纬线将地球的已知区域分为 180°。托勒密知道早期希腊人对地球周长的估计，意识到他已绘制出约半个地球的地图（当然，他对缺失的另外半个地球一无所知）。克里斯托夫·哥伦布用托勒密的地图向伊莎贝拉女王和西班牙国王费迪南德解释他能向西航行到达亚洲。事实上，托勒密的地图低估了地球的尺寸，从而低估了需要航行的距离，而这有可能帮助哥伦布取得辩论的胜利。

我们已经看到阿波罗尼斯和托勒密对坐标系的一些重要的具体例子有一定理解，但他们距离在平面上设计出抽象的坐标系并结合数值精度分析任何一条曲线还有多远？事实是他们缺少了关键的元素。

4.2 数轴

希腊人对数学的贡献让人惊叹不已。他们将几何学作为从一些核心定义和陈述出发，用一种紧密、合理的方法推导出其他所有知识的数学结构，从而将几何学（如今的欧式几何）公理化。他们研究了圆锥曲线，提出椭圆、抛物线和双曲线的所有基本性质。最后，他们发明了促进现代微积分产生的方法。但倾其所有的聪明才智，他们还是遇到了算术问题。毕达哥拉斯学派如同他们的前辈古巴比伦人一样，知道给定单位长度，可以准确测量一些图形的边长。边长为 3、4 和 5 的直角三角形就是一个简单的例子。但取一个可能是最简单的图形，边长为 1 的正方形，考虑其对角线，如图 4-10 所示。如今我们知道它的长度可以表示为带小数的数字 d。但希腊人是如何考虑这一数字的？勾股定理告诉他们 d 需要满足 $d^2=1^2+1^2=2$ 。但之后怎样？毕达哥拉斯学派有根深蒂固的信仰，即数字解释一切。对他们而言，数字是有理数，即数字可以表现为分数 $\frac{n}{m}$，其中 n 和 m 为整数。因此，很明显毕达哥拉斯学派要问：什么整数 n 和 m，才能使 $d=\frac{n}{m}$？这时毕达哥拉斯学派认识到这样的等式是不存在的，因此 d 不能等于他们的数字中的一个。这么简单就能构造出来的正方形的对角线，其长度却不能用他们体系中的数字表示，对毕达哥拉斯学派而言，这是一个问题。这个问题在毕达哥拉斯学派的成员中引起了混乱，很有可能导致了它的消亡。

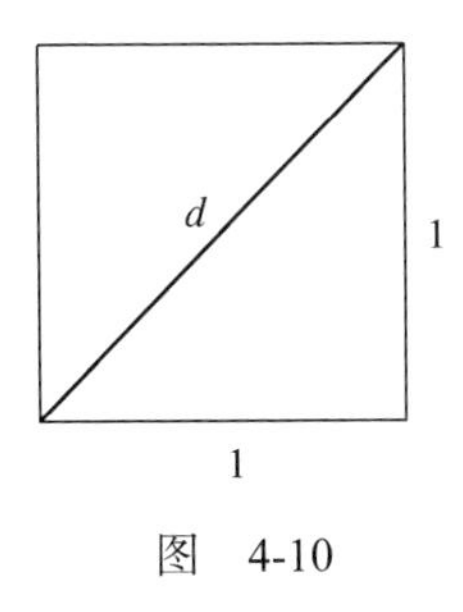

图　4-10

亚里士多德的著作中包含有 $d=\frac{n}{m}$ 形式的等式不能成立的证据（这一证据如今仍普遍使用）。我们将用刚才的几何学例子证明这一事实。方法是假设对某些正整数 n 和 m，$d=\frac{n}{m}$，证明这会产生矛盾。因为 $2=d^2=\frac{n^2}{m^2}$，则有 $n^2=2m^2$ 。因此，存在一个边长为 n 的正方形，其面积等于两个边长为 m 的较小正方形面积的和。如果这个正方形不是边长为正整数的最小正方形，它能分成两个相同的边长为正整数的比它小的正方形，则选择比它小的一个正方形。如果更小的这个正方形还不是最小的，再选个更小的。由于这个过程必将结束，所以必定存在一个边长为正整数的最小正方形，可以分成两个同样的边长为整数的更小正方形。假设这个最小的正方形及与它面积的和相等的两个正方形如图 4-11 所示。现将图 4-11 中的两个较小的正方形拖到较大正方形的上面，如图 4-12 所示。这就制造了 3 个正方形，一个在中间，两个同样的正方形在角上。因为 n 和 m 都是正整数，所以这些正方形的边长都是正整数。设较大正方形的面积是 A，两个较小的正方形面积为 B。研究图 4-12，得出 $n^2=2m^2+2B-A$ ，因为 $n^2=2m^2$ ，可得 $A=B+B$ 。面积 A 比 n^2 更小，这与图 4-11 描述的可分成两个正方形的最小正方形的事实相矛盾。这就是我们想要推出的矛盾之处。因此，不可能存在具有 $d=\frac{n}{m}$ 形式，其中 n、m 为整数的等式。因此 d 不可能是有理数。希腊人确实提出了这种不可能测量的数的理论，这些数后来被称为无理数，但它们并没有被包含进其数字系统中。不管希腊人的数字符号还是算法都没有推广到它们身上。这导致最终希腊人的数字系统都不够广泛，不能表达他们的几何学。

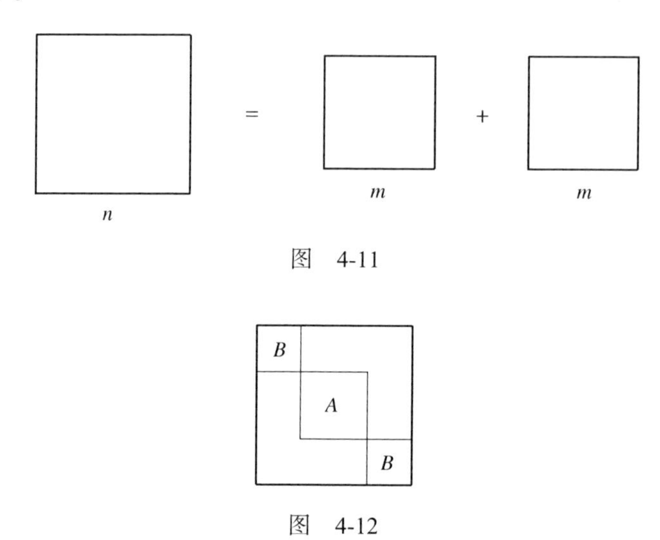

图 4-11

图 4-12

需要有一种能记录所有长度的数字系统。只有这种系统才能建立起几何学与算术和代数方面的联系。这一系统需要有一种数字符号，以便设计有效的步骤，进行加法、乘法和除法运算。从各方面看，希腊人和罗马人的方法都不满足需求。比如，考虑罗马数字

I, II, III, …, IX, X, …, XXXIV, …, LXXVI, … , XCIII, … , CCCLIX, … , MMMDCCXV, …

在罗马体系中，如果你希望将这列数字中的最后两个罗马数相乘和相除，你会发现第一种运算很烦琐，而第二种则让人恼火。

阿拉伯世界的数学家朝新数字系统的提出迈出了重要一步。公元 9 世纪，在巴格达工作的学者花剌子密（约 780—850 年）已经采用了 10 个符号 1、2、3、4、5、6、7、8、9 和 0，并用印度数学中的方法书写较大的数。用这种方法，上述罗马数字写作 1, 2, 3, …, 9, 10, … , 34, … 76, …, 93, …, 359, …, 3715, …。这种印度—阿拉伯数字系统是按位计数系统。符号 3 在数 93、34、359 和 3715 中的位置不同，所表示的意思也不同，分别为三、三十、三百和三千。花剌子密的文章指出了 0 的重要性，他告

诉读者“当什么都没有时，放入一个小圆，使得该位置非空，该位置必须由这个圆占据”。该文的拉丁文题目为《花剌子密的印度算术》（*Algoritmi de Numero Indorum*），它告诉我们现在 algorithm 一词源自其作者的名字。花剌子密的另一篇论文研究方程的求解问题。其阿拉伯题目为 *Hisab al-jabr ...*（指进行重分配和结合项的方法），它告诉我们现在的单词 algebra 也起源于阿拉伯语。阿拉伯学者提出了有效、有序的步骤或者算法来进行数字的加减乘除，其数字系统还使他们能用数字表示长度，包括边长为 1 的正方形的对角线长度（我们前面讨论的数字 d）以及直径等于 1 的圆的周长（该数现用 π 表示）。

阿拉伯数字系统传播到西欧并被接受经历了较长一段时间。甚至一位教皇都卷入到此系统的推广中。11 世纪，教皇西尔维斯特二世还是年轻的僧侣格伯特，他所在的修道院将他送到法国和西班牙学习数学。伟大的学习机构，如科尔多瓦大学使成千上万的学生受到高等教育。格伯特不仅学习到新的数字系统，也吸收了学术界的怀疑和钻研精神。正是这种精神将在大约一百年后使人们建立起最早的欧洲大学。

阿拉伯数学在西欧的另一位推广者是比萨的莱昂纳多（约 1175—1250 年），今以斐波那契闻名。（该名字由 18 世纪的数学家赋予，是拉丁语 filius Bonacci 的缩略语，意为“波那契之子”，也有可能指“好脾气的儿子”。）莱昂纳多的父亲是一名贸易官，在现为北非国家阿尔及利亚的境内协助处理比萨商人的商业事务。年轻的莱昂纳多在那里和他一起工作，熟悉了欧几里得、阿波罗尼斯和阿基米德的数学。他向阿拉伯学者学习计算方法，学会了如何用先进方法通过 9 个数字以及阿拉伯语中称为 zephirum 的 0 进行计算。回去之后，他在 1202 年出版了《算盘之书》（*Liber Abaci*）。这本有重要历史意义的书（与书名的含义不同，它的内容与算盘没有一点关系）将阿拉伯的算术和代数学引入西欧，同时还介绍了使用字母而非数字来一般化和简化代数方程的技巧。它首次向西欧系统讲解了印度—阿拉伯数字及用这些数字进行计算的方法。

人们对新系统（尚未配置小数点）的接受是缓慢的。直到 1299 年，佛罗伦萨的商人还被禁止用它来记账。他们被告知使用罗马数字或者用单词书写数字。历史记录告诉我们印度—阿拉伯数字于 1371 年出现在德国一些州的墓碑上。它们被铸在一些国家的硬币上，包括 1424 年的瑞士、1484 年的奥地利、1485 年的法国、1489 年的德国州、1539 年的苏格兰和 1551 年的英格兰。我们在 1482 年德国一个州所印刷的具有历史意义的托勒密地图上看到了它们。在建筑领域，达·芬奇在 1487 年设计拱顶以及 1521 年设计蚀刻立面图时用到了它们。（这些都跟米兰大教堂有关，见图 3-27

和图 5-24。）

1585 年，佛兰德的数学家西蒙・斯泰芬（1548—1620）出版的《论十进制》（*De Theinde*，或 *The Tenth*）中提出了十进制小数，之后它便开始在欧洲使用。《论十进制》是一本 29 页的小册子，给出了十进制小数全面、基础的描述。其目的是给“占星师、测量员、地毯制造者、酒类征税员、造币厂厂长和所有商人”提供方便。同一年发行了它的法语版 *La disme*。英语译本 *Dime: The Art of Tenths* 或 *Decimal Arithmetic* 于 1608 年在伦敦出版（这一译本启发托马斯・杰斐逊提议美国使用十进制货币，而且有可能也启发了美国使用单词 dime 命名 10 分硬币。）不久，对数的发明人之一、苏格兰人约翰・纳皮尔（1550—1617），通过取出“*i* 上的点”，增加了小数点。这样我们的现代数字系统就完全符号化了。

有了十进制系统（以及给定的单位长度），才有可能用数字表示任何长度，而这是非常重要的一点。不管长度是有理数，即具有 $\frac{n}{m}$ 形式，其中 n、m 为整数，还是如图 4-10 中的数字 d 这样的无理数，都没有关系。比如长度 $5\frac{1}{4}$ 和 $71\frac{2}{3}$ 可以写作 5.25 和 71.666 6…，意为 $5\frac{1}{4}=5+\frac{2}{10}+\frac{5}{10^2}$，$71\frac{2}{3}=71+\frac{6}{10}+\frac{6}{10^2}+\frac{6}{10^3}+\frac{6}{10^4}\cdots$。用同样的方法，图 4-13 中连续应用勾股定理后得到逐渐展开的螺旋线，其长度 $d=\sqrt{2},\sqrt{3},\sqrt{5},\sqrt{6},\sqrt{7}\cdots$ 都能用这种系统书写。此外，其他平方根、立方根和更高次根也能用十进制系统书写，比如 $\sqrt{2}=1.414\,213\,562\cdots$，$\sqrt{3}=1.732\,050\,807\ \cdots$，$\sqrt{5}=2.236\,067\,977\cdots$，黄金分割率 $\phi=\frac{1+\sqrt{5}}{2}=1.618\,033\,988\cdots$，$\pi=3.141\,592\,653\cdots$。在这 5 个例子中，要用全部无穷数字级数才能得到等式。在任何一处停止都只能得到估计值。比如，$\sqrt{2}\approx1.414\,21$ 和 $\sqrt{2}\approx1.414\,213\,56$ 都是估计值。（本章后面的讨论 4.2 将考虑这类问题。）

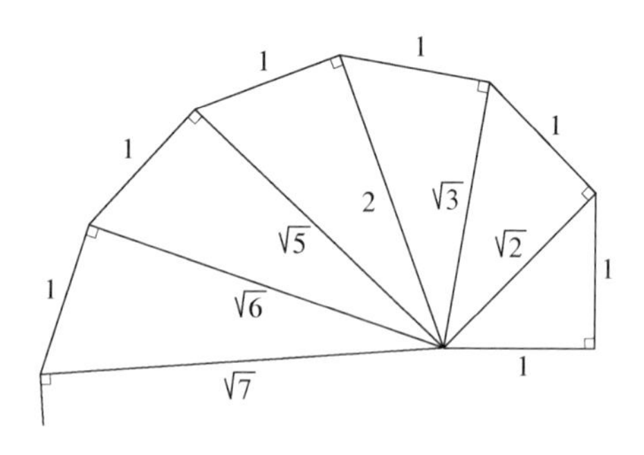

图 4-13

可以用这种十进制符号表达的所有数的集合，包括正数和负数，称为实数集。取单位长度和一条向两端无限延伸的直线。固定直线上的一点，记为数字 0。用距离作为刻度，在 0 的右边标出数字 1, 2, 3, 4⋯，在 0 的左侧标出−1, −2, −3, −4⋯。用这种方式，每个实数都对应直线上的一点，反之，直线上的每一点都对应一个实数。正数在 0 的右侧，负数在 0 的左侧。图 4-14 展示了上述内容。它还展现了如何确定 $\sqrt{2}=1.414\,2\cdots$ 的位置。标有这种数字结构的直线称为数轴。

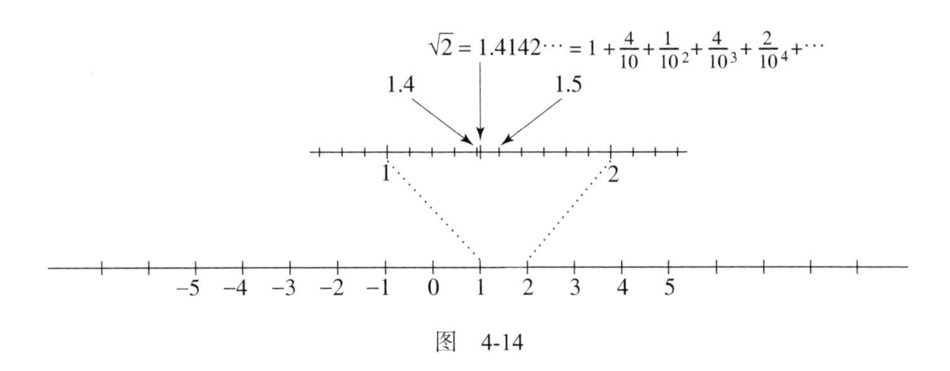

图　4-14

可以观察到数轴上点−5 和 3 之间的距离为 8。它等于−5−3 的绝对值，或者说，等于 3−(−5)的绝对值。一般地，$a \geqslant b$ 时，数轴上点 a 和点 b 之间的距离等于 $a-b$；$b \geqslant a$ 时，等于 $b-a$。参见图 4-15。对于第一种情况，$a-b \geqslant 0$，因此 $a-b$ 等于绝对值 $|a-b|$。对于第二种情况，$a-b \leqslant 0$，因此 $b-a=-(a-b)=|a-b|$。从而注意到 a 和 b 之间的距离总是等于 $|a-b|=|b-a|$。现令 $c=\dfrac{a+b}{2}$，可得

$$|a-c|=\left|a-\frac{a+b}{2}\right|=\left|\frac{2a-a-b}{2}\right|=\left|\frac{a-b}{2}\right|$$

$$|b-c|=\left|b-\frac{a+b}{2}\right|=\left|\frac{2b-a-b}{2}\right|=\left|\frac{b-a}{2}\right|=\left|\frac{a-b}{2}\right|$$

它告诉我们 c 点到 a 点和 b 点的距离相等。因此 $c=\dfrac{a+b}{2}$ 是 a 和 b 之间的线段的中点。

a　　　　b

图　4-15

实数系统及其符号、组织结构和运算法则由阿拉伯数学家引入，并在 17 世纪由

欧洲数学家扩展为坐标平面和空间（正如我们接下来要看到的）。它们开辟了一条通往数学构造和计算策略的道路，具有重要意义。坐标平面及高维坐标系成为用数学建立高级结构的平台，它促进了现代科学和工程的进步。这种进步始于 17 世纪末，当时牛顿（1643—1727）和莱布尼茨（1646—1716）在坐标平面上奠定了微积分的基础。在接下来的两个世纪里，不断取得一些成就，到 20 世纪后半叶，高速计算机的发明加速了这一进程。第 6 章和第 7 章将指出这些进展以及它们对建筑的影响。

4.3 坐标平面

17 世纪前半叶，两个法国人各自独立从事研究，对阿波罗尼斯和托勒密的工作进行抽象，将其变成一种研究平面曲线的强大工具。哲学家莱恩·笛卡儿（1596—1650）和律师皮埃尔·德·费马（1601—1665）取出两根互相垂直的数轴，将其放在欧氏平面中，对它们进行调整使得数轴的两个 0 点重合。这就建立起了所谓的直角坐标系或笛卡儿（为纪念笛卡儿）坐标系。

本节从详细描述坐标系开始，接着转而研究建筑师为完成设计在平坦纸面上所绘制的直线和圆的标准抽象。

在一个平面内放两根由同样单位长度构造的数轴，使它们在各自的 0 点相交，并且互相垂直。由这样的一对数轴构成的平面即为坐标平面。我们称其中一条线为 x 轴（一般水平放置），另一条线为 y 轴（一般垂直放置）。（当然，也可以用其他方式标记这两根数轴。）现令 P 为平面内的任一点。画一条过 P 点平行于 y 轴的直线。这条直线与 x 轴交于一点，该点与数轴上的数字，如 a 相对应。数字 a 称为 P 点的 x 坐标。用同样的方式过 P 点作平行于 x 轴的直线，它与 y 轴相交，交点对应于数 b，则 b 为 P 点的 y 坐标。我们说 P 是坐标为 (a, b) 的点，一般用 (a, b) 代替 P 点。反之，我们可以从一对数，比如 (c, d) 开始，到达一个坐标为 (c, d) 的点，如 R。图 4-16 展示了上述这种双重关系。点 S 对应坐标 $(3, -3.2)$，则有 $S = (3, -3.2)$；数字 2 和 $4\frac{1}{2}$ 确定点 $Q = (2, 4\frac{1}{2})$。点 $(0, 0)$ 称为原点，记为 O。如果只关注 x 轴或 y 轴，则该点用符号 0（零）表示。

考虑变量为 x 和 y 的任一方程。设 $x=a$，$y=b$，方程的图形是指平面内满足该方程的所有点 (a, b) 的集合。很容易检验点 $(1, \frac{1}{2})$ 在 $x^2 + 4y^2 - 2 = 0$ 的图形上，点 $(2, 1)$ 在 $4x^3 - 27y^{\frac{1}{2}} + \frac{5}{y^2} = 10$ 的图形上。我们将考虑的方程图形一般为曲线（本章和后续章节将涉及），如直线、圆、抛物线和椭圆。如果平面内一条曲线是一个方程的图形，我们把这个方程称为该曲线的方程。

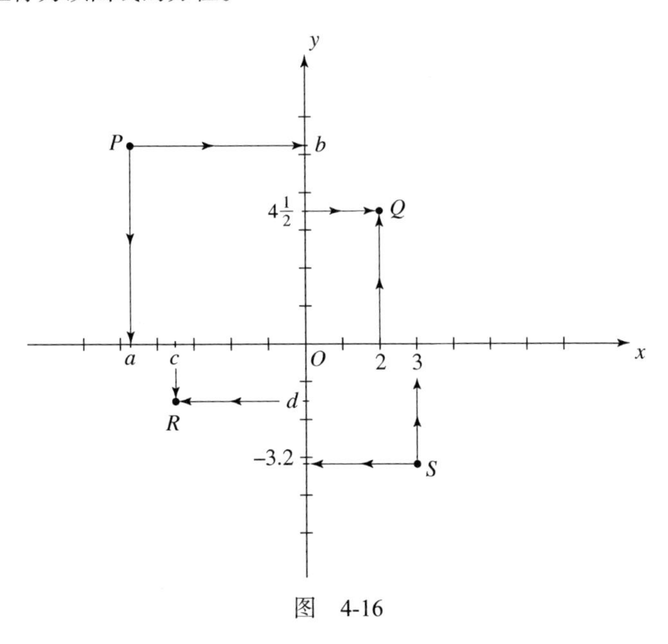

图 4-16

我们回头研究直线。先从图 3-12 中旧圣彼得大教堂的屋顶开始。图 4-17 展示了屋顶的截面图，它由两条斜线段 AB 和 BC 组成。注意线段 AB。垂直高度 b 与长度 a 的比值 $\frac{b}{a}$ 是屋顶线段 AB 的坡度或者斜率。它是线段 AB 升高的速度。对 a 而言，b 越大，则屋顶越陡，斜率 $\frac{b}{a}$ 越大。而 BC 的斜率呢？它同样是垂直高度比长度，为 $\frac{b}{a}$，但从左到右，屋顶是下降的。因此，我们定义 BC 的斜率为 $-\frac{b}{a}$。举例来说，如果 a=15 英尺、b=9 英尺，则 AB 的斜率为 $\frac{b}{a}=\frac{9}{15}=\frac{3}{5}=0.6$，这样水平方向每增加一英尺，屋顶线段 AB 就以 0.6 英尺的速度升高。线段 BC 的斜率为−0.6。水平方向每增加一英尺，这条屋顶线段就下降 0.6 英尺（或者说以−0.6 的速度升高）。

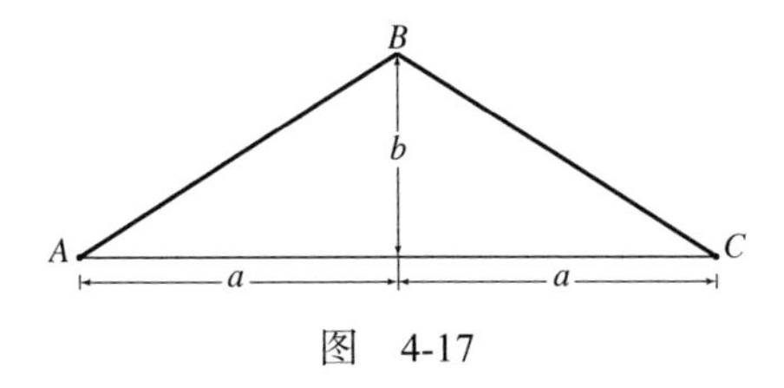

图 4-17

注意首选从左到右方向的重要性。在西方文明（而非所有文明）中，一般首选这一方向。书写时，我们从左到右进行。在水平数轴上排列数字时，按从左到右递增的顺序，也反映了这一倾向。

将 xy 坐标系加到图 4-17 的平面内，将屋顶线段 AB 和 BC 向两端延长，得到直线 L_{AB} 和 L_{BC}。令 $P_1(x_1, y_1)$ 和 $P_2(x_2, y_2)$ 是 L_{AB} 上的两个截然不同的点。参见图 4-18，可以观察到 P_1 和 P_2 所确定的三角形与三角形 ABO 相似。因此对应边的比值相等，于是有

$$\frac{y_1 - y_2}{x_1 - x_2} = \frac{b}{a}$$

现在转向直线 L_{BC}。令 $P_3 = (x_3, y_3)$ 和 $P_4 = (x_4, y_4)$ 是 L_{BC} 上的两个截然不同的点。再次根据相似三角形的性质，有 $\frac{y_4 - y_3}{x_3 - x_4} = \frac{b}{a}$，或者

$$\frac{y_3 - y_4}{x_3 - x_4} = -\frac{b}{a}$$

将刚推导的这两个等式与之前对旧圣彼得大教堂的观察相结合，可知应该按下面的方法定义 xy 平面内直线 L 的斜率。在 L 上选择任意两个截然不同的点 $P_1 = (x_1, y_1)$ 和 $P_2 = (x_2, y_2)$，定义 L 的斜率为比值

$$\frac{y_1 - y_2}{x_1 - x_2}$$

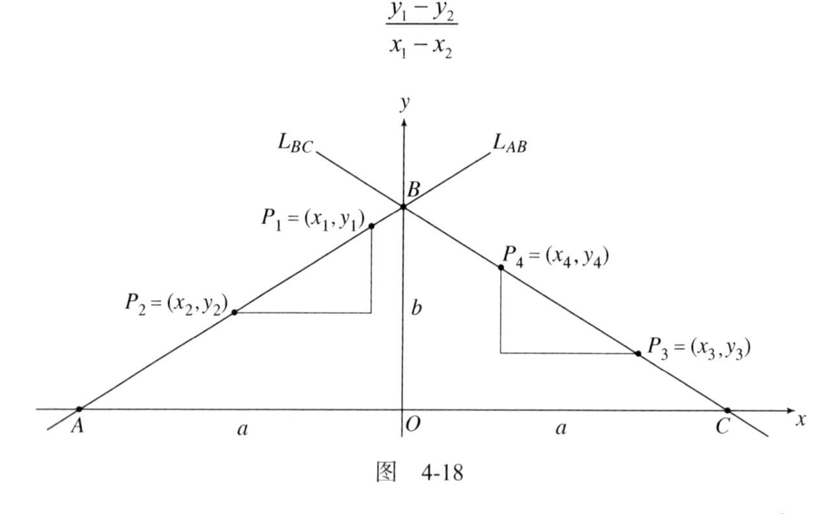

图 4-18

我们已看到对直线 L_{AB}，不管如何选择这两个点，斜率的值都相同，即 $\frac{b}{a}$。同样对直线 L_{BC}，斜率也总是 $-\frac{b}{a}$。出于同样的原因，对任一直线 L 也是如此。不管 L 上的两

个不同的点如何选择，斜率的值都相同。如果 L 垂直，则会存在一个问题。此时 $x_1 = x_2$，因此该斜率无法定义，故垂直直线没有斜率。如果 L 水平，则 $y_1 = y_2$，因此 L 的斜率为 0。

在图 4-19 中，L 为斜线，$P_1 = (x_1, y_1)$ 和 $P_2 = (x_2, y_2)$ 为 L 上两个不同的点。令 L 的斜率为 m，则有 $m = \frac{y_1 - y_2}{x_1 - x_2} = \frac{y_2 - y_1}{x_2 - x_1}$。现设 $P = (x, y)$ 为平面内不等于 P_1 的任一点。注意如果 L 和线段 P_1P 的斜率完全相等，则 $P = (x, y)$ 在 L 上。因此如果过 P_1 和 P 点的直线的斜率恰好等于 m，则点 $P = (x, y)$ 在 L 上。因此若恰好 $\frac{y - y_1}{x - x_1} = m$ 或者换一种写法 $y - y_1 = m(x - x_1)$，则点 $P = (x, y)$ 在 L 上。当 $x = x_1$ 和 $y = y_1$ 时，该方程依然满足（因为方程两边均为 0）。这样可得如果点 (x, y) 恰好满足公式

$$y - y_1 = m\left(x - x_1\right)$$

则它在直线 L 上。这种方式列写的直线 L 的方程称为点斜式方程。将 L 的点斜式方程重新写为 $y = mx + (y_1 - mx_1)$。令 $b = y_1 - mx_1$，方程变为

$$y = mx + b$$

因为该直线从点$(0, b)$横穿 y 轴，称数字 b 为 y 截距，L 的方程 $y = mx + b$ 为斜截式方程。将 $m = \frac{y_2 - y_1}{x_2 - x_1}$ 代入点斜式方程，得到

$$y - y_1 = \left(\frac{y_2 - y_1}{x_2 - x_1}\right)(x - x_1)$$

这是两点式方程。

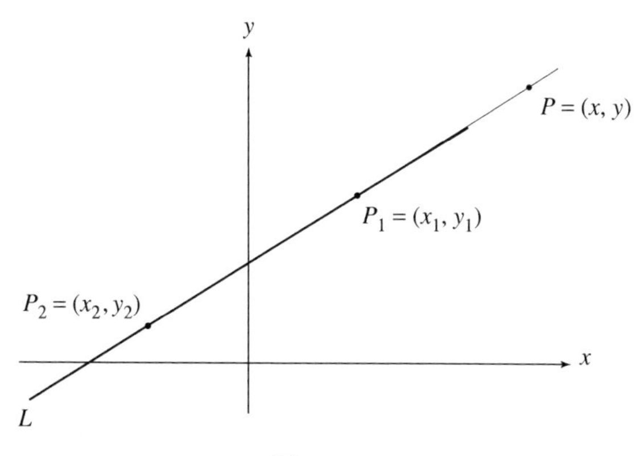

图　4-19

下面举几个具体例子。考虑点(–2, 3)和(4, 1)确定的直线 L。$y-1=\left(\dfrac{1-3}{4-(-2)}\right)(x-4)$ 为 L 的两点式方程。该直线的斜率为 $\left(\dfrac{1-3}{4-(-2)}\right)=-\dfrac{2}{6}=-\dfrac{1}{3}$。$y-1=-\dfrac{1}{3}(x-4)$ 和 $y-3=-\dfrac{1}{3}\big(x-(-2)\big)=-\dfrac{1}{3}(x+2)$ 均为 L 的点斜式方程。根据后一方程，我们可以得到 L 的斜截式方程 $y=-\dfrac{1}{3}x+2\dfrac{1}{3}$。斜率为 $\dfrac{5}{4}$、经过点(7, –3)的直线，其方程为 $y+3=\dfrac{5}{4}(x-7)$。这是点斜式方程。它可以重写为 $y=\dfrac{5}{4}x-\dfrac{35}{4}-3=\dfrac{5}{4}x-11\dfrac{3}{4}$，为 L 的斜截式方程。

因为垂直线没有斜率，所以它们的方程表达形式不同。例如，考虑过 x 轴上一点 3 的垂直线。该直线是所有具有(x, y)形式且 x=3 的点的集合。因此 x=3 即为该直线的方程。同样，过 x 轴上 x_0 点的垂线方程为 $x=x_0$。

直线的方程可以精确地确定该条直线。例如，由点(–2,3)和(4,1)确定的直线 L 具有方程 $y=-\dfrac{1}{3}x+2\dfrac{1}{3}$，这告诉我们只有坐标满足该方程的点才位于 L 上。比如，点 $(0,2\dfrac{1}{3})$ 在 L 上，点 $(0,2.333\,3)$ 非常接近但并不在该直线上。

研究完线，我们现在转到圆。二者研究的关键是确定两点间的距离公式。

考虑平面内的任意两点 $P_1(x_1,y_1)$ 和 $P_2=(x_2,y_2)$，如图 4-20 所示。根据上一节最后做出的观察，两点的 x 坐标间的距离为 $|x_1-x_2|$，y 坐标间的距离为 $|y_1-y_2|$。则线段 P_1P_2 为图 4-21 中直角三角形的斜边。根据勾股定理，$P_1P_2=\sqrt{|x_1-x_2|^2+|y_1-y_2|^2}$。该方程反映了一种我们正在使用的表示方法，即当线段的表示形式，如 P_1P_2 出现在数学公式中时，它代表该线段的长度。由于 $|x_1-x_2|^2=(x_1-x_2)^2$ 且 $|y_1-y_2|^2=(y_1-y_2)^2$，$P_1=(x_1,y_1)$ 和 $P_2=(x_2,y_2)$ 间的距离等于

$$p_1p_2=\sqrt{(x_1-x_2)^2+(y_1-y_2)^2}$$

这就是平面内两点间的距离公式。

例如，(1,–2) 和 (5,3) 间的距离为 $\sqrt{(1-5)^2+(-2-3)^2}=\sqrt{4^2+5^2}=\sqrt{41}$。因为 $\sqrt{(5-1)^2+\big(3-(-2)\big)^2}$ 也等于 $\sqrt{4^2+5^2}=\sqrt{41}$，所以正如所预料的，两点的顺序对结果没有影响。

我们很容易用距离公式验证点 $P_1=(x_1,y_1)$ 和 $P_2=(x_2,y_2)$ 所确定的线段的中点为

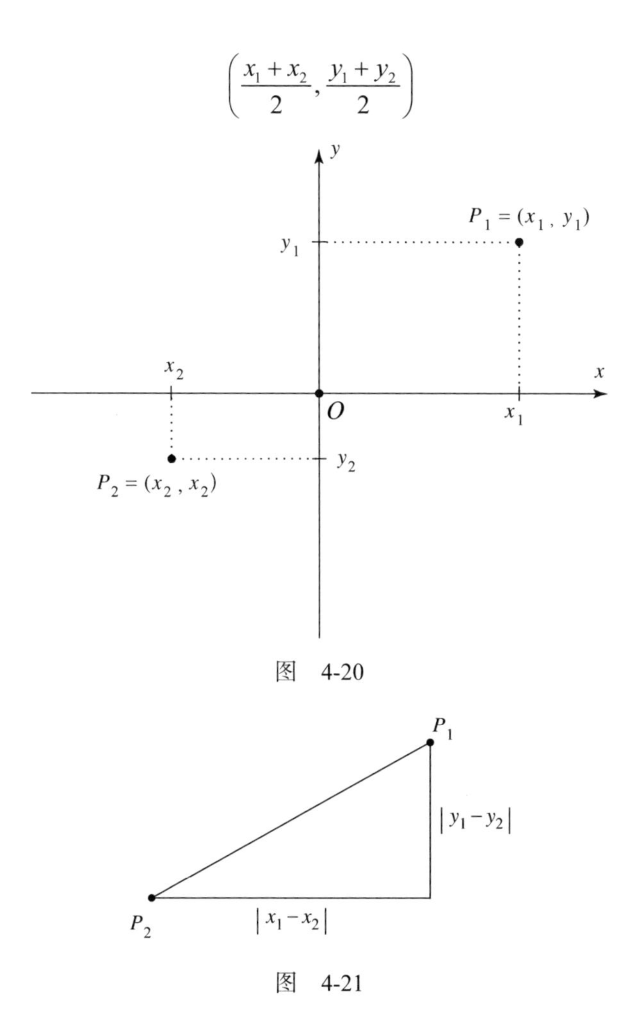

图　4-20

图　4-21

考虑圆心为 $C=(3,2)$ 、半径为 4 的圆。图 4-22 表明如果从平面内一点 $P=(x,y)$ 到圆心 $(3,2)$ 的距离恰好等于 4，则该点在这个圆上。根据距离公式，当 $PC=\sqrt{(x-3)^2+(y-2)^2}=4$ 时，$P=(x,y)$ 正好在圆上。两边进行平方，该条件等价于

$$(x-3)^2+(y-2)^2=16$$

这就是圆心为 $(3,2)$ 、半径为 4 的圆的方程。用同样的方法，得

$$(x-h)^2+(y-k)^2=r^2$$

这是圆心为 (h,k) 、半径为 r 的圆的方程。它是圆的标准方程。圆心为原点 $O=(0,0)$ 、半径为 r 的圆的标准方程为 $x^2+y^2=r^2$ 。

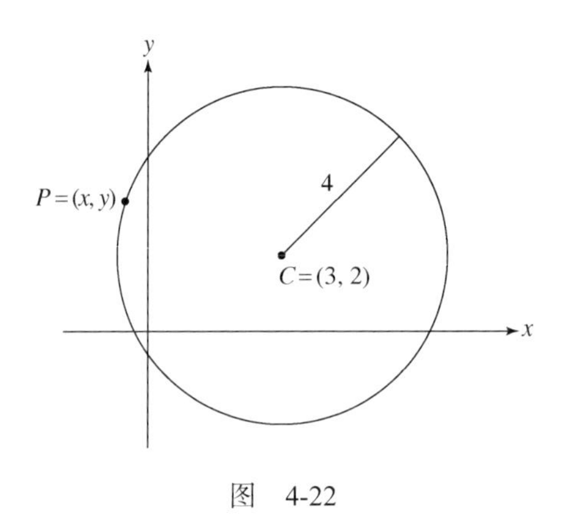

图 4-22

圆的方程准确确定该圆。考虑圆心为 $(2,-5)$ 、半径为 3 的圆，其标准方程为 $(x-2)^2+(y+5)^2=9$ 。验证 $(2+2\sqrt{2},-4)$ 是圆上的一点。为什么点 $(6.828\,4,-4)$ 非常靠近该圆却不在圆上？

4.4 三维坐标系

坐标平面的发明人笛卡儿和费马都认识到坐标系也能用来构造我们所居住及建筑师所建造的三维空间。本节解释如何构造这种三维空间。

先从含有 xy 坐标系的平面开始，令 O 为原点。过 O 点作垂直于该平面的第三根数轴（用与其他两根数轴同样的单位长度构造），我们称为 z 轴。上述的构造如图 4-23 所示，称为 xyz 坐标系。每个轴的正半轴用带箭头的实线表示，负半轴用虚线表示。xy、xz 和 yz 平面是该坐标系的坐标平面。取空间内的任一点 P，将其沿平行于 z 轴的方向平移到 xy 平面内，设 (x_0,y_0) 为该点的坐标。设从 P 点到 xy 平面的距离（或者若 P 在 xy 平面下方，则为该距离的负数）为 z_0 。数字 x_0 、y_0 和 z_0 是 P 的 x、y 和 z 坐标。因为 x_0 、 y_0 和 z_0 确定 P 的位置，我们记为 $P=(x_0,y_0,z_0)$ 。将 P 点沿平行于 y 轴的方向平移到 xz 平面， (x_0,z_0) 为所获得的点的坐标。将 P 点沿平行于 x 轴的方向平移到 yz 平面，得到点 (y_0,z_0) 。图 4-23 用图展示了上述内容。从点 P 可以得到其坐标 x_0 、y_0 和 z_0 ，这一过程也可以反过来。例如，按如下方法用 3 个数 $(2,-3,4)$ 确定空间内的一点。先从 xy 平面内的 $(2,-3)$ 开始。从它开始沿 z 轴方向向上移动 4 个单位。用这种方法，由数字 $(2,-3,4)$ 得到一个点。根据确定点的方法，可知该点的 x、y 和 z 坐标分别为 2、-3 和 4。用这种方法，任何 3 个数都能确定空间内的一点。

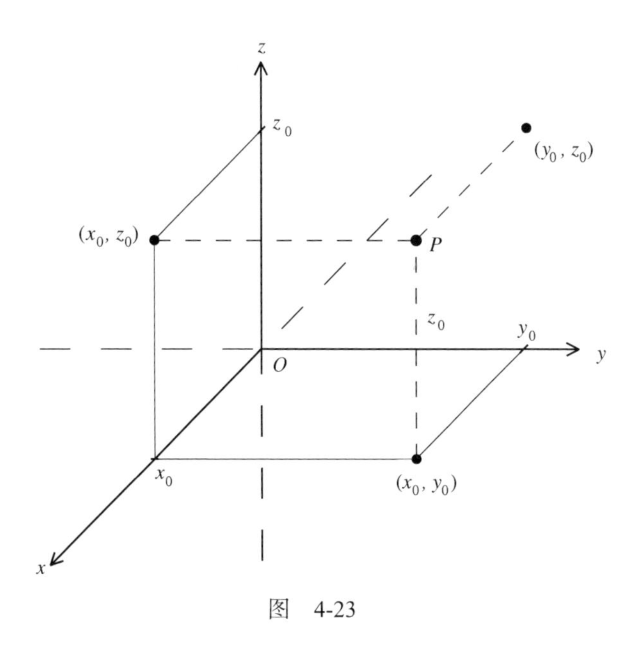

图　4-23

用我们在坐标平面内所做的工作作为参考模型，定义变量为 x、y 和 z 的方程的图形为空间内所有满足该方程的点 (x,y,z) 的集合。这种方程的图形是空间几何形状，通常为曲线或曲面。如果一个曲线或曲面是变量为 x、y 和 z 的方程的图形，则我们称这一方程为曲线方程或曲面方程。

例如，令 a、b、c 和 d 为常数，考虑方程

$$ax+by+cz=d$$

它的图形是什么样的？让我们先看一些特殊情况。具有 $(x,y,0)$ 形式的所有点满足方程 $z=0$（令 $a=b=d=0$ 和 $c=1$ 即可获得），其中 x 和 y 可以取任意值。而这就是 xy 坐标平面。当 z=3 时会如何？满足该方程的点都具有 $(x,y,3)$ 的形式。这是与 xy 平面平行且在 xy 平面上方 3 单位长度的平面。你能描述一下 $x=0$、$x=7$、$y=0$ 和 $y=-5$ 的平面吗？考虑下一个例子 $3x+4y+0z=5$。求解 $3x+4y=5$ 中的 y，得 $y=-\frac{3}{4}x+\frac{5}{4}$，它是 xy 平面内斜率为 $-\frac{3}{4}$、y 截距为 $\frac{5}{4}$ 的直线。满足 $3x+4y+0z=5$ 的点是具有 (x,y,z) 形式的点，其中 (x,y) 位于 xy 平面内的直线 $y=-\frac{3}{4}x+\frac{5}{4}$ 上，z 可以取任意值。因此 $3x+4y+0z=5$ 的图形是过直线 $y=-\frac{3}{4}x+\frac{5}{4}$、垂直于 xy 平面的平面。

最后，来看一下常数 a、b、c 或 d 均不等于 0 的情况。同样，满足 $ax+by+cz=d$

的点的集合是一个平面。是哪一平面呢？令 $y=z=0$，求解 x，可知点 $(\frac{d}{a},0,0)$ 满足这一方程。点 $(0,\frac{d}{b},0)$ 和 $(0,0,\frac{d}{c})$ 也满足对应的方程。可以证明满足 $ax+by+cz=d$ 的点的集合是由图 4-24 中的三角形所确定的平面。图中的例子，a、c 和 d 为正，b 为负。除了 $a=b=c=0$ 的情况，方程 $ax+by+cz=d$ 的图形是一个平面。如果 $a=b=c=0$，又会发生什么情况？

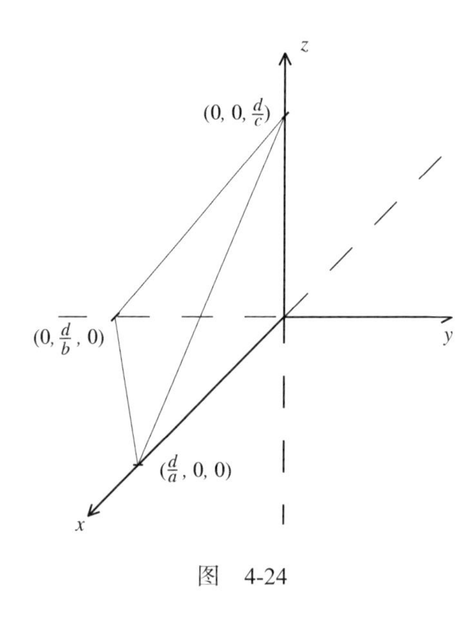

图 4-24

看另一个例子。将 $x^2+y^2=r^2$ 看成变量为 x、y 和 z 的方程，将其写作 $x^2+y^2+0z=r^2$，显然它对 z 没有一点限制作用。这样 z 可以为任意值，它的图形包含所有满足 $x^2+y^2=r^2$ 的点 (x,y,z)。这是一个无限长的圆柱，其中心轴为 z 轴，圆柱经过 xy 平面上的圆 $x^2+y^2=r^2$。

我们下面研究空间内两点间的距离公式。设给定点 $P_1=(x_1,y_1,z_1)$ 和 $P_2=(x_2,y_2,z_2)$。将点 P_1 和 P_2 沿 z 轴方向平移到 xy 平面内，得到 xy 平面内的点 (x_1,y_1) 和 (x_2,y_2)。设 Q 为点 $Q=(x_2,y_2,z_1)$，如图 4-25 所示。注意 P_1 和 Q 之间的距离与 (x_1,y_1) 和 (x_2,y_2) 的距离相等。根据平面内距离公式，这两点的距离为

$$\sqrt{(x_1-x_2)^2+(y_1-y_2)^2}$$

P_2 和 Q 之间的距离为 $|z_2-z_1|$。（图 4-25 中，z_2 恰好为正，z_1 为负，因此距离为 z_2-z_1。）将勾股定理用于 ΔP_1QP_2，得

$$(P_1P_2)^2 = \left(\sqrt{(x_1 - x_2)^2 + (y_1 - y_2)^2}\right)^2 + |z_2 - z_1|^2$$

这样 $(P_1P_2)^2 = (x_1 - x_2)^2 + (y_1 - y_2)^2 + (z_1 - z_2)^2$，因此有

$$P_1P_2 = \sqrt{(x_1 - x_2)^2 + (y_1 - y_2)^2 + (z_1 - z_2)^2}$$

这就是空间内两点间的距离公式。

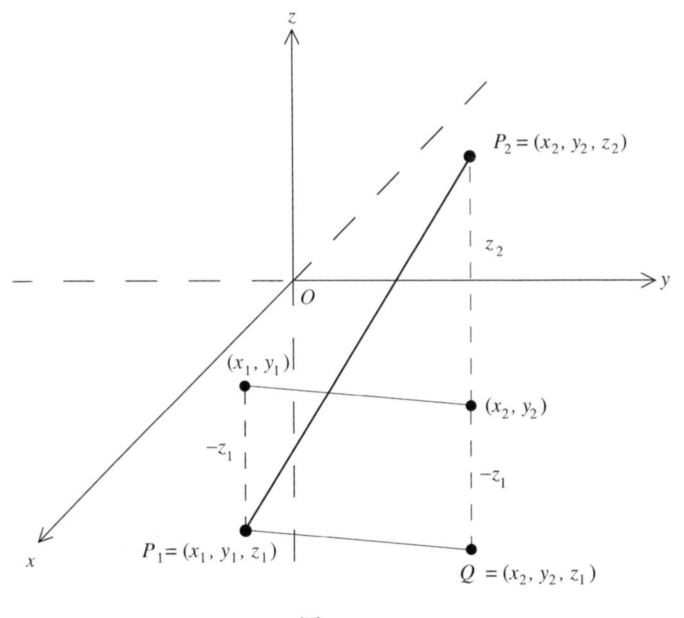

图 4-25

假设点 $P = (x, y, z)$ 与点 $(1, -2, 3)$ 的距离为 4。根据距离公式，可知 $\sqrt{(x-1)^2 + (y-(-2))^2 + (z-3)^2} = 4$，因此有

$$(x-1)^2 + (y+2)^2 + (z-3)^2 = 4^2$$

可得球心为 $(1, -2, 3)$、半径为 4 的球面方程。用同样的方法，有

$$(x-h)^2 + (y-k)^2 + (z-l)^2 = r^2$$

它是球心为 (h, k, l)、半径为 r 的球面方程。这也是球心为 (h, k, l)、半径为 r 的球的标准方程。

让我们回顾第 3 章和圣索菲亚大教堂的穹顶。参见图 3-3，建立 xyz 坐标系，使

$O=(0,0,0)$ 为决定壳内外表面的球的公共球心，使 z 轴是穹顶的垂直中心轴。回忆一下，穹顶内表面的半径为 50 英尺，考虑球 $x^2+y^2+z^2=50^2$。图 4-26 绘出了上半球。将图 3-3 中的 20°角放到该图中，设 z_0 为这个角所确定的三角形的高。注意 $\sin 20°=\frac{z_0}{50}$，这样 $z_0=50\sin 20°\approx 17$。可以注意到一排 40 个窗户上方的穹顶内表面的数学模型是平面 $z=z_0$ 上方的球面。为了确定这个球面底边的圆，把 z_0 代入 $x^2+y^2+z^2=50^2$，得 $x^2+y^2+{z_0}^2=50^2$，即 $x^2+y^2=50^2-{z_0}^2$。因为 $50^2-{z_0}^2\approx 50^2-17^2=2211$，所以上面的方程代表圆心为 $(0,0,z_0)$、半径为 $\sqrt{50^2-{z_0}^2}\approx\sqrt{2211}\approx 47$ 英尺的圆。

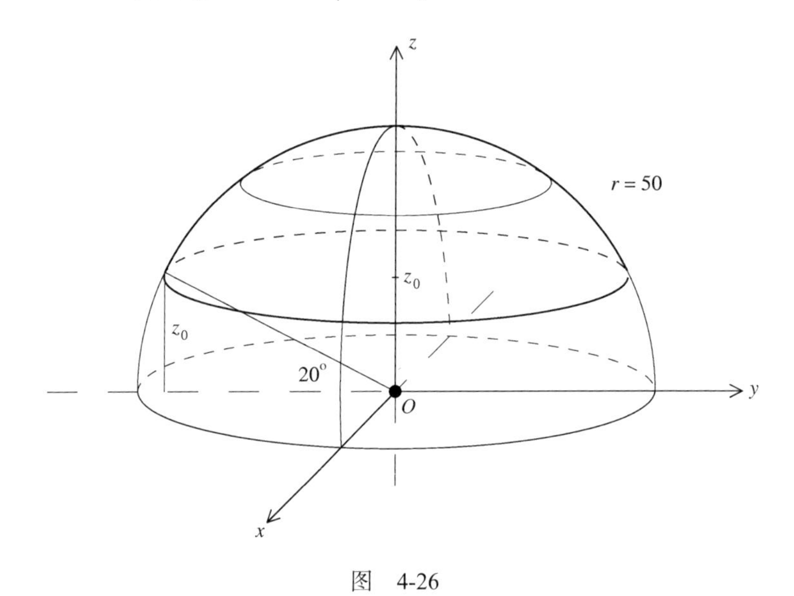

图 4-26

这个数学模型很可能是对 16 世纪圣索菲亚大教堂穹顶内表面的精确估计，但只是如今它的内表面的粗略估计。回顾一下第 3 章，穹顶的各种重建工作使它的球面几何形状产生改变。尤其是，它的底部现在是一个椭圆（见图 3-6）。

本节和前一节都阐述了坐标系在代数学和几何学之间建立的对应关系。对给定的代数方程（有 2 个或 3 个变量），图形给出了直观的变量关系。另一方面，当给定的曲线或曲面是某方程的图形时，对该方程的代数分析能够揭示出该曲线或曲面的数值和几何学信息。

4.5　佛罗伦萨大教堂[①]

1296 年，欣欣向荣的佛罗伦萨城开始建造一座大教堂，想要在庄严优美方面胜过托斯卡纳地区的竞争对手比萨和锡耶纳。圣母百花大教堂意为“花之圣母”，有一间矩形中殿和 3 间半八边形的后殿，中殿的拱顶是哥特式，内含拱肋。它的设计中最独特的地方是要求建一座巨大的穹顶，高耸在十字交叉处的上空。14 世纪前半叶，施工进行得很慢。但到了 1418 年，耳堂已完成，耳堂的两个后殿也已用半穹顶遮盖，还建好了要在上面竖立穹顶的巨大八边形鼓座，如图 4-27 所示。该鼓座由沉重的哥特式拱和巨大的墩柱交替支撑。它由有弹性的砂岩建成，墙壁厚达 15 英尺。它的内八边形横截面直径为 145 英尺，上边界距离教堂的地面约为 180 英尺。

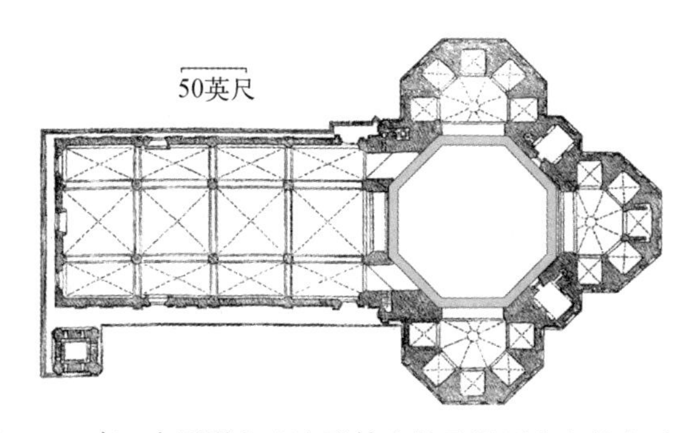

图 4-27　有 3 个后殿和八边形鼓座的圣母百花大教堂平面图

到了用穹顶盖住八边形开口的时候了。1418 年，指导大教堂建造的大教堂歌剧院委员会宣布举行穹顶设计和施工大赛，其中几个结构方面的问题已经确定。鼓座的尺寸决定了穹顶底面的大小，鼓座的形状意味着从底面竖立的穹顶横截面为八边形。但是，最让人望而却步的问题还没有解决。由砖、石、灰泥或混凝土建造的穹顶能达到 145 英尺的跨距吗？能建造一个传统的木拱鹰架结构，使它从地面到鼓座延伸 180 英尺并在施工过程中支撑穹顶吗？它是可行的吗？更糟糕的是，歌剧院宣布巨型外部扶壁很难看，并禁止出现这样的结构。但没有巨型外部扶壁，怎么限制大型砌筑穹顶必定会造成的相当大的环向应力呢？毫不夸张地说，建造这一穹顶遇到的难题没有任何先例可循。即使有先例，也一点都不清楚其是如何建造的。歌剧院采用的策略与建造米兰大教堂的建筑委员会相同，即“先建造，等时机成熟，再解决下一个问题”（见 3.5 节）。

① 又名圣母百花大教堂。——编者注

布鲁内莱斯基响应了歌剧院的公告。他是受过训练的金匠，但曾花大量时间参观罗马，研究古代罗马建筑的砌筑结构、施工技术以及建造拱顶的方法。布鲁内莱斯基给歌剧院提交了一个模型，用来表达他的概念和实践。他用模型作为实验品来验证他的施工方法。在规划大型结构时使用比例模型非常普遍，其历史可追溯到古代。他的模型由木头、砖和灰泥制成，规模足够大，委员会的成员可以在里面行走并检查它的内部。穹顶的中心垂直截面是哥特式尖拱。这种设计的坡度较大，可减小沉重的穹顶所产生的向外的侧推力。布鲁内莱斯基的穹顶设计要求内外都是砌筑壳。结构坚固的内壳会支撑并受到较薄外壳的保护，外壳会给穹顶带来挺拔的外形。布鲁内莱斯基的建议中最激进、最引发争议的是这一观点，即建造穹顶时不必使用从地面竖起进行支撑直到施工完成才去掉的拱鹰架结构。歌剧院心存疑虑，但最终还是被打动了。1420 年，歌剧院任命布鲁内莱斯基作为两个主建筑师中的一个，领导施工。

同一年开始实施穹顶工程。记录显示任何时候所雇用的工匠，包括石匠、砖匠、泥水匠和木匠，其数目都要少于 100 人。这个数目没有包括体力劳动者。优先考虑的工作是制作用于移动和举起建筑材料的升降机和起重机。可能受维特鲁威关于罗马人用来建造大型结构的机器的描述的启发，布鲁内莱斯基发明了一种大型的升降机，根据后来人们的评论，这种升降机使得“只用一头牛就能举起之前……（可能）需要 6 对牛拉才能举起的重量”。主升降机放在地上，由套上轭的几队牛或马拉动。它包括一个大型木框架和一系列新颖的木滑车、齿轮、传动装置、平衡物和用来缠绕或释放粗绳的转动卷轴。它能举起重达几千磅的负载。起重机用木杆、转动的水平横梁和可调节的平衡物建造，与现代建筑中起重机的运行方式很像。它们被设计成高踞在由穹顶完整的墙壁结构所支撑的工作平台上，可以将建筑材料运送到施工地点。根据后来人们的评论，布鲁内莱斯基将佛罗伦萨亚诺河河岸附近的一大片地方清空并压平。通过拉伸和转动绳索，工人能在沙上绘出穹顶及其构件的等比例平面图。穹顶石头拱肋和其他部件的模板可能就是用这样巨大的图制成的。

穹顶的施工过程依赖于 3 种关键操作：控制不断增高的外形、升高工作平台和连续垒砌环形的砖层。利用图 4-28，我们先抽象地看一下工人如何保证穹顶向上弯曲的几何形状。它的几何学关键是八边形鼓座的内边。取一个 xy 坐标平面。考虑单位圆 $x^2+y^2=1$ 并取 4 个点 $S_1=(1,0)$、$S_3=(0,1)$、$S_5=(-1,0)$ 和 $S_7=(0,-1)$。4 个点 S_2、S_4、S_6 和 S_8 为该圆与两条直线 $y=x$ 和 $y=-x$ 的交点。因为轴线与直线 $y=x$ 和 $y=-x$ 的夹角都等于 45°，所以这 8 个点是正八边形的顶点。这个八边形代表鼓座的内边。点 M 是连接 S_3 和 S_4 的线段的中点。灰色线段代表从 S_1 伸到 M 的绳子。绳子的长度很重要。为了计算它，先求得 $S_4=\left(-\frac{1}{\sqrt{2}},\frac{1}{\sqrt{2}}\right)$，再用坐标平面一节中的中点公式得

$$M=\left(\frac{-\frac{1}{\sqrt{2}}+0}{2},\frac{\frac{1}{\sqrt{2}}+1}{2}\right)=\left(-\frac{1}{2\sqrt{2}},\frac{\frac{1+\sqrt{2}}{\sqrt{2}}}{2}\right)=\left(-\frac{1}{2\sqrt{2}},\frac{1+\sqrt{2}}{2\sqrt{2}}\right)$$

根据本节提出的距离公式，得到绳子的长度为

$$\begin{aligned}S_1M&=\sqrt{\left(1-\left(-\frac{1}{2\sqrt{2}}\right)\right)^2+\left(0-\frac{1+\sqrt{2}}{2\sqrt{2}}\right)^2}=\sqrt{\left(\frac{2\sqrt{2}+1}{2\sqrt{2}}\right)^2+\left(\frac{1+\sqrt{2}}{2\sqrt{2}}\right)^2}\\&=\sqrt{\frac{(4\times2+4\sqrt{2}+1)+(1+2\sqrt{2}+2)}{(2\sqrt{2})^2}}=\frac{\sqrt{12+6\sqrt{2}}}{2\sqrt{2}}=\frac{\sqrt{6(2+\sqrt{2})}}{2\sqrt{2}}=\frac{\sqrt{6}}{2\sqrt{2}}\sqrt{2+\sqrt{2}}\\&=\frac{\sqrt{3}}{2}\sqrt{2+\sqrt{2}}\approx1.600\,206\cdots\approx1.6\end{aligned}$$

让绳子固定在 S_1 点，转动点 M，得到 x 轴上的点 C_1。注意

$$\frac{S_1C_1}{S_1S_5}=\frac{S_1M}{S_1S_5}\approx\frac{1.600}{2.000}=\frac{4(0.4)}{5(0.4)}=\frac{4}{5}$$

则点 C_1 非常靠近从 S_1 到 S_5 间路径的 $\frac{4}{5}$ 处。接着将绳子放在 S_5 处，朝 S_1 拉伸，得到点 C_5。和上面一样，$\frac{S_5C_5}{S_1S_5}\approx\frac{4}{5}$，则 C_5 非常靠近从 S_5 到 S_1 间路径的 $\frac{4}{5}$ 处。

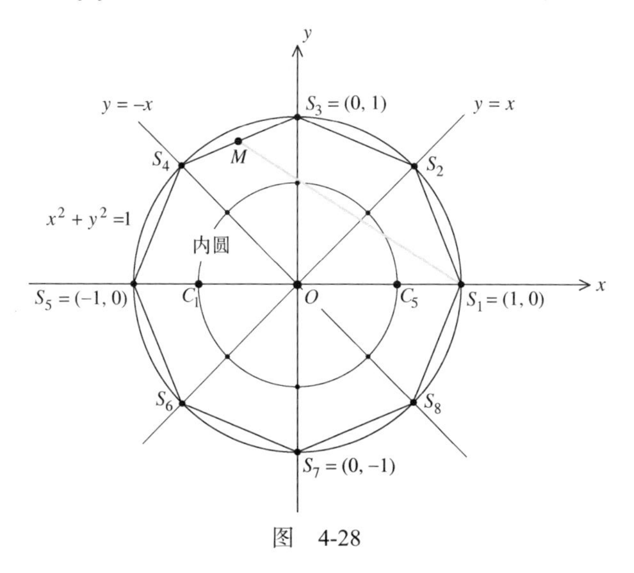

图　4-28

将绳子的一端固定在 C_1 点，另一端拉到 S_1，然后将绳子的这一端垂直向上转动。接着将绳子固定在 C_5 点，从 S_5 点垂直向上转动。用这种方法得到垂直平面内的一个拱，它包括交于一点的两个圆弧。点 S_1 和 S_5 为它的起拱点，C_1 和 C_5 为两个圆的圆心，T 为它们的交点。图 4-29a 对此做出了演示。因为 S_1 到 C_5 的距离及 S_5 到 C_1 的距离都是 S_1 和 S_5 间距离的 $\frac{1}{5}$，该拱被称为哥特式五分之一尖拱。接下来，对线段 S_2S_6、S_3S_7 和 S_4S_8 做同样的处理，又得到 3 个形状为哥特式五分之一尖拱的拱，每个拱都位于自己的垂直平面内。这 4 个拱从鼓座内八边形上的起拱点 S_1、S_2、…、S_8 处升起，均匀分布的 4 个拱确定了穹顶的内表面。这个表面有 8 块板子，每个板子在水平方向是平的，从八边形的 8 条边竖起。板子向内部弯曲，交于点 T，如图 4-29b 所示。垂直的中心轴 z 轴为 4 个尖拱所确定的垂直平面的交线。内壳的哥特式五分之一尖拱还规定了它的外部的几何形状。与万神殿和圣索菲亚大教堂扁平的穹顶不同，圣母百花大教堂的穹顶直指天空。

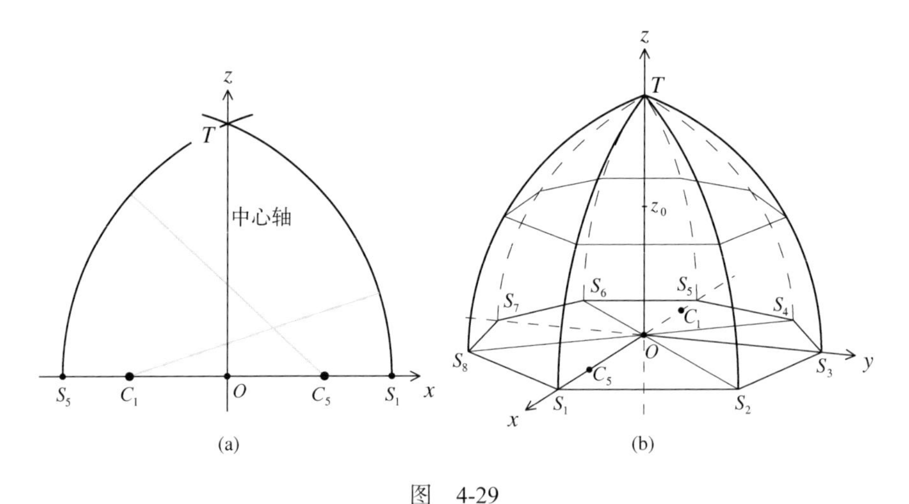

图 4-29

布鲁内莱斯基让工人搭建了一个平台，它从图 4-28 中的鼓座边界向内伸出直到内圆。该平台的底部由固定在鼓座墙上的部分拱鹰架支撑，上边则由绳子拉住，绳子系在砖墙内锚接的铁环上。工人正是从这个平台上伸出 corda da murare，即“建筑用细绳”来确定 8 块不断增高的穹顶内表面的曲面几何形状。鼓座的内侧并非完美的八边形。它的 8 条边各不相同，最长的 56.5 英尺，最短的 54.5 英尺。这也使得 8 块弯曲的板子的形状也各不相同。

穹顶两个壳的 8 个面很快开始增高，它们的形状受 8 个内表面的限制。两个壳在开始的 20 英尺左右，由琢石（切割成矩形的大石块）建造，之后则由比较轻的砖建造。琢石和砖都由灰泥黏合在一起。工人被分成 8 组，这样两个壳的 8 个面就能同步进行建造，一次砌完一圈八边形。在砌这圈砖的过程中，需要对砖和灰泥结构进行支撑，以免其向里倒塌。但是，砌完一圈砖层后，它自身就是稳定的，受四周的壳挤压，不会移位。每砌完一圈砖层后，不断增高的穹顶也是稳定的，不考虑圆孔，其稳定的方式几乎与万神殿相同。布鲁内莱斯基在提出不需要复杂的拱鹰架结构就能建造穹顶时就清楚这一点。穹顶使用了几种不同尺寸和形状的砖，包括矩形、三角形和鸠尾状砖以及带突起的砖等，总共有几百万块。为了让不断增高的双层壳更稳定，砖块以水平和向上螺旋的联锁人字形图案排列。图 4-30 展示了两个壳内表面的砖结构，让我们看到了这一图案。

图 4-30　两个壳内的人字形砖砌图案，Philip Holtzman 和 Rose Holtzman 摄

鼓座附近，内壳的厚度约为 7.5 英尺，外壳的厚度约为 2.5 英尺，两者之间的间隙约为 4 英尺。两个壳的厚度随着穹顶的增高而减小，但它们之间的厚度差距则不断增大。两个壳由 24 根砌筑体拱肋连接，它们被称为支墩。两个壳之间的这些支撑部件从基座附近开始，一直到顶部都有。八边形壳的 8 个角，每个上面都有一个角支墩，每条边还有两个中间支墩。图 4-31 是穹顶的水平剖面，展现了这些结构。每条边的支墩厚度从较低处的约 6 英尺到较高处的约 1.5 英尺不等。在角落处的支墩厚度是其两倍。穹顶的主要结构构件是一个有 9 个不同高度的结实的石拱券系统，这些拱券都位于穹顶上部三分之二的地方，起到加固角支墩附近外壳的作用。它们在角落处最厚，越向两边越细，直到与两个中间支墩连在一起。图 4-31“切开”了这样的一组拱券。

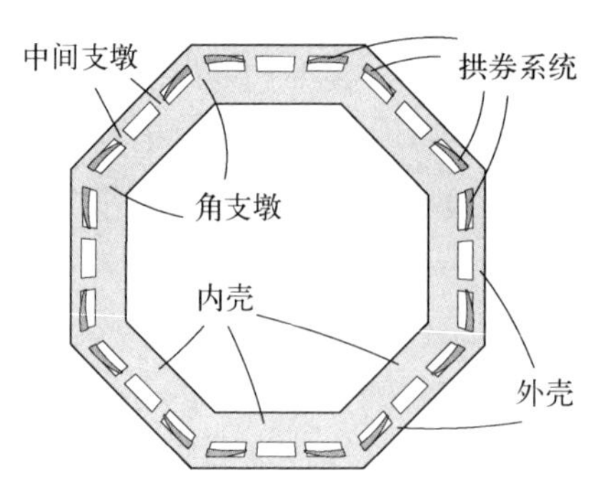

图 4-31 穹顶的水平截面图

4 对砂岩链环绕着穹顶的壳，对它进行加固。它们由 9 英尺的矩形砂岩块制成，由铁钳夹在一起。除了石链，还有栗木梁制成的木链，由橡木段加固，用铁钉钉在一起。图 4-32 中穹顶的垂直截面图展现了鼓座和两个壳。该图标明了加强链和 9 组石拱券的位置。它还给出了一些结构部件距离教堂地板的高度。

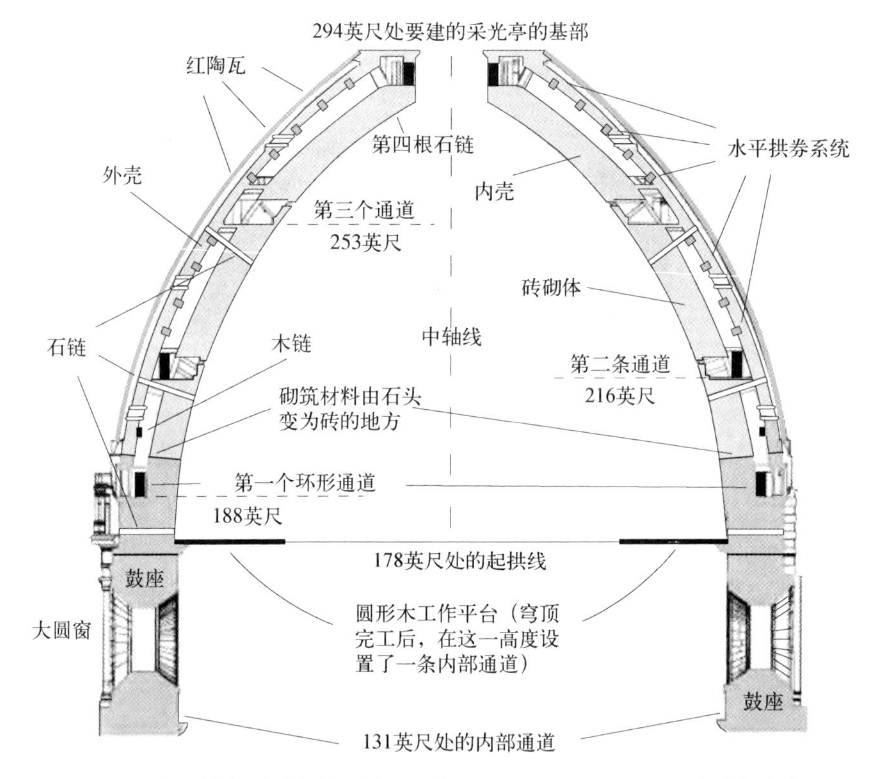

图 4-32 过中轴的穹顶垂直截面图。改自 G. Fanelli 和 M. Fanelli 的《布鲁内莱斯基的穹顶：一座杰出建筑的过去和现在》，p180-181

穹顶于 1436 年建造完成。外壳的 8 块板子外面铺了 30 000 块宽 15 英寸、高 20 英寸的红陶瓦。板间有用白色大理石段建成的拱券，就铺在角支墩的外部。穹顶顶部留有一个直径约为 18.5 英尺的八边形开口，由连接内外壳的水平砌筑环箍紧。该环随后要用来支撑采光亭。采光亭用白色大理石建造，有一个圆锥形的屋顶，它罩在穹顶的外部，用于内部采光，见彩图 18 和图 4-33。1471 年，人们在采光亭顶部放置了一个球和一个十字架，圣母百花大教堂终于完工了。

图 4-33　穹顶内部一览，Chanclos 摄

这座教堂长 500 英尺，宽 125 英尺，连穹顶有 294 英尺高，如果再加上采光亭，则高 376 英尺，一度是世界上最大的教堂。而今，罗马的圣彼得大教堂（见 5.5 节）和伦敦的圣保罗大教堂（见 6.1 节）的穹顶结构风格与它类似，但规模稍大。专家估计圣母百花大教堂的穹顶重约 30 391 吨（内壳约 18 144 吨，外壳连同瓦和大理石段约

8618 吨，支墩约 2722 吨，还剩下约 907 吨为采光亭的重量）。事实上，它是圣索菲亚大教堂 1361 吨重的穹顶（见 3.1 节）的 20 多倍，这证明了这一穹顶具有重要意义，其规模在当时是空前的。圣母百花大教堂是人类所完成的最大胆、最让人印象深刻的工程壮举。

这座教堂外部和内部的许多装饰细节都是后来添加的，见彩图 18 和图 4-33。图 4-33 中的湿壁画《最后的审判》（*The Last Judgment*）在穹顶约 43 000 平方英尺的内表面上展开，它是在 16 世纪完成的。该画部分受到米开朗基罗（1475—1564）在罗马的梵蒂冈西斯廷教堂天花板上绘制的《最后的审判》的启发。中殿的地板用大理石瓷砖铺成复杂的几何图案，完成于 17 世纪，精美装饰的大理石外立面则完成于 19 世纪。

在施工过程中，穹顶就开始出现裂缝。几年后，裂缝变得更宽了。4 条主要的裂缝尤其需要关注。一份 1985 年的详细的技术报告认为它们是由穹顶的巨大重量所产生的水平环向应力造成的。砌筑壳不够坚固，不能抵消这一应力，布鲁内莱斯基的石头和木链系统不能充分地对它们进行限制。穹顶底部的支撑并不平衡，使问题更加严重。图 4-34 展示了交替支撑鼓座的大尖拱券和大型墩柱的顶部。不足为奇，4 个墩柱对鼓座的支撑比 4 个拱券更有力，使得拱券上方的 4 部分穹顶向下拉墩柱上方的 4 部分穹顶。图 4-35 是出现问题部分的简化受力分析图，该图展示了其中的两个墩柱、墩柱间的拱券和它们上方的那部分穹顶。墩柱向上的推力由箭头朝上的向上向量表示。箭头朝下的向量组代表拱券上方穹顶的向下的拉力。图 4-35 表明向上的向量受到向下拉力的影响而朝外偏转。这些偏转力在砌筑体上引起的张力与环向应力一起使墩柱所支撑的 4 个穹顶部分都产生了大的裂缝，在图中它们用虚的曲线表示。裂缝沿子午线至少延伸到穹顶往上三分之二处，并远达鼓座的大窗户下。它们对内外壳产生影响，其宽度从 1 英寸到 3 英寸不等。根据近些年检查过这些裂缝的结构工程师的报告，穹顶没有被毁坏的危险，除非发生地震。不过，目前正在用高科技设备对上述裂缝、其他的裂缝以及其他的结构问题进行广泛监测，并用复杂数学来分析处理。这种详细检查的目标是确定准确的测量方法，保证这座杰出的建筑在接下来几个世纪里仍然稳定。

圣母百花大教堂是具有哥特传统的教堂。图 4-33 表明支撑鼓座的大型拱券是哥特式尖拱。图 4-34 告诉我们隔出中殿的拱券也是尖拱，中殿上方的拱顶是肋拱顶。穹顶垂直截面的五分之一尖拱也是哥特式的。但是，拱顶的建造得益于布鲁内莱斯基对罗马建筑的拱顶的研究（例如，他们砌出带斜角的砖层）。这些方面以及促使布鲁内莱斯基完成这座非凡穹顶的自信将圣母百花大教堂与文艺复兴联系了起来。

图 4-34　Gryffinder 摄

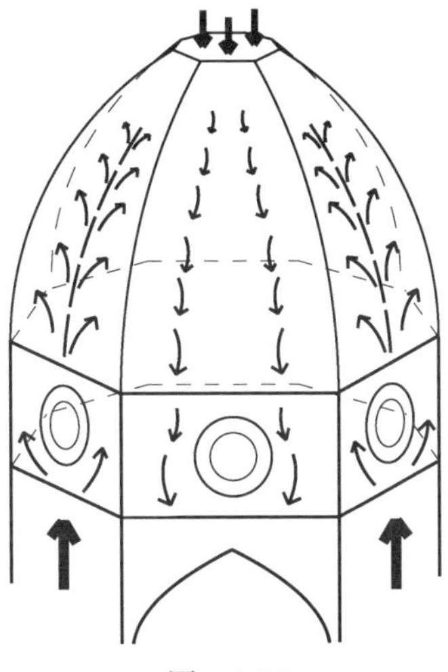

图　4-35

4.6 问题和讨论

前面的问题讨论圆锥曲线，之后的问题则涉及二维和三维坐标系，最后几个问题则关注佛罗伦萨大教堂的穹顶。这一节的最后是与本章主题相关的 3 个讨论。

问题 1 为了感受一下希腊人的圆锥曲线，可以取一个手电筒，将它朝平坦的墙壁照射。该墙即为一个切割手电筒所发射的圆锥形光线的物理平面。如果使手电筒垂直于墙壁，就会照亮一个圆形区域。如果手电筒质量好，则这些圆是整齐、清楚的。让手电筒倾斜，不再处于垂直位置，就会出现一个椭圆。让它继续倾斜直到和墙平行，就会得到一条抛物线。（当手电筒开始偏离墙壁时，会出现哪种曲线？）

问题 2 考虑图 4-36a 中的抛物线。它的焦点在 x 轴的负半轴上，到原点 O 的距离为 d。为什么点 $(-d,2d)$ 在该抛物线上？令 (x,y) 为抛物线上的一点，用命题 P2 证明 $y^2=-4dx$。现转向图 4-36b 中的椭圆。a 和 b 分别是它的半长轴和半短轴。用 (x,y) 代表椭圆上的一点，用命题 E2 证明 $\dfrac{x^2}{b^2}+\dfrac{y^2}{a^2}=1$。

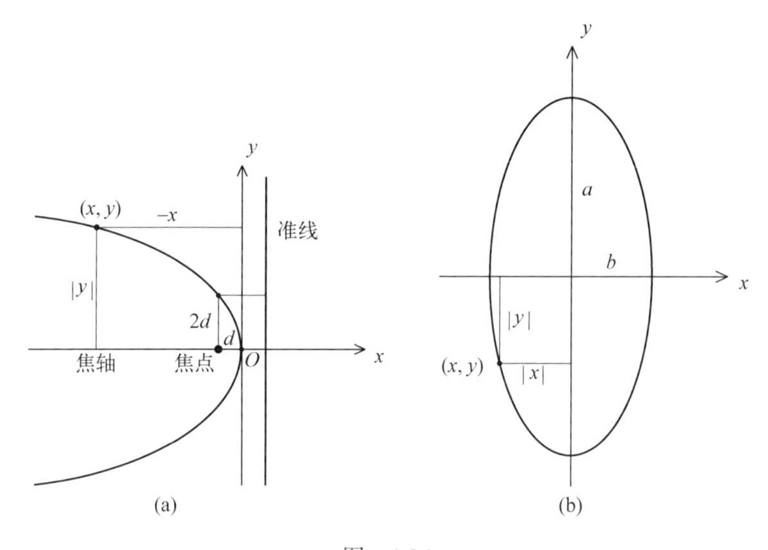

图 4-36

问题 3 从抛物线的焦点 F 到它的准线之间的距离是 3 个单位长度。在距离准线 7 个单位长度处，平行于这条准线对该抛物线进行切割，如图 4-37 所示。用阿基米德的结论，确定该抛物线截面的面积。【提示：先分析 $\triangle SFS'$，找出割线的长度。】

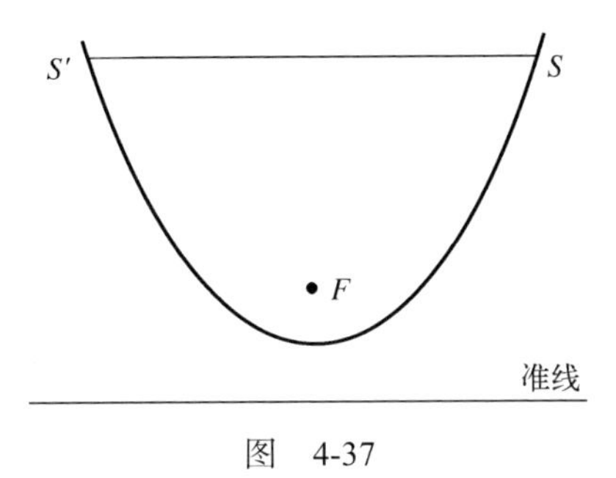

图　4-37

我们前面提过深具影响力的数学家花剌子密。问题 4 至问题 7 出自他的一部有关代数的著作。

问题 4　求解方程 $(10-x)^2+x^2+(10-x)-x=54$。

问题 5　求解 $\dfrac{10-x}{x}+\dfrac{x}{10-x}=\dfrac{13}{6}$。

阿布·卡米尔（约 850—930 年）是另一名伟大的数学家，他很有可能是埃及人。他的《代数之书》（*Book of Algebra*）扩展了花剌子密的著作内容。问题 6 至问题 9 选自该书。

问题 6　找到这样的一个数，使得它加上 7 后，再乘以这个数的 3 倍的根，得到的结果是该数的 10 倍。

问题 7　找到这样的两个数 x 和 y，满足 $x+y=10$ 且 $\dfrac{50}{x}\times\dfrac{40}{y}=125$。

问题 8　找到这样的两个数 x 和 y，满足 $x+y=10$ 且 $\dfrac{x}{y}+\dfrac{y}{x}=4\dfrac{1}{4}$。

问题 9　设 a 和 b 是正数且 $a\geqslant b$。证明 $a+b-2\sqrt{ab}>0$。再验证阿布·卡米尔的公式 $\sqrt{a}\pm\sqrt{b}=\sqrt{a+b\pm2\sqrt{ab}}$。用它来证明 $\sqrt{18}-\sqrt{8}=\sqrt{2}$。

波斯数学家和天文学家阿尔卡西（1380—1429）在撒马尔罕（今乌兹别克斯坦境内）工作。阿尔卡西的著作《算术之钥》（*The Key to Arithmetic*）描述了十进制小数，并用它来计算 2π 到小数点后 16 位（值得注意的是，这相当于 $\pi\approx3.141\,592\,653\,589\,793\,2$）。它还提出了一种计算 n 次根的算法。此外，阿尔卡西清楚地叙述了余弦定理（见第 2 章的问题 15）。事实上，在法国数学界，余弦定理被称为阿尔卡西定理。问题 12 和问题 13 即基于他的作品。

问题 10　阿尔卡西给出了对尖伊斯兰拱的设计，如图 4-38 所示。首先从半圆开始构造。研究该图，解释之后应怎样做。【如需提示，请研究 2.6 节中的罗马椭圆。】

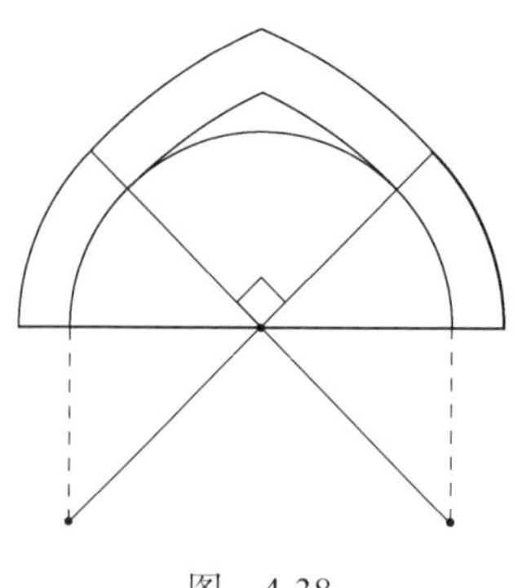

图 4-38

问题 11　从阿尔卡西的半圆开始，对他余下的设计进行调整，从而构造一个在威尼斯的圣马可大教堂中出现过的洋葱形拱（见彩图 16）。

僧侣格伯特（后来成为教皇西尔维斯特二世）和比萨的莱昂纳多在这一问题上影响深广。莱昂纳多的《算盘之书》的很多内容都基于阿布·卡米尔的《代数之书》。

问题 12　证明格伯特提出的边长为 a 的等边三角形的面积公式 $\frac{a}{2}\left(a-\frac{a}{7}\right)$ 与估计 $\sqrt{3}\approx\frac{12}{7}$ 等价。这一估计的好处是什么？

问题 13　这是一个改编自莱昂纳多《算盘之书》的问题。两个人 A 和 B，每人都有一定数目的硬币。若 A 给 B 9个，则 A 和 B 的硬币数相等，若 B 给 A 9个，则 A 的硬币数是 B 的 10 倍。A 和 B 最初各有多少个硬币？

问题 14　计算数轴上点 8 和 -5 之间的距离，确定两点间的中点。

接下来的一些问题研究平面内的解析几何。前两个问题的解答需要用到 2.4 节叙述过的一些向量的基础性质。

问题 15　考虑 xy 坐标系以及从原点出发到达点 $(1,4)$ 和 $(-4,-3)$ 的两个向量，如图 4-39a 所示。计算这些向量的大小。该图画出了这些向量的水平分解和垂直分解向量。它还展示了根据平行四边形定理所获得的合向量。解释为什么这个合向量是图 4-39b 所示的从原点到点 $(-3,1)$ 的向量。

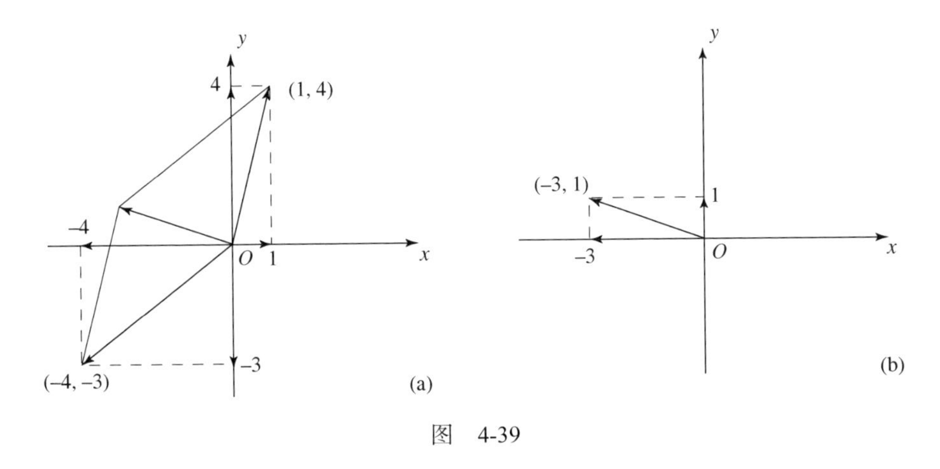

图　4-39

问题 16　图 4-40 中的向量都从坐标系原点出发，到达图示中的各点。证明如果它们代表作用在原点处的力，则这些力彼此平衡，不会使 O 点产生移动。

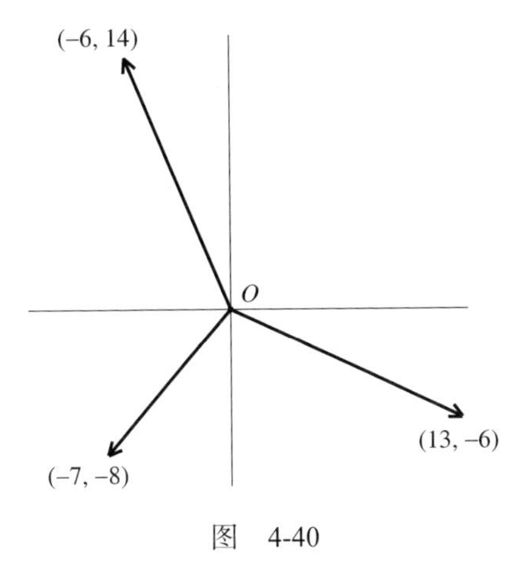

图　4-40

问题 17　转到图 4-17。若 $\angle BAC$ 为 $45°$，确定屋顶 AB 的斜率。当该角为 $30°$ 和 $25°$ 时，重复上面的计算。

问题 18　解释图 4-41 中的情况。两个三角形区域的底边都为 13 个单位长度，高度都为 5 个单位长度，不过它们的面积并不相同。（正如图中对面积细分后所显示的那样。）

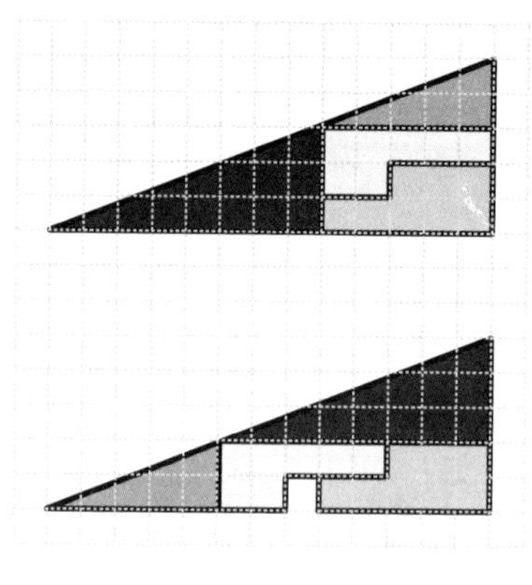

图 4-41

问题 19 考虑 xy 平面内由两个点 $(5,1)$ 和 $(-4,7)$ 所确定的直线。画出这条直线。找出这条直线的两点式、点斜式和斜截式方程。

问题 20 画出方程 $y=\frac{1}{3}x-4$ 对应的直线。

问题 21 用距离公式验证点 $P_1=(x_1,y_1)$ 和 $P_2=(x_2,y_2)$ 所确定的线段中点为点 $\left(\frac{x_1+x_2}{2},\frac{y_1+y_2}{2}\right)$。

问题 22 在坐标平面内标出两点 $A=(-3,-7)$ 和 $B=(6,8)$。求线段 AB 的长度和中点。

问题 23 考虑 xy 平面内的圆 $x^2+y^2=9$。将圆向下平移 7 个单位长度，再向右移动 3 个单位长度。新位置处圆的公式是什么？

问题 24 考虑圆 $(x-3)^2+(y+2)^2=20$ 和直线 $y=x-3$。将它们画在 xy 平面上。找到圆与直线的交点。

问题 25 找到圆心为 $(2,3)$、半径为 5 的圆与过圆心斜率为 $\frac{1}{2}$ 的直线的交点。求出该点的精确坐标，然后对其进行估计。

问题 26 给定焦点为点 $(-4,5)$、准线为直线 $y=-3$ 的一条抛物线。设 $P=(x,y)$ 为平面内的一点，如图 4-42a 所示，根据抛物线的定义和距离公式，确定以 x 和 y 为变量的抛物线方程。

问题 27 给定焦点为点 $(-3,-4)$、准线为直线 $x=5$ 的一条抛物线。利用抛物线的定义和距离公式，确定该抛物线的方程，如图 4-42b 所示。

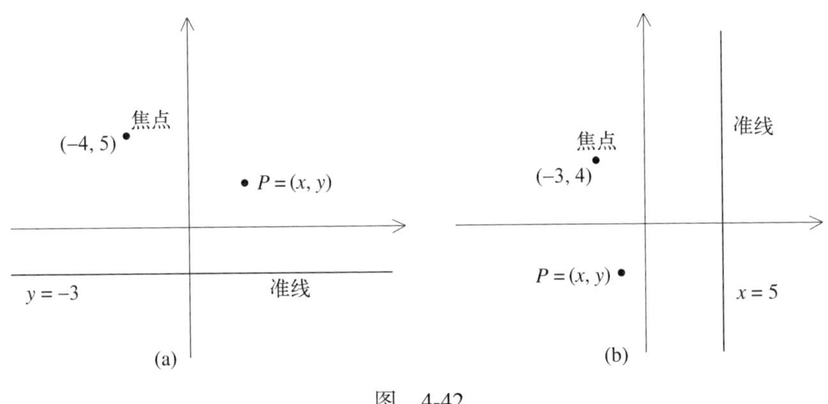

图　4-42

接下来的问题考虑三维解析几何。

问题 28　考虑平面 $3x-4y-2z=1$ 和 $x-2y+3z=4$。对每一个平面，画出由其与 x、y 和 z 轴的交点所确定的三角形，从而得出它们的位置。

4.4 节结尾处关于圣索菲亚大教堂穹顶几何学的讨论需要添加一条说明。方程 $x^2+y^2=50^2-z_0^2$ 与变量 z 无关，因此只要 (x,y) 在 xy 平面内的圆 $x^2+y^2=50^2-z_0^2$ 上，z 为任意值，则任何点 (x,y,z) 都满足该方程。可知 xyz 空间内 $x^2+y^2=50^2-z_0^2$ 的图形是过 xy 平面内的圆 $x^2+y^2=50^2-z_0^2$ 且平行于 z 轴的圆柱。因此这个圆上（该圆为讨论的焦点）过 z_0 的点 (x,y,z) 可由两个方程 $x^2+y^2=50^2-z_0^2$ 和 $z=z_0$ 确定。

问题 29　半径为 8 的球 $x^2+y^2+z^2=8^2$ 与平面 $y=-5$ 相交得到一个圆。这个圆的半径是多少？列出具有以下属性的两个方程，即如果一个点的坐标恰好满足这两个方程，则该点就在这个圆上。

问题 30　确定方程 $x^2+(y-1)^2+(z-2)^2=9$ 的图形。

我们接下来研究佛罗伦萨的圣母百花大教堂，尤其是它的穹顶。

问题 31　观察图 4-34。评论中殿上空成对的金属条以及侧廊上空连接拱券的那些金属条的结构相关性。你认为这些金属条是受到了挤压还是受到了拉伸？

问题 32　参见图 4-28。确定线段 S_7S_8 的中点。证明该点与 S_5 之间的距离等于点 M 与 S_1 之间的距离。

问题 33　图 4-43 展示了在 xy 坐标平面上、经过相对的两根拱肋的穹顶外表面的抽象垂直截面。它是一个哥特式五分之一尖拱，跨距为 10 个单位长度。该拱券的两个圆弧所在的两个圆的方程是什么？y 坐标为 h 的线段代表穹顶的采光亭的基部，长为 $3\frac{1}{3}$。证明 $\frac{h}{10}\approx 0.65$。这与鼓座外直径约为 174 英尺、从穹顶基部到采光亭基部的垂直距离约为 116 英尺一致吗？

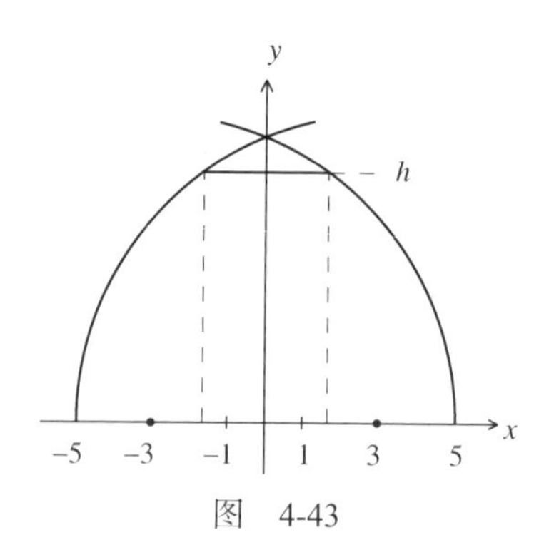

图 4-43

问题 34 参考图 4-29b 中穹顶内表面的抽象图，以英尺为长度单位。给定穹顶的内直径 S_1S_5 为 145 英尺，证明 $S_1C_1=116$ 英尺，$C_1S_5=29$ 英尺，$OC_1=OS_5-C_1S_5=43.5$ 英尺。证明 xz 平面上圆心为 C_1 且过 S_1 和 T 的圆具有方程 $(x+43.5)^2+z^2=116^2$。

i. 在 $z=z_0$ 高度用水平平面切割该穹顶的内表面，证明在这一高度的穹顶的八边形横截面的直径等于 $2\sqrt{116^2-z_0^2}-87$。

ii. 证明在 $z_0=103$ 英尺时，该直径约为 20 英尺，在 $z_0=105$ 英尺时，直径约为 12 英尺。这一结论与现有的论断并不一致：现在认为穹顶采光亭下面的八边形开口从鼓座顶部 105 英尺处开始，直径约为 18.5 英尺（参见图 4-32）。解释出现这一差异的可能原因。

问题 35 参见图 4-29b。设 c 和 d 分别是从 C_1 到 O 点和 S_1 到 O 点的距离。考虑圆弧 S_1T 和圆弧所在的圆。这个圆是球和平面的交线。找出球和平面的方程。圆上的一点 (x,y,z) 需要同时满足这两个方程。对圆弧 S_2T 做同样的处理。

讨论 4.1 其他希腊几何学 欧几里得的《几何原本》讨论了 5 种值得特别注意的立体，并用“柏拉图”给它们命名。这些柏拉图立体是正四面体、正六面体、正八面体、正十二面体和正二十面体。正四面体有 4 个面，每个面都是等边三角形；正六面体有 6 个面，每个面都是正方形；正八面体有 8 个面，每个面都是等边三角形；正十二面体有 12 个面，每个面都是正五边形；最后，正二十面体有 20 个面，每个面都是等边三角形。这 5 个立体是仅有的所有面都是同样的正多边形的三维凸面体（凸面体要求其所有的顶点都能放到同一个圆上）。《几何原本》对此做过验证，验证过程并不容易。不过展示一下这 5 个柏拉图立体如何制作并不困难。考虑如图 4-44 中那样排列的等边三角形、正方形和正五边形。如果你剪下它们中的每一个，你就能完成接下来的操作。(a) 取排在一起的 4 个等边三角形，沿点线折叠外面的 3 个三角形，使得 3

个点（均记作 A）重合，从而构建正四面体。(b) 同样处理排在一起的 6 个正方形，先沿点线折叠，使得标有 A、B、C 和 D 的点各自重合，构建出正六面体。(c) 取排在一起的 8 个等边三角形，将点线折成一个正方形，使得 A 点重合，接着沿点线折三角形，使得所有的 B 点重合，所有的 C 点也重合，就可以制作出正八面体。(d) 通过沿点线折叠，使得每对点 A、B、C、D 和 E 重合，这样就把左边的 6 个正五边形聚在一起，形成一个五边形的“杯子”，对右边的 6 个正五边形做同样的处理，形成第二个五边形杯子。接着把这两个杯子连接起来，使得 A 和 A'、B 和 B' 等重合，制成正十二面体。(e) 按照 4-44e 中的提示，制成正二十面体。折叠并将点连接后，点 C 和点 D 就位于一个正五边形的“帽子”顶上。由于该图形具有对称性，从该正二十面体的 12 个顶点中的每一个点出发都会得到这样的一组五边形。正十二面体和正二十面体如图 4-45d 和图 4-45e 所示。

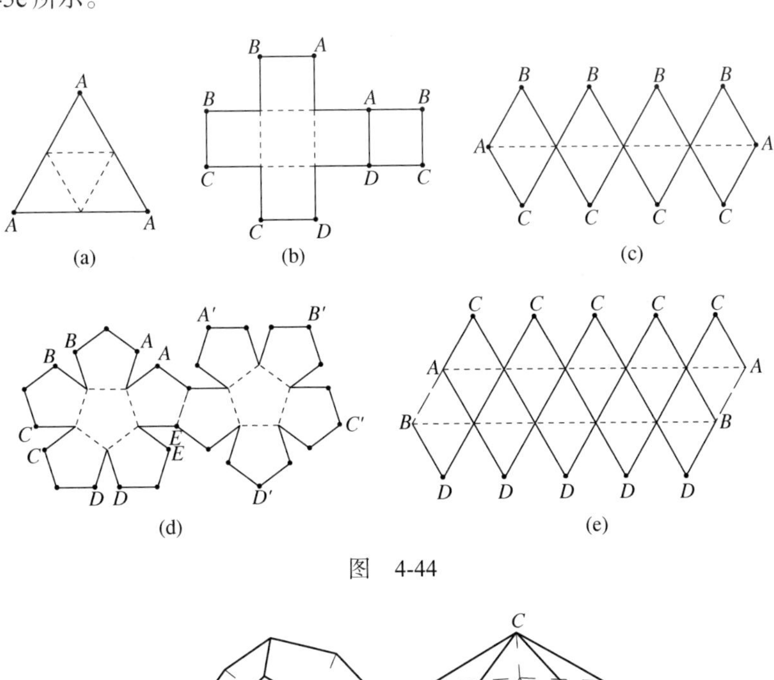

图　4-44

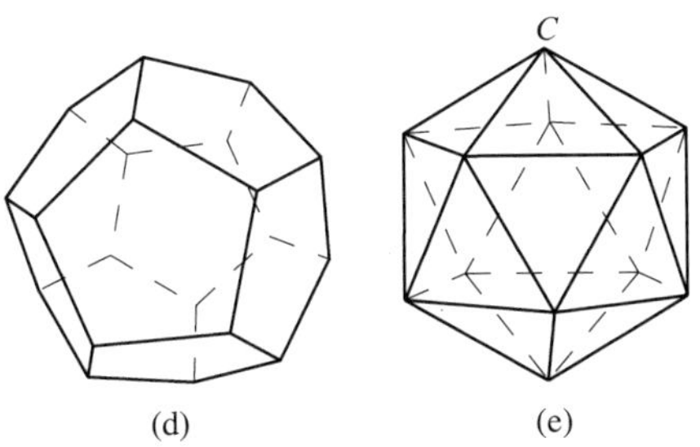

(d)　(e)

图　4-45

柏拉图认为这些立体与宇宙的结构有关。他使这些立体与 4 种经典的基本元素相关联：正六面体对应泥土，正八面体对应空气，正二十面体对应水，正四面体对应火，正十二面体是“上帝用来在整个天空布满群星”的物体。柏拉图立体与建筑之间的联系比它与柏拉图科学之间的联系更强。当用彼此相连的金属条构造正二十面体时，它就成为非常稳定的结构。可以在球面上等间距取任意数目的点，将它们用杆连接起来，形成对称的三角形网（有时也包括正方形和其他正多边形），从而设计出更精细的结构。用屋顶覆盖这类结构时，就称为测地线球体或测地线穹顶（当只考虑球体的一部分时）。这种全部由三角形构成的表面结实、稳定并且重量轻。它们在 20 世纪后半叶得到建造，用于温室、礼堂、气象台和存储设施。不过测地线球体也有缺点，其中包括大量边和平面的绝缘和防水问题，曲面墙围成的空间不如矩形墙围成的实用。

问题 36　研究图 4-45e。你看出将一个正二十面体变成所有边都是同样的等边三角形但不是凸面体的方法了吗？

问题 37　达・芬奇在他的笔记中研究了十二面体，形如图 4-46 中的十二面体示意图。对这些图形达・芬奇可能要做什么呢？

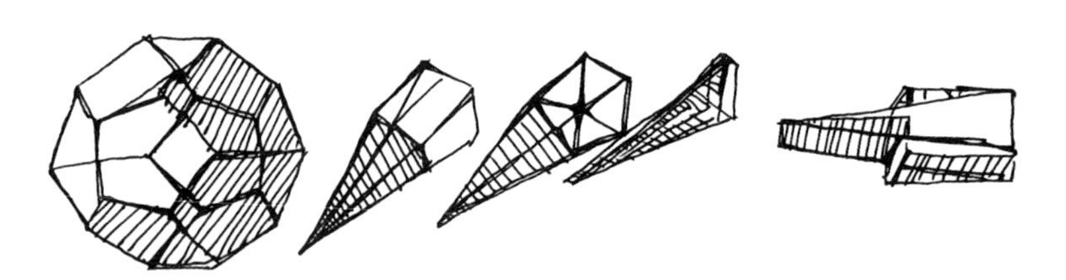

图 4-46　十二面体示意图

地图在世界领土的发现、开发以及控制方面一度起到重要的作用。之前我们在托勒密的地图中看到了这种作用。制图师所面临的困难中，有一种就是几何学难题。事实是球体的任何部分都不能在不变形的情况下变成扁平。（例如，不撕开，就不能使橙子瓣的外皮贴在桌面上。）这就意味着不管使用哪种方法绘制世界某个区域的地图，变形都是不可避免的。看一下北美的标准地图，找出变形来。二十面体曾被用来绘制地图。将地球的模型视为理想球体，以某种方式将一个二十面体放入该球内，使得二十面体的顶点都在该球上。取球上的任意一点，将它沿着球心的方向投影到该二十面体上。用这种方法，球上的任意一点都与二十面体上的一点相对应，该二十面体是地球的代表。沿一些边切开这个二十面体（尽量让切割都落在海洋区域），再展开，就得到了平面世界地图。

讨论 4.2　有理数和无理数　如果一个大于 1 的整数只能被 1 和它本身整除，则它是一个素数。比如 2、3、5、7、11、13 和 17。事实上，任何大于 1 的整数都能写成素数的幂的乘积的形式，且只能写成一种形式（除非调换因子的顺序）。例如，$324=2^2\times3^4$ 和 $4536=2^3\times3^4\times7$，不能写成其他的形式（除了写成 $324=3^4\times2^2$ 和 $4536=7\times2^3\times3^4$）。注意如果一个数是平方数，则乘积中的所有素数都是偶数次幂。例如，$4536^2=(2^3)^2\times(3^4)^2\times7^2=2^6\times3^8\times7^2$。同样，如果乘积中的所有素数都是偶数次幂，则这个数为平方数。例如 $324=2^2\times3^4=(2\times3^2)^2=18^2$。

根据上述内容，如果 m 是一个正整数，则只有 m 是平方数的时候，$\sqrt{m}$ 才是有理数。为什么会这样呢？的确，对一个正整数 n，如果 $m=n^2$，则 $\sqrt{m}=n$ 为有理数。但其他情况呢？如果对正整数 s 和 t，有 $\sqrt{m}=\dfrac{s}{t}$，此时 m 为平方数吗？如果 $\sqrt{m}=\dfrac{s}{t}$，则 $m\times t^2=s^2$。如果 m 的因式分解中有一个素数为奇次幂，则 $m\times t^2$ 的因式分解中也有一个素数为奇次幂。由于 $m\times t^2=s^2$ 为平方数，这不可能成立。因此若 m 的因式分解中所有素数都是偶数次幂，则 m 为平方数。可知除了 $\sqrt{4}=2$、$\sqrt{9}=3$、$\sqrt{16}=4$ 等，$\sqrt{2}$、$\sqrt{3}$、$\sqrt{5}$、$\sqrt{6}$、$\sqrt{7}$、$\sqrt{8}$ 等都是无理数。顺便提一下，以上所有的内容都能在欧几里得《几何原本》中找到。

问题 38　考虑数 $\sqrt{n}$，$n=1,2,\cdots,100$。这些数中有多少个有理数，多少个无理数？考虑数 $\sqrt{n}$，$n=1,2,\cdots,1\,000\,000$。这里面有多少个有理数？**【提示：**其中有多少个平方数小于等于 $1\,000\,000$？**】**

问题 39　在建筑平面图和正面图中作为长度的数一般是无理数。例如，长为 1、宽为 n 的矩形的对角线长度为 $\sqrt{1+n^2}$。证明任何能写成 $\sqrt{1+n^2}$ 且 n 为整数形式的数都是无理数。

设 r 为任意实数。它的小数部分是否存在一种模式，可以用来判断 r 为有理数还是无理数？假设 r 的小数部分从某位开始有一个重复的数字段，举个例子，设 $r=23.748\,658\,658\,65\cdots$，数字段 865 重复出现。则 $100r=2\,374.865\,865\cdots$，$100\,000r=2\,374\,865.865\,865\cdots$，注意 $100\,000r-100r\approx2\,374\,865-2\,374=2\,372\,491$。因此 $99\,900r=2\,372\,491$。则有 $r=\dfrac{2\,372\,491}{99\,900}$ 是一个无理数。那么反向推理，任意有理数的小数部分会有一个重复出现的数字段吗？使用手算除法，如 s 除以 t，我们知道，每一步所得的余数都小于 t。这个余数出现的概率只能是有限数。如果 0 为余数，则除法过程终止，0 为重复的数字段。例如$\frac{581}{25}=23.24=23.240\,00\cdots$。如果 0 不是余数，则除法过程会继续，这样必定会有一位会重新出现余数。从这一位开始，循环就出现了。例如，1124 除以 132，如图 4-47 所示，它告诉我们第一个余数是 68，第二个是 20，然后 68 又出现了，因此两步之后，出现了重复。其他的例子中，在同一个余数重复出现之前，除法过程可能需要进行很多步。但总会存在一个重复出现的循环，因此小数部分会有重复的数字段。这样可以推得有理数正是那些小数部分有重复数字段的实数。

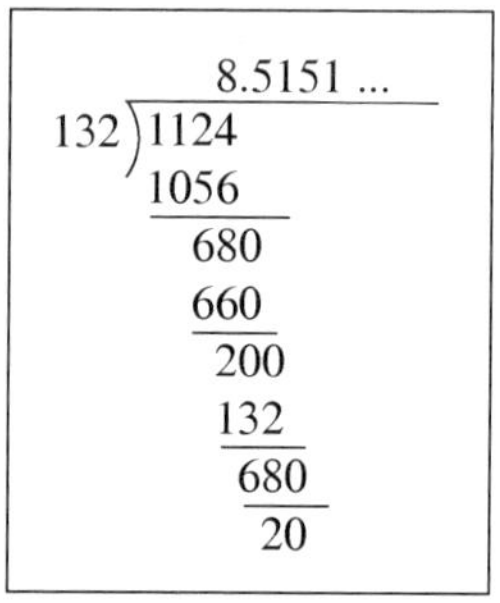

```
          8.5151 ...
132 ) 1124
      1056
        680
        660
         200
         132
          680
           20
```

图　4-47

一些无理数的小数部分完全是不可预测的。例如π。$\pi=3.141\,592\,653\,589\,793\,2\cdots$的展开没有模式。在展开中出现的数完全是随机的。最后一点，从展开中截断得到的数，如 3.14、3.141 59、3.141 592 653 等都是有理数（因为 $3.14=\frac{3141}{1000}$、$3.141\,59=\frac{314\,159}{100\,000}$、$3.141\,592\,653=\frac{3\,141\,592\,653}{1\,000\,000\,000}$等）。这说明，事实上可以用有理数以任意想要的精度估计任何实数。

讨论 4.3　比较结构及其模型的稳定性　考虑用来研究建筑结构的模型，如布鲁内莱斯基为佛罗伦萨大教堂穹顶制作的模型。假设制作模型所用的材料与设计结构相同，这样二者之间唯一的区别在于尺寸。关键的问题是：模型稳定就能确保结构本身稳定吗？让我们考虑简单一点的问题。假设设计结构包含一个由两根平行木梁所支撑的石圆柱，木梁的两端则放在一个刚性基座上。圆柱直径为 1 英尺，重量约为 400 磅。支撑圆柱的两根木梁长为$2\frac{1}{2}$英尺，横截面为边长为 1 英寸的正方形，如图 4-48a 所示。我们假设模型的所有尺寸都是该结构的$\frac{1}{12}$，如图 4-48b 所示。因为 1 英尺等于 12 英寸，则 1 立方英尺等于 $12\times12\times12=1728$ 立方英寸。可推出模型中的圆柱直径为 1 英寸，重量约为 $\frac{400}{1728}\approx0.23$ 磅。模型的每根木梁长为 $2\frac{1}{2}$ 英寸，横截面为边长为 $\frac{1}{12}$ 英寸的正方形。这样的模型很容易用牙签和 25 分的硬币制作。20 个 25 分硬币叠在一起的重量比 0.25 磅稍多一点，很容易用两根牙签支撑起来。不过你很有可能认为，不可能用上述的方法使两根 $2\frac{1}{2}$ 英寸长、1 英寸宽、1 英寸高的普通木梁承受 400 磅的重量。

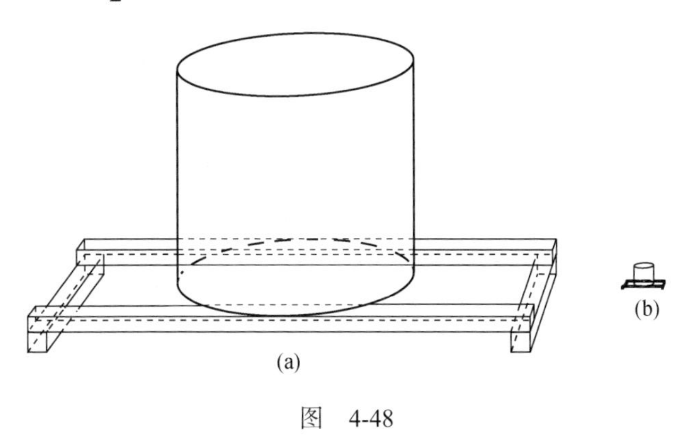

图　4-48

问题 40　用 25 分硬币和牙签制作上述模型。设计并测试一些圆柱结构来验证前面提到的问题。

事实上，模型的结构稳定并不表明它所代表的建筑物稳定。主要的原因是重量与体积成正比，而体积随线性尺寸的立方变化。因此，尺寸上的增加与它对结构所受到的负载的影响不成比例。我们有理由认为，布鲁内莱斯基清楚他的模型不能可靠地预测穹顶的稳定性。不过，历史将这一见解的提出归功于伽利略。他在 1638 年出版的《关于两门新科学的对话》（*Discourses about Two New Sciences*）一书中对其做了描述。

第5章

文艺复兴：建筑与人文精神

14世纪和15世纪期间，5种主要的政治势力控制了意大利半岛：3个重要的城邦，即佛罗伦萨、威尼斯和米兰；以罗马为中心的梵蒂冈州；那不勒斯王国。在战火频仍、联盟与边界时常变动的时期，像锡耶纳、热那亚和比萨这样的小城邦的命运起伏不定。尽管如此，制作业还是在城市和乡镇发展起来，它们的市场逐渐扩大，商业活动日益增多。不久，商人和银行家阶级与权贵共享财富、土地和影响力。随着商业的发展，对法律和契约的需求也随之增长。商人需要知道如何读、写和计算。银行家需要提供簿记方法、扩大灵活的信贷以及评估抵押品。律师需要进行合作及贸易协定谈判。商业实践变得更复杂，日益需要有才干的职员。商业、金融和法律活动的重要性和广度要求教育多关注实践，少注重理论，培养专业的技能和突出的能力。

人文主义研究课程初步提供了这种教育。它包括对古代作品的阅读，对语法、法律、修辞、历史和伦理学的研究。商人和统治阶级不仅希望得到教会教义的忠告，还希望得到罗马的实践知识和希腊的世俗哲学。意大利城邦的公民向古代的智者学习，对面临的挑战做出响应，他们发现了自身的创作能力以及推理、思考、行动、想象和建造的能力。这一认识就是文艺复兴（“文艺复兴”在法语中意为“重生”）的黎明：一个在文学、绘画、雕塑和建筑上取得辉煌成就的时代。两幅著名的绘画作品捕捉了这一新纪元的推动力量。

作为那个时代的肖像和壁画画家、大艺术家之一，拉斐尔（1483—1520）创作了湿壁画《雅典学派》（*School of Athens*），它描绘了既富古典主义又具文艺复兴特征的伟人们在同一场景内交谈的情景。在彩图19中，我们可以看到长着雪白胡须的柏拉图在中心拱门下和亚里士多德交谈。理念论者柏拉图在左边，手指天空。他是按照达·芬奇的样子绘制的。达·芬奇是位多才多艺的天才，创作了《蒙娜丽莎》和《最后的晚餐》，用他的绘画艺术给出了对自然的分析以及他自己所设计的机器的运行方式。理性的亚里士多德在柏拉图的右边，手掌朝向地面。在他们的下方，半躺在台阶上的是第欧根尼，他是希腊哲学家，将极端贫困视为美德。前景处靠在大型白色大理石桌上的是希腊哲学家赫拉克利特，他是按照年轻、专注的米开朗基罗的样子来绘制的。米开朗基罗因其雕塑作品《大卫》《摩西》和《哀悼基督》，以及在梵蒂冈西斯廷教堂的天花板上创作的湿壁画和由他施工的辉煌建筑，成为文艺复兴时期最多才多艺的大艺术家。在米开朗基罗的左边，我们看到毕达哥拉斯正在阅读一本大书。在右下角，一个几何学家（很可能是欧几里得，也可能是阿基米德）被绘成伟大的文艺复兴时期的建筑师多纳托·布拉曼特（1444—1514）的样子，他正弯腰演示几何作图。他旁边背过身站着的是托勒密，他手里拿着一个地球仪。拉斐尔还把头戴黑帽的自己放在这一群人里。他们所处的建筑物——那时刚开始在罗马建造的新圣彼得巴西利卡——最有可能是布拉曼特所设计的。因为天主教教会的所属机构举行过基督教信仰和希腊哲学之间的智力辩论，所以这里是思想家们会面的恰当场所。

米开朗基罗的湿壁画《创造亚当》，如图 5-1 所示，呈现了正被注入神圣火花的人类，是对高贵人性的诗意表达。拉斐尔和米开朗基罗的绘画都是新时代的象征，证明了文艺复兴时期对知识的好奇心和深刻的思想在视觉意象中找到了最灿烂的表现形式。

图 5-1　米开朗基罗的《创造亚当》，西斯廷教堂的一幅场景，1508~1512，梵蒂冈

13 世纪和 14 世纪，伟大的古典思想家的作品一度促进了中世纪哲学家和神学家的学术活动。接下来的两个世纪，古典艺术家和建筑人员的作品激发了文艺复兴时期大师的艺术创作灵感。中世纪学者的成就只被知识界和象牙塔（大学）所理解，但文

艺复兴时期艺术家的辉煌则在公共领域迸发开来。意大利城邦，尤其是佛罗伦萨的富有者和权贵，提供佣金和资源。他们慷慨地支持艺术和建筑，想为自己的地位赋予合法性并表明自己具备古典主义知识。

5.1 人和比例

虽然文艺复兴建筑设计合理的正面、有列柱的门廊和凉廊、带拱廊的矩形庭院和封闭的穹顶起源于古希腊和古罗马，但它们反映了新时代的活动。人们通常认为佛罗伦萨的孤儿院是第一座文艺复兴建筑。它原本是为弃婴及孤儿建造的收容所，现在成为一座博物馆。它正面带列柱的凉廊由布鲁内莱斯基在1419~1424年设计和建造，其细部如图5-2所示。科林斯柱式证明该结构设计源自古典主义，它们上方的圆形浮雕暗示了它的功能。那时，布鲁内莱斯基全心投入圣母百花大教堂穹顶的建造中，没有完成这座收容所的建造。它后来由其他建筑师接手，他们遵循了布鲁内莱斯基所建立的风格基调。在建筑物内部，带拱廊的庭院也严格遵循正面的风格。这类带拱廊的庭院，有时有两层或三层拱廊，成为文艺复兴建筑的标志。图5-3展现了后期罗马式的一个庭院代表。

图5-2 布鲁内莱斯基设计的收容所的正面细部，1419~1424，佛罗伦萨。Giacamo Augusto 摄

图 5-3　梵蒂冈大臣官邸庭院，1489~1513，罗马。建筑师未知，可能是弗朗西斯科·迪乔治，但错误地归到布拉曼特名下。Emmanuel Brunner 摄

罗马建筑师马克库斯·维特鲁威·波利奥的权威著作《建筑十书》是联系文艺复兴建筑与希腊和罗马建筑根源的重要纽带。这本书写于公元前 1 世纪，是现存的一本重要的古代建筑作品。它的内容涵盖基础建筑设计（“持续地正确使用圆规和直尺做出底层平面图”）、施工方法（例如讨论罗马混凝土的性质）以及城市规划。《建筑十书》是文艺复兴时期一些建筑大师的重要指南。当他们在宗教建筑与公共建筑的设计及其各构件之间的关系上需要建议时，就向维特鲁威求助。维特鲁威有一本书探讨了人体比例。图 5-4 中达·芬奇用一幅素描说明了一个核心观点，即身体魁梧的男人伸开手脚形成两个最基本也是最完美的几何形状：圆和正方形。对文艺复兴时期的建筑师而言，这幅简单的图画揭示了人类的形体以及建筑之间的一种深刻且基本的联系。

莱昂·巴蒂斯塔·阿尔伯蒂（1404—1472）是一名建筑师、哲学家、数学家、音乐家、骑手和严谨的运动员。他不仅是一个想象力丰富、积极进取的建筑师，还凭借对建筑的哲学思考成为那个时代重要的建筑理论家。阿尔伯蒂将建筑学不仅仅视为研究建筑实践的学科。由于它塑造了物理环境，也成为用来塑造社会的基本框架。阿尔伯蒂进入梵蒂冈权力圈，成为文艺复兴时期最有影响力的思想家。

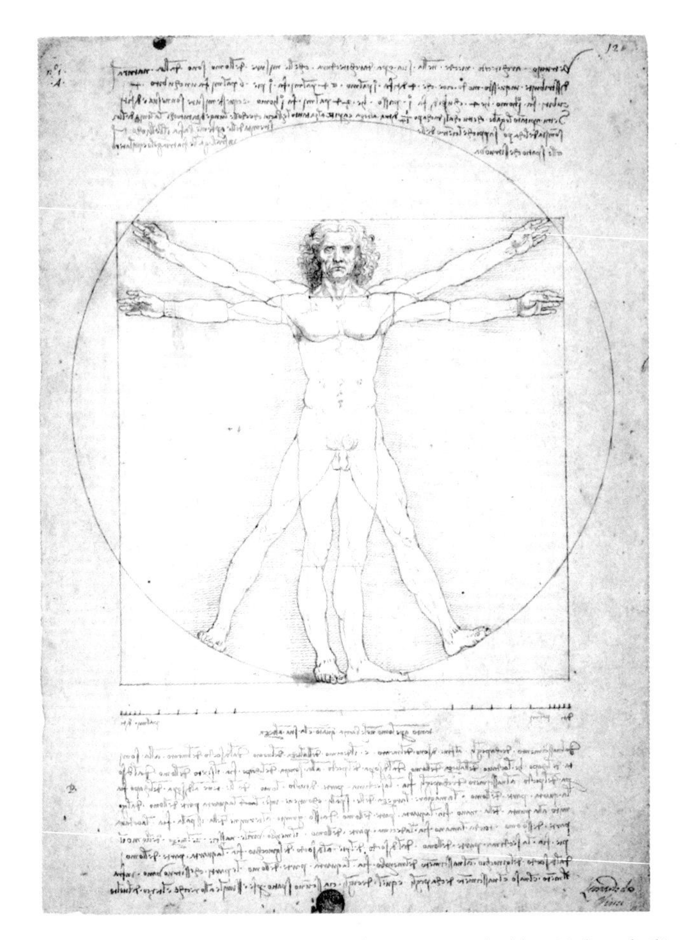

图 5-4　达·芬奇的《维特鲁威人》，1492。用钢笔、墨水、水彩和金属尖笔在纸上绘制

阿尔伯蒂接受委托，为佛罗伦萨的中世纪教堂建造一个新立面。新圣母玛利亚教堂（见图 5-5）建于 1279~1320 年，具有哥特式传统风格（是意大利仅有的几座哥特式教堂中的一个）。新立面需要将 6 个现存的哥特式墓和旧教堂的两个哥特式侧门包含在内。阿尔伯蒂的设计忠实于维特鲁威的精神，主要使用了圆和正方形。立面上部的突出特征是包括窗子在内的 4 个圆。立面底部则是由两个相同的正方形构成的矩形（在图中以黑色显示）。同样尺寸的正方形（也用黑色显示）还围出了立面上部中心部分的框架，并且整个立面能放入一个大小是矩形两倍的正方形内（用白色显示）。新圣母玛利亚教堂的新立面在 1456~1470 年建造。受该设计的启发，许多文艺复兴时期的建筑师的建筑都是在阿尔伯蒂作品主题的基础上变化的。

图 5-5　阿尔伯蒂设计的新圣母玛利亚教堂的立面，1456~1470，佛罗伦萨。Jebulon 摄

5.2　阿尔伯蒂、音乐及建筑

受维特鲁威的启发，阿尔伯蒂思考了建筑物的理论和实践问题，并将其观点集中到一部建筑学著作中。最初的手稿完成于 1452 年，而阿尔伯蒂余生一直在进行这项工作。他的《论建筑艺术》（*De Re Aedificatoria* 或 *On the Art of Building*）一书直到他去世后才出版。在该书最有影响力的部分，阿尔伯蒂整理并正式确定了古典建筑的主要特点，创建了比例理论用来指导建筑物及其构件的设计。阿尔伯蒂提倡这样的观点，即一座建筑应该是一个和谐的整体，它的每个部件，不管是内部还是外部的，都需要综合设计。为了达到这一目标，建筑师应受符合高度美学的比例系统的指导。它不可能是建筑师自身选择的系统，而是植根于更高秩序中，即宇宙内部的和谐秩序中。

阿尔伯蒂吸收了毕达哥拉斯学派的观点，即数字可以解释宇宙中一切，而两个和谐乐音与简单的数字比率之间的关系是这一观点的重要表达。显然阿尔伯蒂认为建筑中的比例应该遵循同样简单的数字比率。参照毕达哥拉斯学派，他告诉我们“那些与以某种方式‘愉悦’我们的耳朵的声音相一致的数字，也恰好同样‘愉悦’我们的眼睛和头脑”。阿尔伯蒂继续写道：“因此，为了获取关于和谐关系的一切准则，我们应从极其熟悉这类数字的音乐家以及能完美展现自然的特殊事物的身上获得借鉴。”这一观点成为文艺复兴时期比例概念的基础。文艺复兴时期的建筑师确信和音是确定宇宙和谐的听觉体现，含有对建筑的约束力。建筑师在设计中表达这一观念时，并非简单地将音乐比率转移到建筑中，而是运用了自然所遵循且由音乐所揭示的普遍法则。

因为音乐曾被认为是一种属于数学的科学，所以它有着非常特殊的吸引力。从古典时代延续下来的一种传统认为算术（研究数字）、几何学（研究空间关系）、天文学（研究天体运动）和音乐（研究耳朵觉察到的声音）形成了 4 种重要的人文科学。与这些崇高的知识追求不同，绘画、雕塑和建筑被认为是一些手艺，地位要低得多。给建筑提供数学基础会把它从一种手工艺术提升为一门知识学科。

让我们看看分析乐音时出现的数字关系。当物体振动时，它会使周围的空气分子开始运动。周围的空气产生疏密变化，形成疏密相间的纵波，产生了声波。当这样的声波序列进入我们的耳朵时，我们就听到了声音。假设有一根弦（可看成是弦乐器的弦）受到拉伸且两端固定。图 5-6 展现了这根弦，它的端点为 A 和 B，P 为弦的中点。该弦有弹性，通过拉 P 点，能使其偏离原始位置 APB。当松开这根弦时，它会以行波的形式来回振动。我们称上述过程为拨弦。振动的弦所产生的声音为一个音。每秒波来回运动（可以考虑点 P 进行上下运动又回到其原始位置的一个循环）的次数是该音的频率 f。频率由弦的长度、制作材料的密度和弦受到的拉力决定。我们可以听出音的频率和音高。音高的范围从很高（想象一下小提琴的高音）到很低（想象一下低音提琴）。频率决定音高：频率高，音高就高；频率低，音高就低。如果弦被拨得厉害，音量会增大，但频率和音高仍不变。

毕达哥拉斯学派发现了弦长与其产生的音频之间的有趣联系。图 5-7 考虑了两根材料相同并且受到同样拉力的弦。其长度分别为 L_1 和 L_2，拨动时它们所产生的音的频率分别为 f_1 和 f_2。毕达哥拉斯学派发现，如果弦长 L_1 和 L_2 的比值分别为 2∶1、3∶1、3∶2 和 4∶3，则它们所产生的音的频率 f_1 和 f_2 的比值正好相反，为 1∶2、1∶3、2∶3 和 3∶4。即弦越长，音高越低；弦越短，音高越高。这种关系可用数字精确表示：如果 L_1 和 L_2 的比为 r，则 f_1 和 f_2 的比为 $\frac{1}{r}$。对于频率比为 1∶2、1∶3、2∶3 和 3∶4

的 4 种情况，两个音一起听很悦耳。它们是和音。事实证明，和音是特例，而非法则。

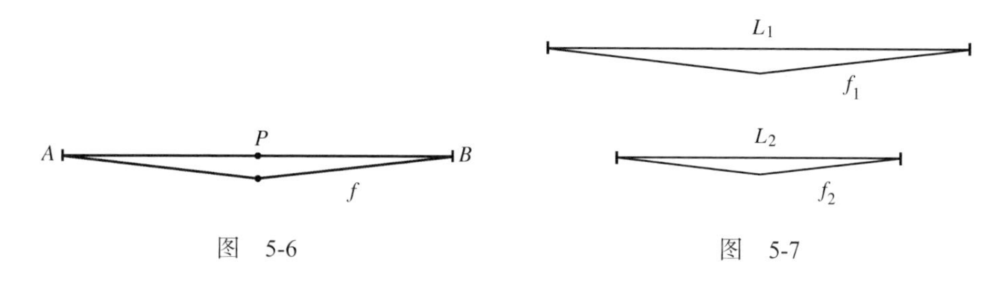

图　5-6　　　　图　5-7

除了长为 L 的弦，再考虑长为 $\frac{1}{2}L$ 、$\frac{1}{3}L$ 、$\frac{1}{4}L$ 、$\frac{1}{5}L$ 等的弦。所有的弦材质相同，受到同样的拉力。图 5-8 绘出了它们。如果 f 是长为 L 的弦产生的音频，则根据长度和频率的相反关系，其他各弦所产生的音频分别为 $2f$、$3f$、$4f$ 和 $5f$ 等。这些音的音高都比频率为 f 的音高，但都是它的和音。既然我们知道了这些，就能对前面的讨论进行提炼。

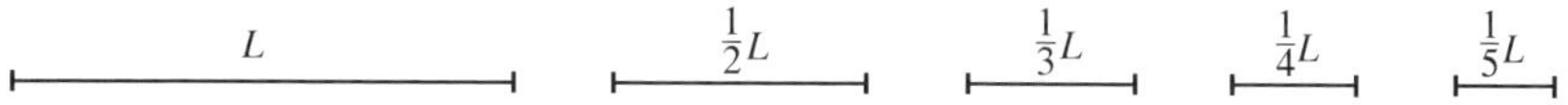

图　5-8

当拨弦时，会产生混合音。频率最低的音，比如 f，起主要作用。它的频率或音高是基本频率或基本音高，我们称其为一次谐波。但还产生了其他频率的音。它们是 2 次、3 次、4 次和 5 次谐波等。发出的声音是所有谐波的混合，我们称这一混合为该声音的音色。用几何学表示，这意味着当松开图 5-6 中的弦后，它的形状随时间以一种非常复杂的方式变化。该弦的形状是它的所有单次谐波波形的合成。图 5-9 展示了前 6 次谐波的波形。对这 6 种频率，我们认为每一种的弦都从图中黑线描述的位置平稳、连续地向浅灰色描绘的位置移动，接着回来，又上去……（振动的弦发出的声音是谐波的混合，这一事实告诉我们图 5-9 中展示的单一频率音实际上不可能由振动的弦发出。只有电子乐器能发出单一频率或音高的音。知道这些后，可以用振荡器产生图 5-9 中的波形。而弦的几何图形是这种波形的混合，它发出的声音是其中一些单一谐波音的合成。）

在接下来的讨论中，我们总是认为振动的弦发出的音的频率或音高是基本频率或基本音高。同样，提到的所有弦材质都相同，且都受到同样的拉力。

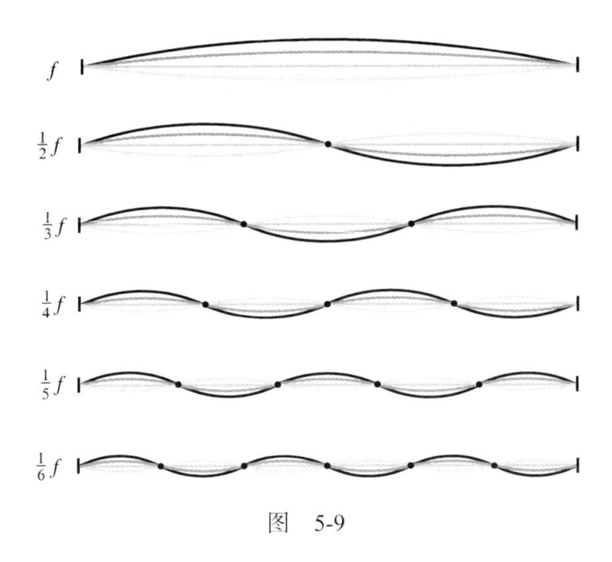

图 5-9

图 5-10a 展现了一根长为 L 的弦。我们称它发出的音为基准音，f 为其频率。图 5-10b、图 5-10c 和图 5-10d 考虑长为 $\frac{3}{4}L$ 、$\frac{2}{3}L$ 和 $\frac{1}{2}L$ 的弦。它们分别发出频率为 $\frac{4}{3}f$ 、$\frac{3}{2}f$ 和 $2f$ 的音。（第 3 个音是基准音的 2 次谐波。）若我们指定基准音的音高为 1，则其他 3 种音的音高分别为 $\frac{4}{3}$ 、$\frac{3}{2}$ 和 2。毕达哥拉斯学派知道这些音中每一个都与基准音是和音。图 5-11 中的矩形代表 4 种音调，音调递增。

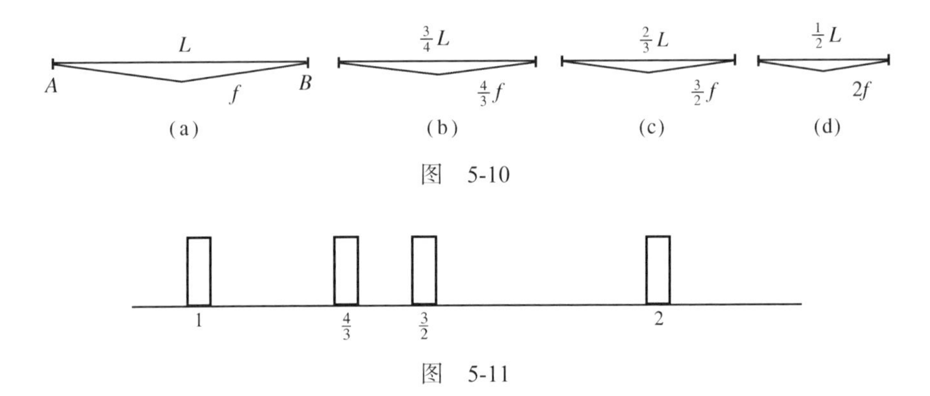

图 5-10

图 5-11

让我们继续增加音。转到图 5-10c 中长为 $\frac{2}{3}L$ 的弦。图 5-12 继续图 5-10 中的策略。它绘出了长为 $\frac{2}{3}\left(\frac{2}{3}L\right)=\frac{4}{9}L$ 、$2\left(\frac{4}{9}L\right)=\frac{8}{9}L$ 和 $\frac{2}{3}\left(\frac{8}{9}L\right)=\frac{16}{27}L$ 的弦。假设基准音的音高

为 1，则这 3 根弦发出音的音高分别为 $\frac{9}{4}$、$\frac{9}{8}$ 和 $\frac{27}{16}$。在图 5-13 中，新加入了两个音。正如图 5-10 中的情况，图 5-12b 和图 5-12c 中的弦音都是图 5-12a 中的弦音的和音。但图 5-13 中，并不是所有的音都两两是和音。有的两个音一起听并不悦耳。从一定程度上说，这是偏好的问题，但通常只有当两个音的频率具有简单的数字比例关系时，这两个音一起听才悦耳。音高为 $\frac{9}{8}$ 的音是音高为 $\frac{27}{16}$ 的音的和音，因为 $\frac{9}{8}$ 是 $\frac{27}{16}$ 的 $\frac{9}{8}\times\frac{16}{27}=\frac{2}{3}$。但音高为 $\frac{27}{16}$ 的音不是基准音的和音，因为 $\frac{16}{27}$（1 除以 $\frac{27}{16}$）是一个比较复杂的比率。

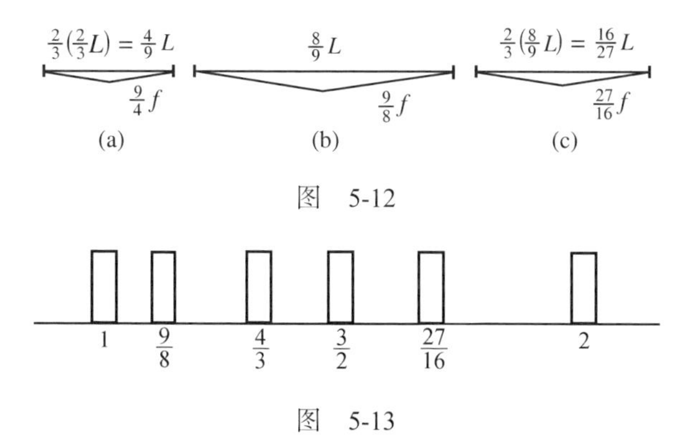

图　5-12

图　5-13

通过在两个连续谐波之间填写音符，我们就创造了音阶。如果你看过电影《音乐之声》（*The Sound of Music*）中的音乐课，并将我们的基准音调为音符 *do*（通过使弦受到正确的拉力），你就能拨弦弹奏，或者按钢琴琴键演奏图 5-13 中的音符（从左到右）

do　*re*　(*mi*)　*fa*　*so*　*la*　(*ti*)　*do*

音符 *mi* 和 *ti* 没在我们的音阶中，但可以继续采用以上所描述的过程来产生。加上 *mi* 和 *ti*，从 *do* 到 *do* 共有 8 个音符，这就是我们所说的 8 度音阶。

不管你是演奏、唱歌，还是二者都不做，事实上，毕达哥拉斯学派的这一方法给出了比率 1∶2、2∶3、3∶4、8∶9 和 16∶27。这些比率构成了阿尔伯蒂的建筑比例理论的基础。他从 2∶3 得到 4∶6、8∶12、16∶24 和 32∶48。从 3∶4，他得到 6∶8、12∶16、18∶24 和 24∶32。从 8∶9，他得到 16∶18 和 32∶36。从 16∶27，他得到 32∶54。将这些数连接起来，他得到序列

1, 2, 3, 4, 6, 8, 9, 12, 16, 18, 24, 27, 32, 36, 48, 54

当文艺复兴时期的建筑师在建筑物空间布局中使用这列数字时，他们清楚自己正在把宇宙的和谐秩序同样地赋予了他们的设计。

安德里亚·帕拉迪奥（1508—1580）是文艺复兴后期的建筑大师，他使用维特鲁威的基本几何形状和阿尔伯蒂从毕达哥拉斯学派的音乐比率中所收集的数字，为他的建筑物设计注入了平衡、比例和秩序。

5.3 帕拉迪奥圆厅别墅和教堂

雕塑家和石匠大师安德里亚·帕拉迪奥受雇于当时属于威尼斯共和国的城市维琴察的一位伯爵。这位伯爵也是一名杰出的学者和业余建筑师。帕拉迪奥参与了为伯爵建造别墅的工作，成为他的智囊团中的一员。在当时，帕拉迪奥被伯爵视为良师，开始展现出他作为建筑师的才能。他在参观罗马时研究了古代和文艺复兴时期的建筑，从中获得知识，他的设计很快走向成熟。帕拉迪奥提炼并再次阐明了文艺复兴建筑的实践，创建了彼此和谐、具有整体性的结构及其构件。

帕拉迪奥收到的第一个公共委托任务旨在使维琴察内的中世纪市场和市政厅面貌一新。他围绕旧结构建造了一个精美的能起到支撑作用的外部框架。如图 5-14 所示，他的设计中主要的元素是重复出现的隔间，每个隔间包含一个由一对小型柱子支撑的中央拱券以及每边一个的圆形开口。隔间由较大型的爱奥尼式壁柱分隔。角落处的隔间没有圆形开口，看起来更坚固，给它的外表增加了力量。19 世纪，该结构被盖上新屋顶。

图 5-15 中的基耶里凯蒂宫是他后期收到的委托任务，立面包括 3 部分，即一个突出的中央部分和它旁边两个对称的部分。底层为多立克式柱廊，上层为平行的爱奥尼式柱子所支撑的柱廊。上层中间部分的外墙向外突出一些，这就增加了宫殿主厅的尺寸，为旁边的两个凉廊（由柱子围出的开放空间）营造出空间。帕拉迪奥的设计规定宫殿底层房间的尺寸为 12×18、18×18 和 18×30，长和宽的单位为旧威尼斯尺，一旧威尼斯尺比如今的英尺要短一点），中央门廊的房间及门廊后面的大厅尺寸为 16×54。注意，只有数字 30 不在阿尔伯蒂从毕达哥拉斯学派的音乐比率中所吸收的数字序列中。

图 5-14　帕拉迪奥为维琴察巴西利卡（中世纪的市场和市政厅）修建的外部框架，1549。GvF 摄

图 5-15　维琴察的基耶里凯蒂宫，1550~1552。Ivon Bishop 摄

16世纪中期，威尼斯共和国启动一项经济改革计划，以扭转它所面临的经济下滑的局面。这项计划的一个内容是呼吁有才干又有钱的行政人员在威尼斯乡村建立并管理农业庄园。接受这一挑战的贵族需要一种新型结构，它要兼具功能性与优雅感，既要气派，又不能太昂贵，它还要能同时容纳他们的家人、农夫、农具及家畜。帕拉迪奥建造的别墅就满足了这一需要。现在它们还剩下 19 座。帕拉迪奥会先建造两座或三座设计风格相似的别墅，然后转向完全不同的风格。所有的这些别墅都是古典风格，布局平衡，外形雅致。

埃莫别墅展示了帕拉迪奥的建筑经常表达的分层的概念。中间部分是建筑的主要部分，占据了主要空间。图 5-16 说明人们的注意力被通道及台阶、门廊的柱子和三角形山花所吸引。图 5-17 和图 5-18 证实别墅的中间部分比朴素的侧厅高，也更优美，它按比例关系与侧厅联系在一起。埃莫别墅是阿尔伯蒂关于建筑比例应遵循音乐比率法则的一个例证。参见图 5-19，即帕拉迪奥所绘制的平面图，注意带拱廊的侧厅房间的长度序列为 12、24、48，宽度为 20（均以威尼斯尺为单位）。再注意中间部分房间的尺寸（还是以威尼斯尺为单位）为 16×16、16×27、27×27 和 12×16。所有的这些数字都出现在阿尔伯蒂从毕达哥拉斯学派音乐比率中得出的数列中。帕拉迪奥所绘的建筑平面图和立面图所用的尺寸是理想尺寸，与完成后的建筑不同。这种不同可以由下列事实来解释，即帕拉迪奥需要根据在施工现场遇到的特殊情况做出调整。不过调查表明，埃莫别墅的各种尺寸与帕拉迪奥所绘制的平面图规定的尺寸非常接近。例如，中间部分的大房间的尺寸与平面图中的只差几英寸。

图 5-16 威尼斯北部的埃莫别墅的中间部分，1555~1565。Marcok 摄

图 5-17　帕拉迪奥绘制的埃莫别墅的立面图，选自帕拉迪奥的《建筑四书》。普林斯顿大学图书馆，马昆德艺术考古藏书室

图 5-18　埃莫别墅的中间部分和侧厅。Hans A. Rosbach 摄

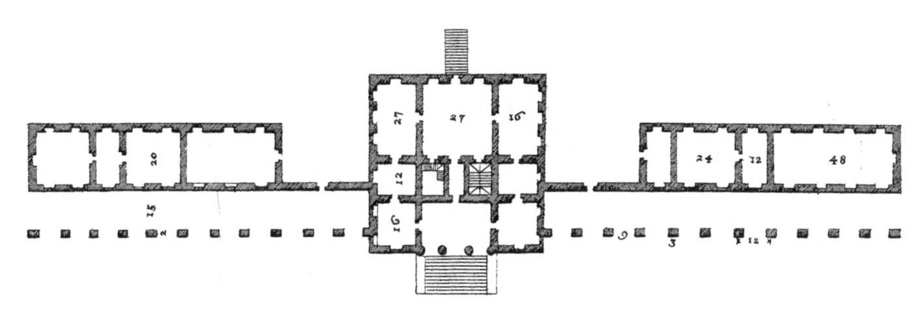

图 5-19　帕拉迪奥对埃莫别墅的规划，选自帕拉迪奥的《建筑四书》。普林斯顿大学图书馆，马昆德艺术考古藏书室

圆厅别墅是帕拉迪奥设计的最著名的别墅。它就在维琴察市郊的一座小山的山顶上。它不是一座农庄，而是为退休的教会显贵建造的住宅。它的核心是一个位于中心的两层圆柱形空间，由穹顶所覆盖。用意思为“圆”的意大利单词将这一别墅命名为 La Rotonda。图 5-20 展示了两个门廊及其爱奥尼式柱，它们分布在该建筑的全部 4 个侧面。这是一种简洁有力的布局，受到罗马万神殿的启发。几个世纪以来，该布局被效仿过许多次。帕拉迪奥向维特鲁威的正方形和圆寻求其比例方案。在帕拉迪奥设计

的平面图（见图 5-21）的中心是圆形大厅的圆，其直径为 30 威尼斯尺。内圆和主结构外部的正方形分别用黑色和灰色着重表示。角落处的 4 个矩形房间也用黑色着重表示。它们的尺寸，在平面图中记为 15×26，也是根据几何学确定的。图 5-22 展示了一个边长为 30、高为 h 的等边三角形。根据勾股定理，$h^2=30^2-15^2=(2\times 15)^2-15^2=3\times 15^2$。因此 $h=15\sqrt{3}\approx 26$，可知所设计的这 4 个角落房间与图中构造的矩形一致。

图 5-20 维琴察郊外的圆厅别墅，1556~1567，Hans A. Rosbach 摄

文艺复兴时期的建筑师认为，每类建筑，不管是私人建筑、公共建筑、宫殿还是教堂，自身都有着内在的逻辑和节奏，存在一种递增的价值秩序。教堂在价值金字塔的顶部。教堂的规划和建设是建筑师最荣耀的任务。他们的设计必须在概念和每个细节的表达上都是永真性的象征。帕拉迪奥谈到他在设计教堂时“以某种方式和比例，使得各个部分合在一起能向观众传达和谐之感”，他指的是普遍成立的比例所提供的精确的空间关系。帕拉迪奥受命在威尼斯建造两座教堂：圣乔治·马焦雷教堂和威尼斯救主堂。每座教堂的设计特点是具有巴西利卡中殿，十字交叉处上方有一个穹顶，中殿侧面的两个圆形隔间形成短小的耳堂。在威尼斯救主堂中，十字交叉处和两个隔间在祭坛前面形成一个像剧场一样的圆形空间。两座教堂都矗立在运河河畔，非常显眼。这意味着它们的立面设计不仅要与外部还要与内部角色相对应。一方面，它要代表在公共广场的教堂；另一方面，它还要与教堂内部高大的中殿和较低矮的侧翼相协调。对此，帕拉迪奥的做法是再次从万神殿寻找灵感，包括外部（图 2-42）和内部

（彩图 5）元素。两座教堂的立面极其相似。图 5-23 展示了威尼斯救主堂的立面。两座尖塔耸立在威尼斯救主堂穹顶的两侧，两座教堂的施工在帕拉迪奥的监督下启动，圣乔治·马焦雷教堂始于 1565 年，威尼斯救主堂始于 1576 年。二者都在帕拉迪奥去世后很长时间才完工。

帕拉迪奥于 1570 年在威尼斯出版了他的著作《建筑四书》。该书讨论了古代建筑传统，采用了阿尔伯蒂和与帕拉迪奥同时代人的观点，不过它的重点是介绍和解释他自己的设计。图 5-17、图 5-19 和图 5-21 展示了取自《建筑四书》的木版画。这部影响深远的著作还着手确立建筑柱式（见讨论 5.1），并涉及设计和工程以及城市规划方面的内容。它是为执业建筑师撰写的书，强调实践技术。因此《建筑四书》告诉我们"建筑与所有其他艺术一样是对自然的模仿"，这里的"自然"既指结构合理性，又指设计实用性。

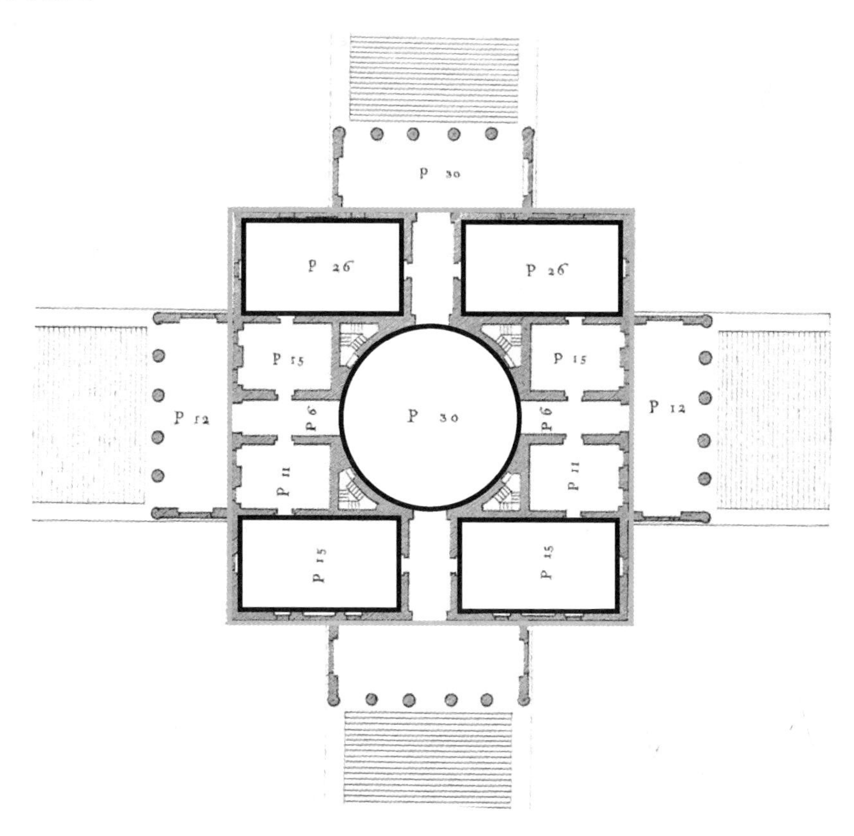

图 5-21　圆厅别墅的平面图，选自帕拉迪奥的《建筑四书》。普林斯顿大学图书馆，马昆德艺术考古藏书室

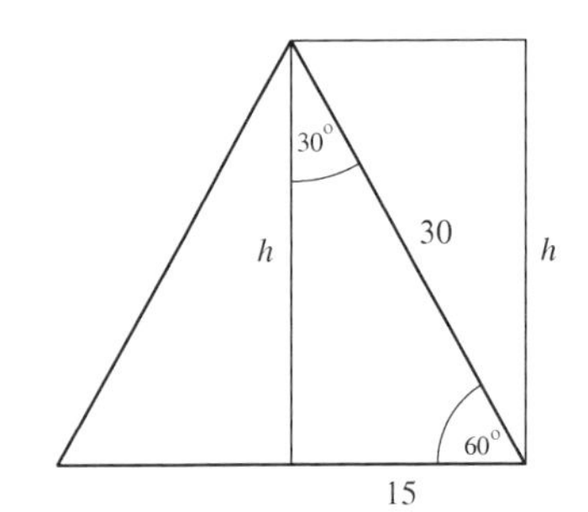

图 5-22　角落房间的平面图

图 5-23　威尼斯救主堂，1576~1592。Han A. Rosbach 摄

无论是帕拉迪奥的专著，还是他巧妙构思与施工的建筑物，都对西方建筑的发展产生了巨大的影响。世界各地的许多住宅、公共建筑及教堂都以对称圆柱立面的新古典主义元素为主，它们的设计都可以追溯到帕拉迪奥的作品。

5.4　达·芬奇和布拉曼特：以圆形设计为主的教堂

达·芬奇是一名绘画大师、军事工程师、机械装置发明家以及自然活动敏锐的观察家和记录员。他的笔记本里充满了关于机械装置、湍急的水流、地质层、飞翔的鸟、运动的马以及人体解剖学（通过对尸体的详细解剖得出）研究的精美插图，这说明他理解这些复杂结构和有机体的活动机理。笔记本中还有设计巧妙的升降机和起重机的素描，这使人们一般误认为达·芬奇是这些装置的发明人，而实际上它们是由布鲁内莱斯基发明的，用于帮助他建造圣母百花大教堂的穹顶。15 世纪 80 年代至 90 年代期间，达·芬奇作为常驻专家，为米兰大公服务。他为大公所做的工作包括设计在盛大的宫廷庆典上用的服装和舞台机械、研究大型骑马雕塑并为其制订用青铜进行浇铸的详细计划。（实际上这座雕塑从未进行制作。由于法国的攻击日益迫近，大公转而将数十吨青铜用来铸造大炮。）在米兰期间，达·芬奇还找时间绘制了著名的《最后的晚餐》，并将其天赋和才能明显地延伸到数学和建筑领域。

达·芬奇在建筑方面的兴趣受到大公邀请到米兰的两位知名人士的激发，其中一位是弗郎西斯科·迪乔治（1439—1502），他是一位来自锡耶纳的画家、雕塑家、建筑师及工程师。人们认为他为梵蒂冈大臣官邸（见图 5-3）的建造做出了贡献。另外一位是建筑师多纳托·布拉曼特，他受命为米兰的一座教堂完成扩建工作，并重新建造另一座教堂。这 3 个人相识了，并交流分享他们在建筑设计方面的观点。3 人都被请教过当时仍在建造中的伟大哥特式教堂——米兰大教堂——十字交叉处上方拱顶的问题。（见 3.5 节。）达·芬奇对拱顶的设计类似于图 5-24 所呈现的样子，让人们觉得他清楚侧推力且知道它们需要如何被向下引导。达·芬奇的设计没有被接受，他朋友的也没有被接受。

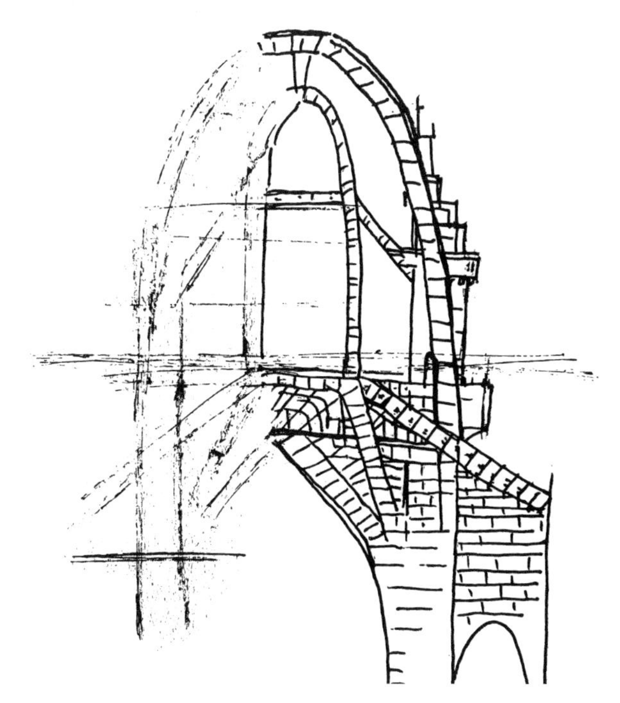

图 5-24　达·芬奇对米兰大教堂拱顶的设计类似于此图所呈现的样子

和他们的前辈阿尔伯蒂一样，达·芬奇、迪乔治和布拉曼特认为教堂的理想设计并非是传统的矩形巴西利卡式，而应该是圆形的。在这种形式中，主要的结构部件从中心向外辐射。他们认为圆作为完美的象征是对完美几何学的表达。

迪乔治为设计这类教堂画出了各种模板。图 5-25 分析了他的构图。先从一个正方形入手，用3根竖线和3根横线将其细分为16个相等的正方形。图5-25a展示了正方形及其内部经细分所确定的圆。角落处的4个正方形确定了沿原来正方形对角线方向的两个相交的矩形。迪乔治给这两个对角矩形的顶端加上半圆。这两个加了半圆的矩形在图5-25b中用灰线表示。接着迪乔治画出了水平和竖直矩形，并给每个矩形加上了两个半圆（这些半圆落在原来正方形的外面），这样就形成了图5-25b中的中心十字形状（同样用灰线表示）。加上十字所确定的内圆就完成了迪乔治的模板。这两个圆就位于教堂拱顶的鼓座处。加上最里面的正方形，还可以确定4个支撑墩柱的位置，以及它们的宽度。正如在哥特式建筑中一样，几何学又一次充当了解决重要结构问题的指南。

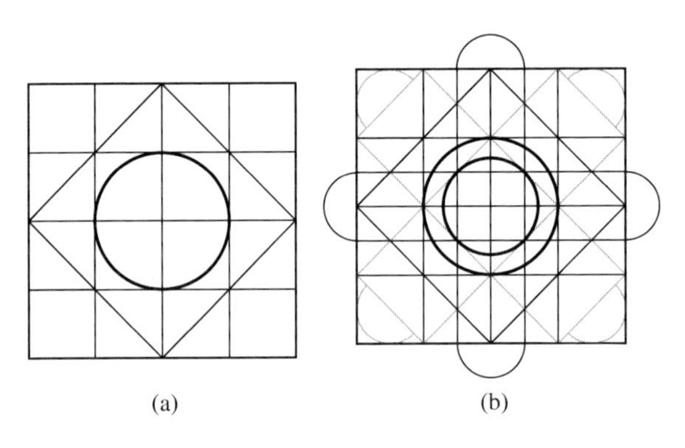

图5-25 迪乔治设计的圆形教堂的模板，1489~1492

僧侣及数学家卢卡·帕乔利（1445—1517）受大公的邀请开始在米兰宫廷任教，这让达·芬奇有机会加深自己对数学的理解。帕乔利出版了《概要》（*Summa*）一书，该书是对当时所能获得的数学知识的全面总结。这部作品的内容几乎都在欧几里得和斐波那契的作品里出现过（见4.2节），但它的传播更为广泛。在帕乔利的指导下，达·芬奇通读了欧几里得《几何原本》的13卷全书，在他的两个笔记本中充斥着对其内容的评论。帕乔利那时正在写作一本书，在该书中他提出了神圣比例（见2.2节）及其与人体的关系。他追随阿尔伯蒂，坚持认为建筑师在设计神圣建筑时，需要使用人体所展示的比例。这本书后来以《论神圣比例》（*Divina Proportione*）为题出版，书中还讨论了正多边形和5个柏拉图立体（见讨论4.1）。书中包含60多幅插图，据说其作者为达·芬奇（见问题14），它们被认为是达·芬奇生前“唯一”得到出版的素描。

达·芬奇还从事数学研究。他在《维特鲁威人》（见图5-4）中捕捉到了圆和正方形，它们构成了他的圆形教堂的设计基础，并成为他的数学研究对象。他的笔记本中有许多由相交的圆和正方形组成的图例，其中有各种形式的新月状、玫瑰花状及植物图案，可能是想表明自然现象千变万化的形式和节奏。他的一个研究例子如下所示。

达·芬奇考虑一个半径为 r 的圆，将 4 个半径为 $\frac{1}{2}r$ 的圆放在它的里面，然后考虑这些圆所确定的叶形图案。图 5-26 展示了两种形式。注意图 5-26a 和图 5-26b 中的叶子的总面积相同。达·芬奇按以下的思路计算这一面积。令 G 和 W 分别为图 5-27a 中灰色花朵及白色区域的面积。注意到有

$$\frac{1}{2}G+\frac{1}{4}W=\pi\left(\frac{1}{2}r\right)^2$$

可知 $G+G+W$ 等于半径为 $\frac{1}{2}r$ 的 4 个圆的面积。考虑图 5-27b，令 D 为深灰色区域的面积。观察一下这个图，可知 $G+W+D$ 等于半径为 r 的圆的面积。结合这一知识，达·芬奇得到

$$G+G+W=4\left(\pi\left(\frac{1}{2}r\right)^2\right)=\pi r^2=G+W+D$$

可得 $G=D$。现在取灰色花朵的半个花瓣，共有 8 个，将它们如图 5-28a 那样移动。浅灰和深灰色区域的总面积为 $G+D=2G$。根据图 5-28b 和勾股定理，达·芬奇得到

$$2G=G+D=\pi r^2-s^2=\pi r^2-2r^2=(\pi-2)r^2$$

这就是图 5-26a 和图 5-26b 中叶形图案的面积。

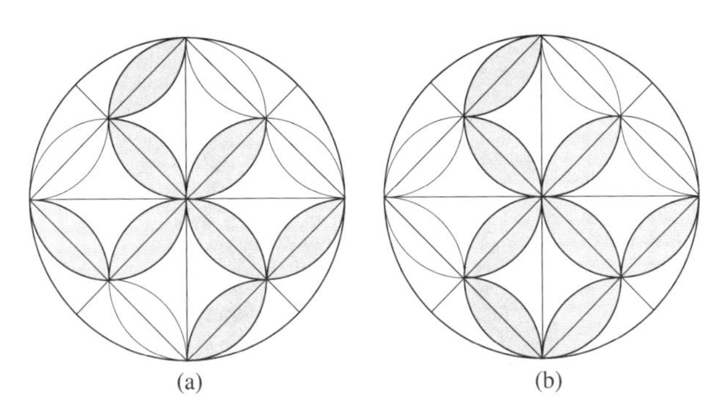

图 5-26　达·芬奇的变化图案。《大西洋古抄本》，米兰安波罗修图书馆，改编自第 455 张

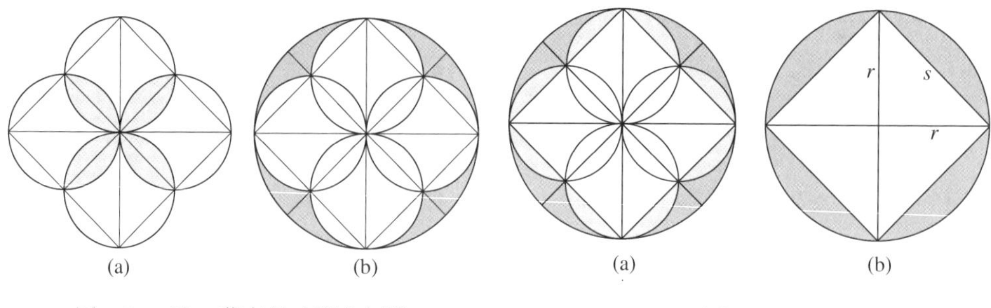

图 5-27 达·芬奇的叶形几何学

图 5-28

米兰大公圈内的杰出人才很快散去了。迪乔治回到了锡耶纳，在那里他为锡耶纳大教堂的高祭坛创作了两座华美的青铜天使像。随后，1499 年法国的入侵结束了大公的统治，将布拉曼特、达·芬奇和帕乔利驱逐出该城。达·芬奇和帕乔利先是逃到威尼斯，接着到达佛罗伦萨。而我们的叙述将跟着布拉曼特来到罗马。他曾一度接受西班牙的伊莎贝拉皇后和费迪南德国王的委托，在据称是圣彼得殉教的地方建造一座纪念碑。布拉曼特的成果是坦比哀多。图 5-29 告诉我们坦比哀多是一座小型的圆形纪念碑，被多立克式柱子所构成的圆形柱廊围绕（直径仅为 25 英尺），上面被穹顶所覆盖。引人注目的是它对古典形式的优雅简洁的阐释。不同的雕刻元素所构成的光和影增加了建筑深度，其对空间和物质的动态强调是布拉曼特设计的典范。我们将在第 6 章看到坦比哀多对建筑发展的影响是多么深远。

图 5-29 布拉曼特设计的坦比哀多，杨逸晨摄

到 15 世纪中期，圣彼得大教堂（见图 3-12）已矗立了一千多年，情况看起来很差。阿尔伯蒂那时是教皇的建筑师，他报告说教堂的一面墙有坍塌的危险。这次评估使人们制订计划，对旧教堂进行大规模修复并扩建。不久，现存的后殿被一座经过扩建的拱形后殿和高坛所代替。不幸的是——这在圣彼得大教堂的历史上一次次上演——当教皇去世后，这项建设工作也停滞了。又过了半个世纪，圣彼得大教堂的主要工作才得以恢复。16 世纪早期，教皇尤里乌斯二世掌管了罗马的宗教和民政事务，这座城市逐渐成为意大利半岛和欧洲的艺术中心。教皇的注意力很快转移到圣彼得大教堂。人们本来以为老教堂的核心部分会完整地保留下来，因为这里是圣彼得坟墓所处的圣地，是基督教创立的神圣遗址。所以当尤里乌斯二世决定用一座全新的教堂代替旧圣彼得大教堂时，人们大吃一惊。这一决定受到激烈的批评，但教皇固执己见，他认为应该有一座新的圣彼得大教堂来与古罗马最伟大的作品相抗衡并超越它。教皇一度被布拉曼特的作品打动，因而让他主管圣彼得大教堂项目。

布拉曼特构思出一个将十字象征和中心几何学相结合的结构。他的设计将希腊十字互相垂直的 4 个等臂与正方形和圆结合起来。4 个后殿从中心向外辐射，它们对称地伸出，象征着地球的 4 个角。大穹顶与万神庙穹顶的风格类似，耸立在十字交叉处上空。布拉曼特设计的圣彼得大教堂平面图如图 5-30 中黑色部分所示。而灰线所示的部分是图 5-24b 中迪乔治的模板。二者间的密切联系说明布拉曼特的设计建立在迪乔治的模板基础之上。

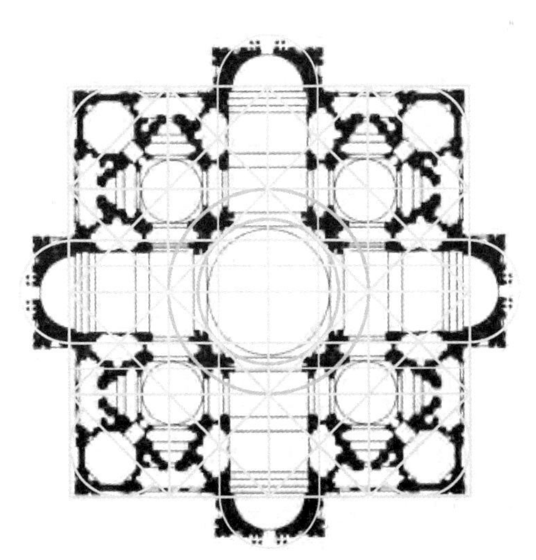

图 5-30　布拉曼特的罗马圣彼得大教堂平面图，1505（内含迪乔治的模板）

布拉曼特很快就意识到他为新圣彼得大教堂设计的主墩柱不够结实，无法支撑他想要建造的大型穹顶。图 5-31 中修改的设计用白线描绘，展示了布拉曼特的 3 根粗壮得多的墩柱（横截面内的圆代表螺旋形楼梯）和保持原来尺寸的第 4 根墩柱的轮廓。它还用白色框出了图 5-30 内布拉曼特原始设计中的一些构件及具有宏伟理念的大型半圆。最后，它用白虚线描绘了旧圣彼得大教堂以及 15 世纪的后殿和高坛轮廓。

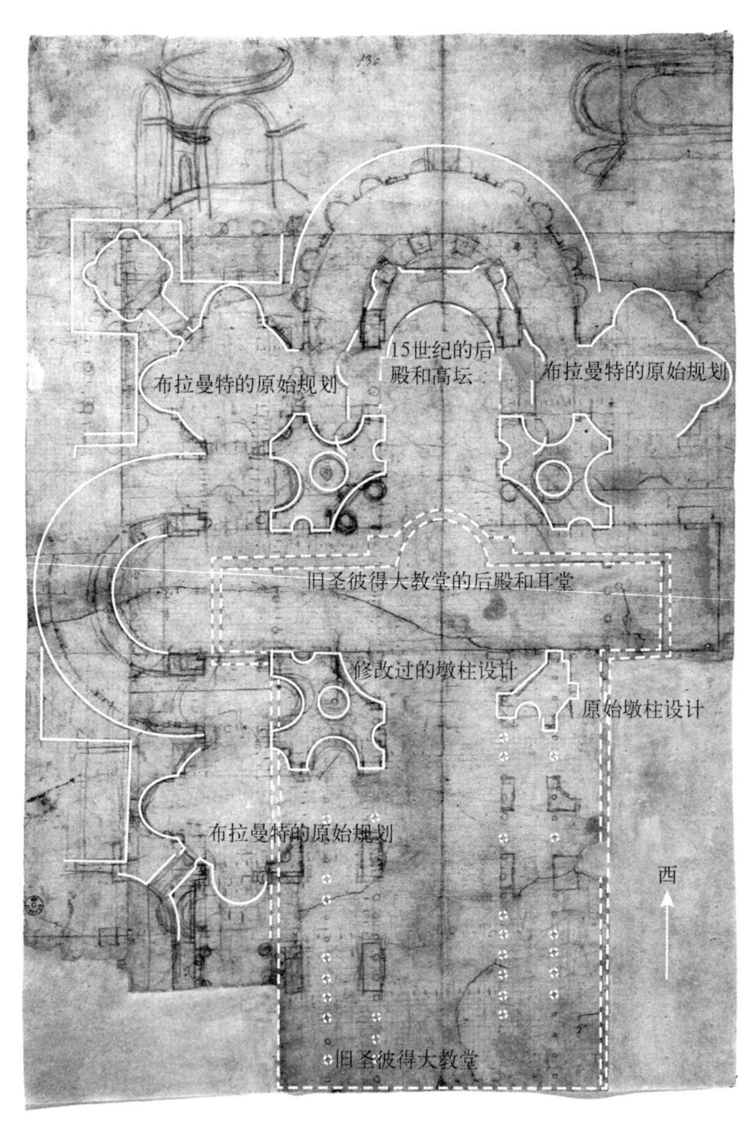

图 5-31 布拉曼特修改过的平面图，约 1505 年

该教堂于 1506 年开始施工。圣彼得的坟墓是神圣的，而教会活动也要继续进行，因此，布拉曼特用保护结构遮盖了坟墓上方的主祭坛。但对旧墓壁画及马赛克的破坏不可避免，因此布拉曼特逐渐被人们称为 Il ruinante（意大利语，意为“破坏者”）。新圣彼得大教堂进展迅速。仅仅几年之后，布拉曼特就竖起了 4 根巨型主墩柱并将其用高耸的带镶板的拱券连接起来。这是新教堂的中央核心部分。大型穹顶的稳定将依靠这一核心及其周围拱形结构所提供的支撑。后续每个建筑师的工作都必须与布拉曼特设计的中心结构保持一致并从这里开始进行。与哥特式教堂中殿的施工不同，新圣彼得大教堂的建造不能一次完成一个隔间。

具有这一规模和复杂度的项目需要我们如今称为建筑公司的组织机构来实施。圣彼得大教堂的组织机构为圣彼得大教堂工坊，由直接向教皇汇报的红衣主教负责监督。建筑大师负责项目执行并管理石匠、工匠、技术人员和体力劳动者。工坊协助施工持续可靠地进行，并对此进行记录。

5.5　米开朗基罗的圣彼得大教堂

1514 年布拉曼特去世后，拉斐尔成为新的建筑大师。有可能正是布拉曼特构想的新圣彼得大教堂被拉斐尔选为他的《雅典学派》中伟大人物聚会的场所，见彩图 19。在《艺苑名人传》（*Lives of the Artists*）中，16 世纪的画家、建筑家、历史学家和传记作家乔尔乔·瓦萨里（1511—1574）断言，布拉曼特实际上设计了拉斐尔的湿壁画中的建筑场景。拉斐尔对圣彼得大教堂项目几乎毫无影响。大教堂的工作因西班牙哈布斯堡王朝（忙于和法国进行权力斗争，争夺对意大利城邦的控制）的军队对罗马的毁灭性占领以及大型建筑花销所造成的持续财政困难而陷入停滞。对比艺术家在 16 世纪 30 年代对施工现场的素描与布拉曼特已完成的建筑，我们发现工程只取得极小的进展。拉斐尔确实影响了建筑的设计工作。在对该建筑的素描中，他给出了底层平面图、立面图和截面图。直到后来这才成为建筑界的标准做法。

安东尼奥·桑加洛（1484—1546）于 1534 年接管了建筑大师一职。他更多地以专业技术而非创造能力著称。在桑加洛的领导下，重要的施工得以恢复。桑加洛意识到，即使由布拉曼特设计的更粗壮的主墩柱也还是太不结实，他用墙堵住墩柱凹进去的部分，对它们进行加固。通过给布拉曼特设计的墩柱及连接拱券加上 4 个帆拱，他完成了中心结构，之后圣彼得大教堂的鼓座和穹顶将从这里竖起。桑加洛还建造了东部和南部的二层墩柱及把它们与中心结构相连的筒拱顶。他将南部后殿的半圆形墙——这种墙称为半圆室（hemicycle，在希腊语中，hemi 意为“半”，cycle 意为“圆”）——砌到一楼楼顶。桑加洛对圣彼得大教堂的构想甚至比布拉曼特设计的更恢宏精美。在布拉曼特的设计（图 5-31）之外，还添加了新的半圆形区域。桑加洛为这些新空间修建的墙壁逐渐侵占了梵蒂冈的其他建筑。到 1546 年桑加洛去世之时，该结构预期达到的规模和复杂度以及实际花费已完全失去了控制。

教皇要求并不怎么情愿的米开朗基罗来接管教堂的施工。米开朗基罗不能拒绝教皇的要求，但坚持要求全权负责该项目。这位新的建筑大师给新圣彼得大教堂的设计及施工带来了理性。他加固并打穿了布拉曼特设计中的墙壁结构，将其内部简化为空旷、连续的空间。通过去除桑加洛设计的外墙，他使光线直接射进内部的各个部分。他减小了教堂的尺寸，并且节省了大量的金钱和施工时间。米开朗基罗用了几项巧妙的措施，就替换了图 5-30 中布拉曼特的复杂布局，在桑加洛的宏伟构想中占据了主导地位。米开朗基罗的十字和正方形设计富有凝聚力，合乎理性。它能够实现，也应该进行建造。

图 5-32 展示了米开朗基罗的设计。阴影、交叉平行线和 3 个半圆室的轮廓线被加在平面图上，用不同的线来区分施工的建筑师。用浅灰色的交叉平行线画出的区域标出了布拉曼特用来连接他的主墩柱的带镶板的拱券。西侧的后殿和高坛也被绘出轮廓并用浅灰色交叉平行线填充。它们都是 15 世纪兴建并由布拉曼特完成的。浅灰色平行线部分标出了桑加洛在穹顶四周添加的拱顶及帆拱。平面图左边和右边的两条弧是指桑加洛开始兴建，后来又被米开朗基罗移除的外墙。深灰色交叉平行线和轮廓线标出了米开朗基罗的工作。他完成了南侧的半圆室，将北侧的半圆室建到二层高并增加了拱顶。教堂上方鼓座的施工及穹顶的设计也是米开朗基罗的工作。（除了最东部，穹顶及现存的拱顶都是由米开朗基罗的助手吉阿科莫·德拉·波尔塔（1533—1602）在 16 世纪 80 年代和 90 年代施工完成的。为了与米开朗基罗设计的南部的半圆室一致，他还重建了西部后殿的半圆室。）

2.5 节的最后一段指出罗马人用混凝土建造了许多大型结构。混凝土墙一般用砖贴面以便加固并保护外表面。中世纪建筑则用石块（砖是便宜的替代品），而不是像罗马人那样使用混凝土。布拉曼特在圣彼得大教堂设计（图 5-30）中的墙壁结构有许多凹进去和不规则的地方，这显然表明他已重新发现了罗马人使用混凝土的建造方法。混凝土的强度以及很容易塑造成型的优点更利于这些复杂的墙壁结构的建造工作。图 5-33 描绘了米开朗基罗设计的南部后殿正面。不只这个正面是弯曲的（遵循弧形的半圆室曲线），它的壁柱、窗户和装饰元素也都位于不同的平面上，以不同的角度突出。对米开朗基罗而言，如果没有混凝土—砖结构所带来的灵活性和可塑性（更不用说经济性），不可能获得这样丰富的几何图形。

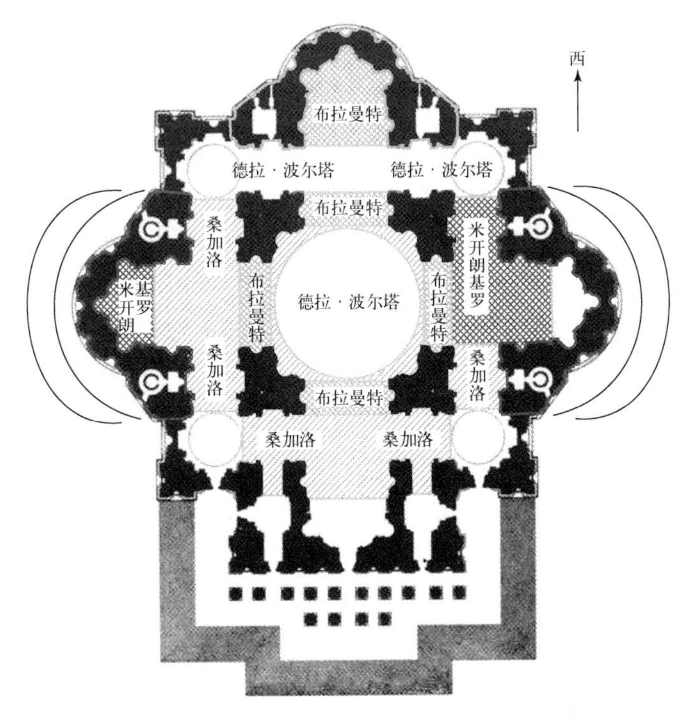

图 5-32　米开朗基罗为罗马圣彼得大教堂所做的平面图，约始于 1546 年（添加了阴影和交叉平行线）

从最开始，新圣彼得大教堂的最大特点就是大型穹顶及其支撑鼓座，它们也是施工中最具挑战性的部分。米开朗基罗的理念深受布鲁内莱斯基圣母百花大教堂穹顶的影响，它是唯一能在规模上与之抗衡的原型。米开朗基罗借鉴了它的基础结构部分：开有大窗的鼓座、双层壳构架、拱肋以及顶部加盖采光亭。不过新圣彼得大教堂的穹顶及其鼓座的设计细节需要变化，要根据结构整体来进行定义。图 5-34 是米开朗基罗（或在他的监督下其助手）进行的研究。注意鼓座外面的双柱是如何与图 5-33 中正面的成对大型壁柱平行的。米开朗基罗认为，立面突出的垂直设计通过鼓座的双柱，沿着穹顶外部弯曲的拱肋向上延伸，直到采光亭为止。采光亭是整体建筑的焦点。米开朗基罗在圣彼得大教堂的设计中，将圣母百花大教堂穹顶鼓座和拱肋的 8 重对称加倍到 16 重，进一步突出了垂直设计。穹顶的鼓座于 1557 年开始修建，图 5-35 展示了它在 1562 年的施工情况。图中能看到用来保持圆柱形的绳子。1564 年，鼓座即将完成之际，米开朗基罗去世，圣彼得大教堂的工作再度中断。

图 5-33 米开朗基罗对圣彼得大教堂南部半圆室外墙的设计，上面带有教皇的批准印章，由 Vincenzo Luchino 雕版印刷，1564。选自 Henry A. Millon 和 Craig Hugh Smyth 的“米开朗基罗与圣彼得大教堂 I：原先建筑在南半圆室阁楼的规划笔记”，《伯林顿杂志》，卷 111，797 期（1769 年 8 月）

图 5-34 米开朗基罗设计的圣彼得大教堂鼓座和穹顶的截面图和立面图，法国里尔美术馆。绘于约 1546~1557 年

图 5-35　Giovanni Antonio Dosio，约 1562 年建设中的米开朗基罗的鼓座。（这里能看到由布拉曼特建造的、用来保护祭坛的结构就在拱顶下面。）选自 Charles B. McClendon 的“罗马圣彼得大教堂的建筑历史”，*Perspecta*，卷 25，1989

建筑师和雕塑家吉阿科莫·德拉·波尔塔在 1573 年接管项目后，工程又继续进行。波尔塔参与了罗马许多重要建筑的工作，成为罗马 16 世纪后半叶的主建筑师。波尔塔重建了圣彼得大教堂的西侧后殿，并在西侧建了拱顶（见图 5-32）。西斯科特五世成为教皇后，该项工程进入高速发展的时期。作为教皇中最伟大的建设者，他批准了波尔塔的穹顶设计并推动它的建造。波尔塔保留了米开朗基罗设计的基础，但抬高了穹顶的纵侧面，增加了的穹顶高度，使该穹顶更加明显地凌驾于教堂的主结构之上。比较图 5-34 和图 5-36 可知，波尔塔主要通过拉长鼓座并在上面加盖阁楼来获得更大的高度，而穹顶本身的高度则只增加一点。内壳内部的纵向截面图是由两条圆弧所确定的尖拱。因为两个圆的圆心（图 5-36 中的点 P 和 Q）离得很近，所以这个截面接近一个半圆。实际上，穹顶内部高度和穹顶在起拱线处直径的比值约为 0.58。与横截面为半圆的穹顶高度和底面直径的比值 0.5 相比，它超出的并不明显（参见问题 9）。穹顶外壳的外截面图也是一个尖拱，它比内壳要略微陡一些。

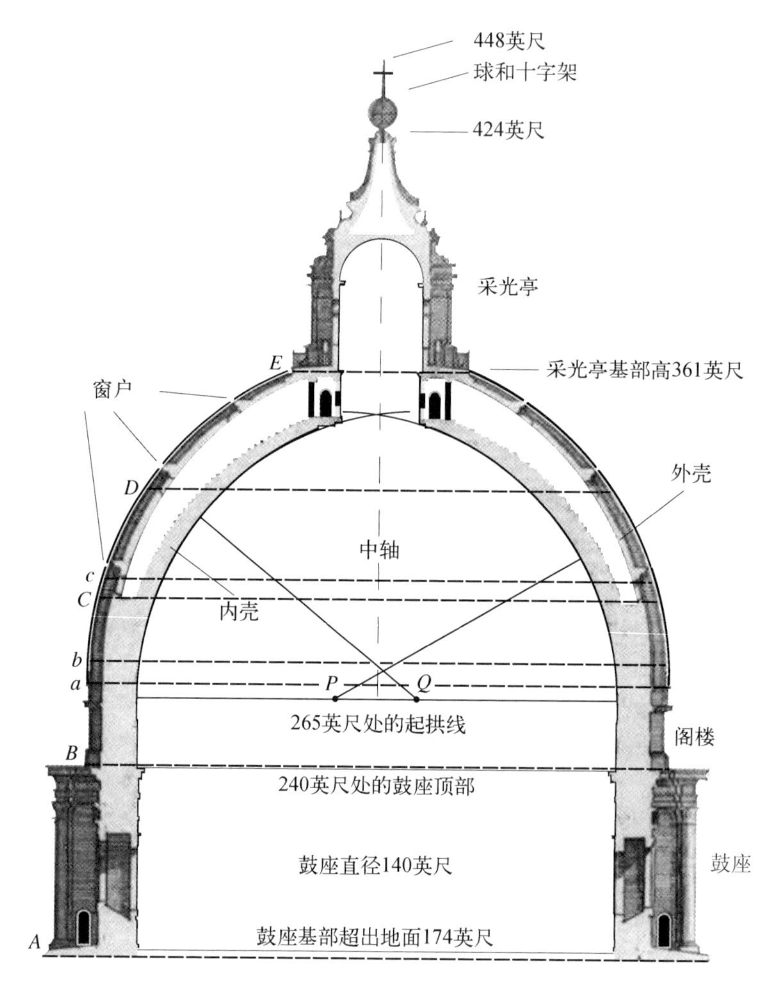

图 5-36　波尔塔的圣彼得大教堂穹顶的剖面图，以 Hieronymus Frezza 出版的木雕为基础，1696

教皇任命建筑师兼工程师多梅尼科 · 丰塔纳（1543—1607）协助波尔塔。穹顶的施工始于 1588 年。在一段时间内，施工现场有 600~800 人保证工程不间断地进行。阁楼延续了鼓座的圆柱形状。16 条大型砌筑拱肋从阁楼的顶部向上延伸，它们之间距离相等，并都向内弯曲。随着高度的增加，拱肋越来越细，而朝着穹顶垂直轴方向的横向厚度则越来越大，从基部的约 6 英尺增加到顶部的约 16 英尺。图 5-37 展示了穹顶形状的变化情况。穹顶的内外壳用砖、石灰块和灰泥建造，它们都在支撑拱肋之间的 16 块曲面内，其高度同步增加。它们的水平截面并不是正十六边形（像布鲁内莱斯基的穹顶的八边形横截面图所展示的那样），而是被建成圆形，与鼓座和阁楼的横截面一样。内壳约为 6.5 英尺厚，外壳约为 3 英尺厚。3 个铁环被砌进并围绕穹顶一周，其中两个比阁楼稍高，另一个稍高于两个壳的分离点。这些铁链的横截面约为 2.5 英寸 × 1.5 英寸，用来限制巨大的向外的侧推力。在图 5-36 中，铁链用虚线表示，记为 a、b 和 c。（图中的其他铁链是很久之后又增加的。）

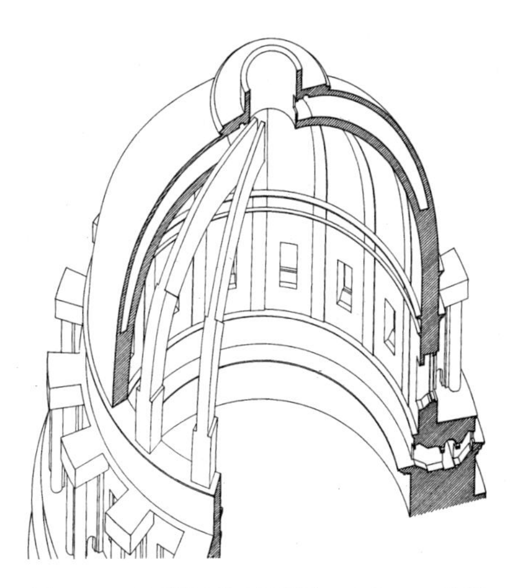

图 5-37　穹顶结构示意图，F. Nespoli 绘

令人难以置信的是，这个穹顶不到两年就建成了。木制拱鹰架由从阁楼上方内侧墙上的支撑点斜向上伸出的梁所承载，支撑着建造中的壳。回忆一下，布鲁内莱斯基在佛罗伦萨竖立穹顶时，没有使用拱鹰架。那为什么不遵循这一先例？因为波尔塔知道他的穹顶会比佛罗伦萨的扁平，而且建造速度将更快。布鲁内莱斯基的穹顶更陡，这意味着它的壳中连续的八边形砖层会得到其底部已完成结构的更多支撑。他的穹顶历经 16 年才完工，这就使其在承受大负载之前，有充足的时间让灰泥黏合砖层。波尔塔决定用拱鹰架结构支撑穹顶不断增高的壳，从而降低以极快速度建设扁平穹顶的风险。

采光亭花了两年多建成。1593 年年底，球和十字架被放到了最顶端。图 5-38 是一幅蚀刻版画，它展示了波尔塔的穹顶和采光亭雄踞在米开朗基罗设计的南侧半圆室的上方。穹顶东边的建筑群包括旧圣彼得大教堂的遗迹。在圣彼得广场的中央可以看到一座古埃及的方尖碑。距离穹顶完工仅仅几年前，人们付出了巨大的努力才将这座方尖碑移到了广场的中心位置。这座方尖碑的故事会在讨论 5.2 中讲述。

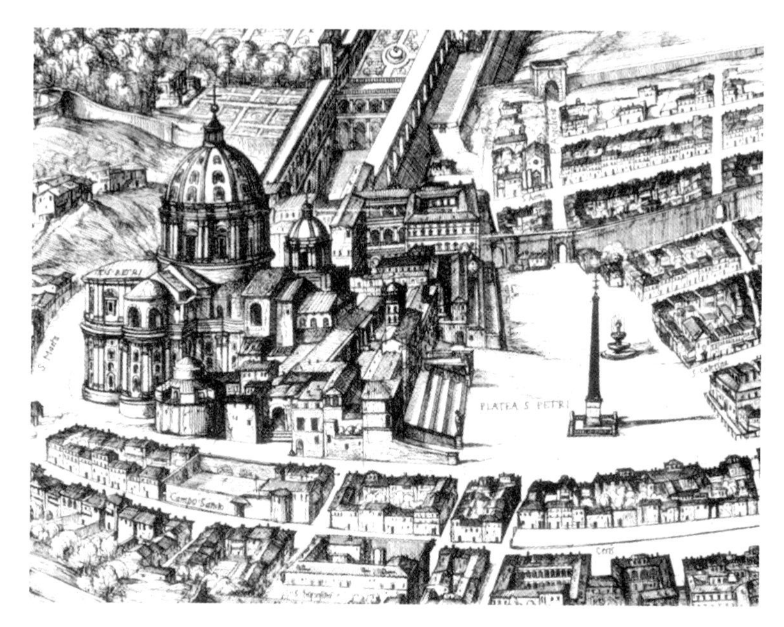

图 5-38　从南面看圣彼得大教堂。《罗马印象》细部，蚀刻版画，由 Antonio Tempesta 出版，1593

圣彼得大教堂在接下来的 20 年后竣工，它应该是圆形的还是巴西利卡式的问题终于得到了解决。教皇最终批准了有一个狭长中殿和宽敞入口的巴西利卡设计，而不是布拉曼特和米开朗基罗所构想的圆形设计。中殿应包含一个带镶板的筒拱顶，其形式与穹顶的支撑拱券相同。它应被分成 3 个隔间，由拱券和墩柱支撑，每边都向侧廊敞开。东边的老结构被推翻，1612 年，新建筑大师卡罗・马德诺（1556—1629）完成了中殿和入口区及其正面的建造。

图 5-39 中，维维亚诺・科达齐的绘画记录了圣彼得大教堂在完工几年之后的情况。它用奇特的暗色调描绘了穹顶及其鼓座，画中还包含了两座后来饱受争议的钟楼，如今它们已不复存在。从绘画中可以看出，马德诺建造的正面反映了米开朗基罗用南侧半圆室确立的特征（图 5-33）。这些特征包括大型科林斯式壁柱、一系列或宽或窄的隔间、爱奥尼式柱围出的阳台、交替出现的三角形和弧形山花以及对整体布局的垂

直设计。科达齐的绘画还表明，马德诺设计的立面的阁楼几乎完全封闭，只开了很小的矩形窗，这就减弱了构图中的向上流动感。与它相反，米开朗基罗设计的南侧半圆室的阁楼的拱形大开口则增强了这一流动感。圣彼得大教堂的外部表面和穹顶表达了米开朗基罗的构想，而巴西利卡狭长的中殿和宽广的正面则没有。

图 5-39　科达齐，《罗马圣彼得大教堂》约 1630 年。画布油画，普拉多美术馆，马德里

圣彼得大教堂的建造花了 120 年。那个时代最伟大的建筑师贡献出他们的聪明才智，使这座新教堂成为今天辉煌的纪念碑。布拉曼特设计了新教堂的中部核心，米开朗基罗塑造了该结构的主要方面，波尔塔抬高了它的巨大穹顶，马德诺延长了它的中殿并赋以巴西利卡外形。还有济安·洛伦佐·贝尼尼为巴西利卡的内部赋予了巴洛克风格，并建造了环绕圣彼得广场的柱廊。

5.6　贝尼尼的巴洛克巴西利卡

1545 年，罗马天主教会在塔兰托会议上集合，为反击新教改革而着手进行改革，其中一个提案倡议利用艺术和建筑形式促进教会的影响力，将信徒直接与其信仰的宗教的故事和象征联系起来。新出现的巴洛克风格保留了古典和文艺复兴建筑的形式和结构，并用繁复的装饰细节加以点缀。新建筑以湿壁画、粉刷的墙面、雕塑、对灯光和色彩的巧妙运用、不同表面的相互影响为特征，创造了戏剧般宏伟的形式与空间。

和佛罗伦萨成为文艺复兴艺术性的典范相同，罗马成为巴洛克艺术和建筑的中心。17 世纪，马德诺的接替者、布拉曼特和米开朗基罗的继承者贝尼尼（1598—1680）主导了这一新风格的发展。圣彼得大教堂内部的许多特征都来自贝尼尼及其工场的创作。他们不仅对中殿的地板和墩柱进行装饰，如彩图 20 潘尼尼的绘画所示，还添加了祭坛和坟墓四周的雕塑群及十字交叉处和主后殿的装饰元素。为了缩小穹顶下方的巨大空间，贝尼尼设计了一座不朽的华盖，它将建筑和雕塑用镀金的青铜融合在一起。这座象征性的保护顶篷比主祭坛高 90 英尺左右，于 1624—1634 年由许多工匠竖立起来。它的 4 根青铜柱呈波浪状螺旋上升，呈现出崭新、华丽的巴洛克风格。这些青铜是从万神殿中拆除出来的，熔化后被重新铸造。彩图 20 给出了在中殿远端观看华盖的情景。

1656 年，贝尼尼开始从事圣彼得广场的建造工作。这座伟大的新教堂需要有一个雄伟的外部环境。贝尼尼创建了一条柱廊，每 4 根柱子一排，从马德诺设计的立面伸出，扩展成以方尖碑为中心的巨大的椭圆形。图 5-40 中乔万尼 · 皮拉内西的一幅版画展示了它的“双臂”是如何伸出的，象征性地拥抱着信徒。广场可以容纳 250 000 多名群众。有 140 座圣徒的雕像从柱廊顶端俯瞰着广场。皮拉内西在丛书《罗马印象》中的版画作品表现出了极高的精度和娴熟的专业技术。该作品的影响极其深远，促进了人们对这座永恒之城的理解并使其声名远播。

图 5-40 乔万尼 · 皮拉内西，圣彼得大教堂及其广场和柱廊，1775。蚀刻版画，选自丛书《罗马印象》。由 René Seindal 提供

为了构造出柱廊的椭圆形，贝尼尼借助罗马人的方法。图 5-41 中的两个等腰三角形，其顶点为 1、2 和 3，以及 1、3 和 4，正如图 2-38 和 2.6 节所描绘与展示的，它们确定了柱廊的同心椭圆。鉴于柱廊的空隙，这个椭圆的上下两部分只起到次要的作用。图 5-41 展示了两对以点 1 和点 3 为圆心的同心圆弧及从这两点出发的半径是如何确定大多数柱子的位置及其间距的。以点 2 为圆心的圆及其半径决定了离正面最远的两组柱子的位置。

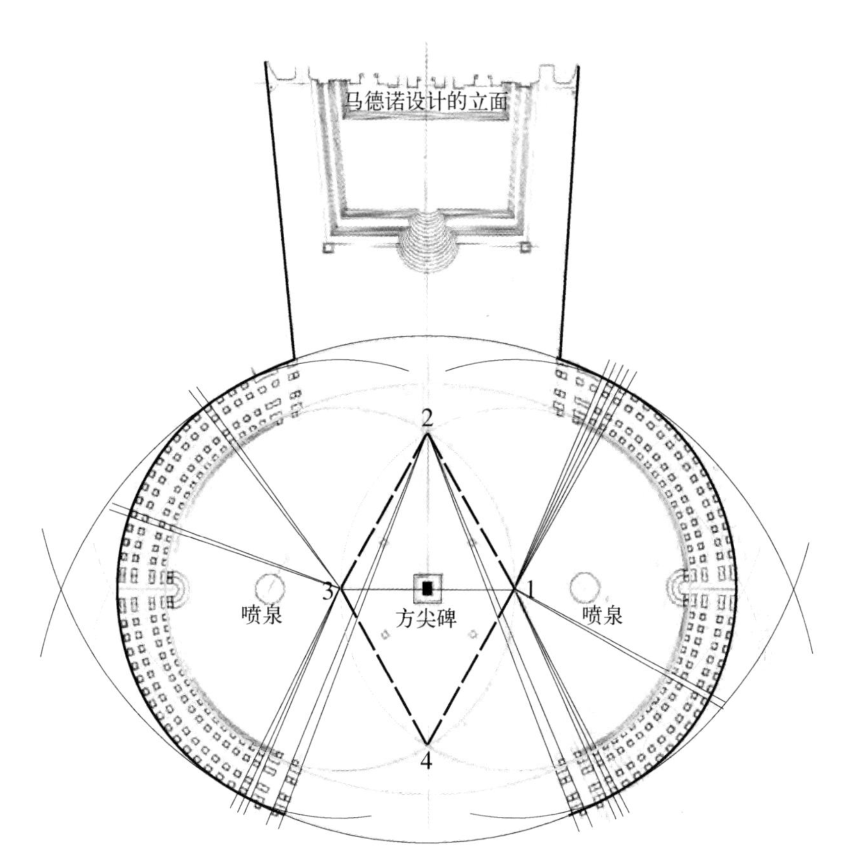

图 5-41　贝尼尼所设计柱廊的椭圆形状

贝尼尼可不会点石成金。为了支撑高耸的钟塔，马德诺所设计的立面的两个最远处的隔间比其他的都宽。当立面在施工过程中产生很大的不平衡沉降后，这一设计就有了问题。立面之下的底层土性质不同且排水很差。马德诺打进地里的桩及它们上面的宽地基不够结实。结果圣彼得大教堂的立面——长 380 英尺、宽 75 英尺、高 160

英尺的建筑——稍微朝南端偏转。在这个过程中，一些墙和拱顶产生了裂缝。当贝尼尼继续对马德诺之前已经开始建造的塔楼施工时，其持续增加的重量使这一问题更加严重。在贝尼尼遭受了大量批评后，塔楼项目被放弃。（图 5-39 展示了这些低矮的塔楼曾一度存在。）

考虑到圣彼得大教堂穹顶的巨大规模和重量（后来的研究得出拱肋和壳的重量约为 4100 万磅，采光亭约为 300 万磅，整个穹顶超过 1 亿磅），存在结构问题也就不足为奇了。这座砌筑建筑的巨大重量所产生的环向应力不能为波尔塔绕在穹顶上的 3 条铁链所限制。从起拱线向上沿内壳的子午线直至采光亭产生了严重的裂缝。它们比布鲁内莱斯基的佛罗伦萨大教堂穹顶的裂缝更严重。18 世纪中期，圣彼得大教堂的穹顶得到全面修复，包括在穹顶的不同高度处再放上 5 根铁链以及对原来的 3 根铁链中的 1 根进行修复。（第 6 章将讲述这一故事。）新增的铁链在图 5-36 中记为 A、B、C、D 和 E，而 c 是经过修复的铁链。铁链 A 和 B 加强了米开朗基罗设计的鼓座所属的双柱外环与位于窗户之间的墩柱内环之间的薄弱连接。这些补救措施使该穹顶更稳固，从此再未发现大的结构问题。图 5-42 展示了圣彼得大教堂穹顶的内部和内壳，图 5-43 展示了如今它的立面和穹顶外部。

图 5-42　如今圣彼得大教堂的穹顶内部，Jay Berdia 摄

图 5-43　圣彼得大教堂的穹顶和立面，Wolfgang Stuck 摄

5.7　布鲁内莱斯基和透视法[①]

让我们回到彩图 19 中拉斐尔的《雅典学派》。它的场景从前方的石地板向上到楼梯，再到建筑物的立面和通往拱门的过道。前景的人物形象画得大一些，而背景中的则小一些。随着这幅画从前到后展开几个不同的平面，拉斐尔创造出了一种纵深感。观众看到这幅画，就好像看到了现场。画家或版画家是如何创作出如此写实的作品的？在彩图 20 中，潘尼尼是怎样在作品的二维平面上表现出圣彼得大教堂中逐渐退后的中殿、侧廊、拱顶和拱券的？简而言之，画家和版画家只是绘出了他们所见到的事物。不过有没有这样的一种方式，能用精确的几何学术语阐述艺术家是如何将其观察到的三维空间转化到画布或纸平面上的？

① 本节和下一节将进行透视法的数学研究。它们属于专业知识，但不影响你对本书中其他内容的阅读和理解，你也可以选择跳过。

人们认为不是别人，正是布鲁内莱斯基给出了这个答案。阿尔伯蒂关于绘画的两本论著进一步发展了布鲁内莱斯基的观点。他的第一部用拉丁语写的理论著作《论绘画》(*De Pictura*)，出版于1435年。一年后，他又出版了《再论绘画》(*Della Pittura*)。它是一部献给布鲁内莱斯基并面向所有艺术爱好者的作品。需要指出的是，透视不仅对画家和版画家很重要，对建筑师也一样。建筑师不仅对建筑物本身感兴趣，而且对从一些重要的观察点所看到的建筑外观感兴趣。从不同的角度观察建筑物时，它会呈现何种外形属于透视法的范畴。

我们之所以能看到物体，是因为在我们的视野范围内，物体表面上每一点的光线都会照射到我们的眼睛上，并经过使我们的眼睛能视物的机制的处理。为了理解透视法，我们重点关注从物体到眼睛的一束光，对它进行抽象研究。在此之前，我们首先需要学习更多平面及空间内抽象线条的知识。我们将用到4.3节和4.4节的内容。

我们考虑一下 xy 坐标系，令 L 为平面内的一条斜线。取 L 上的两个确定的点 $P_1(x_1,y_1)$ 和 $P_2(x_2,y_2)$。回忆一下，L 的两点形式的方程为 $y-y_1=\frac{y_2-y_1}{x_2-x_1}(x-x_1)$。整理该方程，得 $\frac{y-y_1}{y_2-y_1}=\frac{x-x_1}{x_2-x_1}$，令 $\frac{y-y_1}{y_2-y_1}=\frac{x-x_1}{x_2-x_1}=t$，则有 $x-x_1=t(x_2-x_1)$ 和 $y-y_1=t(y_2-y_1)$。因此

$$x=x_1+t(x_2-x_1)\text{ 且 }y=y_1+t(y_2-y_1)$$

这些方程都是 L 以 t 为参数的参数方程。关于 y 的方程中 t 前面的系数 y_2-y_1 与关于 x 的方程中 t 前面的系数 x_2-x_1 的比值为 L 的斜率。由 t 的值及两个方程所确定的一对数 x 和 y 满足 $\frac{y-y_1}{y_2-y_1}=\frac{x-x_1}{x_2-x_1}$。因此 t 所确定的点 $P=(x,y)$ 在 L 上。例如，对 $t=0$，得到点 $P_1(x_1,y_1)$；对 $t=1$，得到点 $P_2(x_2,y_2)$。当 t 沿实数域变化时，对应的点 $P=(x,y)$ 则沿直线 L 变化。上面两个方程的形式告诉我们，选择不同的点 P_1 和 P_2 会产生 L 的不同的两个参数方程。虽然推导只针对斜线，但其实上面的参数方程也适用于垂线。此时，$x_1=x_2$，因此有 $x=x_1$。由于 $y=y_1+t(y_2-y_1)$（且 $y_2\neq y_1$），直线上的所有点 (x,y) 随 t 的变化而变化。

我们来看一个例子。考虑经过点 $P_1=(-2,3)$ 和 $P_2=(4,1)$ 的直线，如图5-44所示。验证 L 的斜截式方程为 $y=-\frac{1}{3}x+\frac{7}{3}$。将 P_1 和 P_2 的坐标代到一般形式的参数方程中，得到 L 的方程 $x=-2+t\big(4-(-2)\big)$ 和 $y=3+t(1-3)$，即

$$x = -2 + 6t \text{ 和 } y = 3 - 2t$$

考虑让参数 t 代表时间。因为 t 所确定的点 $P(x, y)$ 的位置随时间的变化而变化，该点会发生移动。当时间 $t = 0$ 时，点 P 在 $(-2,3)$ 处。随着 t 的增大，x 增大，P 向右移动。当 $t = 1$ 时，点 P 到达 $(-2+6, 3-2) = (4,1)$ 处。当 $t > 1$ 时，t 继续增大，点 P 继续从 $(4,1)$ 向右移动。要使点 P 位于 L 上点 $(-2,3)$ 的左侧，t 的取值范围是什么？如果在确定 t 的两个系数时，点 $P_1 = (-2,3)$ 和 $P_2 = (4,1)$ 的顺序相反，则得到不同的直线 L 的方程，为 $x = -2 - 6t$ 和 $y = 3 + 2t$，则此时点 $P(x, y)$ 如何沿直线 L 移动？

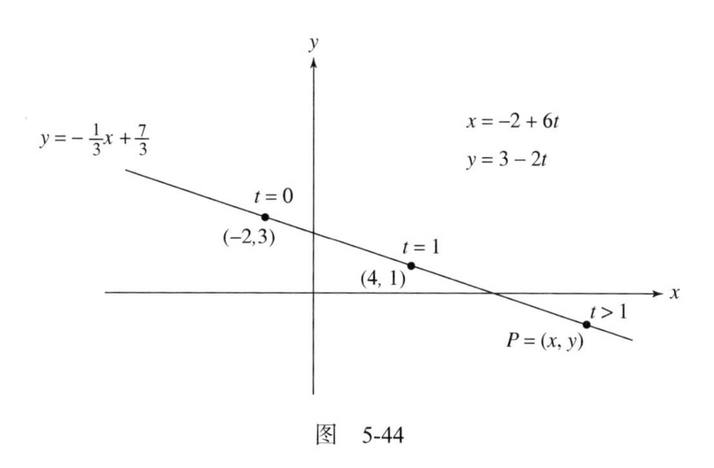

图　5-44

我们转而考虑 xyz 坐标系和空间中的直线 L。设 $P_1 = (x_1, y_1, z_1)$ 和 $P_2 = (x_2, y_2, z_2)$ 为 L 上不同的两点。令 $P = (x, y, z)$ 为任意一点，要使点 P 在直线 L 上，x、y 和 z 需满足的条件是什么？讨论这个问题要使用图 5-45。将 P_1 和 P_2 沿与 z 轴平行的方向平移到 xy 平面，得到该平面内的两点 (x_1, y_1) 和 (x_2, y_2)。通过这个过程，L 被移到由 (x_1, y_1) 和 (x_2, y_2) 所确定的直线 L_{xy} 上。用同样的方法，将 P 移到 (x, y)。如果点 P 在 L 上，则 (x, y) 在 L_{xy} 上。根据之前的讨论可知 $\frac{y - y_1}{y_2 - y_1} = \frac{x - x_1}{x_2 - x_1}$。现在重新将点 P_1、P_2 和直线 L 沿与 y 轴平行的方向平移到 xz 平面。如果 P 在 L 上，则 (x, z) 在 L_{xz} 上，且有 $\frac{z - z_1}{z_2 - z_1} = \frac{x - x_1}{x_2 - x_1}$。可知如果 $P = (x, y, z)$ 在由 $P_1 = (x_1, y_1, z_1)$ 和 $P_2 = (x_2, y_2, z_2)$ 所确定的直线上，则 $\frac{x - x_1}{x_2 - x_1} = \frac{y - y_1}{y_2 - y_1} = \frac{z - z_1}{z_2 - z_1}$。设 $\frac{x - x_1}{x_2 - x_1} = \frac{y - y_1}{y_2 - y_1} = \frac{z - z_1}{z_2 - z_1} = t$，则有

$$x = x_1 + t(x_2 - x_1) \text{、} y = y_1 + t(y_2 - y_1) \text{ 和 } z = z_1 + t(z_2 - z_1)$$

我们已证明如果 $P = (x, y, z)$ 在 L 上，则对某实数 t，P 的坐标满足以上方程，这些方程

也称为参数方程。反过来也成立。也就是说，如果对某实数 t，点 P 的 x、y 和 z 坐标满足上述方程，则点 P 位于 L 上。（我们省略其证明。）

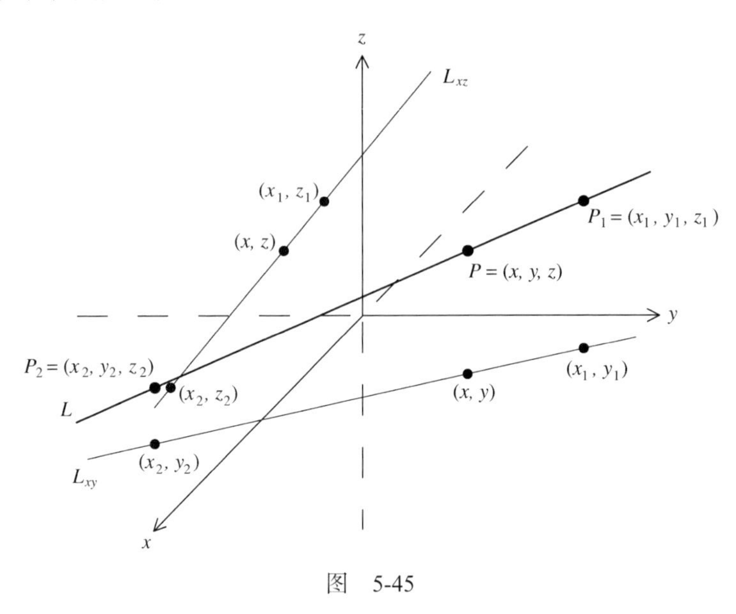

图 5-45

例如，取点 $P_1 = (3,-4,2)$ 和 $P_2 = (-5,6,1)$。根据上面的讨论，如果对某实数 t，有

$$x = 3 - 8t、y = -4 + 10t 和 z = 2 - t$$

则点 $P = (x, y, z)$ 就位于 P_1 和 P_2 所确定的直线上。令 t 等于−2 和 3，则知点 $\big(3-8(-2), -4+10(-2), 2-(-2)\big) = (19,-24,4)$ 和 $(3-8\times3, -4+10\times3, 2-3) = (-21,26,-1)$ 在这条直线上。

阿尔伯蒂的作品出版约 200 年后所发展起来的解析几何正好可以用来解释阿尔伯蒂从布鲁内莱斯基那里所学到的知识。阿尔伯蒂考虑了一个铺着正方形瓷砖的水平地板，特别是 6×6 排列的正方形瓷砖的地板，他描述了从画家的角度绘制这个正方形的方法。

图 5-46 考虑三维空间及在其中建立的 xyz 坐标系。该图以地板为 xy 平面，在上面绘制了 6×6 排列的瓷砖。每个瓷砖是 1×1 的正方形，y 轴经过该排列的中心，该排列的前端到 x 轴的距离为 h。画家的矩形画布放在 xz 平面。画家眼睛的位置固定在画布后面 y 轴的正上方，高为 e，到画布的距离为 d，即画家的眼睛处在点 $E = (0,-d,e)$。为方便解释，假设画家工作时画布是透明的。

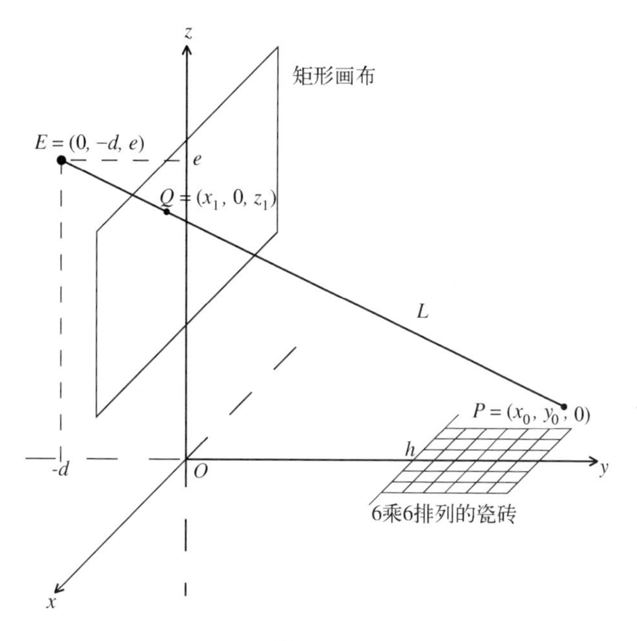

图　5-46

以下问题的答案是关键。给定地板上的一点 P（在不在瓷砖上都行），画家在他的画布平面上看到的点 Q 将精确地处于哪个位置？因为 P 在 xy 平面内，则存在某 x_0 和 y_0，有 $P=(x_0,y_0,0)$。为用坐标精确定位 Q 点，我们会找到连接 E 和 P 点的直线 L 的一组方程，然后确定 L 与 xz 画布平面的交点。计算 E 和 P 的坐标差，得 $0-x_0$、$-d-y_0$、$e-0$。回忆对三维空间内直线的讨论，可知 L 上的点 (x,y,z) 满足 $x=x_0-tx_0$、$y=y_0-t(d+y_0)$、$z=0+te$，其中 t 的范围是实数。对 $t=0$，$(x,y,z)=(x_0,y_0,0)=P$；对 $t=1$，$(x,y,z)=(0,-d,e)=E$。L 与 xz 平面的交点的 y 坐标为 $y_0-t(d+y_0)=0$。可得 $t=\dfrac{y_0}{d+y_0}$。将 t 代入 L 的参数方程中，可得所求的画布上的点 $Q=\left((x_0-\dfrac{y_0x_0}{d+y_0}),0,\dfrac{ey_0}{d+y_0}\right)$。因为 $x_0-\dfrac{y_0x_0}{d+y_0}=\dfrac{x_0(d+y_0)-y_0x_0}{d+y_0}=\dfrac{dx_0}{d+y_0}$，所以点 $Q=(x_1,0,z_1)$，其中 $x_1=\dfrac{dx_0}{d+y_0}$ 且 $z_1=\dfrac{ey_0}{d+y_0}$。

因此在坐标系框架给定后，可用如下规则表示阿尔伯蒂对画家的指导：xy 平面内任一位置上坐标为 $P=(x_0,y_0)$ 且 y 坐标为正值的点 P（包括不在方形瓷砖上的点）在画布的 xz 平面上应绘成点

$$Q=(x_1,z_1)\text{，其中 } x_1=\frac{dx_0}{d+y_0} \text{ 且 } z_1=\frac{ey_0}{d+y_0}$$

应用阿尔伯蒂的规则，把瓷砖地板放到画布上，其效果如下。图 5-47a 展示了 6×6 排列的瓷砖轮廓及其角上的 4 点 P_1、P_2、P_3 和 P_4。图 5-47b 中的点 Q_1、Q_2、Q_3 和 Q_4 是使用阿尔伯蒂的规则后在画布上的影像。地板上垂直（在这个问题上，“垂直”是针对图 5-47a 而言）线和对角线在画布上的位置具有决定作用，我们将在下文研究。图 5-47a 考虑 x 轴上的点 c 和地板上的直线 $x=c$。注意这条直线上的点都具有这样的形式，即对实数 t，有 $P(c,t)$。根据阿尔伯蒂的法则，点 $P(c,t)$ 在画布上要画在点 $Q=\left(\dfrac{dc}{d+t},\dfrac{et}{d+t}\right)$ 处。取 $t=h$，可知在瓷砖地板前端的点 (c,h) 落在画布上的点为 $Q=\left(\dfrac{dc}{d+h},\dfrac{eh}{d+h}\right)$。考虑指定时间 $t\geqslant 0$ 并认为点 $P=(c,t)$ 沿直线向上移动。随着 t 越来越大，地板上的点 P 则离画家越来越远。重新整理 Q，得 $Q=\left(\dfrac{dc}{d+t},\dfrac{et}{t(1+\frac{d}{t})}\right)=\left(\dfrac{dc}{d+t},\dfrac{e}{1+\frac{d}{t}}\right)$，可知画布上的点 Q 最终移到点 $V=(0,e)$。已经证明地板的 xy 平面上的直线 $x=c$ 在画布的 xz 平面内应画成连接 $\left(\dfrac{dc}{d+h},\dfrac{eh}{d+h}\right)$ 和 $V=(0,e)$ 的直线，如图 5-47b 所示。可以推出在画布上绘画时，地板上所有的垂直直线，包括经过瓷砖前端边界点处的 7 条垂线都会交于点 $V=(0,e)$。称画布上的点 $V=(0,e)$ 为消失点。上文得出的结论与我们的经验相符。考虑两根笔直且在水平方向上平行的铁轨。试想你正站在它们中间，沿铁轨的方向往前看，这两根铁轨看起来会在地平线上相交。

该问题的最后一部分考虑地板所在的 xy 平面上斜率等于 1 的直线，特别是过 P_1 和 P_3 的对角线在画布上的位置。设这一直线从 x 轴上的一点 c 出发。因为 $(c,0)$ 在该直线上，所以该直线的方程（点斜式）为 $y=x-c$，如图 5-47a 所示。注意这条直线上的任一点都具有形式 $P=(t+c,t)$，其中 t 为实数。（这等于说直线的参数方程为 $x=t+c$ 和 $y=t$。）根据阿尔伯蒂的法则，它在画布上的对应点为 $Q=\left(\dfrac{d(t+c)}{d+t},\dfrac{et}{d+t}\right)$。再考虑将 $t\geqslant 0$ 作为时间，$P=(t+c,t)$ 将沿直线向上移动。随着 t 越来越大，地板上的点 P

会越来越远。因为 $Q=\left(\dfrac{dt(1+\frac{c}{t})}{t(1+\frac{d}{t})},\dfrac{et}{t(1+\frac{d}{t})}\right)=\left(\dfrac{d(1+\frac{c}{t})}{1+\frac{d}{t}},\dfrac{e}{1+\frac{d}{t}}\right)$，画布上的对应点 Q 移到点 $D=(d,e)$（因为 $\frac{c}{t}$ 和 $\frac{d}{t}$ 均趋于 0）。可知在画布所在的 xz 平面上绘制时，地板所在的 xy 平面上的任一斜率为 1 的直线，尤其是过 P_1 和 P_3 的直线都会收敛于 D 点。

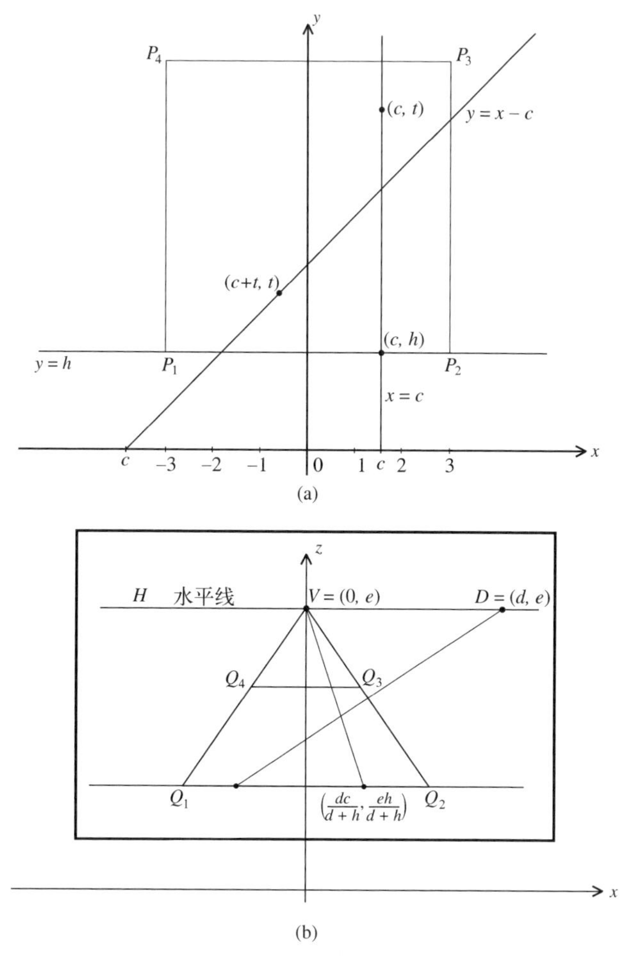

图　5-47

现在画家可以按如下方式绘制阿尔伯蒂的 6×6 排列的瓷砖地板了。先画点 $V=(0,e)$ 和 $D=(d,e)$ 及它们所确定的水平线 H。该水平线对应于画家能看到的地平线

（如果没有阻碍的话）。画家考虑图 5-47a 中的垂直线 $x=c$，取 $c=-3$ 和 $c=3$。按图 5-47b 规定的方法表示这两条直线，得到画布上从 Q_1 到 V 和从 Q_2 到 V 的两条直线，如图 5-48b 所示。这两条直线的起点 Q_1 和 Q_2 之间的线段是地板影像的下边界。画家在 Q_1 和 Q_2 间等间距地放进 5 个点，并画出从它们到 V 点的线段。这些直线是 6×6 排列的瓷砖之间的垂直分界线在画布上的影像。接下来，画家考虑地板上点 P_1 和 P_3 所确定的对角线。当在画布上作画时，它们就是从 Q_1 到 Q_3 直到 $D=(d,e)$ 的直线。图 5-48a 着重表现了对角线与 7 条垂直线的 7 个交点。在画布上，它们是 7 条过 V 点的直线与过 Q_1 和 D 点的对角线之间的交点。注意这 7 个点告诉画家在哪个位置绘制瓷砖间的水平分界线。这就完成了阿尔伯蒂的瓷砖地板的草图，如图 5-48b 所示。

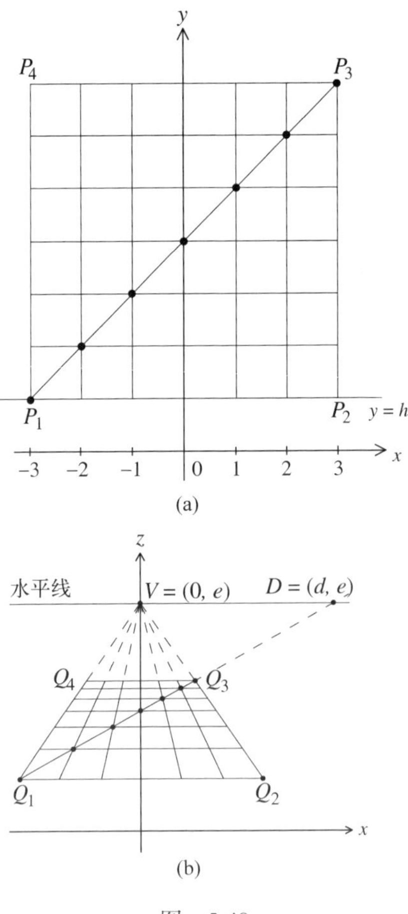

图 5-48

地板是一个好的开始，不过怎么绘制有高度的物体？如何处理曲线？5.8 节以及讨论 5.3 会告诉我们，只要将上文讲解的透视法扩展后就可以回答这类问题。

雕塑家洛伦佐·吉贝尔蒂（1378—1455）和多纳泰罗（1386—1466）以及画家马萨乔（1401—1428）是首先刻意运用阿尔伯蒂在《论绘画》一书中用数学解释的规则的艺术家。吉贝尔蒂和多纳泰罗在他们的精美艺术青铜浮雕镶板中使用了线性透视法，图 5-49 展示了其中的一幅。第一幅使用布鲁内莱斯基的透视原理的绘画作品是马萨乔绘制的湿壁画《三位一体》（*Trinity*），如图 5-50 所示。它绘于新圣母玛利亚教堂内，后来阿尔伯蒂为该教堂建造了新立面，如图 5-5 所示。不足为奇，马萨乔在处理这幅作品时，似乎不如 80 年后拉斐尔绘制《雅典学派》时自信。

本节对透视法的讨论基于图 5-46，需要假设用一只眼睛观看物体（在本文中是瓷砖地板）。事实上，我们是用两只眼看东西，这意味着我们实际上看到的是两幅有轻微差别的影像的合成，它们的角度稍微不同，最后合成为单个影像。这给我们看到的物体赋予了纵深感。

图 5-49　多纳泰罗，《希律王的盛宴》，约 1425 年。锡耶纳大教堂中洗礼池的青铜浮雕

图 5-50 马萨乔，《三位一体》，1427~1428。新圣母玛利亚教堂中的湿壁画

5.8 从圆到椭圆[1]

看一下图 3-23 中对沙特尔大教堂的玫瑰花窗的描绘。我们知道它是圆形的，却用椭圆来表示。彩图 20 中潘尼尼关于圣彼得大教堂内部的绘画作品用弧来表示中殿沿线的圆形拱券，这些弧也不是圆形。这些画作都提出了这样一个问题：当以某种角度看一个圆时，它的准确形状是什么？是椭圆，还是其他的卵形？

在回答这些问题前，我们将先考虑 4.1 节所介绍的阿波罗尼斯关于圆锥截面的知

① 本节的内容以 5.7 节为基础，但不影响对本书其余部分的阅读与理解。

识，然后在坐标平面框架内重新进行整理。假设给定一个建有 xy 坐标系的平面。

考虑该平面内的任一抛物线，令 c 为它的焦点与准线间的距离。令 $d=\frac{1}{2}c$，则有 $c=2d$。现用这样的一种方式移动抛物线，使其焦轴位于 y 轴上，使抛物线与其焦轴的交点位于原点 O 上。图 5-51 展示了处于这一位置的抛物线。因为 O 在抛物线上，所以从 O 到焦点的距离和从 O 到准线的距离相等，都等于 d。考虑抛物线与过焦点平行于 x 轴的直线的交点。因为该交点在抛物线上，它与焦点之间的距离等于 $2d$，所以这个交点为 $(2d,d)$。现取抛物线上的任一点 (x,y)，直接应用阿波罗尼斯的命题 P2，可得 $\frac{y}{d}=\frac{|x|^2}{4d^2}$。重新整理后，得到抛物线的标准方程

$$y=\frac{1}{4d}x^2$$

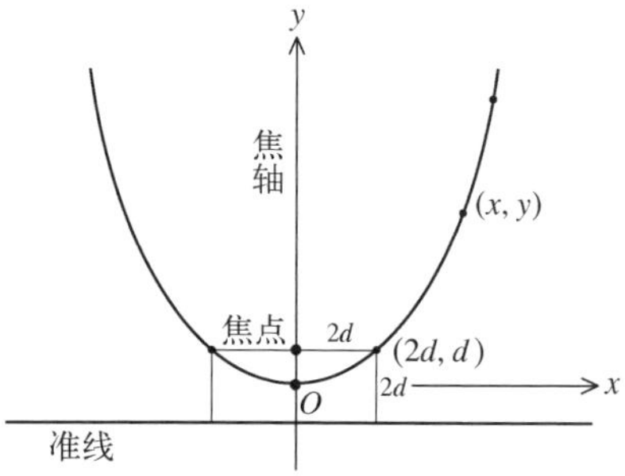

图　5-51

接下来考虑平面内的任一椭圆。椭圆由两个焦点及正常数 k 确定。令 $a=\frac{1}{2}k$，则有 $k=2a$。令 c 为椭圆中心与焦点之间的距离，则两个焦点间的距离为 $2c$。那么根据要求 $k>2c$，有 $a>c$。按如下的方法移动椭圆，使其焦轴为 x 轴，中心点位于原点 O。图 5-52 展示了此时的椭圆。点 E 和 D 为椭圆与 x 轴正半轴和 y 轴正半轴的交点。因为 D 在椭圆上，则从 D 到焦点的距离的 2 倍等于 k，这样 D 到焦点间的距离等于 a。设 d 为 E 与右侧焦点的距离，因为 E 在椭圆上，距离 d 与 $d+2c$ 的和等于 k。即 $2c+2d=k=2a$，从而有 $c+d=a$。因为 E 即为点 $(a,0)$ 且 a 为该椭圆的半长轴，设 b 为半短轴，这些就是图中所展示的信息。设 (x,y) 为椭圆上的任一点，将阿波罗尼斯的命题 E2 用于 $A=O$ 和 $A=(x,0)$ 两种情况，可得 $\frac{a^2}{b^2}$ 和 $\frac{|-a-x||a-x|}{|y|^2}$ 相等。因为

$|-a-x||a-x|=|a+x||a-x|=a^2-x^2$，这就告诉我们$\frac{a^2}{b^2}=\frac{a^2-x^2}{y^2}$。因此$\frac{y^2}{b^2}=\frac{a^2-x^2}{a^2}$，我们可得椭圆的标准方程

$$\frac{x^2}{a^2}+\frac{y^2}{b^2}=1$$

椭圆的外接方框确定了常数 a 和 b，进而确定了该椭圆。因此给定的一个方框中只有一个椭圆。

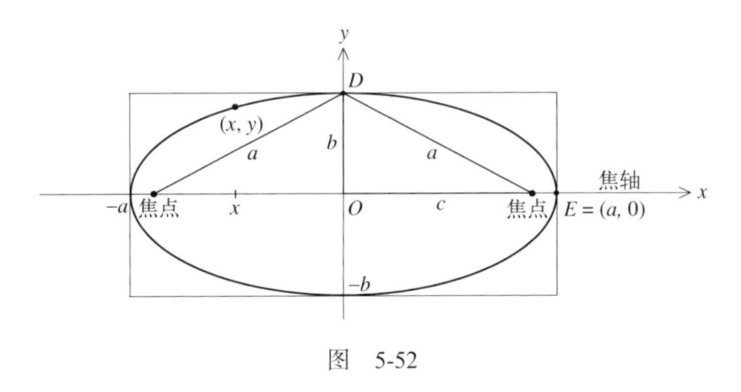

图 5-52

阿波罗尼斯还熟悉双曲线。我们将总结一下基本的事实。双曲线的形状由一个方框及其对角线的延长线来确定。图 5-53 展示了一条典型的双曲线，确定其形状的方框以及该方框所确定的常数 a 和 b。双曲线有两个焦点，它们由方框和以方框中心为圆心的圆所确定，如图所示。过两个焦点的直线是双曲线的焦轴。在图 5-54 中，双曲线已被移动，使其焦轴位于 x 轴上，方框中心在原点 O 上。对角线的斜率分别为$\frac{b}{a}$和$-\frac{b}{a}$。它们的方程已在图中显示。双曲线的标准方程为

$$\frac{x^2}{a^2}-\frac{y^2}{b^2}=1$$

让我们考虑 3 个方程

$$y=2x^2\text{、}x^2+3y^2=12\text{ 和 }2x^2-5y^2=10$$

根据上面的讨论可以得到以下的内容。令$\frac{1}{4d}=2$，注意$d=\frac{1}{8}$，则$y=2x^2$的图形为图 5-52 中的抛物线，其中$d=\frac{1}{8}$。$x^2+3y^2=12$的图形与$\frac{x^2}{12}+\frac{y^2}{4}=1$的图形相同。这一

方程可以重写成 $\frac{x^2}{(\sqrt{12})^2}+\frac{y^2}{2^2}=1$，则知该图形为图 5-52 中的椭圆，其中 $a=\sqrt{12}$，b=2。$2x^2-5y^2=10$ 与 $\frac{x^2}{5}-\frac{y^2}{2}=1$ 的图形相同。它可以重写成 $\frac{x^2}{(\sqrt{5})^2}-\frac{y^2}{(\sqrt{2})^2}=1$，因此该图形为图 5-53 中的双曲线，其中 $a=\sqrt{5}$，$b=\sqrt{2}$。

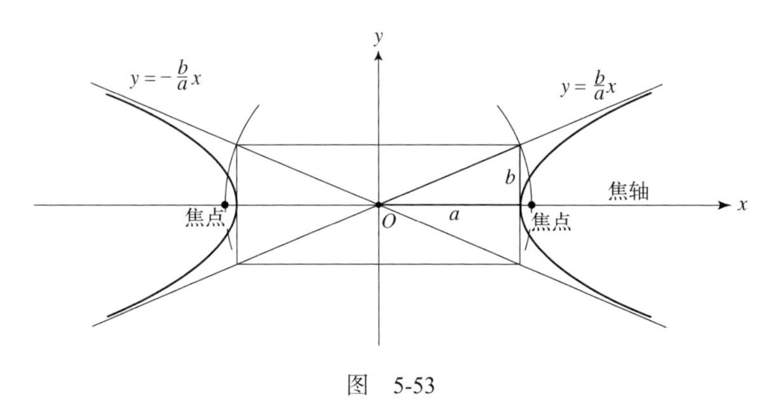

图　5-53

考虑半径为 2、圆心为原点 (0,0) 的圆 $x^2+y^2=4$。将 x 用 x–6 代替，y 用 y–3 代替，则有方程 $(x-6)^2+(y-3)^2=4$。该圆半径也为 2，（根据 4.3 节结尾的事实）但其圆心则移到点 (6,3)。用同样的方法，如果我们将 x 和 y 分别用 x+7 和 y+1 代替，则该圆的圆心从 (0,0) 移到 (−7,−1)。图 5-54 展示了这 3 个圆。

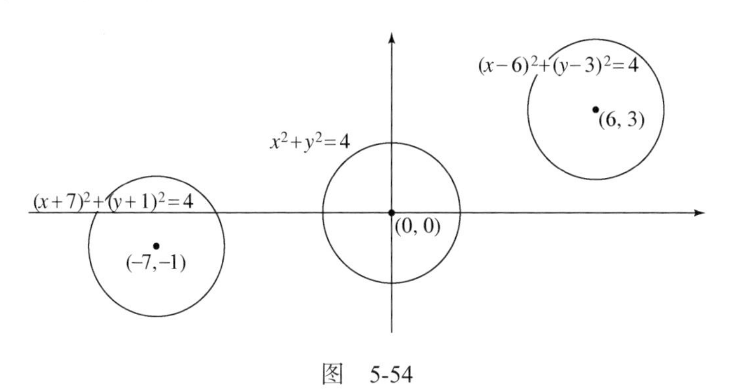

图　5-54

同样的方法可应用于任一图形。例如在坐标平面内，$y-2=2(x+3)^2$ 的图形与 $y=2x^2$ 的图形形状和方向都相同。$y-2=2(x+3)^2$ 的图形是通过平移 $y=2x^2$ 的图形得到的，方法是使抛物线的底（原来在原点 (0,0) 处）向上移到 (−3,2) 处。这里所谓的平移是指在平面内将一个图形移动到新位置且不对它进行转动。用同样的方法，

$(x-5)^2+3(y+7)^2=12$ 的图形是通过平移椭圆 $x^2+3y^2=12$，使其中心（原来在原点 $(0,0)$ 处）位于点 $(5,-7)$ 处而得到的。最后 $2(x+9)^2-5(y+11)^2=10$ 的图形可以通过平移双曲线 $2x^2-5y^2=10$，使其两条对角线的交点（原来在原点 $(0,0)$ 处）移到点 $(-9,-11)$ 处得到。

考虑方程

$$Ax^2+Bxy+Cy^2+Dx+Ey+F=0 \tag{*}$$

其中 A、B、C、D、E 和 F 为常数。注意本节提到的圆、抛物线、椭圆和双曲线均可以写成这种形式。如果方程(*)的图形上没有点，或只包含一个单点，或是一条直线或者两条直线的合成，则称该方程是退化的。方程 $x^2+y^2+1=0$ 是退化的，因为它没有解。方程 $x^2+y^2=0$ 是退化的，因为它只有一个解，为 $x=0$，$y=0$。方程 $x^2-y^2=0$ 可以分解为 $(x-y)(x+y)=0$，因此 $x^2-y^2=0$ 的图形是两条直线 $y=x$ 及 $y=-x$ 的和，则 $x^2-y^2=0$ 是退化的。方程

$$2x^2-7xy+6y^2+7x-11y+3=0$$

也是退化的。验证 $2x^2-7xy+6y^2+7x-11y+3=(x-2y+3)(2x-3y+1)$。因为 $(x-2y+3)(2x-3y+1)=0$ 意味着 $x-2y+3=0$ 或 $2x-3y+1=0$，所以该方程的图形是两条直线 $y=\frac{1}{2}x+\frac{3}{2}$ 和 $y=\frac{2}{3}x+\frac{1}{3}$ 合成的。

我们将总结圆锥曲线及其方程的一些基本事实。作为解析几何的两个法国创始人之一，笛卡儿大体了解它们，但直到 17 世纪，才有人将其用明确的术语表示出来。如今在任何微积分图书中，它们都是标准内容。

基本事实 1 xy 平面内的任何圆锥曲线都是方程 $Ax^2+Bxy+Cy^2+Dx+Ey+F=0$ 的图形，且（根据定义）该方程并不退化。

考虑二次方程 $ax^2+bx+c=0$，其中 a、b 和 c 都是常数且 $a\neq 0$，回忆二次方程的解为

$$x=\frac{-b\pm\sqrt{b^2-4ac}}{2a}$$

可看到 b^2-4ac 控制着方程的解。如果 $b^2-4ac=0$，则只有一个解，即 $x=-\frac{b}{2a}$。如果 $b^2-4ac>0$，则有两个解。如果 $b^2-4ac<0$，则无解。注意如果 $b=0$，则只有一个简单形式的解，即 $x=\pm\sqrt{\frac{-c}{a}}$，其中 $\frac{-c}{a}\geqslant 0$。

类似的判据给出了具有(*)形式的非退化方程的相关知识。

基本事实 2 如果 $Ax^2+Bxy+Cy^2+Dx+Ey+F=0$ 没有退化，则其图形为圆锥曲线。如果 $B^2-4AC=0$，则该图形为抛物线。如果 $B^2-4AC>0$，则为椭圆。如果 $B^2-4AC<0$，则为双曲线。

对基本事实 1 和基本事实 2 的证明都超出了本书的范围,我们将只简单评论一下。注意图 5-51、图 5-52 和图 5-53 所绘制的圆锥曲线，其方程都能重新整理以满足基本事实 1。容易验证这些重新整理的方程与基本事实 2 相符。事实上，xy 平面内的任何圆锥曲线都能通过移动（平移和旋转相结合）与图 5-51、图 5-52 和图 5-53 中的一种圆锥曲线相符，通常用此来做证明。

基本事实 3 假设 $Ax^2+Bxy+Cy^2+Dx+Ey+F=0$ 并不退化，则如果方程的图形是焦轴平行于 x 轴或 y 轴的一条圆锥曲线，有 $B=0$。

验证基本事实 3 时，重要的是完成讨论 1.1 解释过的配方法。例如，我们看一下方程 $3x^2+5y^2+42x+10y+137=0$。注意 $B^2-4AC=0-15=-15$。如果该方程没有退化，根据基本事实 2，它的图形是一个椭圆。因为 $B=0$，还可以得到更多的信息。两次使用配方法（一次针对一个变量），可得

$$\begin{aligned}3x^2+42x+5y^2+10y+137&=3(x^2+14x)+5y^2+2y+137\\&=3(x^2+14x+7^2-7^2)+5(y^2+2y+1-1)+137\\&=3(x^2+14x+7^2)+5(y^2+2y+1)-3\times7^2-5\times1+137\\&=3(x+7)^2+5(y+1)^2-15\end{aligned}$$

因此 $3x^2+5y^2+42x+10y+137=0$ 与 $3(x+7)^2+5(y+1)^2-15=0$ 的图形相同。$3(x+7)^2+5(y+1)^2=15$ 的两边均除以 15，可得 $\frac{(x+7)^2}{5}+\frac{(y+1)^2}{3}=1$，因此 $\frac{(x+7)^2}{(\sqrt{5})^2}+\frac{(y+1)^2}{(\sqrt{3})^2}=1$。可得 $3x^2+5y^2+42x+10y+137=0$ 的图形是将图 5-52 中的椭圆 $\frac{x^2}{a^2}+\frac{y^2}{b^2}=1$（其中 $a=\sqrt{5}$ 且 $b=\sqrt{3}$）平移从而使其位于原点 $(0,0)$ 的中心移到点 $(-7,-1)$ 后得到的。它的焦轴与 x 轴平行。

现在让我们回到阿尔伯蒂的瓷砖地板,并将一个圆放在它的中心,如图 5-55 所示。该圆透视到图 5-48b 的画布上时，如何才能准确绘制？由于该圆的圆心为 $(0,h+3)$，半径为 3，它上面的任一点 $P=(x_0,y_0)$ 均满足 $x_0^2+\left(y_0-(h+3)\right)^2=3^2$。根据阿尔伯蒂的规则，画布所在的 xz 平面上的对应点 $Q=(x_1,y_1)$ 应是什么？下面我们可以尝试这样继

续。如果我们能用 x_1 和 z_1 表达 x_0 和 z_0，然后将这些表达式代入圆的方程，这就得到了 x_1 和 z_1 之间的关系。

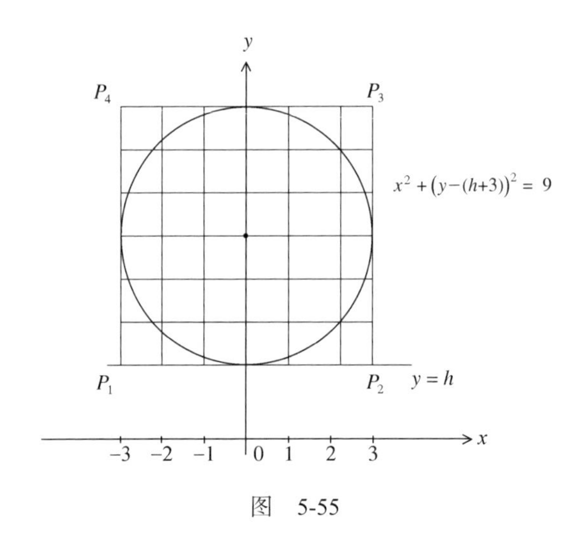

图 5-55

我们正在寻找的表达式是与图 5-46 相关的问题的答案。考虑画布上的一点 $Q=(x_1,0,z_1)$，它正好描绘了地板上的哪个点 $P=(x_0,y_0,0)$？为了回答该问题，我们先找到 $E=(0,-d,e)$ 和 $Q=(x_1,0,z_1)$ 所确定的直线，再看一下它与地板所在的 xy 平面的交点是什么。E 和 Q 的坐标之差为 $0-x_1=-x_1$、$-d-0=-d$ 和 $e-z_1$，因此根据上一节提出的事实，如果对某个 t，有 $x=x_1-tx_1$、$y=0-td$ 和 $z=z_1+t(e-z_1)$，则点 (x,y,z) 在这条直线上。为得到直线与 xy 平面的交点，令 $z=z_1+t(e-z_1)=0$，可得 $t=\frac{-z_1}{e-z_1}$。因此有 $x_0=x_1-x_1\frac{-z_1}{e-z_1}$ 和 $y_0=\frac{dz_1}{e-z_1}$。化简后得 $x_0=\frac{x_1(e-z_1)+x_1z_1}{e-z_1}=\frac{x_1e}{e-z_1}=\frac{ex_1}{e-z_1}$。

将解 $x_0=\frac{ex_1}{e-z_1}$ 和 $y_0=\frac{dz_1}{e-z_1}$ 代入方程 $x_0^2+\left(y_0-(h+3)\right)^2=3^2$，按下面烦琐的代数步骤运算

$$\left(\frac{ex_1}{e-z_1}\right)^2+\left(\frac{dz_1}{e-z_1}-(h+3)\right)^2=3^2$$

$$\frac{(ex_1)^2}{(e-z_1)^2}+\frac{(dz_1-(h+3)(e-z_1))^2}{(e-z_1)^2}=3^2$$

$$e^2x_1^2+d^2z_1^2-2dz_1(h+3)(e-z_1)+(h+3)^2(e-z_1)^2=3^2(e-z_1)^2$$
$$e^2x_1^2+d^2z_1^2-2d(h+3)(ez_1-z_1^2)+(h+3)^2(e-z_1)^2-3^2(e-z_1)^2=0$$
$$e^2x_1^2+d^2z_1^2-2ed(h+3)z_1+2d(h+3)z_1^2+(h^2+6h)(e-z_1)^2=0$$
$$e^2x_1^2+d^2z_1^2-2ed(h+3)z_1+2d(h+3)z_1^2+(h^2+6h)e^2-2(h^2+6h)ez_1+(h^2+6h)z_1^2=0$$
$$e^2x_1^2+[d^2+2d(h+3)+h^2+6h]z_1^2-2[ed(h+3)+e(h^2+6h)]z_1+(h^2+6h)e^2=0$$
$$e^2x_1^2+[h^2+2hd+d^2+6(h+d)]z_1^2-2e[d(h+3)+(h^2+6h)]z_1+(h^2+6h)e^2=0$$
$$e^2x_1^2+[(h+d)^2+6(h+d)]z_1^2-2e[d(h+3)+(h^2+6h)]z_1+(h^2+6h)e^2=0$$

现已验证如果 $P=(x_0,y_0)$ 是圆 $x^2+\left(y-(h+3)\right)^2=3^2$ 上一点，则画布上的对应点 $Q=(x_1,z_1)$ 满足方程

$$e^2x^2+\left((h+d)^2+6(h+d)\right)z^2-2e\left(d(h+3)+(h^2+6h)\right)z+(h^2+6h)e^2=0$$

因为地板上的圆不是点、线或两条直线的组合，所以该方程没有退化。由于 $-4e^2\left((h+d)^2+6(h+d)\right)<0$，根据基本事实 2 可知它是椭圆方程。因此阿尔伯蒂地板上的圆的透视影像是椭圆。图 5-56 在图 5-48b 的梯形 $Q_1Q_2Q_3Q_4$ 内绘出了这个椭圆。

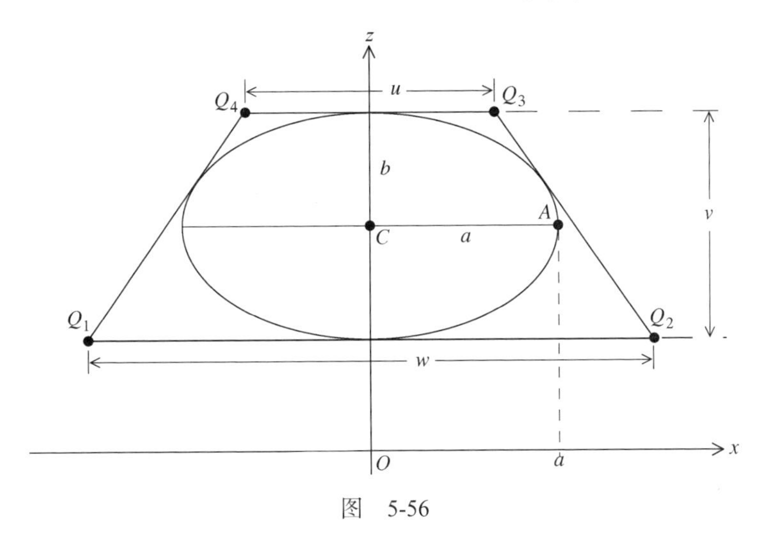

图 5-56

现在我们将研究图 5-56 中的椭圆及外接它的梯形。对点 $P_1=(-3,h)$ 和 $P_2=(3,h)$ 应用阿尔伯蒂的法则，可得 $Q_1=\left(\frac{-3d}{d+h},\frac{he}{d+h}\right)$ 和 $Q_2=\left(\frac{3d}{d+h},\frac{he}{d+h}\right)$。因此梯形的下底为 $w=\frac{6d}{d+h}$。再用两次阿尔伯蒂的法则，可得 $Q_3=\left(\frac{3d}{d+h+6},\frac{(h+6)e}{d+h+6}\right)$ 和 $Q_4=\Bigg(\frac{-3d}{d+h+6},$

$\left.\dfrac{(h+6)e}{d+h+6}\right)$。可知梯形顶的长度为$u=\dfrac{6d}{d+h+6}$，它的高为

$$v=\frac{e(h+6)}{d+h+6}-\frac{eh}{d+h}=\frac{e(h+6)(d+h)-eh(d+h+6)}{(d+h+6)(d+h)}$$
$$=\frac{e[h(d+h)+6(d+h)-h(d+h)-6h]}{(d+h+6)(d+h)}=\frac{6ed}{(d+h)(d+h+6)}$$

让我们回到椭圆。根据图 5-56，可知它的半短轴为$b=\dfrac{1}{2}v=\dfrac{3ed}{(d+h)(d+h+6)}$。$Q_1$的$z$坐标$\dfrac{he}{d+h}$加上$\dfrac{1}{2}v$得到椭圆中心$C$的$z$坐标。通分后，得$C=\left(0,\dfrac{e[h(d+h+6)+3d]}{(d+h)(d+h+6)}\right)$。比较图 5-48a 和 5-48b，可以看出$C$不是圆心的透视影像。最后看一下图 5-56，我们知道椭圆的半长轴a是点A的x坐标。因此a可以通过把A的z坐标（等于C的z坐标）代入到椭圆方程中并求解x得到。这并不容易计算，我们将省略。

示例 参见图 5-46，取e=6、d=2 及h=12，单位均为英尺。要在画布上分别绘出 6 英尺×6 英尺的瓷砖地板和半径为 3 英尺的圆，其对应的梯形和椭圆各有多大？梯形的底为$w=\dfrac{6\times2}{2+12}=\dfrac{6}{7}$英尺，约为 10.3 英寸长。梯形的顶为$u=\dfrac{6\times2}{2+12+6}=\dfrac{3}{5}$英尺，为 7.2 英寸长。梯形的高为$v=\dfrac{6\times6\times2}{(2+12)(2+12+6)}=\dfrac{9}{35}$英尺，约为 3.1 英寸。椭圆的半短轴$b=\dfrac{1}{2}v=\dfrac{9}{70}$英尺，约为 1.5 英寸。之前推出的椭圆方程可化简为

$$9x^2+(7\times10)z^2-2\times3(15+6\times18)z+9\times12\times18=0$$

为找到半长轴a，先从点A的z坐标等于中心C的z坐标，即$z=\dfrac{6(12\times20+3\times2)}{14\times20}=\dfrac{3(120+3)}{7\times10}=\dfrac{9\times41}{7\times10}$着手。令方程中的$z=\dfrac{9\times41}{7\times10}$，求解$x$。经过复杂的数学求解，可得$x=\pm\dfrac{3}{\sqrt{70}}$。因此有$a=\dfrac{3}{\sqrt{70}}\approx0.36$英尺，约为 4.3 英寸。因为$a$和$b$确定椭圆的焦点（图 5-52 展示了如何确定）且$k$=2$a$，所以现在可以精确地绘出该椭圆了。

我们对透视法的数学分析聚焦在水平地板上，而垂直的墙壁及天花板都可以用同样的方法进行研究。现在我们理解了为何图 3-23 中沙特尔大教堂的圆形窗子要用椭圆形绘制以及为什么彩图 20 中潘尼尼的画作要将圣彼得大教堂中殿一侧的圆形拱券画成椭圆的弧了。

我们关于文艺复兴建筑的讲述即将结束。它已成为一个与布鲁内莱斯基、阿尔伯蒂、布拉曼特、帕拉迪奥、米开朗基罗、波尔塔、贝尼尼及其他人所创建的辉煌建筑有关的传奇。这些建筑建立在古典希腊和罗马的建筑形式基础上，但它们反映了那个年代的自信、理性和艺术精神。文艺复兴时期的艺术家使用透视原理使他们的绘画和浅浮雕日臻完善。同样，文艺复兴时期的建筑师将源自几何学和音乐比率的比例、平衡和超越一切的秩序融入到了他们的建筑设计之中。

5.9　问题和讨论

第一组问题讨论与本书内容有关的数学问题。

塞巴斯蒂亚诺·塞利奥（1475—1554）是意大利文艺复兴时期重要的建筑理论家。他在 1537 年到 1551 年期间出版了《建筑五书》(*Five Books of Architecture*)，讲解了一些几何学和透视法知识，阐述了古罗马建筑及文艺复兴时期布拉曼特和拉斐尔的作品，确立了 5 种建筑柱式（见讨论 5.1），给出了圆形的教堂设计，提出多种他自己的设计方案，对施工实践和材料进行了讨论。塞利奥的著作对他那个时代建筑师的影响比他的建筑要深得多。塞利奥重点强调了帕拉迪奥在维琴察巴西利卡的隔间中所使用的那种拱券和柱子的组合（见图 5-14），如今它被称为塞利纳斯。图 5-57a 是塞利奥设计的建筑物入口。

问题 1　将塞利奥的图放进图 5-57b 中的坐标平面内。确定点 F 和 G 的坐标。用这些信息找出该结构的高度与门的高度的比例，以及门的高度与它的宽度的比例。这些比例同阿尔伯蒂将建筑比例与音乐和弦联系在一起的法则一致吗？

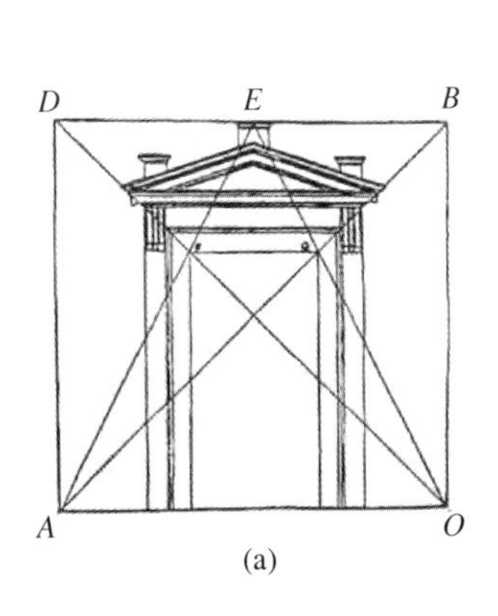

(a)

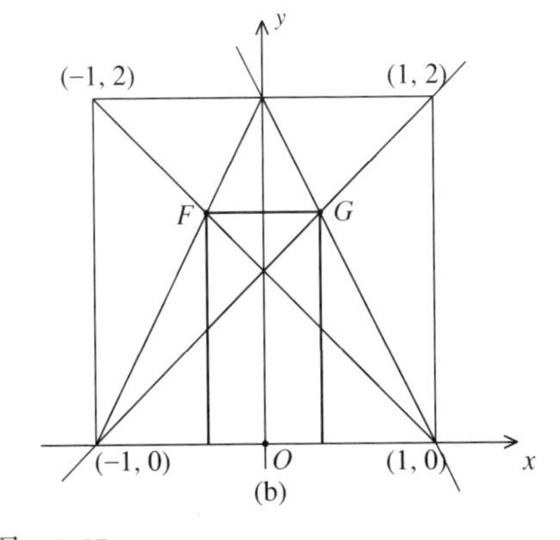

(b)

图　5-57

毕达哥拉斯学派使用两个正数 a 和 b 的 3 种不同的平均数：算术平均数 $\frac{a+b}{2}$、几何平均数 $\sqrt{ab}$ 及调和平均数 $\frac{2ab}{a+b}$。对于 $a=1$ 和 $b=2$，这三种平均数分别为 $\frac{3}{2}$、$\sqrt{2}$ 和 $\frac{4}{3}$。第一个和最后一个平均数是 5.2 节中的两个和谐音乐比率。

问题 2　设 a 和 b 为正数。

i. 设 c 为 a 和 b 的调和平均值。验证 $\frac{a-c}{a}=\frac{c-b}{b}$。

ii. 设 c 和 d 分别为 a 和 b 的算术平均数及调和平均数。证明 a 和 b 的几何平均数等于 c 和 d 的几何平均数。

在帕拉迪奥设计的建筑物中，房间的高度 h 由其宽 w 和长 l 确定。对有平屋顶的房间（平屋顶几乎完全限于顶层），帕拉迪奥选择 $h=w$。对底层带拱顶的房间，他的法则是 h 应等于 w 和 l 的毕达哥拉斯学派的 3 种平均数中的一个，对正方形房间，则等于 $\frac{4}{3}w=\frac{4}{3}l$。帕拉迪奥的作品《建筑四书》给出了这一规则的许多证据（尤其对有拱顶的房间，因为该作品只给出了底层的设计）。可以理解，底层房间的天花板也要有同样的高度。因为应同时满足这个要求和他的规则，所以帕拉迪奥必须小心地调整房间尺寸。为了获得这种协调，帕拉迪奥允许例外，并且用估计值满足要求。

问题 3　回忆 5.3 节，帕拉迪奥对基耶里凯蒂宫底层进行了设计，确定了大房间的尺寸为 18 威尼斯尺 × 18 威尼斯尺及 18 威尼斯尺 × 30 威尼斯尺，中心大厅的尺寸为 16 威尼斯尺 × 54 威尼斯尺。所有带拱顶房间的高度都是 24 英尺。解释为何这些高度的选择都和帕拉迪奥的规则一致。

给定两个正数 a 和 b，考虑长度为 a 和 b 的线段。对 a 和 b 的毕达哥拉斯学派的 3 种平均数中的每一个，都有可能用尺规构造出一条长度与它相等的线段。这一事实允许建筑师构造出这些长度。图 5-58 证明了这种构造的基本要素。如何进行构造将在下文的问题 4 中解释。（回顾 2.2 节可能有助于解答。）a 和 b 中必有一个比另一个大或者与之相等。假设这个数是 a，设 $a \geqslant b$。图 5-58a 展示了长为 a 和 b 的线段及它们各自的端点 A、P 和 B。

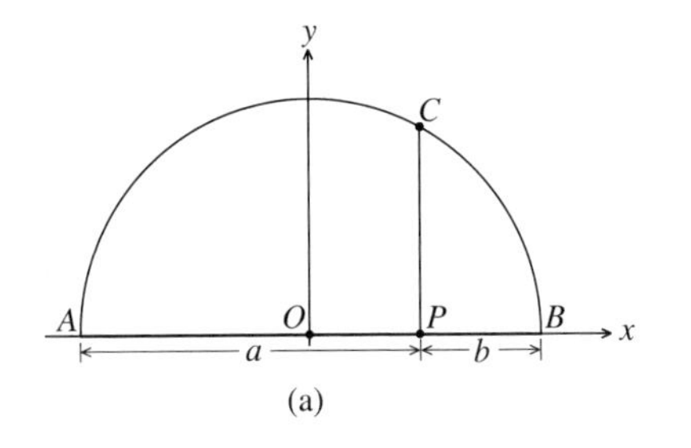

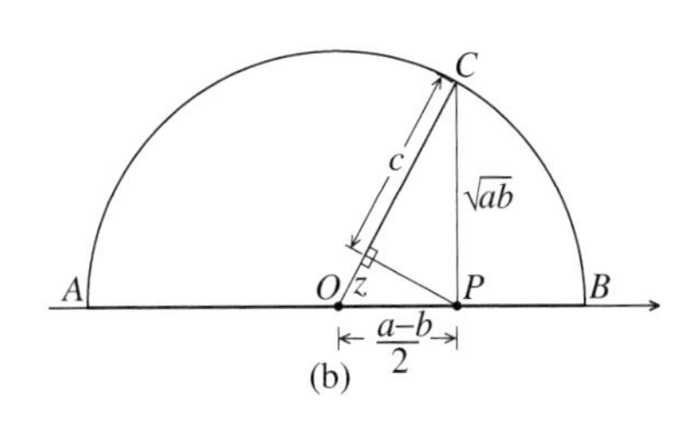

图　5-58

问题 4　解释如何构造线段 AB 的中点 O。注意线段 AO 的长度等于算术平均数 $\frac{a+b}{2}$。画出以 AB 为直径的半圆，建立 xy 坐标系，使其原点在 O 点，如图 5-58a 所示。

i. 解释如何构造垂直于 AB 的线段 CP。验证 OP 的长度为 $\frac{a-b}{2}$。使用圆的标准方程（参见 4.3 节），证明 CP 的长度为几何平均数 $\sqrt{ab}$。

ii. 图 5-58b 展示了线段 OC 被过 P 点的垂线分成长度为 c 和 z 的线段。两次使用勾股定理来求解 $c^2-z^2=(c+z)(c-z)$，接着求 $c-z$ 和 $2c$，证明 c 为调和平均数 $\frac{2ab}{a+b}$。

iii. 证明不等式 $b \leqslant \frac{2ab}{a+b} \leqslant \sqrt{ab} \leqslant \frac{a+b}{2} \leqslant a$。

问题 5　图 5-59 中的图选自达·芬奇《大西洋古抄本》中的第 455 张对开页。设半圆的半径为两个单位长度（因此较小半圆的半径为一个单位长度），确定每个图中阴影部分的总面积。

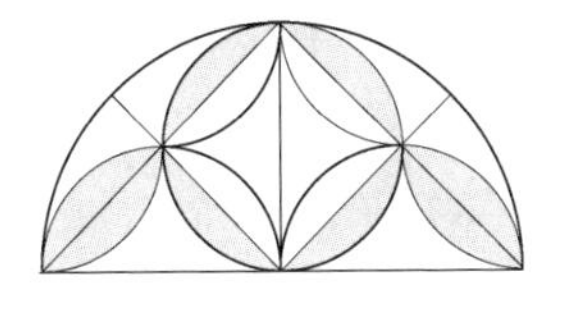

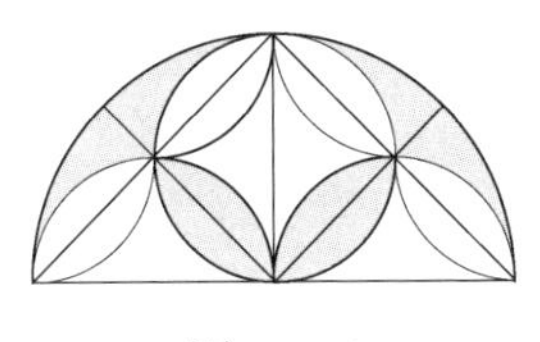

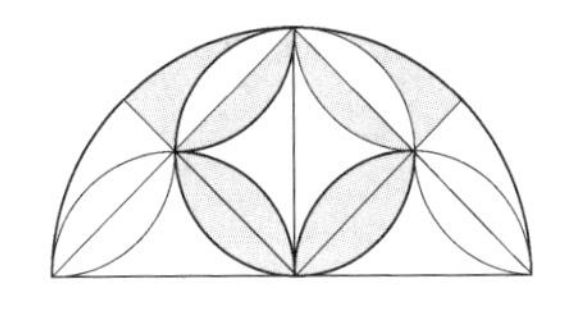

图　5-59

问题 6　图 5-60 中，C 为半径为 1 的圆的圆心，AD 为直径，PB 为该直径的垂线。证明 $\alpha=\frac{1}{2}\gamma$。令 $\gamma=45^\circ$，计算 CB 和 PB 的长度。用勾股定理证明 $AP=\sqrt{2+\sqrt{2}}$。推出 $\sin 22.5^\circ=\frac{\sqrt{2}}{2(\sqrt{2+\sqrt{2}})}$、$\cos 22.5^\circ=\frac{1}{2}\sqrt{2+\sqrt{2}}$、$\tan 22.5^\circ=\frac{1}{1+\sqrt{2}}$。

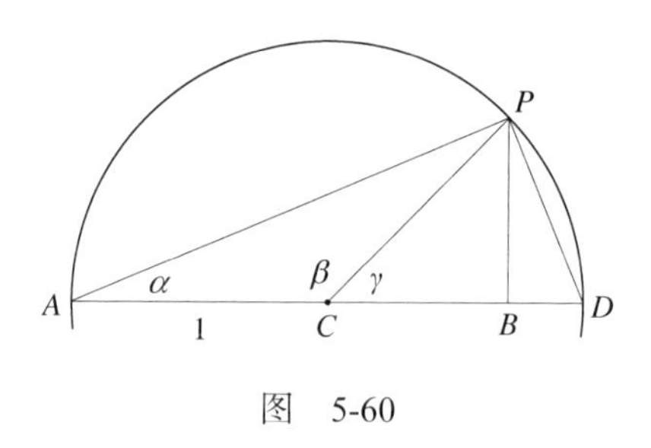

图 5-60

接下来的 3 个问题研究圣彼得大教堂穹顶的水平和垂直截面。穹顶有 16 个等间距分布的拱肋，它有助于我们理解正十六边形的几何形状。

问题 7　图 5-61a 展示了一个半径为 1 的圆。因为$16\times 22.5^\circ = 360^\circ$，所以可以通过重复划分一个内角为 22.5° 的三角形，绘出一个内接正十六边形。设 s 为该正十六边形的边长。转向图 5-61b，验证 $s^2 = AB^2 = AC^2 + BC^2 = \sin^2 22.5^\circ + (1-\cos 22.5^\circ)^2 = 2-2\cos 22.5^\circ$。用问题 6 的一个结果，推出 $s = AB = \sqrt{2-\sqrt{2+\sqrt{2}}} \approx 0.390\ 2$。证明弧 AB 的长度为 $\frac{\pi}{8} \approx 0.392\ 7$。

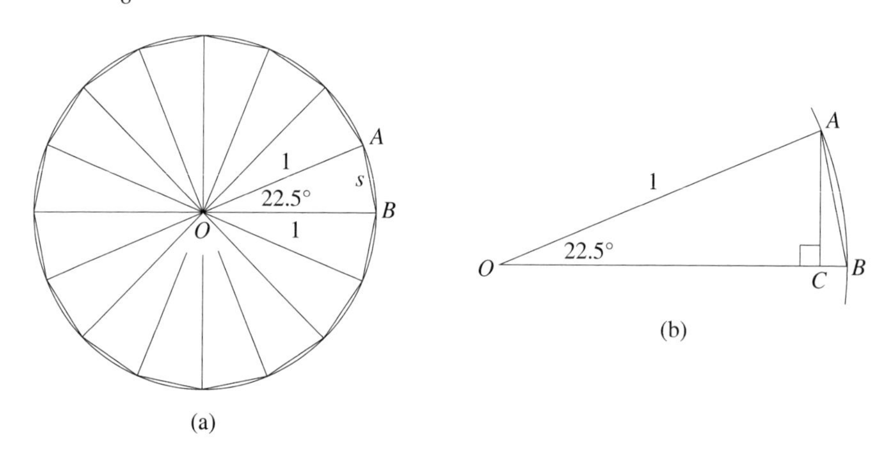

图 5-61

问题 8　图 5-62 展示了 xy 坐标平面内的两条圆弧。它们所在的两个圆的圆心都在 x 轴上，到原点的距离为 c。圆弧分别与 x 轴交于 b 和$-b$。这两条圆弧确定一条哥特式拱。使这个拱绕 y 轴旋转一周，得到尖穹顶。用圆的标准方程推出该穹顶的高度 h 为 $h=\sqrt{b^2+2bc}$。证明该穹顶的高跨比为 $\frac{h}{2b}=\frac{1}{2}\sqrt{1+\frac{2c}{b}}$。这个穹顶的所有水平横截面都是圆。用 b、c 和 y_0，确定穹顶基部上方 y_0 单位处的圆的半径 r。

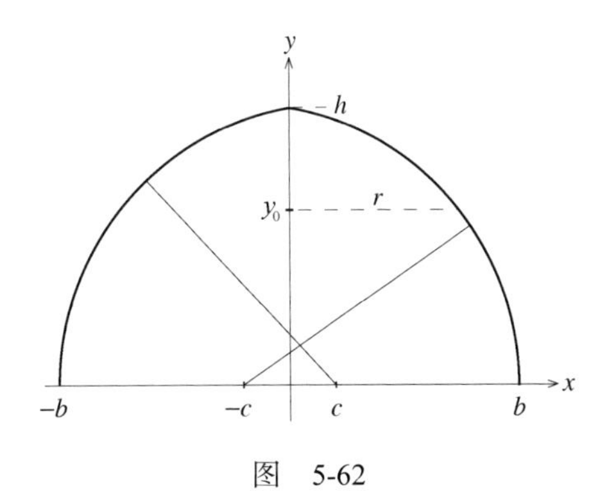

图 5-62

问题 9　图 5-63 展示了圣彼得大教堂穹顶从起拱点向上的截面。它与图 5-36 截面的比例相同，可知穹顶的内表面具有问题 8 所描述的形状，其中 $\frac{c}{b}\approx\frac{1}{6}$。用问题 8 中的一个结论，证明圣彼得大教堂穹顶内侧的高跨比约等于 0.58，半穹顶的高跨比等于 0.5。

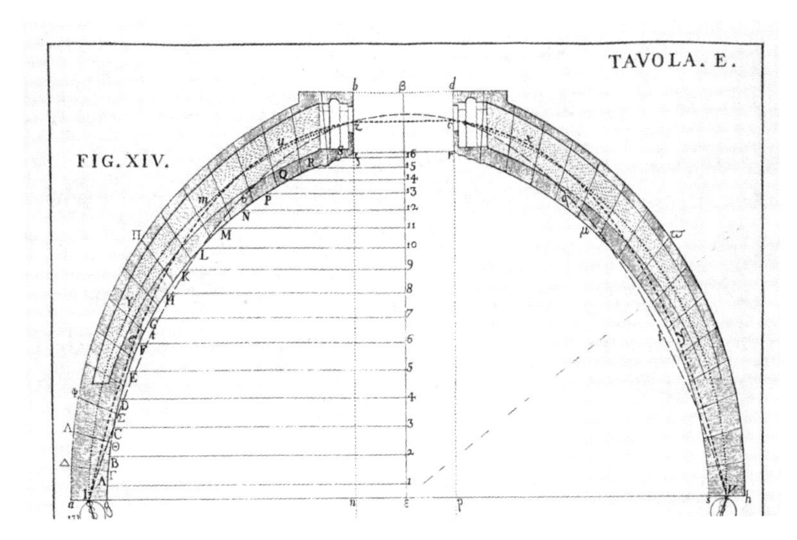

图 5-63　乔万尼 · 波莱尼的表 E 细部，选自《梵蒂冈教堂大穹顶损坏及其修复的全面回忆》，帕多瓦，1748。普林斯顿大学图书馆，马昆德艺术考古藏书室

讨论 5.1　古典柱式　在建筑领域，单词柱式（order）指按比例精心布置的柱子及其支撑部件。在《建筑十书》中，维特鲁威评论了希腊文本（现已轶失），挑出了 3

种柱式：多立克式（最坚固的一种，据说基于男性身体的比例）、爱奥尼式（比较轻盈，反映了女性身体的比例）以及科林斯式（最修长最华丽，让人想起年轻女性身体的形体和比例）。托斯卡纳和混合柱式源自罗马，它们修改并混合了早期希腊柱式中的元素。为了与文艺复兴时期的理性精神保持一致，人们用精确的数字比例表达这些柱式。这也是帕拉迪奥的《建筑四书》想要达到的目标之一。帕拉迪奥的方法受到维尼奥拉（1507—1573）的早期著作《五大柱式规则》（*Regola delle Cinque Ordini d'Architettura* 或 *Canon of the Five Orders*）的影响。维尼奥拉是一名建筑师，名字来自他出生的意大利小镇，他在米开朗基罗（及后来的波尔塔）之后，成为圣彼得大教堂的主建筑师，参与建造了穹顶侧翼的两个小穹顶（见图 5-43）。

维尼奥拉的著作是一本带插图的手册，解释了如何设置柱式。举个例子，维尼奥拉用圆柱柱础的直径 D 来确定它的高，具体如下：多立克式 $8D$、爱奥尼式 $9D$、科林斯式 $10D$、托斯卡纳式 $7D$、混合式 $10D$。柱子的结构部件包括竖立柱子的柱础和它顶部的柱头。基座是放柱础的石块，柱顶盘是柱子所支撑的水平部件。维尼奥拉将基座、柱子（包括柱础和柱头）及柱顶盘的高度之间的比例设置为 4∶12∶3。这些比例是他根据古典范例得出的。例如，他的多立克柱式就是基于罗马马赛卢斯剧院的比例，科林斯柱式是基于哈德良的万神殿（见图 2-36 和图 2-42）。

爱奥尼式柱典型和突出的特点是装饰在柱头的涡卷形结构，称为爱奥尼式涡卷。伦敦大英博物馆内的一个例子如图 5-64 所示。构造爱奥尼式涡卷的螺旋曲线的所有方法都是将其作为一系列圆心和半径各不相同的有组织的圆弧（使用直尺和圆规）。维尼奥拉的著作给出了其中的一种方法，该方法建立在希腊人和罗马人采用的步骤的基础上。在讨论该方法之前，我们先介绍荷兰人尼古劳斯·戈尔德曼（1611—1665）的构造方法。戈尔德曼为建筑师写实践手册，在荷兰的莱顿城教授数学和建筑学，他的方法出现在 1649 年维特鲁威的阿姆斯特丹版作品中。18 世纪，它被引入英语国家的建筑界。

戈尔德曼构造涡卷时，先从眼部，即位于正中心的圆开始。构造方法如彩图 21 和彩图 22 所示，下文将进行解释。先画一个半径为 r、圆心为 C 的圆作为眼部。半径 r 及圆心 C 的位置取决于柱子的直径，后面再确定。在垂直轴上取蓝点 1 和 4，使其到 C 的距离为 $\frac{r}{6}$。添加蓝点 2 和 3，使 4 个蓝点组成一个边长为 $\frac{r}{3}$ 的正方形。（把数字和颜色标记及点联系起来会使表述更简单。）在垂直轴上取绿点 5 和 8，使得每个点到

C 的距离为 $\frac{r}{3}$。选择绿点 6 和 7，使这 4 个绿点组成一个边长为 $\frac{2r}{3}$ 的正方形。最后，在垂直轴上取红点 9 和 12，使得每个点到 C 的距离为 $\frac{r}{2}$。选择红点 10 和 11，使它们组成一个边长为 r 的正方形。现在已经完成这一构造法中最重要的部分了。点 1 到 12 是构成整个涡卷的圆弧的圆心。（可以用尺规作图实现这种涡卷的构造方法，不过这里我们将不再详细说明。）

图 5-64　伦敦大英博物馆内的爱奥尼式柱。Wayne Boucher 摄，© Cambridge 2000

现在取一个圆规。将它的一只脚放在点 1 上，沿垂直轴将另一只脚拉到垂直轴与圆的交点处。从交点处逆时针绘制一条等于四分之一圆的圆弧，在点 V_1 处停止。这条圆弧的颜色与它的蓝色圆心相同，其半径为 $R_1 = r + \frac{r}{6} = \frac{7r}{6}$。现将圆规的一只脚放在点 2 上，将另一只脚拉到 V_1，逆时针绘制一个四分之一圆，在点 V_2 处停止。注意第二条圆弧的半径 $R_2 = R_1 + \frac{r}{3} = \frac{9r}{6}$。接下来，将圆规的一只脚放在点 3 上，将另一只脚拉到 V_2，绘制一个四分之一圆，到 V_3 停止，其半径 $R_3 = R_2 + \frac{r}{3} = \frac{11r}{6}$。彩图 22 展示了如何继续进行这一模式。在每一步，四分之一圆的颜色都与它所在的圆的圆心点相同。以点 4 为圆心、从 V_3 到 V_4 的圆弧半径 $R_4 = R_3 + \frac{r}{3} = \frac{13r}{6}$。这就完成了涡卷的蓝色部分。第一条绿色弧的圆心为点 5，半径 $R_5 = R_4 + \frac{r}{2} = \frac{16r}{6}$。第二个、第三个和第四个绿色四分之一圆的圆心为点 6、7 和 8。注意它们的半径每一步都增大 $\frac{2r}{3}$。特别地，$R_8 = R_5 + 3 \times \frac{2r}{3} = \frac{28r}{6}$。从 V_8 到 V_9 的第一个红色四分之一圆的圆心为点 9，半径

$R_9 = R_8 + \frac{5r}{6} = \frac{33r}{6}$。第二个、第三个和第四个红色四分之一圆的圆心为点 10、11 和 12。它们的半径每一步都增大 r。因此 $R_{12} = R_9 + 3r = \frac{51r}{6}$。到达 V_{12} 点后，涡卷就完成了。

还有最后一个问题。确切地说，相对于柱子，涡卷的中心 C 应在哪儿？r 的大小应为多少？答案是它们都要由爱奥尼式柱在柱础处的直径 D 确定。在水平方向，中心 C 到柱子中轴的距离应为 $\frac{1}{2}D$。在垂直方向，要求 C 位于涡卷所支撑的部件的下方 $\frac{1}{4}D$ 处。从 C 到 V_{12} 的距离为 $\frac{r}{2} + R_{12}$，这意味着

$$\frac{1}{4}D = \frac{r}{2} + R_{12} = \frac{r}{2} + \frac{51r}{6} = \frac{54r}{6} = 9r$$

因此 $r = \frac{1}{36}D$。

戈尔德曼的爱奥尼式涡卷构造法最好从眼部开始向外扩展，这也正是本文所介绍的方法。它也可以从外侧向内进行，即先绘制从 V_{12} 到 V_{11}、圆心为点 12 的四分之一圆，再从那里开始逐渐向眼部递减。

问题 10 小心地使用直尺和圆规，根据上述戈尔德曼方法构造柱础直径 D = 18 英寸的柱子的爱奥尼式涡卷。

图 5-65 的涡卷是用戈尔德曼的方法构造的（根据该图中心处的图形确定）。内部的第二条螺旋线位于第一条内侧并与其平行。它用的方法和第一条相同，只是以统一的方式稍微改变了圆弧的圆心和半径。

维尼奥拉扩展了希腊—罗马人构造爱奥尼式涡卷的方法。与戈尔德曼的构造方法很相似，维尼奥拉的方法要绕眼部螺旋 3 次，其基本思想与戈尔德曼的方法相同，唯一的差别是圆弧的圆心位置。图 5-66 展示了 12 个中心点。这些点位于所谓的文艺复兴菱形的内部，和彩图 21 中戈尔德曼的方法一样，记为 1 到 12。从 A 到 B 的圆弧的圆心位于点 1。从 B 到 C 的圆弧的圆心为 2。它们的半径如虚线所示。按照这种模式，就完成了涡卷。用同样的方法构造内螺旋线，靠近点 1 到 12 的小标记给出了 12 条圆弧的圆心位置。第一条弧从 A'出发到达 B'。它的半径是另外一条虚线。图 5-67 中的涡卷由帕拉迪奥构造。在右上角及眼部内均可以看到文艺复兴菱形，由此可知他使用了上述方法。

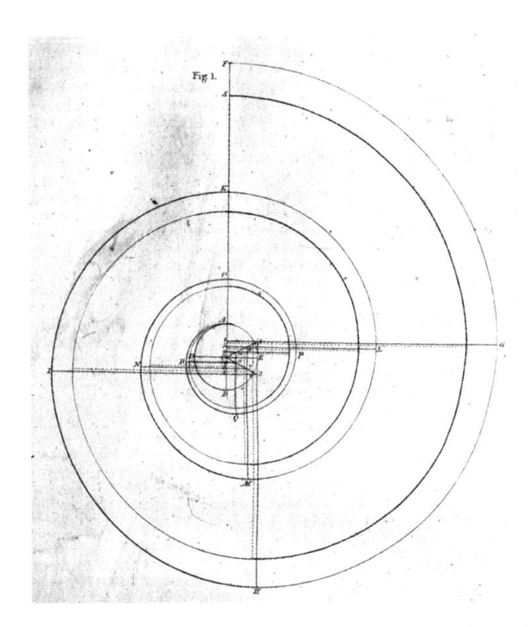

图 5-65　选自 William Chanders 爵士的《论民用建筑：内含艺术准则并用大量展现精美设计和雕刻作品的插画加以阐述》。J. Dixwell 出版，伦敦，1768（第 2 版）：25

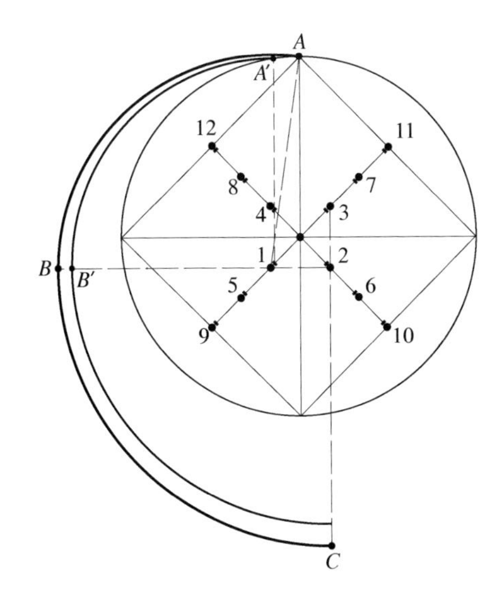

图 5-66　文艺复兴菱形

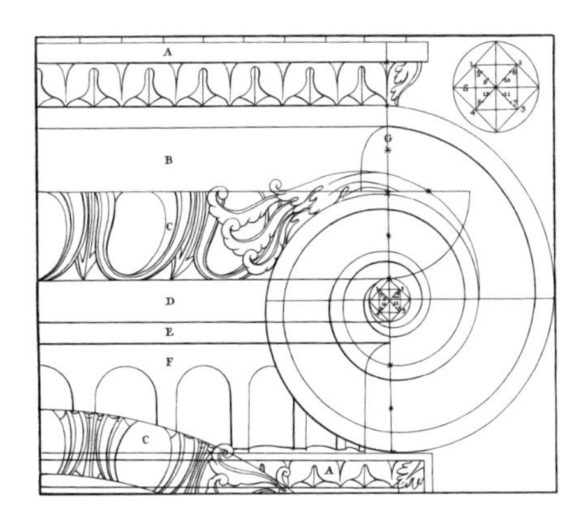

图 5-67　帕拉迪奥的爱奥尼式涡卷

讨论 5.2　圣彼得广场的方尖碑　几个世纪以来，旧圣彼得大教堂附近都矗立着一座古埃及方尖碑。西斯科特五世——教皇中伟大的建筑师——一登上教皇宝座，就宣布想要将这座方尖碑移到新圣彼得大教堂前方广场的中心。这座方尖碑只用一块红色花岗岩建成，有 80 多英尺高，重量超过 317.5 吨。将其移到约 780 英尺外的新位置将是工程上的一项创举。

1586 年，500 名数学家、工程师和其他人员提出了移动方尖碑的最佳方案。罗马建筑师多梅尼科 · 丰塔纳的策略最后得到批准。（正是丰塔纳在两年后协助波尔塔建设圣彼得大教堂的穹顶。）丰塔纳将方尖碑装入用铁条紧箍的厚木箱内。他设计了一个由脚手架、绳索、绞盘和滑车组成的复杂系统，并将其搭建好。图 5-68 展示了其中的一些结构。900 名体力劳动者和 75 匹马组成的队伍严阵以待，为它提供动力。在万众瞩目下，方尖碑被从它的石头基座上抬起，抬起的高度正好允许放置它的大型马车（该马车是为这一目的特别打造的）通过。一星期后，方尖碑被放下，水平搁到马车上。等夏日的酷热过去后，人们拉着马车，沿一条特别铺设的轨道前进，直到新位置。图 5-69 描绘了这一场景。庞大的人群聚在一起观看方尖碑被抬起来放好。教皇发布了命令，要求人们保持安静。抬起时又一次用到了绳索、绞盘、滑车、人和马。当其中一根绳索在压力下似乎要断裂时，人群中爆发出一声大喊："往绳子上泼水！"这条指令由一个熟悉绳子特性的水手发出，显然挽回了局面。方尖碑被成功放下。而违抗命令的水手也得到了宽赦。

图 5-68　纳塔莱 · 博尼法乔为丰塔纳的手稿《梵蒂冈方尖碑的迁移》绘制的插图，1590。普林斯顿大学图书馆，马昆德艺术考古藏书室

图 5-69　博尼法乔为丰塔纳的手稿《梵蒂冈方尖碑的迁移》绘制的插图，1590。普林斯顿大学图书馆，马昆德艺术考古藏书室

将方尖碑从一个位置移动到约 780 英尺外的另一个位置的壮举在当时被称赞为技术的胜利。但考虑到方尖碑的历史，这是让人诧异的评价：公元前 1000 年，它就为古埃及法老开采、移动并竖立起来。公元前 30 年至公元前 20 年期间，罗马皇帝奥古斯都将其运到古埃及的亚历山大。几十年后，方尖碑被装到船上，横穿地中海，来到罗马。试想一下，人们从单独的一块石头切割出如此巨大的方尖碑并移动时，能使用的只有诸如钉子、锤子、坡道、杠杆和绳索这样的工具以及由人和动物提供的动力，真是让人瞠目结舌。方尖碑可能是通过插入木楔从花岗岩层挖掘出来的，这些木楔用水浸泡后会膨胀，从而使花岗岩裂成块。古埃及浅浮雕告诉我们可以用大型驳船运输方尖碑。很有可能，人们将其拉到土墩上，再倾斜，让其滑到指定位置，从而将它放到底座上。

接下来的一组问题讨论透视法。在 5.7 节关于阿尔伯蒂地板的那部分内容里，我们遇到了几组平行线，在用透视法绘图时它们将交于消失点。（除了与绘画者观察点平行的那些线，它们没有交点。）平行线一般会定义我们所观察的场景或物体的基本形状。可知一般图画中会有几个消失点。相应地，人们会称其为一点、二点或三点透视。图 5-48b 中对阿尔伯蒂地板的描述及对其垂线和对角线的关注正是两点透视的一个例子。

问题 11 研究彩图 19 拉斐尔的《雅典学派》及彩图 20 潘尼尼的《圣彼得大教堂内部》。确定每幅画中消失点的位置。

问题 12 一般认为图 5-70 中著名的《理想城市透视图》（*Perspective View of an Ideal City*）是皮耶罗·德拉·弗朗西斯卡（约 1420—1492）的作品。研究它并找出消失点的位置。弗朗西斯卡是意大利文艺复兴早期的伟大艺术家之一。他可能在佛罗伦萨研究了布鲁内莱斯基的建筑和马萨乔的画作。他更有可能熟悉阿尔伯蒂关于绘画和透视法的文章。他也是当时重要的数学家之一，写过几本书，促进了算术、代数和几何学的发展，提出了自己关于立体几何和透视法的观点。他的一些作品后来出现在其他一些著作中，其中著名的有帕乔利的《论神圣比例》。

图 5-70 《理想城市透视图》，据称为弗朗西斯卡的作品，约 1470 年。马尔凯国家博物馆，乌尔比诺

问题 13 著名的德国画家和绘画艺术家阿尔布雷希特·丢勒（1471—1528）与达·芬奇处于同一个时代，他在设计中结合了数学知识。图 5-71 展示了丢勒 1525 年的木刻《绘制鲁特琴的人》（*Man Drawing a Lute*）。用语言描述一下与丢勒在图 5-46 中所描述的场景有关的内容。

图 5-71　阿尔布雷希特 · 丢勒，《绘制鲁特琴的人》，1525。大都会博物馆

问题 14　看一下图 5-72 中四面体（4 个面）、立方体（6 个面）、十二面体（12 个面）和二十面体（20 个面）的透视图。（八面体省略了。）据说它们都是达 · 芬奇绘制的。不管艺术家是谁，毫无疑问，他都为每个柏拉图立体制作了一个模型，并将其作为绘画的基础。

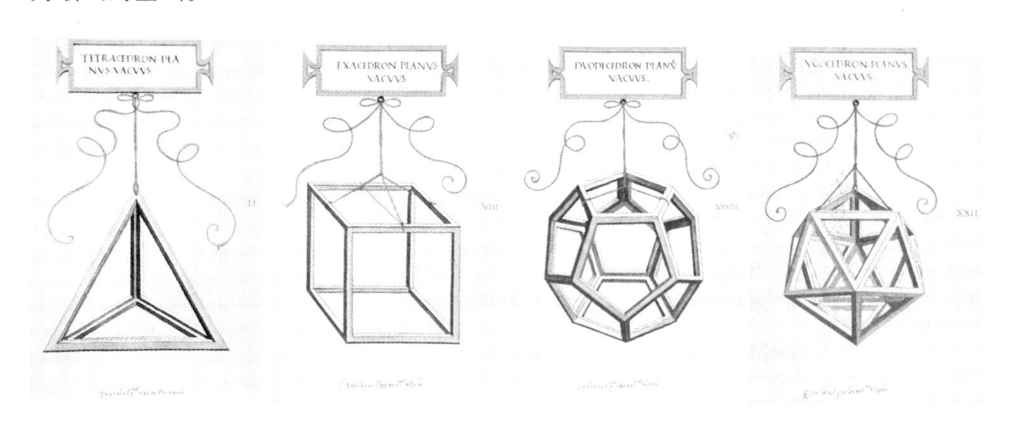

图 5-72　达 · 芬奇的木刻。选自帕乔利《论神圣比例》，威尼斯，1509，安波罗修图书馆，米兰，手稿 170 上方，图 II、VIII、XXVIII 和 XXII. 普林斯顿大学图书馆，马昆德艺术考古藏书室

问题 15　考虑 3 个同样的黑色圆圈和它们的直径，如图 5-73 所示，它们被画在水平地板上。黑点代表站在同一块地板上的观察者的眼睛，他看着这 3 个圆。这 3 个圆与观察者间的距离相等。画出观察者将看到的 3 个圆及它们的直径。

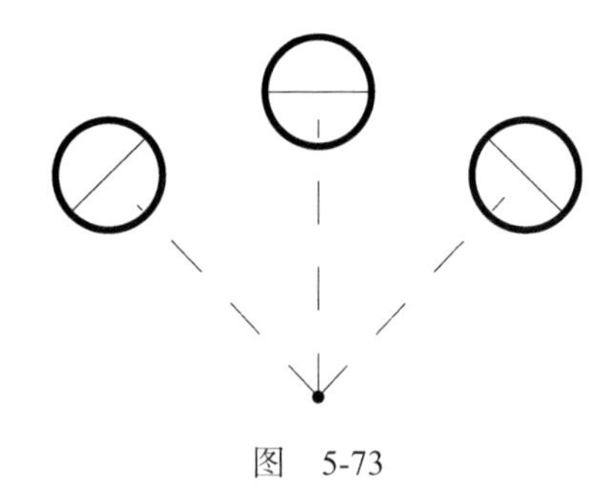

图 5-73

接下来的一组问题探讨 5.7 节中涉及解析几何（二维和三维）的一些问题。

问题 16 两个点 $P_1=(3,5)$ 和 $P_2=(-2,7)$ 确定一条直线 L。先取 P_1，再取 P_2，用 P_1-P_2 的差，计算 t 的系数，从而求出 L 的两对不同的参数方程。再重复两次这一过程，确定 L 的 4 对不同的参数方程。

问题 17 给定 xy 平面内直线的参数方程 $x=-3+5t$ 和 $y=4+2t$。验证点 $(-3,4)$ 和 $(7,8)$ 在这一直线上。证明 t 的系数之比 $\frac{2}{5}$ 等于该直线的斜率。点 $(0,5.2)$ 和点 $(5,7.2)$ 是在这条直线上吗？点 $(1,5.5)$ 呢？

问题 18 找出过点 $(1,2)$ 和 $(-3,-4)$ 以及过点 $(2,1)$ 和 $(3,6)$ 的直线的参数方程。用它们求出两条直线的交点。

问题 19 考虑由两个点 $P_1=(1,2,3)$ 和 $P_2=(4,6,8)$ 所确定的直线。列出 L 的参数方程。

i. 考虑平面 $x-2y-3z=4$，确定直线 L 与该平面的交点。

ii. 考虑球 $x^2+y^2+z^2=r^2$。r 为何值时，L 穿过该球？

问题 20 任意两个不互相平行的平面相交都得到一条直线。确定平面 $3x-4y+5z=2$ 和 $2x+y-3z=4$ 的交线的参数方程。

问题 21 找出均包含给定直线 $x=2+3t$、$y=-1+2t$、$z=1+t$ 的两个平面的方程。【**提示：** $\frac{2}{3}(x-2)-\frac{1}{2}(y+1)-(z-1)=0$。】

问题 22 取不同的 e 和 d，重复绘制图 5-48b 中的瓷砖地板的透视图。

问题 23 修改 5.7 节的论据，证明当在 xz 画布平面上绘制 xy 地板平面内任一斜率 m 非零的直线时，它们均交于水平线上的点 $(\frac{d}{m},e)$。

讨论 5.3 更多关于透视法的问题 5.7 节中关于 xyz 坐标系内透视法的解释，可以用在任一场景或物体上，而不仅限于阿尔伯蒂的水平地板。不过图 5-46 内的点 P

必须更一般地表示为 $P=(x_0,y_0,z_0)$，这样它就能代表地板上方和下方的位置（而不仅限于地板上的点）。在下列问题中进行这种变化，但让图 5-46 中的其他内容保持不变。

问题 24　回顾直线及其参数方程，写出由点 $E=(0,-d,e)$ 和 $P=(x_0,y_0,z_0)$ 所确定的直线的参数方程。证明直线与画布平面的交点为 $Q=(x_1,0,z_1)$，其中 $x_1=\dfrac{dx_0}{d+y_0}$ 和 $z_1=\dfrac{dz_0+ey_0}{d+y_0}$。

问题 25 到问题 29 中，e、d 和 h 的值为 $e=8$、$d=2$ 及 $h=22$（单位：英尺）。图 5-46 中地板所在的 xy 平面的长度单位是英尺，阿尔伯蒂的地板瓷砖为边长等于 1 英尺的正方形。画布所在的 xz 平面的长度单位为英寸。

问题 25　转到图 5-48。证明点 Q_1、Q_2、Q_3、Q_4 和 V 为 $Q_1=(-3,88)$、$Q_2=(3,88)$、$Q_3=(2\frac{2}{5},89\frac{3}{5})$、$Q_4=(-2\frac{2}{5},89\frac{3}{5})$ 和 $V=(0,96)$（所有的坐标单位都是英寸）。

图 5-74a 描绘了阿尔伯蒂的边长为 6 的瓷砖，其中 1 个单位表示 1 英尺。由于 $h=22$，地板最下面的一条边离 x 轴 22 英尺。图 5-74b 代表用透视法绘制在画布上的地板，其中 1 个单位代表 1 英寸。它使用了问题 25 的结论。图 5-74a 和图 5-74b 中的垂直虚线段表明 x 轴上方的两个框图并不是按比例放置的。在问题 26~问题 30 中，每个问题的解都需要重复应用图 5-74。求解这些问题时，在将相关信息从图 5-74a 中的地板转到图 5-74b 中的画布之前，不要忘记先将英尺转换成英寸。

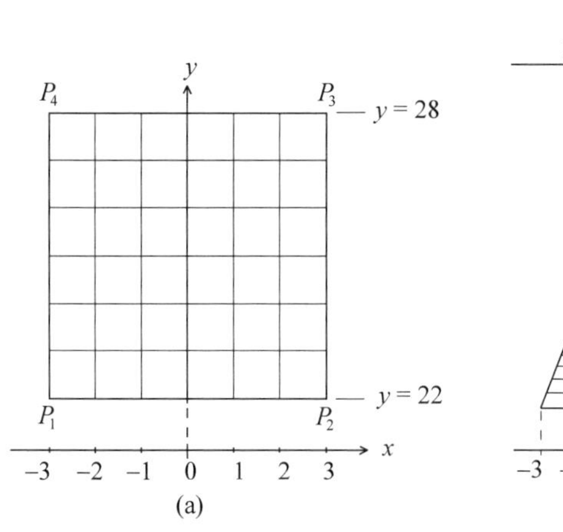

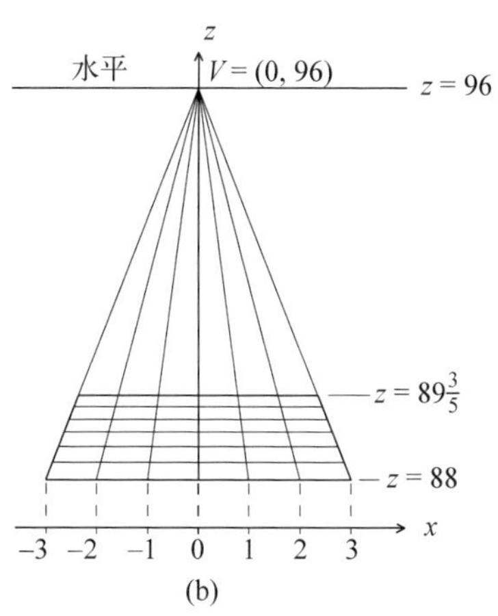

图 5-74　(a) 阿尔伯蒂地板，比例为 1 单位=1 英尺；(b) 用透视法将阿尔伯蒂地板绘制到画布上，比例为 1 单位=1 英寸

问题 26　考虑图 5-74a 中地板所在平面上的一点 $P=(-2,25)$。将点 P 的投影影像 Q 放到图 5-74b 中。接下来考虑地板平面中的两条直线 $x=2$ 和 $y=x+24$。将它们在图 5-74a 中绘制出来。将两条直线的投影影像绘制到图 5-74b 中。这两条直线将交于水平直线 $z=96$ 上的哪一点？

问题 27　考虑图 5-74a 中地板平面上的直线 $y=8x+22$。它的透视影像交于图 5-74b 内直线 $z=88$ 上的哪个点？用问题 23 的结果，将该直线的透视影像绘制到图 5-74b 内。

问题 28　图 5-75 描绘了图 5-74a 中阿尔伯蒂瓷砖及 4 条线段。每条线段都经过地砖的中心，与 x 轴或 y 轴成 22.5°。根据相似三角形可知线段的 8 个端点确定一个正八边形。

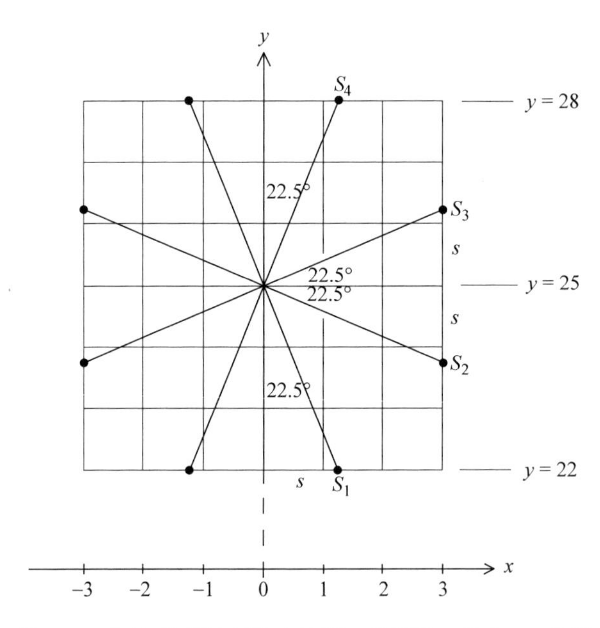

图 5-75　阿尔伯蒂地板的八边形，比例为 1 单位= 1 英尺

i. 根据问题 6 的结论 $\tan 22.5^\circ=\dfrac{1}{1+\sqrt{2}}$，证明图中的距离 $s=\dfrac{3}{1+\sqrt{2}}\approx 1.242\ 64$。

ii. 用 s 确定点 S_1、S_2、S_3 和 S_4 的坐标。使用估计 $s\approx 1\dfrac{1}{4}$，将这 4 个点以及整个八边形放进图 5-75a 内。

iii. 设 T_1、T_2 和 T_3 为 S_1、S_2 和 S_3 在图 5-74b 中画布上的影像。用 $\dfrac{3}{1+\sqrt{2}}\approx 1.24$，证明 $T_1\approx(1.24,88)$，T_2 和 T_3 的 z 坐标分别约为 88.55 和 89.20。将点 T_1、T_2 和 T_3 小心地

放进图 5-74b 内。

iv. 利用消失点，将 S_4 的影像 T_4 放入图 5-74b 中。然后将点 T_1、T_2、T_3 和 T_4 补充完整，得到正八边形的透视图。

问题 29 回到图 5-46 中的 6×6 的瓷砖地板，将其向上扩展为 6×6×6 的立方体。根据图 5-74a 和点 P_1、P_2、P_3、P_4，分别用 P_5、P_6、P_7、P_8 表示在它们正上方的立方体的上面 4 角，找出这些点的坐标。接着找到由两条边 P_5P_8 和 P_6P_7 所确定的直线的参数方程。证明这些边在画布上的透视影像的延长线会交于消失点 V。【**提示：**先用问题 24 的结论求两条直线中的代表性点。】

问题 30 使用问题 29 的结论绘制立方体的透视图。先从底的透视图开始，如图 5-75b 所示，然后绘制 4 个上部顶点来将其补充完整。

我们接下来研究二次方程的例子和圆锥曲线，并考虑透视法的相关问题。

问题 31 方程 $y=\frac{1}{2}x^2$、$3x^2+4y^2=6$ 和 $3x^2-4y^2=12$ 的图形分别为抛物线、椭圆和双曲线。研究图 5-51、图 5-52 和图 5-53，将其用来确定抛物线的焦点和准线、椭圆的半短轴和半长轴以及限定双曲线形状的两条直线的方程。画出这 3 个图形。

问题 32 画出方程 $\frac{x^2}{6^2}+\frac{y^2}{4^2}=1$ 和 $\frac{(x-2)^2}{6^2}+\frac{(y-4)^2}{4^2}=1$ 的图形。【**提示：**这两个图形都是椭圆。先画出确定它们的方框。】

问题 33 对方程 $x^2+4xy+4y^2+6x+12y+9=0$ 的左边做两步因式分解，证明该方程是退化的，它的图形是一条直线。

问题 34 方程 $x^2+4y^2-6x+8y+9=0$ 的图形是一条圆锥曲线。用 B^2-4AC 的判据证明它是一个椭圆。用配方法重新整理该方程，使其能让人辨别出椭圆的中心和半短轴及半长轴。画出该椭圆的图形。

问题 35 设 $Ax^2+Bxy+Cy^2+Dx+Ey+F=0$ 为圆锥曲线的方程。对圆锥曲线进行平移或旋转，该圆锥曲线的方程也随之变化，但 B^2-4AC 不变。另一方面，两条看起来极不相同的圆锥曲线也能有同样的 B^2-4AC。为什么抛物线提供了这类例子？转向椭圆，写出与圆 $x^2+y^2-1=0$ 的 B^2-4AC 相同的、非常扁平的椭圆的方程。

问题 36 双曲线 $x^2-y^2=1$ 和 $\frac{x^2}{2}-\frac{y^2}{2}=1$ 有同样的焦轴，由同样的一对相交线确定形状。确定这对直线，并在同一坐标系内画出这两条双曲线的图形。

问题 37　考虑方程 $xy-1=0$，即 $y=\frac{1}{x}$ 的图形。为什么根据上一节的理论，它的图形是一条双曲线？通过考虑 $y=-\frac{1}{x}$ 的图形，确定决定这条双曲线形状的那对相交线，确定该双曲线的焦轴。通过绕原点旋转，该双曲线可以被转换为问题 36 中的两条双曲线中的一条，那么它要旋转多少度（以及向哪个方向旋转）？旋转后，它会成为问题 36 中的两条抛物线中的哪一条？

回顾图 5-74 中阿尔伯蒂的瓷砖地板及其在画布上的影像。求解问题 38 和问题 39 需要熟悉基本事实 2 和基本事实 3 以及上一节提出的椭圆方程的推导过程。考虑图 5-76a 中展示的阿尔伯蒂地板上的 9 个圆。图 5-76b 展示了它们在画布上的影像。

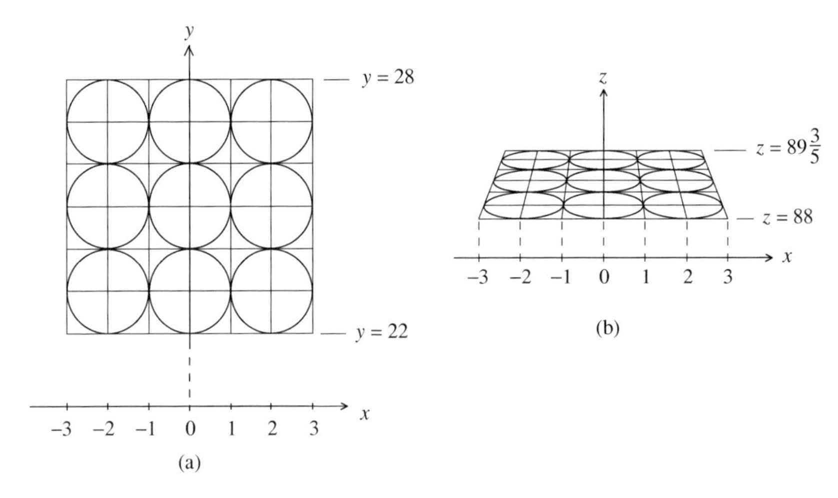

图 5-76　(a) 阿尔伯蒂地板上半径为 1 的圆，比例为 1 单位=1 英尺；(b) 用透视法将圆绘制成椭圆，比例为 1 单位=1 英寸

问题 38　选出图 5-76a 中圆心在 y 轴上的 3 个圆中的一个，写出该圆的方程。

i. 确定你所选择的圆的透视影像，即图 5-76b 中椭圆的方程。不仅针对具体的 $e=8$、$d=2$ 和 $h=22$，还要求 e、d 和 h 为一般情况时的方程。将方程写成 $Ax^2+Bxz+Cz^2+Dx+Ez+F=0$ 的形式。

ii. 证明 $B^2-4AC=-4e^2\left((d+y_{\text{cen}})^2-1\right)$，其中 $(0,y_{\text{cen}})$ 是圆心。

iii. 在图 5-76 的情况中，$d=2$，$y_{\text{cen}}=22+3=25$，因此有 $B^2-4AC<0$，(i)中方程的图形是一个椭圆。是否对每种 d 和 h 组合，都有这样的情况成立？讨论各种不同的可能性。

问题 39　选择图 5-76a 中位于中间左侧或右侧的一个圆，列出它的方程。

i. 确定该圆的透视影像，即图 5-76b 中椭圆的方程。对一般的 e、d 和 h，而不仅是具体的值 $e = 8$、$d = 2$ 和 $h = 22$，确定椭圆的方程。将方程写成 $Ax^2 + Bxz + Cz^2 + Dx + Ez + F = 0$ 的形式。

ii. 如果你已正确回答了问题 15，你就应知道这个椭圆被旋转了，这样它的焦轴就不是水平的。你能根据 i 的答案确定这一点吗？

图 4-48 的绘图，尤其是对圆柱的绘制，使用了从问题 39 获得的知识。

第6章

新建筑：材料、结构分析、计算机及设计

工业革命开始于18世纪中期，到19世纪迅速蔓延起来，并开创了一个新时代。蒸汽机驱动的机器以及铁的使用使得剧烈改变人类活动的规模和范围成为可能。大功率的汽船和机车能运输大量货物和乘客。机器驱动的铸造厂、磨坊及其他工厂雇用大量的工人，大规模、低成本地生产由金属、布料、人造纤维及塑料制成的商品。建筑工程配备的升降机、电梯和起重器以及汽车将材料运至现场，它们不再靠人和驮畜拉动，而是使用以燃油和电为动力的发动机。大规模的生产、施工和运输要求建设公路、铁路、桥梁、建筑物及其他基础设施。这就刺激了对铸铁、熟铁、配筋砌体、钢筋混凝土的使用以及对材料、结构和机械专家的需求。这些专业领域都发展出了自己的工程学科，它们以阿基米德、伽利略和牛顿发现的有关力学、运动学和数学的相关知识为基础，研究建筑材料和结构部件的负载、侧推力、应力及位移，并对这些材料和部件进行实验和测试。工程师是新的专业人士，他们为新时代建设基础设施。

18世纪和19世纪的欧洲由许多君主国统治，包括奥地利、英格兰、法国和俄罗斯。这个时期的建筑继续受到统治阶级品位及需求的影响，大多仍然是教堂、宫殿、官邸、政府建筑、银行、图书馆、博物馆及剧院，其中绝大多数建筑物继续走古典路线。巴洛克式风格得到发展，这是一种富含装饰元素的古典样式，它与哥特式、文艺复兴和帕拉迪奥式传统密切相关。新的建筑材料和工程学科对该领域产生影响，但这种影响仍主要隐藏在建筑背后。这些影响在1887~1889年巴黎埃菲尔铁塔的建设过程中体现了出来。工业时代的这一优雅象征由弯曲的铁桁架构成，由结构工程师实现其设计。以“每个时代有自己的艺术，每种艺术有自己的自由”为口号，19世纪末的一些艺术家和建筑师群体从维也纳的艺术机构中分裂出来，成为这种精神的象征。同时，

大西洋彼岸的芝加哥发表了一份强硬的声明，声称建筑“形式应服从功能”。自由建筑表达的精神与对建筑功能的需求（二者经常会冲突）对此后的建筑设计共同产生了重要的影响。

1914 年，各国之间的冲突导致了世界大战的爆发。机器的使用及工业时代的技术使这场战争带来空前的破坏和灾难。继之而来的是一段不稳定时期。几位 20 世纪前半叶颇具影响力的建筑师，包括弗兰克·劳埃德·赖特、勒·柯布西耶（Le Corbusier，原名 Charles Édouard Jeanneret，他将祖父的名字 Le Corbésier 做了一下修改）、沃尔特·格洛皮乌斯和路德维希·密斯·凡德罗追求用建筑表达新秩序。他们认为建筑的目标应是使人们的生活和工作空间与时代美学、技术和文化协调一致。建筑“不是容器，而是所处的空间”，而房子是“用来居住的机器”。用钢骨架支撑、装有玻璃幕墙、使用悬臂式混凝土板以及以平屋顶为特征的矩形建筑物开始代表新的国际风格。新建筑材料和电梯的发明使人们能在比最高的哥特式结构还要高很多的摩天大楼内建造生活和工作空间。计算机尤其是大功率计算机的设计和制造加速了上述发展。20 世纪下半叶及 21 世纪初的建筑师，包括埃罗·沙里宁、约恩·乌松、弗兰克·盖里、圣地亚哥·卡拉特拉瓦以及诺曼·福斯特利用新材料和技术，创造了全新的建筑形式。

本章讲述了新材料（钢筋砌体、铸铁、钢筋和预应力混凝土以及钛）和发展中的结构工程学科（材料测试、数学分析以及现代计算机技术）的故事。通过讲述，想要说明扩大了的建筑设计领域和人们所能建造的结构范围。不言而喻，这些都是复杂的问题，而本章只能给出几条重要的线索。

第一节探讨了 18 世纪和 19 世纪一些有穹顶的伟大建筑，它们是伦敦的圣保罗大教堂、巴黎的先贤祠、圣彼得堡的圣以撒大教堂以及华盛顿的美国国会大厦。它们的穹顶外部极其相似，深受布拉曼特的坦比哀多和米开朗基罗的圣彼得大教堂的影响。但穹顶下的支撑部件则讲述了使用铁—钢筋砌体和铸铁的故事以及结构工程的进步。

第二节和第三节详细观察了 18 世纪英国、意大利和法国的工程师及科学家在结构工程方面做出的重要贡献。这是与基础应用几何学及物理学相关的内容。为了确定拱券或穹顶在什么情况下结构稳定，该部分内容调查了侧推力线和弯曲力矩，研究了张力、剪应力和摩擦力的影响。得出的结论影响了上文提及的穹顶设计，使得对它们进行稳定性评估成为可能。

第四节讲述了悉尼歌剧院的历史。它建于 1957~1973 年，其施工展示了建筑师对创造性精神的需求、工程师对建造可行性的坚持以及标准化生产的经济优势之间的冲突。预应力混凝土和球面几何学都是基本要素，早期版本的计算机分析起到了重要作用。最后，第五节讨论了计算机对建筑的影响以及计算机辅助设计与制造的进展。这一技术使建筑设计的完成完全与过往惯例分离。我们将看到毕尔巴鄂内的古根海姆博物馆具有流畅、抽象的外形。它的建筑不受传统建筑材料和建造方法的限制，而是一种现代艺术。

6.1 结构演进：从圣保罗大教堂到美国国会大厦的穹顶

伦敦圣保罗大教堂（建于 1675~1710 年）、巴黎先贤祠（建于 1757~1790 年）、圣彼得堡圣以撒大教堂（建于 1818~1857 年）以及华盛顿的美国国会大厦（建于 1856~1868 年）的外表都是古典风格。每座建筑的正面都有一个或多个与罗马万神殿相似的门廊，都明显使用了科林斯柱式和壁柱。最主要、最引人注目的特点是它们的穹顶。如图 6-1 所示，它们的穹顶设计极其相似。坚固的圆柱形底座支撑着呈圆形排列的柱子，即所谓的列柱廊。它们的里面是穹顶的鼓座。列柱廊支撑着一个圆形平台，平台边缘由被称为栏杆的围栏环绕。一个开有凹进去的窗户的阁楼从平台上升起。它是带拱肋的半球形穹顶的底座，穹顶上方有一座高耸的采光亭。图 5-29 表明这种设计直接或间接受到了布拉特曼的坦比哀多的影响。4 种建筑中，上述部件的尺寸和比例各异，因此 4 座穹顶的美学冲击力也各不相同。表 6-1 告诉我们穹顶的尺寸也大相径庭。（注意没有一座的规模可与圣彼得大教堂的穹顶相比。）不过，4 座穹顶间最重要的不同是其下方的支撑结构。“罩子下面”的东西正是本节的重点。

表 6-1 4 座穹顶及圣彼得大教堂穹顶的尺寸（单位：英尺）

	圣保罗大教堂	巴黎先贤祠	圣以撒大教堂	美国国会大厦	圣彼得大教堂
列柱廊外直径	137	111	110	125	187
鼓座外直径	110	81	87	105	159
（在底座处的）鼓座内直径	112	69	74	98	138
穹顶内部的高度	58	34	42	98	92

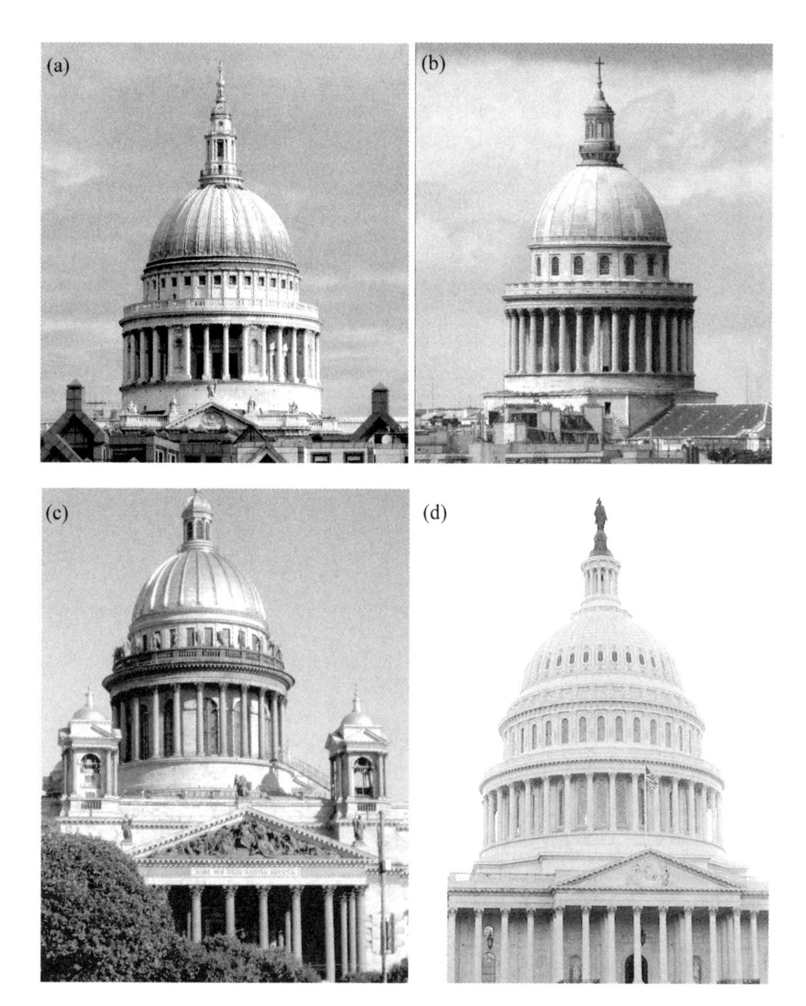

图 6-1　各种穹顶。(a) 伦敦圣保罗大教堂（1705~1708），Bernard Gagnon 摄。(b) 巴黎先贤祠（1775~1781），Siren-Com 摄。(c) 圣彼得堡圣以撒大教堂（1840~1842）。(d) 美国国会大厦（1856~1864），Túrelio 摄

1666 年，伦敦大火烧毁了该城三分之二的建筑，圣保罗大教堂成为废墟。英格兰国王认命克里斯托夫·莱恩（1632—1723）监督该城的重建工作并重新建造圣保罗大教堂。莱恩是位数学家，其学术兴趣为几何学、天文学、航行术和测量以及与这些学科相关的仪器。莱恩与同时代的牛顿（提出微积分并将其用于行星运动理论，重新塑造了科学）和罗伯特·胡克（1635—1703，一位伟大的科学家，兴趣广泛）都是伦敦皇家学会的成员，该学会是专注于科学及其发展的知名机构。长久以来，建筑一直被认为是数学科学的一部分，远在被认命之前，莱恩就已对建筑，包括它的美学理论、比

例以及建筑构件的强度产生了兴趣。大火发生前的两年，莱恩访问了巴黎。他观察了几座大型建筑物的施工并与其建筑师进行了讨论。当时人们正在重建卢浮宫（太阳王路易十四的住所及其宫廷所在地）的一部分。莱恩写道：

> 此时，卢浮宫成为我每天的目的地，那里经常雇用不少于一千人来参加劳动……总之，它成为一所建筑学校，可能是今天欧洲最好的一所。

巴黎郊区凡尔赛的夏宫大约也在那时开始施工。对路易及其随从而言，这里是更安全和奢侈的地方。在这里莱恩遇到了贝尼尼，贝尼尼差不多刚刚完成圣彼得大教堂巴洛克式内部及其广场大型柱廊的细节工作，他来到巴黎，为卢浮宫的新东立面做一些设计（不过这些设计后来都未被采用）。

新圣保罗大教堂的施工始于 1675 年。它成为当时最大的建筑项目。许多施工技术都可追溯到中世纪。用石子（砖及石头碎片）及灰泥做墙壁和墩柱的中心，外面贴着大型琢石。莱恩将这种施工方法称为“废物—石”施工法，他知道在大负载下建筑构件会发生变形，但迫于经济因素，他不得不用这种方式建造新教堂的墩柱和墙壁。圣保罗大教堂的外墙很厚，足以降低对大量外扶壁的需求。砌筑拱顶使用从地面竖起的复杂木拱鹰架进行建造。拱顶上方是有三角形椽木桁架的屋顶（很像图 3-12 中所绘），由中殿和侧廊的墙壁独立支撑。系梁是单独的木材，它们在中殿上方，长 42 英尺。

作为伦敦城的新地标以及皇室和英国国教的双重象征，新教堂需要是一座规模庞大、让人印象深刻的建筑。莱恩的理念是设计一座传统巴西利卡式的教堂，上面由穹顶覆盖，能高耸在城市上空。穹顶的设计是主要关注对象，贯穿整个教堂的施工过程。它经历了几个版本和几次修改。莱恩完全清楚拱顶、穹顶及其支撑的负载给结构施加的向外的侧推力。他知道圣彼得大教堂穹顶沿子午线的那些裂缝，研究了圣索菲亚大教堂穹顶和拱顶的平面和截面图，并且了解了威尼斯圣马可大教堂在原来的扁穹顶上所增加的由木材支撑的高耸、鼓胀的外壳。莱恩还知道巴黎一些设计新颖的穹顶。并没有证据表明莱恩或者他的顾问及同事胡克在圣保罗大教堂的施工过程中能够以任何精度估计大型结构中的负载和侧推力。但是，正如我们将在“悬链与升穹顶”一节中所见到的，他们确实知道哪种结构形状最能抵抗这类负载和侧推力。

圣保罗大教堂的穹顶有外壳、中壳和内壳，如图 6-2 所示。中间的壳是基础结构构件，它的形状是一个圆锥体，从与栏杆等高的圆形底座竖起，支撑大型采光亭。内壳几乎完全看不见，由砖砌成，墙壁只有 18 英寸厚，采光亭产生的挤压力让它保持稳定。它受到的环向应力被嵌在砖内不同高度处的 4 根铁链所限制。接近半球形的外穹顶能够被人们看见，它受架在砖砌圆锥体上的木框架的支撑。图 6-3 是一张示意图，展示了砖砌圆锥体的外表面及一些木材。外壳的外部贴有圆形的铅片，内壳是独立结构的砖砌半球，除了自重外，不承受任何负载。它坐落在内鼓座上，由围绕在其底座的单独的一根铁链固定。教堂内表面上的湿壁画及从列柱廊的柱子间的 24 个大窗户透过来的光线使其成为教堂内部的审美焦点。透过内壳的圆孔，可以看到砖砌圆锥体内表面顶部的绘画和窗户。该圆锥体顶部的另一个圆孔制造出这样的假象，即内壳是结构中较低的部分，它不断向采光亭内开放的、具有装饰性的圆柱体延伸。这座教堂的内部是英国巴洛克式风格，不奢华，朴素、经典。

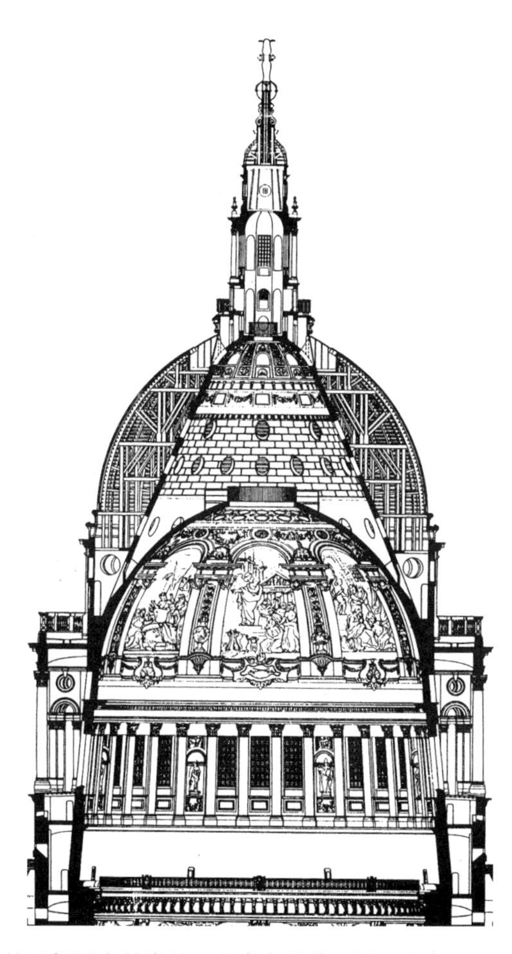

图 6-2　莱恩的圣保罗大教堂的三重壳穹顶截面图。选自 Jacques Heyman 的《石骨架：石建筑的结构工程》，剑桥大学出版社，1995，图 8-9

图 6-3　架在砖砌圆锥体上以支撑外穹顶的内部木结构的示意图

与罗马圣彼得大教堂进行的比较具有指导意义。圣彼得大教堂的施工需要 120 年（如果包括内部和柱廊的建造，还需要 25 年）和 12 个建筑师。圣保罗大教堂则在一个主建筑师的指导下只花费 35 年就完工了。圣彼得大教堂穹顶的外部延续了其垂直上升的正面，使它看起来像是要飞升。圣保罗大教堂栏杆与穹顶间的水平距离弱化了列柱廊的柱子对垂直向上的强调。圣保罗大教堂的穹顶看起来像是飘浮在空中；（比较图 5-43 和图 6-1a）圣保罗大教堂有两个对称放置的尖顶，共同构成其正面。圣彼得大教堂也曾规划了类似的塔，但不牢固的底层土使贝尼尼终止了对它们的建设。表 6-1 告诉我们圣彼得大教堂的穹顶比圣保罗大教堂的要大得多。不过两座穹顶的重量差不多相等，每座都约为 1 亿磅。回想一下，为了限制引起宽裂缝的大的环向应力，人们在圣彼得大教堂穹顶的不同高度处用 5 根铁链对它进行加固。而圣保罗大教堂从未需要这类维修。莱恩的带圆锥形内壳的三重穹顶结构更坚固。

巴黎的圣日内维耶教堂是一座建于 1756~1790 年的新古典主义建筑。它后来被改名为先贤祠，如今是许多法国伟大的知识分子和文人的安葬和纪念地。它是传统巴西利卡式建筑，有一个与罗马万神殿类似的门廊。和圣保罗大教堂一样，它的十字交叉处上方的穹顶也有三重壳，都是砌筑而成。除此之外，没什么特别的了。不过它有一个有意思的地方。它的法国建筑师雅克斯 · 杰曼 · 苏夫洛想要建造一座将古典希腊几何学与哥特式教堂的轻巧结构相结合的教堂。这一想法是颠覆性的，实际上，人们认为这是自相矛盾的。苏夫洛的设计没有遵循那时的传统和实践。砌筑的穹顶壳更薄，支撑它们的墩柱更细，中殿的窗户也要大得多。图 6-4 展示了圣彼得大教堂、圣保罗大教堂及圣日内维耶教堂在同样比例下的截面图。比较图中中等深度及深色的阴影区，可以看出，莱恩设计的穹顶由 8 根墩柱支撑，苏夫洛设计的只有 4 根。该图还表明苏夫洛设计的拱顶和墙壁更轻，那些纤细、独立的柱子起到结构性作用。

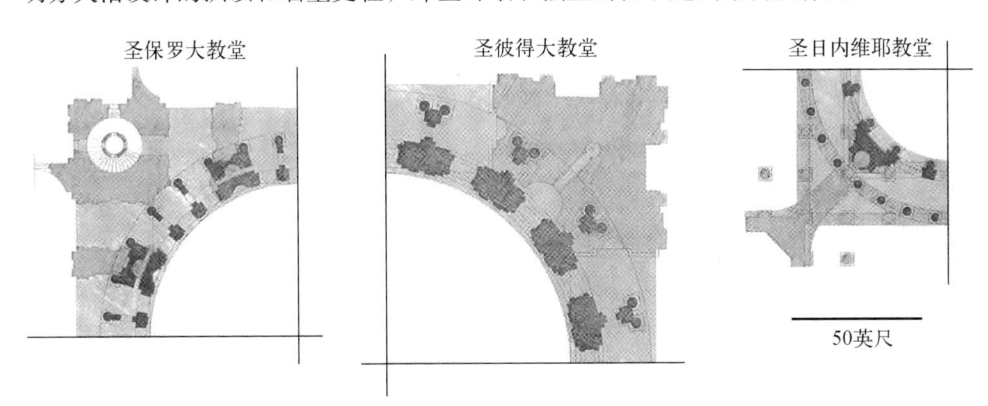

图 6-4　比例相同的 3 种设计。深色区域表示穹顶在鼓座高度的结构部件，中等深度的区域表示在地板高度的支撑物，浅色区域表示鼓座下的桥拱券和帆拱。选自 J. Rondelet 的《法国先贤祠穹顶的历史记忆》，巴黎，1797。普林斯顿大学图书馆，马昆德艺术考古藏书室

苏夫洛打算怎么完成有一个大穹顶的轻结构呢？他通过熟铁夹具和铁条来加固该砌筑结构，这会增加有效克服负载所需要的抗拉强度。图 6-5 展示了嵌入门廊石结构中的夹具和铁条。底下的图放大了该系统的一些构件。虽然罗马人已经用铜来加固万神殿的门廊，圣彼得大教堂的穹顶也由铁链固定，而莱恩曾用铁杆加固圣保罗大教堂，但是苏夫洛对铁的大量且系统的使用仍是史无前例的。

毫无意外地，现有的秩序批评了这一设计。作为回应，苏夫洛及其同事，包括让–巴蒂斯特·龙德莱（在 1770 年苏夫洛死后他作为建筑师接管了该项目）在石头样本上进行了全面的抗压试验，对所提出的结构进行了数学分析。（6.3 节将描述所需要的知识。）这些研究得出墩柱和经过加固的支撑结构很牢固，能承受穹顶的重量。在有记录的建筑历史上，这是首次在建筑物的设计中应用结构工程的方法。

施工得以继续。1790 年教堂完工时，法国大革命爆发，之后不久圣日内维耶教堂成为先贤祠。后来砌筑墩柱产生了裂缝，激起了新一轮论战。人们研究了这些裂缝，并与应力试验引起的裂缝做比较，进行了新的侧推力计算。结果又一次确定该建筑是

合理的，问题出在施工质量上。墩柱的灰浆层厚度不同，使得穹顶主要由墩柱外部的石头贴面所支撑。这导致 19 世纪早期，墩柱被建得更粗了。它现在作为先贤祠，纪念伟大的法国女性和男性，他们中有伏尔泰（哲学家、剧作家和评论家）、卢梭（哲学家和作家）、维克多·雨果（小说家、诗人和剧作家）、埃米尔·左拉（小说家）、玛丽·居里（物理学家）以及路易斯·布莱尔（盲人教师）。

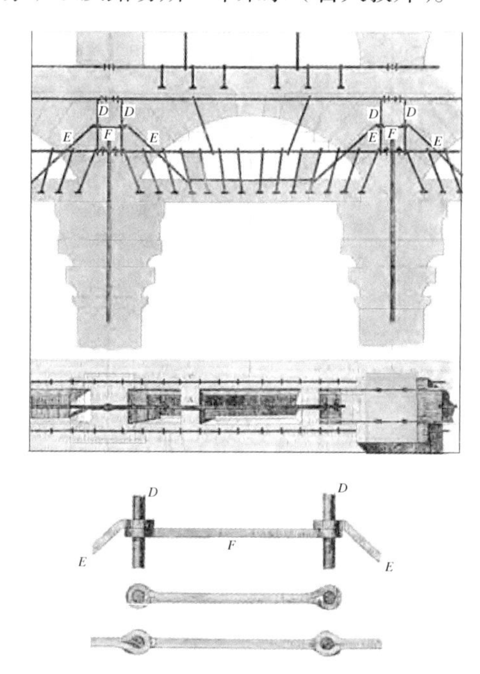

图 6-5　选自 J. Rondelet 的《建筑艺术的理论与实践》，巴黎，1827～1832。普林斯顿大学图书馆，马昆德艺术考古藏书室

苏夫洛设计的结构很大程度上依赖于铁的加固，这使砌筑结构超越了自身的天然局限性。约一个世纪后，人们开始使用钢筋混凝土，于是几乎没有什么是不能建造的了。结构工程的现代方法展示了苏夫洛及其同事不可能懂得的知识。在砌筑体内加固的铁夹和铁杆会在砌筑体内产生集中应力，时间长了就会使其断裂。还有其他的长期效应，如缓慢的化学变化、底层土的改变以及热和风对砌筑结构的作用等，这些都是复杂的问题，其结果很难预料。目前先贤祠出现了一些变形问题，其中最重要的一处发生在 4 个大拱券内，每个拱券的跨距约 100 英尺，承载着被列柱廊的柱子环绕的鼓座的重量。

圣彼得堡发展很快，拥有 50 万居民，成为欧洲大陆内排在伦敦、巴黎和君士坦丁堡（那时叫伊斯坦布尔）后的第四大城市。它的圣以撒俄罗斯东正教大教堂的情况正在恶化，重建这座献给其守护神的教堂成为罗曼诺夫王朝沙皇的重要事务。1812 年，俄国战胜拿破仑后，时机成熟了。新圣以撒大教堂应该既是辉煌的教堂，又是强大的新国家及其首都的象征。拿破仑失败后，波旁王朝复辟，建筑师里卡尔·德·蒙费朗（1786—1858）被迫离开法国，到俄国碰运气。蒙费朗的建筑素描引起了沙皇的注意，沙皇被深深触动，让这名没有经验的年轻建筑师主持这一项目。项目开始于 1818 年。那时在欧洲有一种 ferromania（ferrum 是拉丁语，意为“铁”）。铁的产量丰富，工程技术也在进步，因此以铁为骨架或被铁覆盖的大型建筑随处可见。在新教堂刚开始施工期间，圣彼得堡内建成了一座大型铸铁哥特式大厅，用来存放俄罗斯帝国陆军总参谋部的档案。蒙费朗本人之前曾作为助手，为巴黎的一座商业大厦建造铁骨架穹顶。因此，蒙费朗为该教堂选择一座铸铁骨架支撑的穹顶在那时也不算太出人意料。他提出了三重壳设计，与莱恩的圣保罗大教堂穹顶极其相似。比较图 6-2 和图 6-6，观察两种几何形状的相似之处和二者内部圆锥体所起到的核心作用。图 6-7 展示了圣以撒大教堂弯曲的铁骨架和穹顶支柱，其优点是它的重量约为 2268 吨，比圣保罗大教堂的穹顶要轻得多。

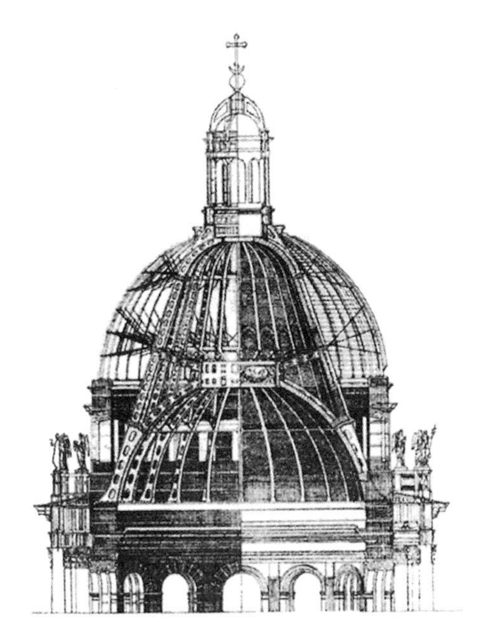

图 6-6　圣以撒大教堂的穹顶截面图。选自里卡尔·德·蒙费朗的《圣以撒大教堂》，巴黎，1845

图 6-7　圣以撒大教堂的内部结构。选自里卡尔·德·蒙费朗的《圣以撒大教堂》，巴黎，1845

圣以撒大教堂是世界上第四大有穹顶的教堂。它可以容纳 14 000 人。它的金色大穹顶成为了该城的天际线。圣以撒大教堂的外部以及它的山花和门廊以古典风格建造。华美的内部则是巴洛克式风格，装饰着绘画、马赛克、檐壁、雕塑、大理石及宝石，非常奢华。圣以撒大教堂一直倍受赞扬，也遭到了批评。一些历史学家赞扬它的杰出的缔造者，称它为俄罗斯历史上最伟大的古典作品。而另外一些人则关注其缺点，批评它的庞大开支，称其为“伪劣铸铁建筑”。

1793 年，乔治·华盛顿亲自为美国国会大厦安放奠基石。大厦于 1828 年完工，不过到 1850 年，它已经显得太小了，容纳不了来自新加入的州的越来越多的议员。因此，参议院批准对它进行大幅扩建，其新侧厅是正面宽度的两倍多。他们任命建筑师托马斯·沃尔特（1804—1887）监督这项工程。侧厅的建设工作在开始后不久就因一场火灾中断，火灾烧毁了建筑西部的旧国会图书馆，烧掉了很多书卷，其中许多都是无可替代的。这次让人痛心的事件对沃尔特和国会产生了强烈影响。沃尔特决定用防火的铸铁建造新侧厅内的所有屋顶结构、装饰性天花板、镶板及镶边装饰。以前从未在重要的公共建筑中如此大规模地使用过铸铁。铸铁的选择也使得以低成本添加丰富的铸造装饰成为可能。

很快，就连政治家们也看出需要有一座更大的新穹顶，以达到这座扩建后的、具有优秀设计的建筑所应具有的比例和平衡。在准备穹顶设计时，沃尔特先研究了圣彼得大教堂、圣保罗大教堂及巴黎先贤祠的穹顶。在之前短暂的旅欧期间，他亲眼看到了这 3 种建筑。沃尔特选择莱恩的穹顶作为他的原始模型。他测量了圣保罗大教堂鼓座和列柱廊的直径，获得了列柱廊及其上方半球的垂直比例。与圣保罗大教堂不同，沃尔特直接在列柱廊上加盖了圆柱形阁楼。与圣保罗正方形的小窗户相比，它的细长的窗户更加有效地延长了列柱廊垂直上升的线条。沃尔特设计的另一个新特点是弯曲的镶板带，它将阁楼细长窗户之间的壁柱与其上方半球体的拱肋连接起来。比较图 6-1a 和图 6-1d，可知，美国国会大厦的穹顶更雅致。

在选择穹顶的建筑材料时，沃尔特转向了铸铁。几种因素促成了他的选择。为了防火，他在国会大厦新侧厅里已大规模使用过铸铁。用铸铁比用砖石便宜得多。还有侧推力的问题。如果事先不大规模加固现有的底座直至它下面的地基，它就不可能吸收具有所需尺寸的砖石穹顶的水平侧推力。而现有的国会大厦的中心部分及其敞开的圆柱形大厅内部并不允许这样做。但铸铁穹顶重量轻，能建在现有的鼓座上，与给罐子盖上盖子并无不同，况且还有圣以撒大教堂的先例。沃尔特画了一些建筑素描，描绘出它的穹顶及位于中心的铁圆锥体的布局。

最后设计出来的国会大厦穹顶的支撑结构既不是蒙费朗的圆锥体，也不是沃尔特设想的圆锥体，而是沃尔特的德国助手奥古斯特・舍恩博恩（1827—1902）提议并改进的一组弯曲的拱肋。图 6-8 展示出了沃尔特设计的圆锥体与舍恩博恩设计的拱肋之间的区别。舍恩博恩设计的拱肋向上成为开放的桁架，与鼓座合并为一个单独的结构单元。显然，作为桁架的拱肋和支撑穹顶外半球的短杆结构更合理。

穹顶在 1856 年开工。人们在圆形大厅上空搭建了一个临时屋顶，拆除了旧穹顶，又增加了约 2268 吨新砖和灰泥将鼓座建得更高（部分被替代）。人们在中心竖起一个单独的以桁架为支撑的窄木塔，上面有一个放起重机的平台。起重机立柱长 80 英尺，横梁长 80 英尺，人们用起重机以及驱动它的蒸汽发动机吊起了该结构的所有铁构件。一圈大型三角形支架被固定在鼓座的外侧。列柱廊的每根柱子都由两个这种支架所支撑，其高度为 27 英尺。图 6-9a 展示了一个支架、一根柱子及鼓座延伸部分的垂直支撑物。围绕列柱廊有 36 根柱子，其直径为 124 英尺。图 6-9b 展示了一个支架下方的铸铁配置。它是将鼓座向外延伸 10 英尺的间壁的基础结构的一部分。这个间壁和列柱廊的外部进一步增加了穹顶靠下部分所占的比例，平衡了新国会大厦经过扩建的侧厅正面。

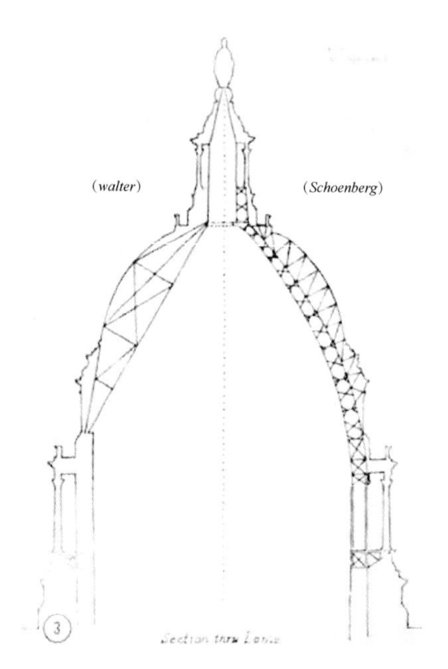

图 6-8 美国国会大厦穹顶的原始设计及拱肋结构的最终设计。左侧是沃尔特的原始设计，右侧是舍恩博恩的最终设计。选自 T. Bannister 的《美国国会大厦的穹顶历史》，1855

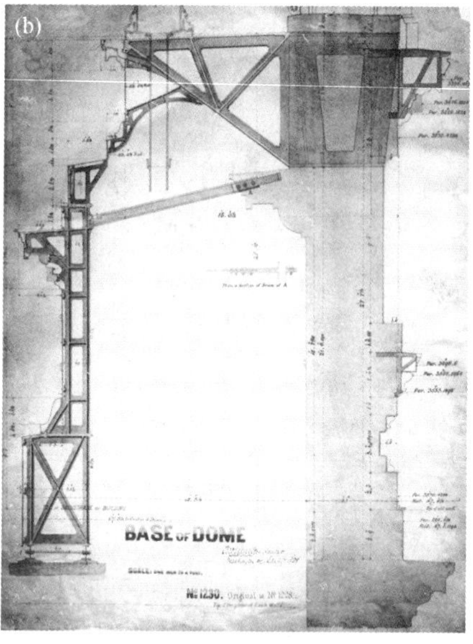

图 6-9 (a) 鼓座的纵向延伸及列柱廊的柱子；(b) 鼓座顶部及其外侧的铸铁延伸。选自《格伦·布朗的美国国会大厦历史》，议院档案，No. 108-240。图 196 和图 197

穹顶下部完工后，开始竖立舍恩博恩设计的 36 根拱肋。1861 年，大部分工程因美国内战暂停，国会大厦被暂时用作军营、医院和面包店。不过，1862 年工程得以恢复。工人在不同的高度架设了水平桁架，将拱肋包围并连接起来。数组缆绳被仔细地调整过张力，以进一步保护拱肋。穹顶外壳的铸铁构件和支撑它们的杆被放置到位。靠近顶部，拱肋三根一组合并起来并向上延伸，用来支撑穹顶的采光亭。当青铜铸成的自由女神像被吊到采光亭顶部后，穹顶的外部就完成了。工程开始转入内部。带华丽的八边形镶板的铸铁内穹顶被固定到拱肋结构上。它的内部上方有一个直径为 65 英尺的圆孔。最后，一个球冠形状的顶盖被吊到圆孔的上方，透过圆孔能看到它。图 6-10 展示了这些在已建成的穹顶内部靠上位置处的部件。1866 年，美国国会大厦的穹顶落成，其外部高度为 288 英尺（从东侧看，而非从矮得多的街道一侧看），其铸铁结构约重 4082 吨。（顶盖上向乔治·华盛顿致敬的湿壁画要在这之后很久才完成。）

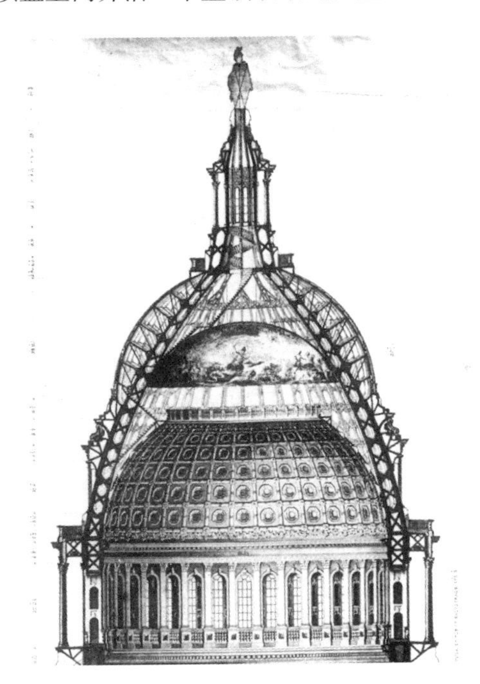

图 6-10 拱肋、铸铁结构、内穹顶的顶部及顶盖。选自《格伦·布朗的美国国会大厦历史》，议院档案，No. 108-240。图 186 细部

托马斯·沃尔特设计的白色穹顶自此成为美国的象征之一。不过它也有批评者。批评者注意到它的形式与建筑材料并不和谐，认为具有这样雅致的古典几何形状的穹顶应该完全由古典材料即砖石建造，不能使用铸铁。可是，更重要的是，建筑必须使

用符合设计要求的材料。无论古典与否，它都必须用能充分吸收其负荷的材料建成。在本文中，我们已经看到用砖石砌筑的著名的大型穹顶很难承载其负载，而且还要经铁链加固。关于这一点，国会大厦穹顶的情况如何？1933 年，一次详细的检查证明它的穹顶结构没有问题。20 世纪 90 年代的检查发现，穹顶内壳的镶板和装饰性表面有裂缝、破损和涂漆剥落。但是，一项引入二维和三维计算机模型的重要的结构审查证实该穹顶依旧状态良好。

6.2 悬链与升穹顶

在莱恩完成他对圣保罗大教堂的设计前，巴黎就已建成一座三重壳的穹顶。中间穹顶应举起木框架以便支撑外部穹顶，人们应能通过内穹顶的圆孔看到中间穹顶内侧的装饰元素，这些观点并不新鲜。不过莱恩决定让中间穹顶的形状为圆锥体确实是史无前例的。在所有可能的形状中，为什么选圆锥体？

科学家罗伯特·胡克是莱恩在圣保罗大教堂项目上的同事。他应该起到了重要作用。莱恩和胡克面临的主要难题是保证穹顶的稳定性，尤其是它要能支撑起将近 907 吨的大型采光亭。大约在圣保罗大教堂刚开始施工的时候，胡克就形成了至关重要的见解，即悬链与拱券和穹顶稳定性问题有关。他阐述了下面的原理："就像悬挂柔软的线那样，不过要把它倒过来，就会架起一个拱。"有了这种观点，胡克取出一条轻而柔软的链网，给它配置了一些重物，并将该网固定，让它悬垂。由于链网内重力和应力的作用，在他面前出现了一个固定好的碗形。想象一下翻转后的形状，胡克就此得到了穹顶的模型。在这一想象的图像中，网上的重物就是加在穹顶上的负载。胡克认为这种几何图形在支撑给定负载时是理想的几何形状。

图 6-11 描绘了胡克在圣保罗大教堂穹顶设计中的想法。图 6-11a 中的两个斜向外的力拉起一条链的两端。底部的箭头代表重物，它模拟负载，尤其是采光亭的向下的推力。图 6-11b 中的形状是上图的倒置，且被认为是刚性的，代表负载的箭头这时位于顶部。斜线是以理想方式支撑这些负载的圆锥形穹顶模型的截面。这时底部的倾斜力指向内部，代表穹顶底座的推力。圆锥体墙壁比较陡，意味着负载产生的向下的力的水平分量较小。当然，这些力的确存在，它们都受到嵌在砖砌圆锥体不同高度处的 4 根铁链的限制。无疑，胡克对"柔软的线和刚性拱券"的敏锐分析使莱恩根据图 6-2 所描绘的圆锥形内壳，设计了圣保罗大教堂的穹顶。

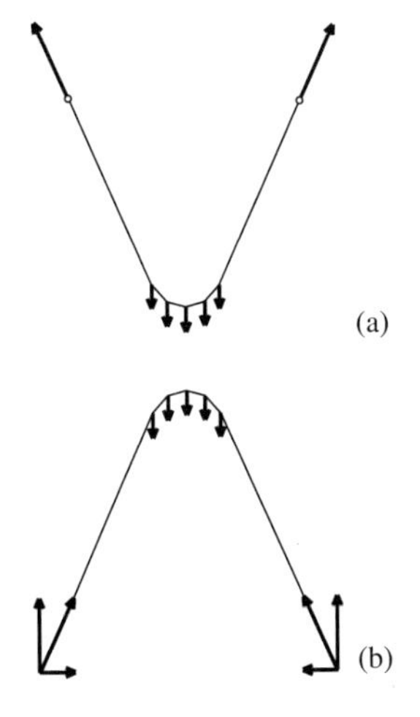

图 6-11　胡克的悬链原理

回忆一下 5.6 节，圣彼得大教堂刚一完工，穹顶内的环向应力就使内壳产生了严重的裂缝。在接下来的一个世纪里，裂缝进一步扩大，到 18 世纪中期，梵蒂冈内警钟长鸣。1742 年到 1743 年间，教皇召集了几次委员会，委托建筑师、石匠大师和数学家评估穹顶的稳定性。此次评估出现了截然不同的一些观点，其中一种认为穹顶即将坍塌，该结构亟须大修。而另一种观点认为，裂缝并不致命，穹顶还是稳定的。为了解决这一问题，教皇任命帕多瓦著名的数学家和结构工程师（还是侯爵）乔万尼·波莱尼（1683—1755）来评估穹顶的情况。波莱尼是伦敦皇家学会的成员（他的成员资格与牛顿和莱恩相同），他深入分析了这些壳和裂缝的形式，得出了不会马上有毁坏危险的结论。

波莱尼的分析主要应用了胡克关于悬链形状与穹顶结构合理性间的联系的知识。波莱尼假设将穹顶分成 50 个相同的锥形切片，如图 6-12 所示。他将两个相对的切片配对成一个拱，将穹顶看成是 25 个这样的拱的组合，其中每个拱支撑采光亭重量的 $\frac{1}{25}$。波莱尼使用图 6-13 展示的穹顶截面图，拿一根柔软的绳子并沿该绳加上 32 个重物，制作了一个拱及其所支撑负载的典型模型。每个重物都与相应的拱段和采光亭的估计重量成正比。图 6-13 的下半部分绘出了这根绳子。圆圈代表被小心放置的重物，圆圈越大代表重物越重。越靠下圆圈的尺寸越小，对应的拱越细，底部的大圆与采光亭的负载相对应。波莱尼观察并仔细研究了他的图形后确信，负重物的绳子倒过来后，形状与他的穹顶示意图的内外截面相符。这是他的模型的决定性特点，它让波莱尼确信穹顶是安全的。（仔细观察该图，我们还可以发现，在没有额外负载的情况下，倒置的链条的局部会位于内截面以下。）他建议，考虑到以后情形会进一步恶化，为保证圣彼得大教堂穹顶的安全，除了原来的 3 条铁链外，还可以给它再箍上 5 条铁链。

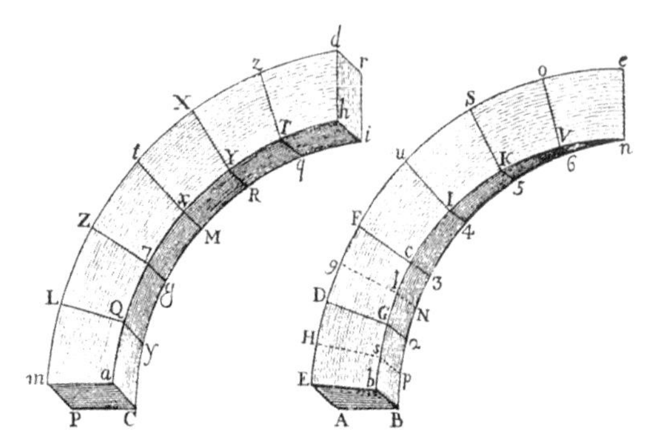

图 6-12 图 D，乔万尼 · 波莱尼的《梵蒂冈教堂大穹顶的损坏及其修复的全面回忆》（共 5 卷），帕多瓦，1748。普林斯顿大学图书馆，马昆德艺术考古藏书室

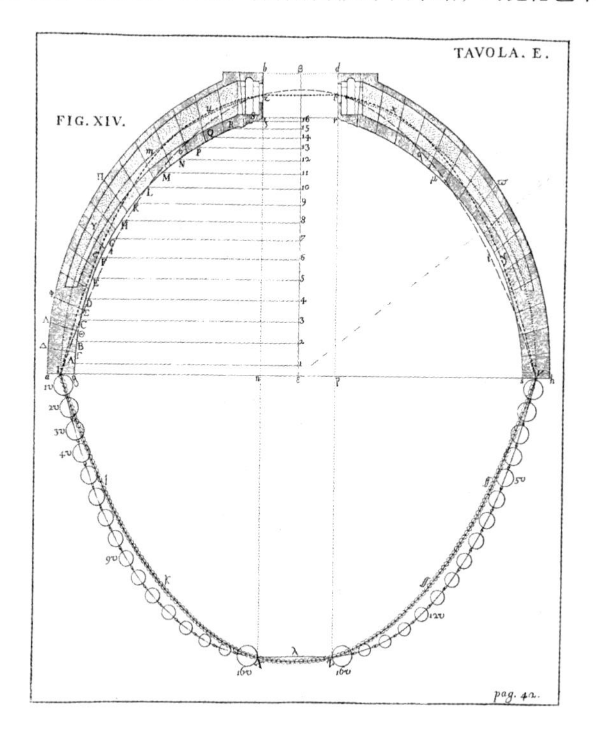

图 6-13 图 E，乔万尼 · 波莱尼的《梵蒂冈教堂大穹顶的损坏及其修复的全面回忆》（共 5 卷），帕多瓦，1748。普林斯顿大学图书馆，马昆德艺术考古藏书室

穹顶的修复工作立即启动。穹顶内外均搭起了复杂的脚手架，裂缝得到了修补。构成铁链的每一个铁条都经过锻造和测试。5 条铁链需要 12 多吨铁，每个链条都是弯曲的高质量铁条，长 18 英尺，两端有孔眼。链条被嵌进砌筑体的凹槽里。图 6-14 是对链条的研究图。它展示了被砸进孔眼中用来装配并绷紧链子的铁销。完工后的整条链子被勒进砌筑体内。图 5-36 中标有 *A*、*B*、*C*、*D* 和 *E* 的虚线给出了这 5 条铁链环绕穹顶及其 16 根垂直拱肋的位置。穹顶的修复工作在 1748 年完成。随着修复工作的完成，教皇任期内的声望也得以恢复。心存感激的教皇奖给波莱尼一个金盒、一些金质和银质奖章以及一笔退休金。荣誉和礼物来得很快，但直到两个多世纪后，波莱尼用负重物的绳子来分析圣彼得大教堂的修复工作才被验证是正确的。

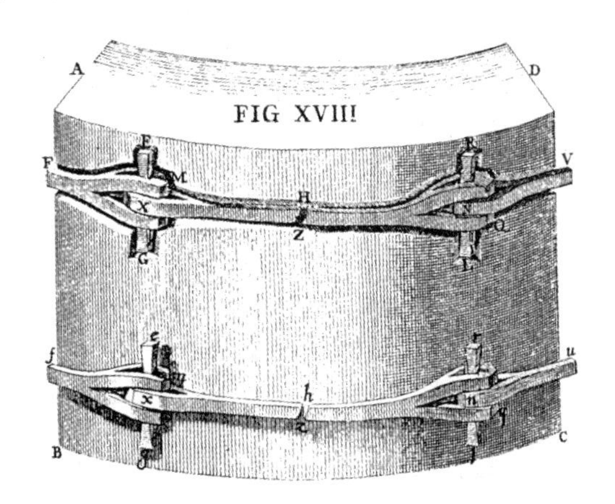

图 6-14　图 F，乔万尼·波莱尼的《梵蒂冈教堂大穹顶的损坏及其修复的全面回忆》(共 5 卷)，帕多瓦，1748。普林斯顿大学图书馆，马昆德艺术考古藏书室

验证的历史是从法国科学家皮埃尔·伐里农（1654—1722）的研究开始的。《新力学：静力学》(*New Mechanics or Statics*）一书在 1725 年出版，其中提到一种确定负载的悬链形状的图解法。伐里农的构造需要人们密切关注，不过它涉及的知识几乎不超出第 2 章已讨论过的向量的基本性质。

我们想象有一根绳子、线条或链子，假设它非常柔软且拉伸时并不变长。图 6-15 展示了一根两端固定在 *A* 点和 *B* 点的绳子，*A* 点受到力 R_1 的作用，*B* 点受到力 R_2 的作用。点 *A* 和 *B* 确定的线段 *AB* 是水平的。重物 W_1、W_2 和 W_3 被加在绳子的点 P_1、P_2 和 P_3 上。(可以加更多的重物，但 3 个足以说明以下内容。) 毋庸置疑，与任一附加的重量相比，绳子的重量可以忽略不计。重物可以被自由悬挂，且假设绳子和重物都达到平衡，没有移动。给定单位长度和单位力，长度为 x 的向量代表大小为 x 的力。可以用同一(或不同)单位长度按比例画出上述配置。接下来的重点是假设已知力 R_1 和 R_2，重物 W_1、W_2 和 W_3 以及距离 d_1、d_2、d_3 和 d_4，说明如何用它们确定绳子的准确形状及其长度。

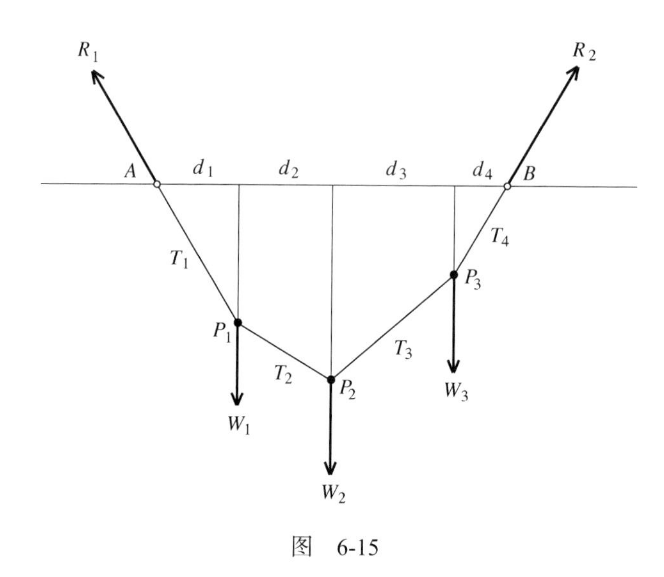

图 6-15

图 6-15 分别用 T_1、T_2、T_3 和 T_4 表示 4 段绳子的拉力。绳子在一个点处的拉力大小即为该绳在这个点的张力。因为没有移动，所以每段绳子内部所有点的张力相等。具体而言，第一段绳子在 A 点的向下的拉力大小等于该段绳子在 P_1 点的向上的拉力。其他 3 段绳子也与此类似。但是一段绳子内的张力可能与另一段不同。

怎样用已知的条件确定绳子的路径？准确地说，该路径到底是什么？因为系统处于平衡状态，所以第一段绳子在 A 点正好沿与 R_1 相反的方向向下拉，其张力的大小等于 R_1 的值。因此第一段绳子从 A 点朝图 6-16a 所示的方向拉伸，直到距离 d_1 所确定的点 P_1。为了使 P_1 点平衡，第二段绳子在 P_1 点的拉力必须克服向上拉的 T_1 和向下拉的 W_1 的合力。这样可知 T_2 由图 6-16b 中的受力分析图确定。第二段绳子从 P_1 沿 T_2 的方向拉伸，直到距离 d_2 所确定的点 P_2。为了在 P_2 点达到平衡，第三段绳子在 P_2 点的拉力需要与向上拉的 T_2 和向下拉的 W_2 的合力平衡。因此 T_3 由图 6-16c 中的受力分析图确定。图 6-17a 表明第三段绳子从点 P_2 沿 T_3 的方向拉伸，直到距离 d_3 所确定的点 P_3。连接点 P_3 和 B，则完成了这根绳子的路径。图 6-17b 的受力分析图表明 T_3 和 W_3 的合力大小与 R_2 相等，方向与其相反。这与系统在 B 点的平衡条件一致。

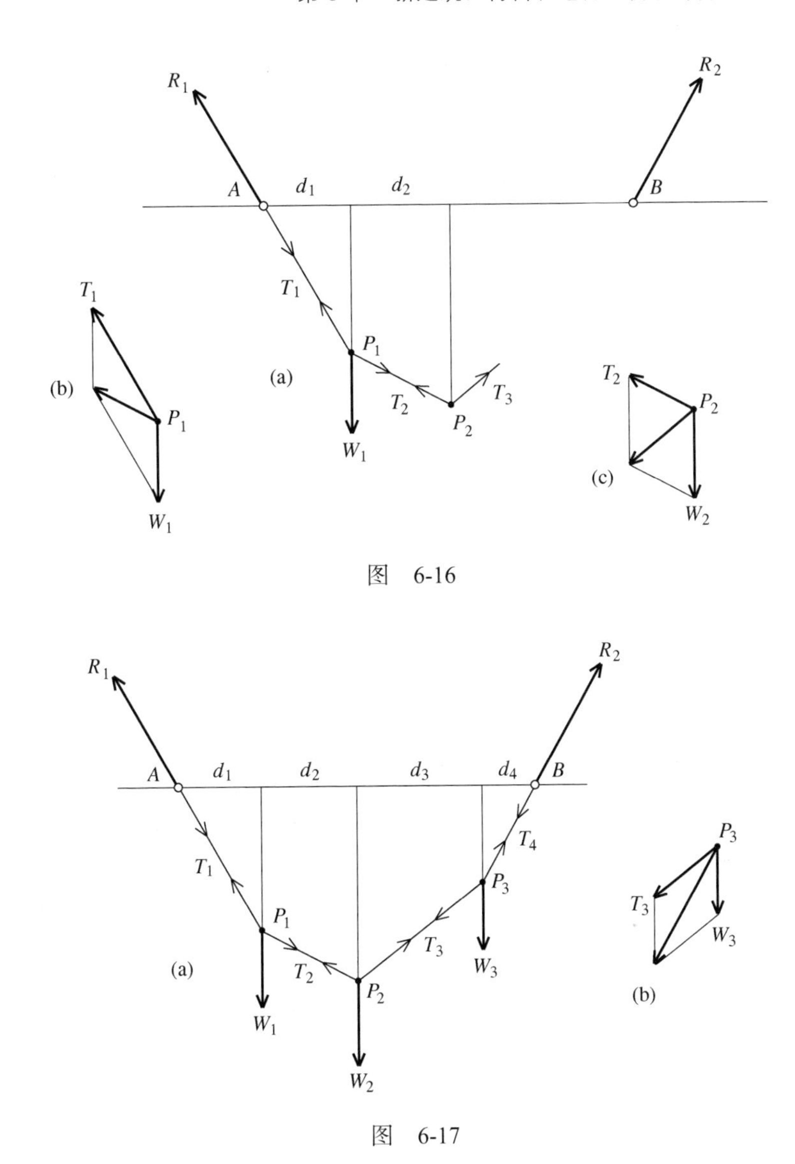

图　6-16

图　6-17

正如前面所说，力 R_1 与 R_2，重物 W_1、W_2 和 W_3，以及距离 d_1、d_2、d_3 和 d_4 精确地确定了绳子的路径。力 R_1、R_2 以及重物 W_1、W_2 和 W_3 形成了 $AP_1P_2P_3B$ 索多边形。总之，索多边形是绳子在指定模式的力的作用下所呈现的形状。

我们可以将基本信息放到一个图中，快速确定 4 段绳子内的张力及其方向。图 6-18a 和图 6-18b 展示了 R_1 的水平和垂直分量 H_1 和 V_1，以及 R_2 的水平和垂直分量 H_2 和 V_2。因为系统处于平衡状态，向下的总拉力等于向上的总拉力，可知向量

$W_1+W_2+W_3$ 和 V_1+V_2 的大小相等。研究图 6-17a 可得到以下的知识。A 点处于平衡状态意味着 H_1 的大小等于 T_1 的水平分量的大小。P_1 点处于平衡状态意味着 T_1 和 T_2 的水平分量大小相等。点 P_2 和 P_3 以此类推。最后，B 点处于平衡状态意味着 H_2 的大小等于 T_4 的水平分量的大小。结合这些信息，可知 H_1 和 H_2 大小相等。

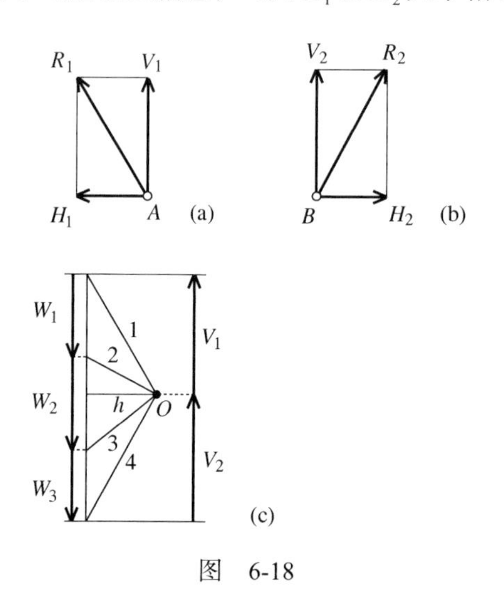

图 6-18

按图 6-18c 所示，我们将向量集合 W_1、W_2、W_3 和 V_1、V_2 首尾相接，并按如下方法确定图 6-18c 内的三角形配置。它的垂直底边由图示的重力向量排列而成。垂直底边的长度等于向量和 $W_1+W_2+W_3$ 的大小，即向量和 V_1+V_2 的大小。三角形水平方向的高由图示的线段确定。它的位置由向量 V_2 的终点确定，其长度等于向量 H_1 和 H_2 的共同大小 h，点 O 是其右端点。按图排列线段 1、2、3 和 4。依次比较图 6-18a 与线段 1 的放置方式、图 6-16b 与线段 2 的放置方式、图 6-16c 与线段 3 的放置方式以及图 6-17b 与线段 4 的放置方式，我们可知线段 1、2、3 和 4 分别用长度确定了向量 T_1、T_2、T_3 和 T_4 的大小，用方向确定了图 6-17a 中 4 段绳子的位置。图 6-18c 被称为给定模式的力的力多边形。假设已知距离 d_1、d_2、d_3 和 d_4，我们可以很快由力多边形中的线段 1、2、3 和 4 确定图 6-17a 中绳子的形状。

假设保持负载 W_1、W_2、W_3 及距离 d_1、d_2、d_3 和 d_4 不变，令力 R_1 和 R_2 的垂直分量 V_1 和 V_2 保持不变，使且仅使 R_1 和 R_2 的水平分量的共同大小 h 变化。图 6-19a 展示了 h 增大后的力多边形。它可以通过水平拉长图 6-18c 中的力多边形得到。新的力多边形带来新的绳子段分布图。绳子的新形状可以由多边形迅速推出，如图 6-19b 所示。

毋庸置疑，图 6-19 内的绳子形状比图 6-17a 中的要扁一些。（凭经验你也应该知道如果绳子的一端固定，拉另外一端，在拉力的水平分量较大时，它下垂的程度会小一些。）

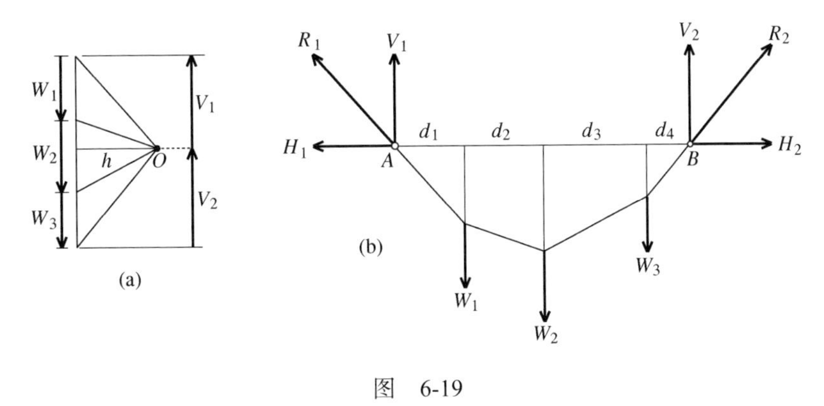

图　6-19

图 6-20 展示了 4 个力多边形。图 6-20a 和图 6-20b 的力多边形分别对应图 6-17a 和图 6-19b 的绳子配置。图 6-20c 的力多边形的 h 较大，图 6-20d 的力多边形的 h 较小。每种情况中三角形内的斜线展示了绳子段是如何升起或落下的。

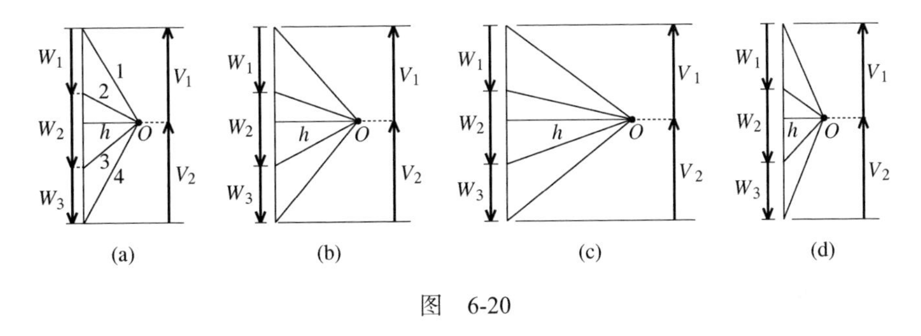

图　6-20

上面对悬链所做的分析也适用于隆起的拱的抽象模型。将图 6-17a 向上翻转，负载 W_1、W_2、W_3 及它们之间的距离保持不变，力 R_1 和 R_2 的垂直分量 V_1 和 V_2 也保持不变，但其水平分量 H_1 和 H_2 的方向与原来相反。用细的刚性杆代替 4 段绳子，结果如图 6-21a 所示。用铰链将 4 根杆在彼此相交的地方（以及点 A 和 B）进行连接。在图 6-17a 中，4 段绳子上的力是沿绳子段的张力。在图 6-21a 中，它们是沿杆的挤压力。把图 6-18c 的力多边形翻转，得到图 6-21b 中的力多边形。该力多边形给出了 4 根杆各自的挤压力的大小及方向。图 6-17a 的绳系统与力处于稳定的平衡状态。拉或推一个重物或绳子会使其变形，但压力或推力消失后，最终仍会回到原始位置。图 6-21a 中的杆系统和力也是平衡的，但它并不稳定。如果受到推力或拉力的作用，杆会绕铰链转动，系统会崩塌。在真正的拱券中，拱石（回想一下，它指的是拱券中的楔形石）的厚度阻止了这种转动，从而获得稳定。

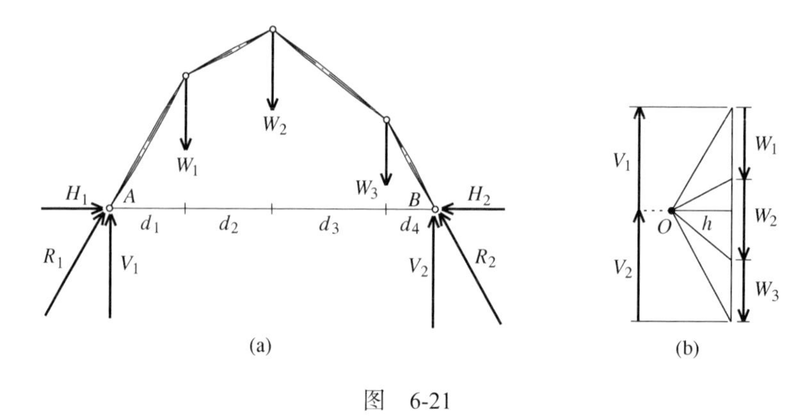

图 6-21

图 6-22 展示了负载$W_1, W_2, \cdots$下的一个拱券。负载包括拱石的重量。设 A 和 B 是位于拱券底部两个最下面的拱石边缘上的点。两个力V_1和V_2是作用在 A 点和 B 点、在底部支撑拱券的力的垂直分量。拱券的稳定需要$W_1 + W_2 + \cdots = V_1 + V_2$。令$H_1$和$H_2$为作用在 A 点和 B 点的水平力，它们大小相等，方向均指向内侧。V_1、H_1以及V_2、H_2的向量和分别是在 A 点和 B 点支撑拱券的力。在示意图中运用这些信息，如图 6-21b 所示，可得到力多边形。这样就产生了以 AB 为底的索多边形，如图 6-22 所示。

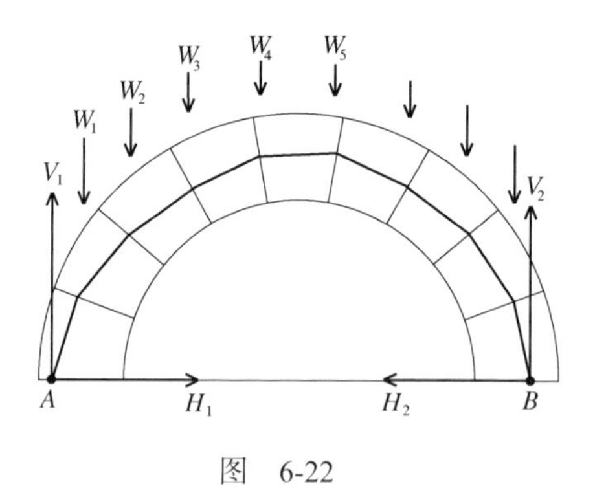

图 6-22

在波莱尼调查圣彼得大教堂穹顶的稳定性之前，伐里农的工作成果就已出版，波莱尼对它一定已经非常熟悉了。尽管它的确给出了拱券的定量模型，却并没有证明波莱尼对负载的绳子的分析是正确的。要做这一证明，我们需要快进到 1966 年，雅克·海曼（他后来成为剑桥大学工程系的教授和系主任）提出了一种深刻的见解。海曼假设用来建造拱券的砖石在耐挤压方面不受限制，它的抗拉强度为 0，拱券不会发生滑动损坏。事实也是这样，砖石能经受大的挤压但不怎么能抗拉伸。而且拱券受到挤压会提高其拱石间的凝聚力并增加滑动损坏的阻力。（图 6-29b 演示了滑动损坏；图 6-29a 绘出了更常见的铰合损坏。）因此，3 种假设均与砖石拱券的性质一致。做出假设后，海曼创立了安全定理。

安全定理　设拱券受到负载 W_1, W_2, …的作用，它们与其底部支撑力的垂直分量 V_1 和 V_2 相平衡。假设拱券的砖石(i)在耐挤压方面不受限制，(ii)抗拉强度为 0 且(iii)拱券不会发生滑动损坏，若至少存在一个索多边形（建立在拱券的给定负载的基础上）完全落在该拱券的内外边界之间，则该拱券安全。

让我们回到图 6-13 中波莱尼的图形。根据圆圈和悬链的分布，建立截面图所代表的拱券构件的重量模型。将该悬链翻转（波莱尼用虚曲线表示），得到落在截面图边界内的拱券的索多边形。应用安全定理可知，该拱券安全。这样波莱尼的 25 个拱券都是安全的，因此穹顶安全。波莱尼得出这一结论的 200 多年后，海曼用理论证明了它对圣彼得大教堂穹顶的研究是正确的。（顺便提一下，该定理的证明远远超出本书的范围，也超出了波莱尼的理解程度。）安全定理让人大吃一惊。索多边形必须根据拱券所承受的负载推出，但它可能根本不能反映砌筑拱券内部力的实际作用方式。因此波莱尼将负载的绳子翻转过来的路径可能与该拱券的侧推力线（一条理论线，代表通过砖石和灰泥起作用的力的合向量的路径）几乎没有什么关系。

尽管海曼的安全定理令人吃惊，也对砖石拱券行为提出了深刻的见解，但它仍然只是一种理想状态。毕竟，砖石尚具一些抗拉强度，其抗挤压能力也有限。而且，正如图 2-61 的拱券所演示的，滑动损坏也确实发生过。事实上，对拱券和穹顶（甚至任何建筑结构）的深入研究均需要考虑材料的强度及各构件之间的相关静态性能。

6.3　分析结构：静力学和材料

静力学是结构工程的一个专业，研究处于静态平衡的物理系统。作用于这样的系统及其内部的力处于平衡状态。这种系统的任何构件相对于其他构件都不发生移动。材料强度方面的研究分析负载作用下的建筑材料、结构构件中的应力以及它们对损坏的反应和故障敏感性。

在 4.1 节中，我们提到过数学天才阿基米德。此处，我们将再次提起他，这次他是作为静力学领域的始祖。在 4.2 节我们注意到，佛兰德的数学家西蒙·斯泰芬促进了十进制数字系统在欧洲的使用。事实上，他还是最早用向量表示力并得出力的平行四边形法则的人之一。伽利略通过把加速度向量分解成分量来分析运动，研究材料的强度并思考结构稳定性方面的问题。50 年之后，牛顿阐述了力和运动的基本定律并将其用于分析静力学及动力学（他对物体在太阳系中的运动的权威解释即属于该领域）问题。第 2 章已经使用了牛顿定律。结构建筑第一原则是“力 = 质量 × 加速度”的直接结果，它的推论就是作用在一个静止质点上的非零的力将使该质点移动。图 2-19a 展示了梁柱结构的稳定性，是所有的作用力都有一个大小相等、方向相反的反作用力的一个例证。

让我们看一下研究静力学和材料强度所需的基本物理概念。考虑一个实物，该物体的重力只是施加在它身上的地球引力的大小。物体的重力随其所处的位置而变化。物体在海平面时，其重力是一个值；在珠穆朗玛峰山顶时，是另一个值；当它在月球上，其值更是大不相同。相反，质量的概念更为基本。物体的质量 m 由牛顿方程 $F = mg$ 确定，其中 F 为该物体的重力，g 为重力加速度。（在地球表面上，$g \approx 32$ 英尺/平方秒，即 9.8 米/平方秒。）常数 g 及重力 F 随物体位置的变化而变化。不管物体在什么位置，质量 m 的值都保持不变。但在给定的任何位置，g 值固定不变，质量和重力成正比。

在分析物体受到的作用力时，一般可以假设该力作用于物体的一个点，即质心上。这个重要的概念不仅仅简化了这类分析，还使之成为可能。物体的质心可以通过用绳子悬挂进行试验的方法得到。对一维或二维物体而言，质心是物体上的 C 点，当用系在 C 点的绳子悬挂物体时，该物体处于平衡状态，如图 6-23a 和图 6-23b 所示。为了确定三维物体的质心，把两根绳子系在其表面上的两个不同的点进行悬挂。物体与两根绳子所确定的垂直平面的交面如图 6-23c 所示。在物体表面上选择不在该平面内的一点 P，用系在 P 点的绳子悬挂该物体。物体的质心就是绳子延长线与之前所确定平面的交点 C，如图 6-23d 所示。如果物体完全由同一种材料制成，则该物体的质心就是它的形心。

力能对物体产生旋转效应。例如，想象一下奥林匹克运动会的跳水运动员站在跳水台悬空的一端上，他的重力会在平台与垂直支撑墙的接触面上产生旋转效应。支点和杠杆告诉我们怎样量化这类旋转效应。杠杆是一根刚性细杆（如图 6-24 所示）。有力作用其上时，杠杆既不会弯曲，也不会折断。支点是杠杆绕其自由转动且不存在滑动、摩擦和阻力的固定点。假设大小为 f 的力垂直作用在杠杆一端到支点的距离为 d 的一点上。我们将看到可以用乘积 $f \times d$ 来测量力绕支点的转动能力。假设第二个力大小为 F，垂直作用在杠杆另一端到支点的距离为 D 的一点上。注意这两个力相互对抗。第一个力试图让杠杆以逆时针方向转动，第二个力则试图让其以顺时针方向转动。阿基米德的杠杆原理告诉我们如果 fd 和 FD 相等，杠杆就不会转动，系统处于平衡状态。（当然，此时杠杆上不存在其他力，如重力。）

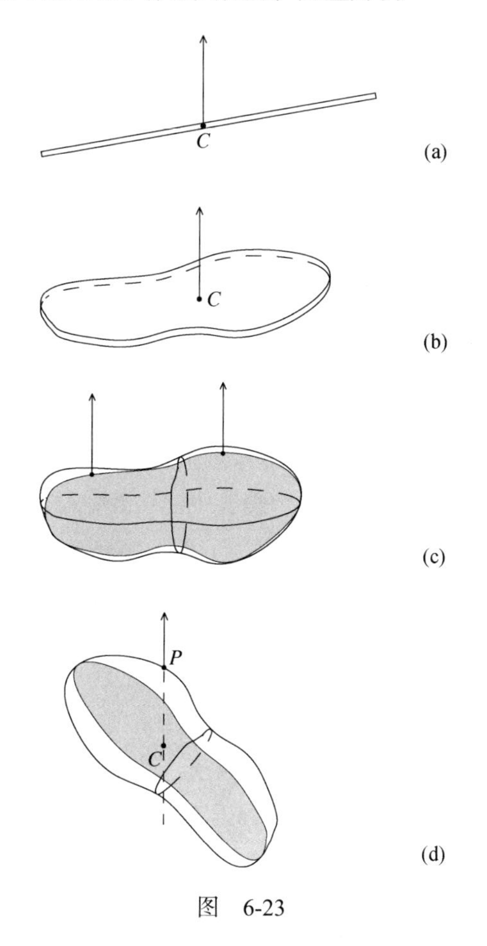

图　6-23

考虑与力 f 在支点同一侧的两个力 f_1 和 f_2 各自独立垂直作用在杠杆上，它们到支点的距离分别为 d_1 和 d_2，如图 6-25 所示。如果 $f_1d_1 = FD$ 且 $f_2d_2 = FD$，则根据阿基米德定律，这两个力都使系统平衡。可知如果恰好有

$$f_1d_1 = f_2d_2$$

则力 f_1 和 f_2 影响杠杆绕支点转动的能力相等。

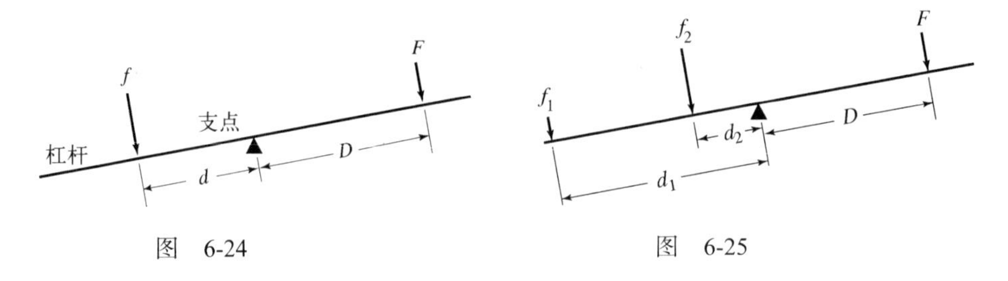

图 6-24　　　　图 6-25

推门能够让我们直观感受以上讨论的内容。例如，如果你沿与门垂直的方向推门，所用的力为 5 磅，到铰链所在垂线的距离为 3 英尺，则其旋转效应等于 $5\times3=15$ (磅–英尺)①。如果你用同样的力在距离该线 2 英寸，即 $\frac{1}{6}$ 英尺处推门，则旋转效应为 $5\times\frac{1}{6}=\frac{5}{6}$ (磅–英尺)，比之前的 $\frac{1}{15}$ 还小。这就是为何在靠近铰链处关门比靠近把手处关门要用更大的力。

目前为止，我们仅考虑了垂直作用于杠杆的力，现在我们将考虑大小为 F 的力以 θ 角作用到固定于 A 点的刚性杆上。如图 6-26 所示，力作用在距离 A 点 l 单位处。将力按垂直于杆及沿杆方向分解成两个分量。我们从 2.4 节学习到，这两个分量的大小分别为 $F\sin\theta$ 和 $F\cos\theta$。垂直分量产生绕 A 的旋转效应 $(F\sin\theta)l$。分量 $F\cos\theta$ 则使杆受挤压或拉伸（本图中的情况是受到挤压），但它不能使其转动。观察一下图 6-26，得到 $d=l\sin\theta$。因此 $(F\sin\theta)l$ 等于 $F\times d$。所以，如果大小为 F 的力作用于一个结构，则它使其绕结构中一点 A 旋转的能力等于 $F\times d$，其中 d 为从 A 到力的作用线的垂直距离。$F\times d$ 的值称为绕 A 点的力矩。正是曾分析过负载作用下的绳子的皮埃尔・伐里农发现，力矩 $(F\sin\theta)l$ 与 $F\times d$ 相等。

注意一个重要的事实（阿基米德在计算面积和体积时曾巧妙地使用该事实）：要计算物体重力绕一点所产生的力矩，可以假设整个物体的重力位于质心处。

鉴于上述讨论，我们现在为第 2 章提出的第一原则增加一条结构建筑的第二原则。即一个结构要稳定，对该结构上的每一点，其合力矩必须为零。如果不为零，结构会绕该点转动。正如第一原则中的情况，必须考虑所有的力，包括内部作用力、挤压力和张力。

---

① 磅–英尺为力矩的英美制计量单位，其国际标准单位是牛顿每米，1 磅–英尺 ≈ 1.355 牛顿每米。——译者注

法国物理学家及军事工程处的工程师查尔斯・奥古斯丁・库仑（1736—1806）在18 世纪后半叶研究了建筑材料的强度和基础结构的静力学。如果说阿基米德是结构工程的始祖，那么库仑则是这门学科之父。他的许多重要研究都包含在 1773 年出版的《论静力学问题》（*Essay on Problems of Statics*）中。

库仑在《论静力学问题》中首先叙述了测试材料的方式。下面是他所做的基本工作。取一根某种材料制成的梁，其横截面面积为 A，将它牢牢地水平固定好。沿该梁的轴线施加水平力 T，如图 6-27 所示。增加这个拉力的大小，直到梁折断。眼看就要使其折断的 T 的大小就是这种材料制成的梁的最大张应力。库仑发现它等于 $\tau\times A$，其中 τ 是常数，其值视具体材料而定。接着他在梁的固定点施加垂直力 S，然后增大这一剪切力直到这根梁折断。梁即将折断时 S 的大小就是这种材料制成的梁的最大剪应力。和之前的情况一样，库仑发现它等于 $\sigma\times A$，其中 σ 是常数，其值视材料而定。库仑的测试表明，对于一种在波尔多附近发现的岩石，$\tau=215$ 磅每平方英寸，$\sigma=220$ 磅每平方英寸。他测得普罗旺斯出产的优质砖的 τ 值在 280 到 300 磅每平方英寸之间。对一些用灰泥黏合的砌筑材料，τ 值为 50 磅每平方英寸，但根据所用灰泥的质量，其值能变化 2~3 倍。

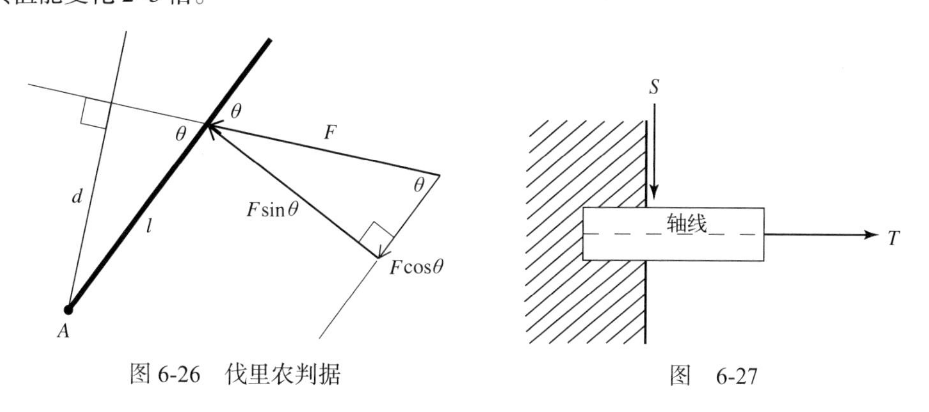

图 6-26　伐里农判据　　　　图　6-27

库仑还考虑了摩擦力。图 6-28 展示了沿干燥平面推一个方块，力的大小刚能使这个方块移动。因此，该力的大小实际上等于与它方向相反的摩擦力的大小 F。库仑观察到 F 只与方块的重力 N 有关，与方块底面的面积无关，即 $F=\mu\times N$，其中 μ 为常数。这个常数被称为静摩擦系数，它与平面和方块的表面性质有关。

人们观察到，一段时间后砌筑拱券主要存在两种损坏：铰合损坏和滑动损坏，如图 6-29 所示。图 6-29a 展示的铰链损坏更常见。这类裂缝是由铰链打开处的力矩不平衡所致。过大的剪切力能导致图 6-29b 展示的那种滑动损坏。

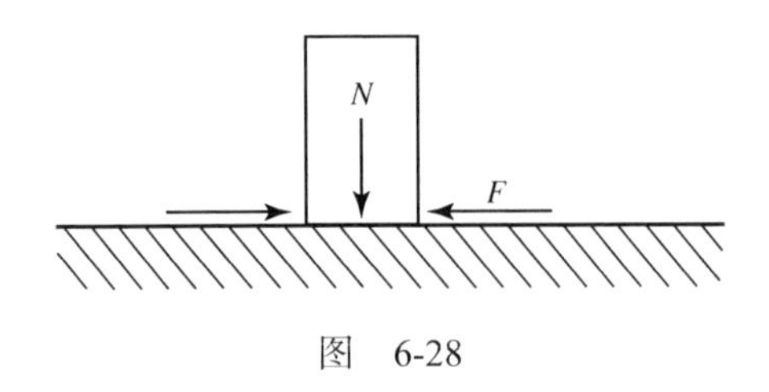

图 6-28

库仑对砌筑拱券稳定性的分析考虑了这两种损坏。如图 6-30 所示，在研究时，他先用 $ABED$ 代表拱券的一半。（该拱券在图中是圆形，但并不需要做这种假设。）点 A 是其最高点，截面 AB 是垂直面，ED 是水平底座。点 O 是过 AB 的垂线与过 ED 的水平线的交点。用 H 表示 AB 处的水平侧推力。对 O 点的角 α，有 $0 \leqslant \alpha \leqslant 90°$，$ab$ 是 α 所确定的拱券横截面。设 A_α 为拱券在 ab 处的横截面面积，W_α 为拱券在 $ABba$ 段的重力。点 C 为该段的质心。砌筑材料沿 ab 的剪切力和张力常数以及静摩擦系数可能与 ab 的位置，也就是 α 角有关。我们分别将其表示为 σ_α、τ_α 和 μ_α。

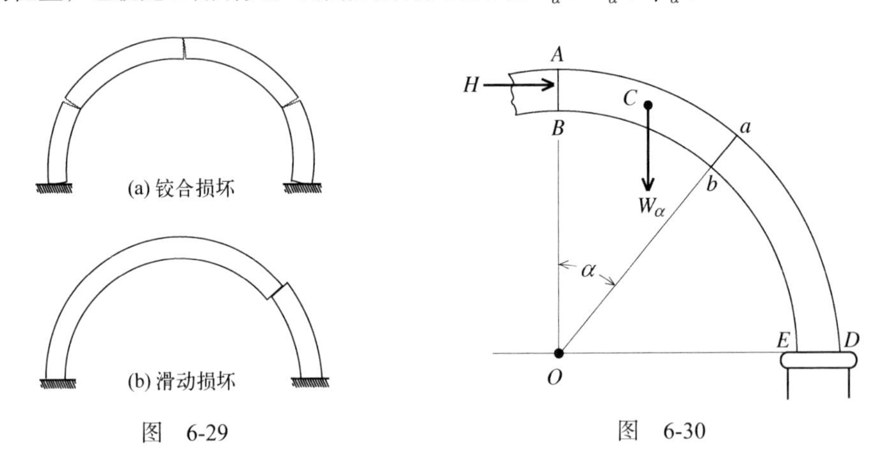

图 6-29　　图 6-30

库仑假设拱券的 $ABba$ 段是坚固的，这样很可能只沿 ab 发生折断。他的分析应用了 2.4 节所提出的向量的基本性质。具体而言，他依靠了图 6-31 中的几张示意图所包含的知识。这些图表明 H 和 W_α 沿横截面 ab 的分量分别为 $H\sin\alpha$ 和 $W_\alpha\cos\alpha$，而垂直于横截面 ab 的分量分别为 $H\cos\alpha$ 和 $W_\alpha\sin\alpha$。从图中还可以得知 H 和 W_α 沿横截面 ab 的合力为

$$W_\alpha\cos\alpha - H\sin\alpha$$

且 H 和 W_α 垂直于横截面 ab 的合力为

$$H\cos\alpha + W_\alpha\sin\alpha$$

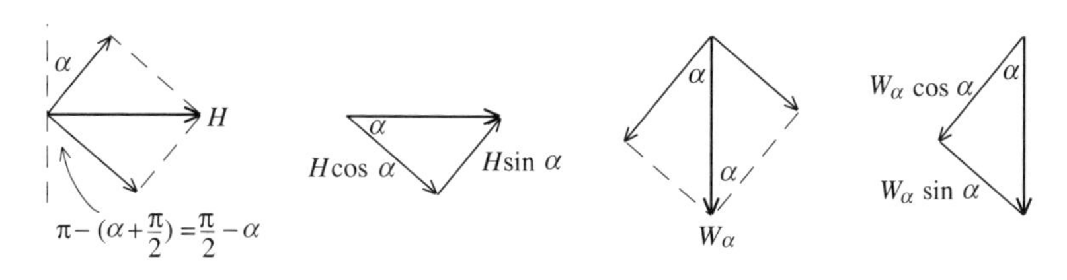

图　6-31

防止滑动损坏　首先假设 $W_\alpha \cos\alpha \geqslant H\sin\alpha$（或 $\frac{W_\alpha}{H} \geqslant \tan\alpha$）。比较图 6-31 的两个力三角形可得 H 和 W_α 共同在 $ABba$ 上沿横截面 ab 产生向下的力，其大小为 $W_\alpha \cos\alpha - H\sin\alpha$。这个向下的力被拱券的抗剪力 $\sigma_\alpha A_\alpha$ 抵消。事实上，拱券受到挤压会增大这一阻力。库仑对此做出了解释，即通过增大由挤压力 $H\cos\alpha + W_\alpha \sin\alpha$ 所产生的摩擦力 $\mu_\alpha(H\cos\alpha + W_\alpha \sin\alpha)$，可以抵抗沿 ab 发生的切变。库仑指出如果

$$W_\alpha \cos\alpha - H\sin\alpha \leqslant \mu_\alpha(H\cos\alpha + W_\alpha \sin\alpha) + \sigma_\alpha A_\alpha$$

则可以阻止拱券沿 ab 向下滑动。该不等式等价于 $W_\alpha \cos\alpha - \mu_\alpha W_\alpha \sin\alpha - \sigma_\alpha A_\alpha \leqslant H\sin\alpha + \mu_\alpha H\cos\alpha$，因此如果

$$\frac{W_\alpha \cos\alpha - \mu_\alpha W_\alpha \sin\alpha - \sigma_\alpha A_\alpha}{\sin\alpha + \mu_\alpha \cos\alpha} \leqslant H \tag{i}$$

则沿 ab 方向不存在向下的滑动。

设 $0° \leqslant \alpha \leqslant 90°$，考虑不等式左侧的项，令 F_0 是其最大值。库仑得出，如果

$$F_0 \leqslant H$$

则有(i)对所有 α 均成立，因此在拱券的任何横截面上均没有向下的滑动损坏。

接下来假设 $H\sin\alpha \geqslant W_\alpha \cos\alpha$（或 $\frac{W_\alpha}{H} \leqslant \tan\alpha$）。此时，$H$ 和 W_α 共同沿 ab 向上推拱券段 $ABba$。经过与上面类似的推导，库仑断言，如果

$$H\sin\alpha - W_\alpha \cos\alpha \leqslant \mu_\alpha(H\cos\alpha + W_\alpha \sin\alpha) + \sigma_\alpha A_\alpha$$

则可以避免拱券沿 ab 向上发生位移。做一个简单的代数变换（且只有 $\sin\alpha - \mu_\alpha \cos\alpha\sigma_\alpha > 0$ 与之直接相关）可知，如果

$$H \leqslant \frac{W_\alpha \cos\alpha + \mu_\alpha W_\alpha \sin\alpha + \sigma_\alpha A_\alpha}{\sin\alpha - \mu_\alpha \cos\alpha} \tag{ii}$$

则可以防止产生沿 ab 向上的位移。设 $0° \leqslant \alpha \leqslant 90°$，令 F_1 是该不等式右侧项的最小值。可以得出，如果

$$H \leqslant F_1$$

则有(ii)对所有 α 均成立。此时沿拱券的任何横截面上均没有向上的位移。总之，库仑得出这样的结论，即如果在 AB 处的水平力 H 满足

$$F_0 \leqslant H \leqslant F_1$$

则该拱券在任何地方都不会发生滑动损坏。

接下来库仑研究了图 6-29a 所展示的铰合损坏。这种铰合损坏是由作用在拱券上的力矩不平衡所导致的。

防止铰合损坏 库仑的分析要计算在 $ABba$ 段上先绕 b 点再绕 a 点的力矩。图 6-32 为图 6-30 增加了详细注解。设 b 点与力 W_α 和 H 的作用线之间的距离分别为 x_0 和 y_0。注意 W_α 想要使 $ABba$ 段绕 b 点逆时针转动，而 H 想要使其绕 b 点顺时针转动。图 6-33a 展示的那种分开距离，意味着力矩 $W_\alpha x_0$ 比 Hy_0 要大。不过如果这两个力矩间的差别由张力绕 b 点的力矩 $\tau_\alpha A_\alpha$ 抵消，就可以阻止 $ABba$ 绕 b 点做逆时针转动。（注意，此时认为沿 ab 的摩擦力和剪切力的力矩均为零。）因此如果 $W_\alpha x_0 - Hy_0 \leqslant (\tau_\alpha A_\alpha)z_0$，就可以阻止这一转动。如果 $W_\alpha x_0 - Hy_0 \leqslant 0$，或者说如果 $W_\alpha x_0 \leqslant Hy_0$ 或 $\frac{W_\alpha x_0}{y_0} \leqslant H$，也可以阻止这一转动。设 G_0 为 α 在 $0° \leqslant \alpha \leqslant 90°$ 范围内变动时 $\frac{W_\alpha x_0}{y_0}$ 的最大值。库仑得出结论，如果

$$G_0 \leqslant H$$

那么 $\frac{W_\alpha x_0}{y_0} \leqslant G_0 \leqslant H$ 对所有的 α 成立，在拱券内边界上的任何点都没有铰合损坏。

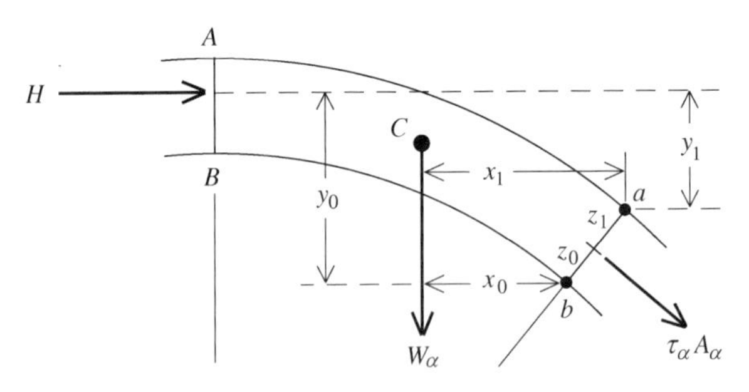

图 6-32

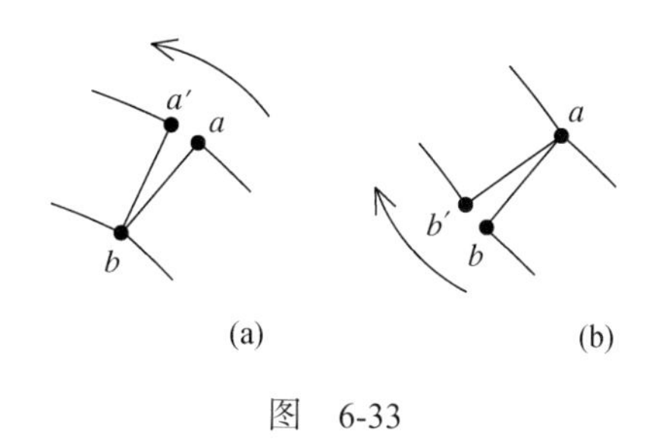

图　6-33

库仑用同样的方法分析了力在 $ABba$ 段绕 a 点所产生的力矩，证明了如果 G_1 为 $\frac{W_\alpha x_1}{y_1}$ ($0° \leqslant \alpha \leqslant 90°$)的最小值且

$$H \leqslant G_1$$

则在拱券外边界上的任何点都没有铰合损坏。因此，如果

$$G_0 \leqslant H \leqslant G_1$$

则在拱券的内外边界上的任何点都没有这种铰合损坏。

在库仑的两个稳定性条件 $F_0 \leqslant H \leqslant F_1$ 和 $G_0 \leqslant H \leqslant G_1$ 中，第二个条件更为相关，因为抗剪力（即使在两块拱石间的接触面上）通常足够大，能防止滑动损坏。库仑的《论静力学问题》重点关注了 $G_0 \leqslant H \leqslant G_1$，继续讨论 G_0 值和 G_1 值的确定。库仑认为用反复试凑的方法总比用“精确方法”（也就是微积分）更容易。比如，假设已知拱券的几何形状和材料，他建议首先计算 $\frac{W_\alpha x_0}{y_0}$ 在 $\alpha = 45°$ 时的值。如果比如说在 $\alpha = 40°$ 时重复以上计算，得到的值更大，则可以确定拱券的断裂点位于拱顶石和第一个结合处之间。重复这一计算，不断朝拱顶石方向前进，很容易找到 G_0。他继而说可以用同样的方式得到 G_1。7.4 节将提出用微积分计算 G_0 和 G_1 的方法。那一章结尾处的问题将会探讨库仑分析，包括他对 G_0 和 G_1 的陈述。

库仑考虑了拱券上的外力（重力及一个构件对另一个构件的推力）及其内部的内力（张力、挤压力和剪切力），通过平衡这些力及其产生的力矩，对拱券进行分析。对水平力 H 和半拱券重力的估计给出了对支撑该拱券的墩柱的结构要求，从而得以继续设计墩柱。通过将穹顶分成拱券（按波莱尼对圣彼得大教堂使用的方法），库仑的理论还可以用在穹顶中。诸如库仑提出的类似理论可以用来论证巴黎先贤祠穹顶的稳定性，为圣彼得堡以撒大教堂的施工提供知识。

材料强度和静力学方面的重大进展在 18 世纪和 19 世纪不断出现。后来铸铁、钢和钢筋及预应力混凝土开始作为建造大型建筑的材料，由计算机技术对它们进行评估，在20和21世纪，结构分析走向新的方向。

6.4 悉尼歌剧院

1957年1月，年轻的丹麦建筑师约恩·乌松（1918—2008）赢得了一次设计大赛，要在悉尼港的一块梦幻之地上建造一个歌剧院及音乐厅的综合体。乌松是造船场场长及游艇设计师的儿子，他提交了一份设计方案，其中高耸的拱形屋顶看起来就像是一组张满了帆的帆船。审阅竞赛作品的专家组这样评价乌松的作品：

> 为这一主题提交的素描只不过是简单的示意图。然而，经过反复研究，我们确信按素描所表达的歌剧院构思，能建造出一座世界级的伟大建筑。

图6-34展示了完工后的悉尼歌剧院。

图6-34 悉尼歌剧院

它确实将会成为世界级的伟大建筑之一，但实现建筑师的构思是一次非常大的挑战。这一设计要求有两个大型观众席、一个餐厅以及必要的支撑结构。要有一个主厅，用来举行大型音乐活动，如大型歌剧演出和管弦乐音乐会，还要有一个小的副厅，用来举行戏剧演出、独奏和室内乐表演以及演讲。在专家组的推荐下，英国籍的丹麦人奥韦·阿鲁普（1895—1988）被指定为该项目的主结构工程师。20世纪50年代，阿鲁普的公司曾经为威尔士的一家工厂建造过大型混凝土屋顶。它是呈正方形排列的

9 个相同的混凝土壳，每个壳都呈拱形，横跨在 62 英尺 × 82 英尺的矩形空间上空。由于它是当时最大的屋顶，受到了很多的赞誉。乌松和阿鲁普的办公室成为该项目设计团队的核心。后来团队又增加了声学、剧院设计及机械和电气工程方面的专家作为顾问。

与帆船的类比也延伸到项目的施工阶段，包括建筑和功能两个方面。要有“甲板下”的基础结构、必不可少的“桅杆和帆结构”以及其他所有“甲板上”的部件。相应地，项目分成 3 个基本阶段：墩座、拱形屋顶的弯曲的壳以及其他部分，包括主厅和副厅内部，尤其是音响和座位的安排。

墩座　这个混凝土基础结构占据了 380 英尺 × 610 英尺的一大块长方形区域，覆盖了几乎整个场地，从地基一直延伸到礼堂的观众席。它应该包括一些表演区（室内乐厅、实验剧场、排练厅）、入口大厅、餐厅厨房、售票处、储藏室及更衣室、自助餐厅、行政区、会议室、木工店以及电气和电信设施。墩座要这样建造，即每处表演场所，特别是两个主要的礼堂，要与这座综合性建筑其他地方所产生的声音和振动隔离开来。它还应有一个大型广场，供小汽车、公共汽车和卡车使用。大广场的平屋顶上是大型露天平台，可以由宽大的楼梯到达，是观赏歌剧和音乐会的人进入礼堂的主入口。很明显，建造悉尼歌剧院的墩座是一项庞大又复杂的工程。

墩座于 1959 年 3 月开始施工。从本文的角度来看，施工中最有趣的部分是大广场的屋顶。考虑到这个屋顶如此广阔，乌松的设计中原本要求有大量柱子进行支撑。阿鲁普的团队去掉了这些柱子，创造出净空间约为 160 英尺 × 312 英尺的大广场区，其大小接近于一个足球场。考虑 2.4 节中对柱梁结构局限性（该局限性由梁内产生的张力所致）的讨论，这是非比寻常的。阿鲁普的团队是怎样获得这样大的净空间的？原因在于所安装的梁使用了预应力混凝土，并且将“折板”设计与巧妙的可变横截面几何形状结合起来。

先谈一下预应力混凝土。正如前面已指出的（2.5 节），没有钢筋的混凝土抗挤压能力很强，而抗拉伸能力则要差得多。混凝土的抗压强度与抗拉强度之比约为 12 : 1。可以通过埋入铁或钢条（杆）来对它们进行加固，但对要求极高的应用而言，这还不够。预应力，或更准确地说，预压缩混凝土的加工过程依赖于混凝土的抗挤压能力。考虑一根由模具浇筑的混凝土梁。纵向小心地放进一组金属管，作为该模具的一部分。灌入混凝土并等它变硬后，将抗拉强度大的钢缆穿过这些管子。这些钢缆被绷紧（用液压千斤顶）并在有很大张力的情况下紧紧地锚定在梁的两端。加工完的梁在钢缆的拉力下，受到很大的挤压。管中的其他空间由特殊的灰浆压注。这就将钢缆固定在梁内并防止了侵蚀。如果这些工作完成无误（这是关键），则不管受到什么负载和张力，梁都会一直受到挤压。如今预应力混凝土在负载巨大的建筑中已很常见，如桥梁和高架桥等，不过在建造这座歌剧院的时代，它才刚开始广泛使用。

阿鲁普的工程师通过用 52 根平行分布的预应力混凝土梁搭架平屋顶，创造出了大广场的大片净空间，其中每根梁宽约 6 英尺，长约 160 英尺。图 6-35 展示了沿长度方向的大广场梁的截面图。斜向下的那段梁支撑着大楼梯。该图表明梁的预应力缆在中跨点（用 b 表示）沿着该梁的底部伸展。这是因为梁上的张力在中跨点的底部最大，如图 2-19b 所示。该图还显示，梁的左右垂直边界处向里弯曲。这也解释了为何预应力缆在 0 和 $2b$ 点处靠近顶部（从而阻止梁在那里受到拉伸）。地基里的预应力系梁用来抵消梁所产生的向外的侧推力。

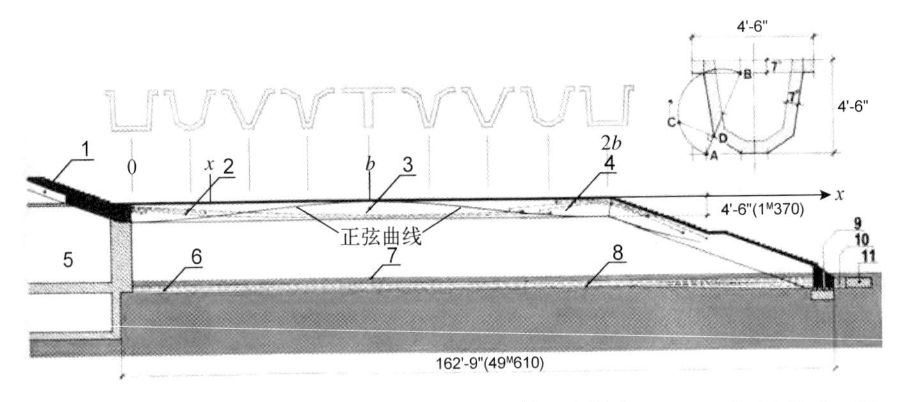

图 6-35 大广场梁的截面图。在原图中加上了 x 轴及坐标为 0、x、b 和 $2b$ 的点，它们在分析梁的几何形状中起到一定作用。1. 梁的上部。2. 预应力缆。3. 大广场梁。4. 预应力缆。5.基础结构。6. 系梁。7. 地平面。8. 预应力缆。9. 滑动支架。10.顶升点。11. 系梁的十字头。选自《乌松的球体：悉尼歌剧院——它的设计和建造方法》，Yuzo Mikami 著，Osamu Murai 摄，Shokokusha 出版，东京，2001，图 5-11。普林斯顿大学图书馆，马昆德艺术考古藏书室

还有更多关于大广场梁的故事。人们都知道用瓦楞纸，也就是带平行脊和沟槽的纸做成的纸板会更坚固。阿鲁普的工程师也将这一常识用在梁的设计中。他们将皱褶设计成沿梁的长度方向变化，因此梁能维持足够的预应力，结构效果更好。从一个支撑点到中跨点再到另一个支撑点，梁的横截面从 U 形向 V 形再向 T 形变化，再重新变回为 V 直到 U 形。图 6-35 展示了 U、V 和 T 形序列的变化模式。但横截面采用这种变化模式的连续梁该如何设计？它的横截面该如何从一种形状向另一种过渡？一

种有趣的几何作图法对这些问题做出了解释。

过梁的中间在其顶部沿长度方向建立 x 轴。从 6-35 中可以看到，梁从 x=0 点水平延伸到梁的中跨 $x = b$ 点（b 约为 54 英尺），再到 $x = 2b$ 点（在它斜向下之前）。令 x 为 0~2b 间的任一坐标。关键的问题是：给定 $x = 0$（U 形）、$x = b$（T 形）和 $x = 2b$（重为 U 形）处的横截面，对 0 和 2b 之间的特定 x，梁的横截面应为什么形状？要回答这一问题，阿鲁普的工程师首先考虑一个周长等于 2b 的圆。该圆的半径 R 满足 $2\pi R = 2b$，则有 $R = \frac{b}{\pi}$。图 6-36 绘出了该圆的一部分。选择角度 θ，使得 θ 所确定的扇形的曲线边长度为 x。由于圆心角所切割的那部分圆的周长与该角度成正比，有 $\frac{\theta}{x} = \frac{180°}{b}$，因此有 $\theta = (\frac{x}{b}180)°$。

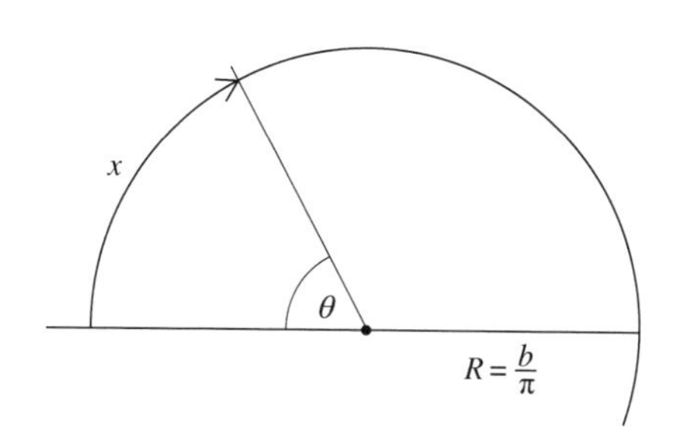

图　6-36

在开始下一步前，将 x 轴补充成 xyz 坐标系，如图 6-37 所示。每个坐标轴的长度单位都是英尺。现转向图 6-38。它是将图 6-35 右上角的示意图放到 yz 平面后的细节图。混凝土板的厚度 c=7 英寸，即 $c = \frac{7}{12} \approx 0.583$ 英尺。点 A 和 F 由梁在支撑点处的 U 形横截面（图 6-35 内 0 上方的 U 形）的左侧边来确定。线段 FA 并不完全竖直，A 比 F 离 z 轴要近 1 英寸。点 B 和 G 由梁在中跨点的 T 形横截面（图 6-35 内 b 点上方的 T 形）的左竖直侧边来确定。图中点 A、F、B 和 G 都是固定的，以 AB 为直径、O 为圆心的圆也不变。仔细看一下图 6-38 给出的数据，可知 AG=36−8−7 = 21 英寸，即 $\frac{21}{12} \approx 1.75$ 英尺，BG=54−7=47 英寸，即 $\frac{47}{12} \approx 3.92$ 英尺。因此 $\tan\alpha = \frac{BG}{AG} = \frac{47}{21} \approx 2.24$，利用计算器上的 $\tan^{-1}$ 键，可得 $\alpha \approx 65.92°$。根据勾股定理，该圆的半径为 $r = \frac{1}{2}AB = \frac{1}{2}\sqrt{AG^2 + BG^2} = \frac{1}{2}\sqrt{21^2 + 47^2} = \frac{1}{2}\sqrt{2650} \approx 25.74$ 英寸，即 $\frac{\sqrt{2650}}{24} \approx 2.14$ 英尺。

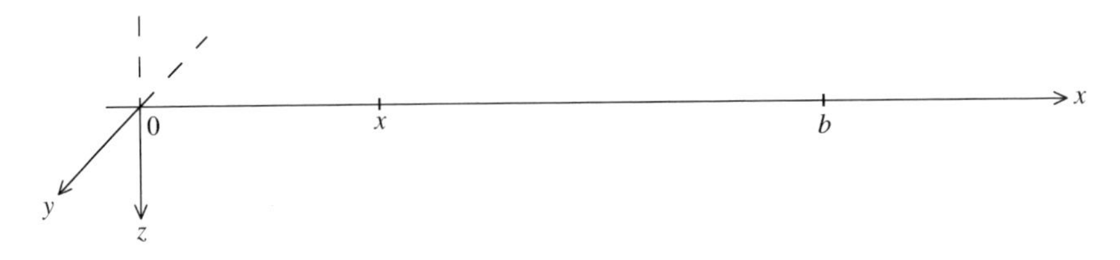

图 6-37

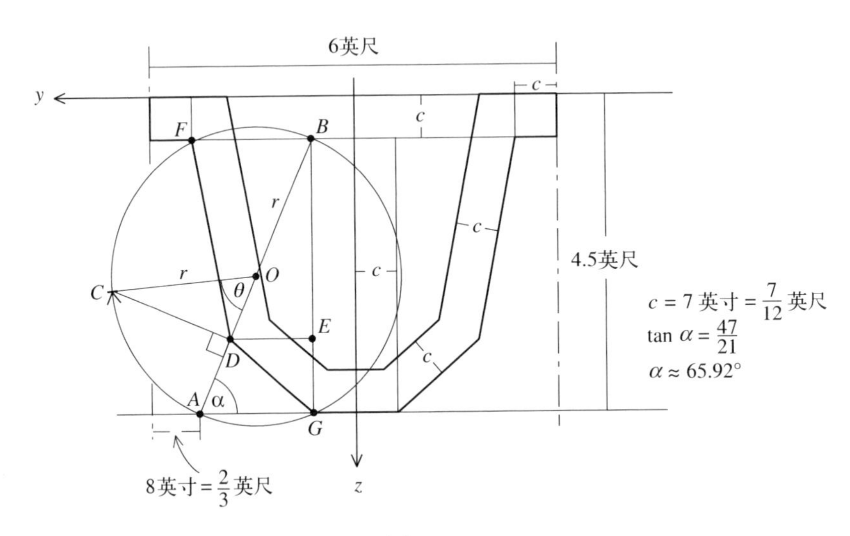

图 6-38

现取图 6-36 中的角 θ，在图 6-38 的圆上选择点 C，令 $\angle AOC=\theta$，将角 θ 放入图中。令 D 为直径 AB 与过 C 点的 AB 的垂线的交点，令 E 为过 D 点的水平线与 BG 的交点。因为 F 和 G 点固定，所以 D 点（以及该图关于 z 轴对称的事实）确定了图 6-38 中图形的外边界。图形的内边界则由外边界及板的厚度 c 确定。D 点确定的图形就是所要设计的梁在 x 点的横截面图。注意当 x 从 0 增大到 b 时，θ 从 $0°$ 增大到 $180°$。在这一过程中，点 D 从 A 点移到 B 点，左侧的外边界 FDG 从 FAG 变到 FBG，图案从 U 形变到 T 形。对 $0°$ 和 $180°$ 之间的某个角度，FDG 成为直线段，图案变成 V 形。当 x 从 b 增大到 $2b$ 时，θ 从 $180°$ 增大到 $360°$。在这个过程中，D 点从 B 回到 A，图案也从 T 形变回 V 形，再到 U 形。因此，当 x 从 0 移到 $2b$ 的过程中，图案完全按照图 6-35 描绘的横截面序列变化。阿鲁普的工程师准确地获得了所需要的东西：梁的横截面图案，它沿其水平方向平滑地从 U 形变到 V 形直到 T 形，然后再变回去。

在该问题的最后，我们将计算点 D 的 y、z 坐标。观察 $\triangle OCD$，可知 $\cos\theta = \dfrac{OD}{r}$。因此 $OD = r\cos\theta$ 且 $BD = r + r\cos\theta = r(1+\cos\theta)$。从 $\triangle BDE$ 可知，$\cos\alpha = \dfrac{DE}{BD}$，$\sin\alpha = \dfrac{BE}{BD}$。因此有 $DE = BD\times\cos\alpha = (r\cos\alpha)(1+\cos\theta)$，且 $BE = BD\times\sin\alpha = (r\sin\alpha)(1+\cos\theta)$。可得 D 点的 y 和 z 坐标分别为

$$y = (r\cos\alpha)(1+\cos\theta) + c = (r\cos\alpha)\left(1+\cos\left(\frac{x}{b}\times 180^\circ\right)\right) + c$$

和

$$z = (r\sin\alpha)(1+\cos\theta) + c = (r\sin\alpha)\left(1+\cos\left(\frac{x}{b}\times 180^\circ\right)\right) + c$$

这些方程给出了阿鲁普设计的预应力大广场梁的精确的数学描述。图 6-35 用实曲线绘出了 $z = r\sin\alpha\left(1+\cos(\frac{x}{b}\times 180)^\circ\right) + c$ 的图形（标为“正弦曲线”），它沿梁的横截面向前延伸。

阿鲁普设计的坚固的混凝土梁不仅为大广场创造出大片净空间，而且从下面看，每根弯曲的梁都像是船体的底部，大广场天花板的波浪形表面产生了一种与乌松歌剧院建筑群的帆形拱顶设计风格相一致的视觉效果。

拱形屋顶　从乌松创造性的设计（鼓起的帆形屋顶丛）到其实现是一条极其艰难的路。这些自由飘动的雕塑形式，其明确的几何学定义应该是怎样的？这种全新的拱形屋顶应该用哪种材料合成，使用哪种施工方法？为回答这些问题，从 1957~1963 年，人们花了数年时间进行解释、分析、争论并做了繁重的工作。

在用数学明确表达几何形状之前，这种规模和复杂度的屋顶结构不可能建造出来。没有数学模型，就不可能计算穹顶可能会受到的负载、应力和旋转力，不可能估计风和温度变化对其稳定性的影响。没有明确定义的几何形状（例如图 4-26 中圣索菲亚大教堂的球形几何图），就不能进行必需的计算和计算机分析，也就不能继续建造这座史无前例的建筑。抛物线（考虑拱顶的三维特性，更准确地说，是抛物面）曾是乌松对拱顶轮廓所做的第一个选择。如图 6-39 所示。后来，他又考虑了椭圆（或同样更准确地说，椭圆体）。我们后面很快会探讨这两种几何体都不适合建造的原因。

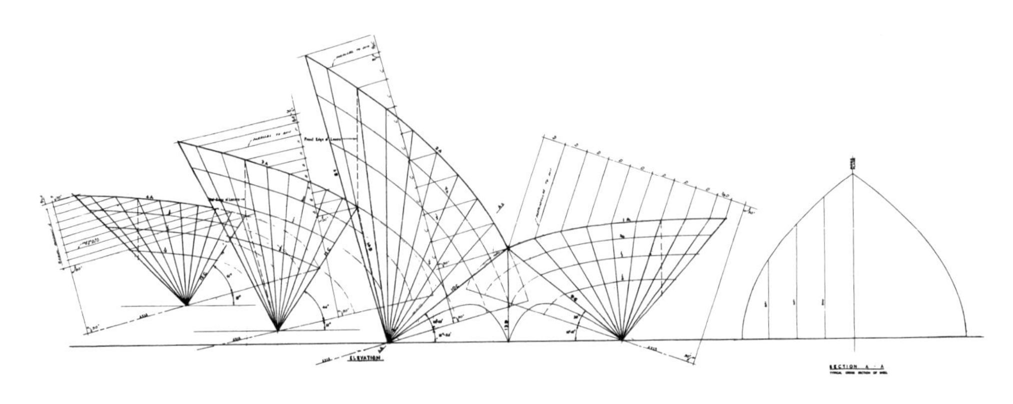

图 6-39 主厅壳的早期抛物线设计方案。选自《乌松的球体：悉尼歌剧院——它的设计和建造方法》，Yuzo Mikami 著，Osamu Murai 摄，Shokokusha 出版，东京，2001，图 4-10。普林斯顿大学图书馆，马昆德艺术考古藏书室。由阿鲁普提供

乌松的第一个想法是将他设计的拱顶建成混凝土薄膜结构。这种像蛋壳一样的混凝土屋顶在那时很常见。阿鲁普公司在建造威尔士工厂的屋顶时就是这么做的，其混凝土壳只有约 3 英寸厚。这种膜结构要稳定，需要满足两个基本条件。首先，壳需要具有这样的几何形状，即每个高度上因壳体重量所产生的向外及向下的侧推力都能完全（或几乎完全）被壳体下方的推力所抵消。（7.3 节中将研究这种几何形状，你会看到它是倒转的悬链形。）其次，壳必须由坚固的刚性边梁围绕，以便限制其边界处的向外的侧推力。如果满足这两个条件，壳的重量就会由壳内的挤压力及刚性边梁的反作用力承担。但是，乌松设计的有尖角、陡然上升的拱顶与这些要求全不符合。既然不可能摈弃他的建筑理念，将拱形屋顶建成混凝土薄膜的想法就被放弃了。

帆形壳之间又宽又高的露天空间是乌松设计中的另一个复杂问题。这些留给较小壳结构及大窗户的空间，可以将光线和美丽的悉尼港景色收入这座建筑的大厅之中。但这些露天空间的存在意味着壳体与墩座间的接触区域变得窄而集中。考虑到各种设计参数，阿鲁普确信只能将每个这种帆形屋顶结构建成一系列弯曲的拱肋（其底部较窄，随着高度的增加而迅速变宽），它们从墩座的公共点起拱，呈扇形向外、向上展开。每个拱形屋顶将包括两个这样弯曲的扇形结构，一个是另一个的镜像，它们从相对的两边升起，在顶部的圆形屋脊处相交。乌松激动地认可了这一概念：“我不关心它的花费，我也不关心要花多长时间建成或它会招致什么样的辱骂，这就是我想要的。”

这样就解决了第一个问题，但还存在几何形状的问题。壳的大尺寸意味着它们不得不分成几个构件进行建造。为了满足经济和时间方面的要求，这些构件要能批量生产。抛物线或椭圆壳达不到这种要求，这是因为每根拱肋的形状会各不相同，如图 6-39 所示。会有这样一种几何体，使得用标准化的相同构件就能建造出一种赢得悉尼歌剧院设计大赛的弯曲的帆形骨架结构吗？如果回答是否定的，就不可能实现乌松的设计，项目将会失败。

乌松灵光一闪。理论上，壳的表面应以同样的方式向各个方向弯曲，而唯一一种有这种性质的表面是半径给定的球体。乌松突然意识到可以在球体上画出无限多种曲面三角形。这样就能把屋顶的所有壳设计成从同一球体上得到的曲面三角形。这种想法拯救了这个项目。乌松和阿鲁普终于在黑暗中看到了曙光。1962 年 2 月 1 日，乌松绘制出他的所谓最终稿，如图 6-40 所示。在观察该稿最下方的小字时，他意识到这一天距离官方宣布他赢得比赛已过去了整整 5 年。

图 6-40　主厅的壳序列，乌松绘于 1962 年 2 月。选自《乌松的球体：悉尼歌剧院——它的设计和建造方法》，Yuzo Mikami 著，Osamu Murai 摄，Shokokusha 出版，东京，2001，图 9-1。普林斯顿大学图书馆，马昆德艺术考古藏书室。版权归 Jan Utzon 所有

让我们分析一下乌松构思的曲面三角形。考虑球心为 O、半径为 r 的球。建立 xyz 坐标系，使原点位于球心 O，如图 6-41 所示。令 A、B 和 C 为球面上的 3 点，旋转该球，使 A 位于 y 轴上。分别用过 A、B 和 A' 及过 A、C 和 A' 的曲线表示由点 A、O、A'、B 及 A、O、A'、C 所确定的平面与球面相交得到的圆。过原点 O 的平面与球相交得到的任何圆都称为大圆。这样弧 AB 和 AC 均位于大圆上。将点 B 和 C 沿 z 轴的平行线投影到 xy 平面。投影线确定了一个过 B 和 C 且垂直于 xy 平面的平面。该平面与球的交线为一个圆，它给出了弧 BC，这样就确定了乌松设计的 $\triangle ABC$。

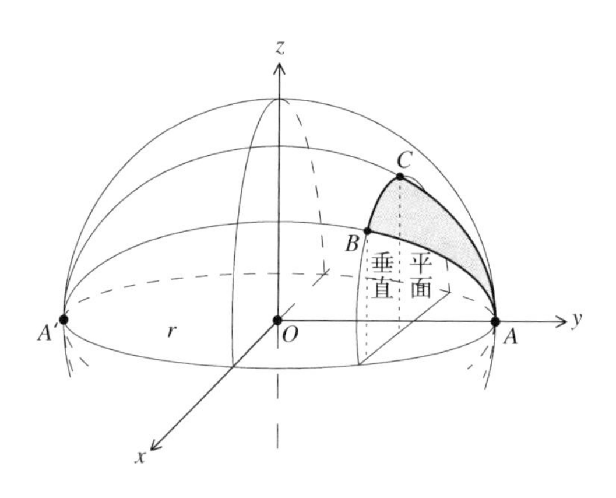

图 6-41　乌松设计的球面三角形

过点 B 和 C 有许多（无穷多）平面，因此有许多（无穷多）种用球上的圆弧连接 B 和 C 的方法。乌松选择了位于垂直平面上的圆弧 BC，这意味着他能通过在圆形脊 BC 处连接球面三角形 ABC 及它的镜像图来设计每个拱形屋顶。图 6-42a 和图 6-47（该图更生动）展示了这一方案。乌松的球体观点也与阿鲁普的拱肋概念相容。大圆能将球面三角形分成扇形分布的拱肋，每个拱肋能被建成一系列预应力混凝土段，其边则由同一个大圆确定，如图 6-42b 所示。乌松和阿鲁普将球的半径确定为 246 英尺，从该球可以得到所有匹配的球面三角形对。在所有的情况下，任意两个相邻拱肋在起拱点 A 处的夹角都为 3.65°。

图 6-43 描绘了主厅的壳系列里的 4 个三角形。这些图中每一个都是图 6-41 的具体例子，其中球以一种方式旋转，使得过 B 和 C 的垂直平面平行于页面的平面。壳 A1 给出了入口大厅的拱顶。壳 A2 是舞台区特别是容纳许多大型电梯以便移动布景的舞台塔上空的拱顶。它的高度约为 220 英尺，是这座建筑里最高的拱形屋顶。壳 A3 是主观众席、座位区及吸声天花板上空的拱形屋顶。壳 A4 覆盖了宽敞的休闲区，它

由一片玻璃墙隔开，透过玻璃墙，欣赏歌剧和音乐会的观众能看到生动的悉尼港大桥全景以及海港中的航运活动。图 6-44 展示了壳 A1 到 A4 的球面三角形以及产生它们的球面，三角形的位置与乌松对主厅的设计相同。

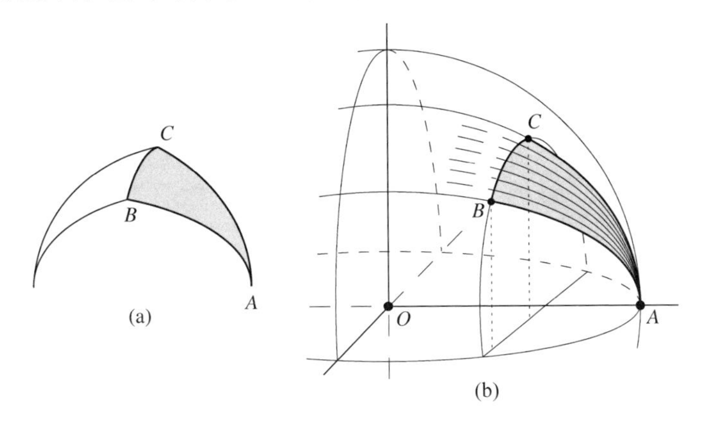

图 6-42　乌松设计的拱顶及阿鲁普设计的拱肋

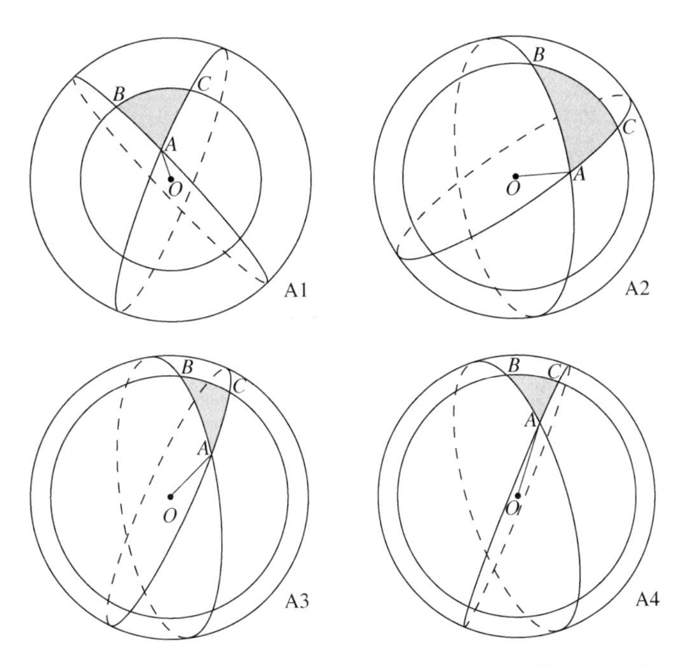

图 6-43　主厅 A1 到 A4 拱顶的球面三角形。选自《乌松的球体：悉尼歌剧院——它的设计和建造方法》，Yuzo Mikami 著，Osamu Murai 摄，Shokokusha 出版，东京，2001，图 8-10。普林斯顿大学图书馆，马昆德艺术考古藏书室

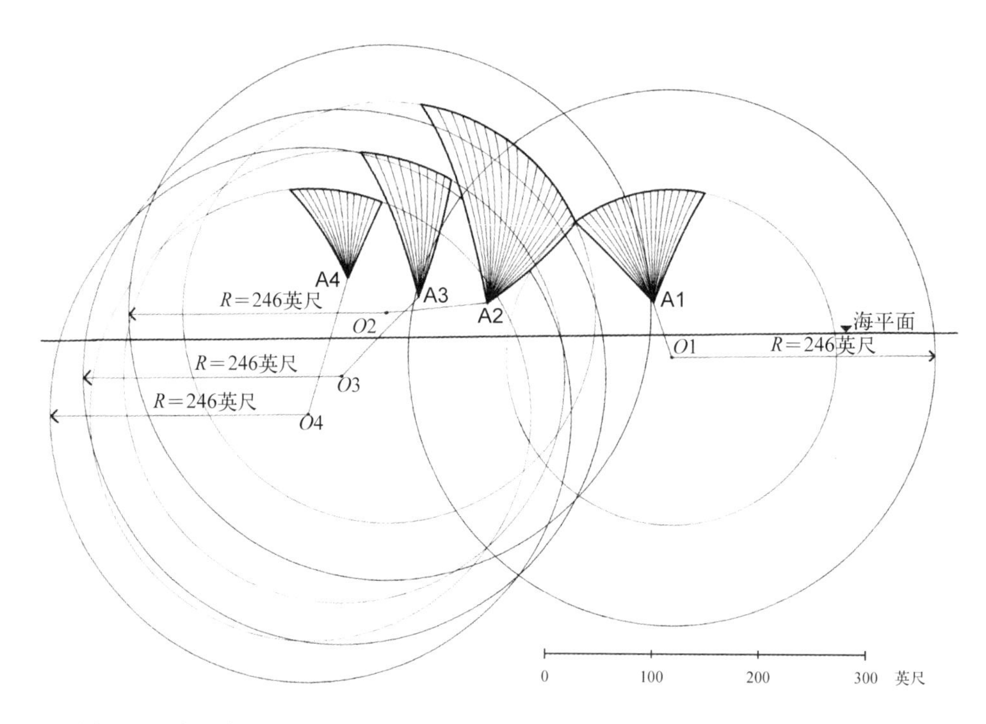

图 6-44 在适当位置的主厅壳 A1 到 A4。选自《乌松的球体：悉尼歌剧院——它的设计和建造方法》，Yuzo Mikami 著，Osamu Murai 摄，Shokokusha 出版，东京，2001，图 8-11。普林斯顿大学图书馆，马昆德艺术考古藏书室

比较图 6-34 和图 6-40，可以看出乌松的单球体方案改变了屋顶轮廓的视觉特性，使其较为壮丽优美的外形变得比较刚硬和沉重。但乌松和阿鲁普知道单一球体是一次重大进步。现在有可能用批量生产的重复构件来建造拱顶了。阿鲁普后来回忆说："我们不想把建筑师拖下地狱，但真想让他把我们拉上天堂。"此时，他脑子里想的就是这一次突破。无疑乌松受到阿鲁普仅关注"如何建造它"的影响。不过，球体方案还是他提出的。

现在，乌松和阿鲁普的团队终于能完成这一设计细节了。图 6-45 展示了壳 A2 的细节。拱肋段要求用预应力混凝土制造。它们的横截面被设计成从墩座附近的窄 T 形变到窄实心 Y 形，到更上面的比较宽的空心 Y 形。图 6-45c 中编号为 7 的拱肋段是这种空心 Y 形的代表。顶部和底部凸缘内 3 个一组的孔眼是拱肋段里为预应力缆所铸出的管口。组成拱肋的各段方案细节如图 6-45b 所示。对每个壳，该方案中的各段几乎都用同样的方式向上伸展。图 6-45b 展示了编号为 12 的拱肋及其匹配对所形成的拱。

它让人想起佛罗伦萨大教堂穹顶的哥特式五分之一尖拱（见第 4 章），二者基本相同。

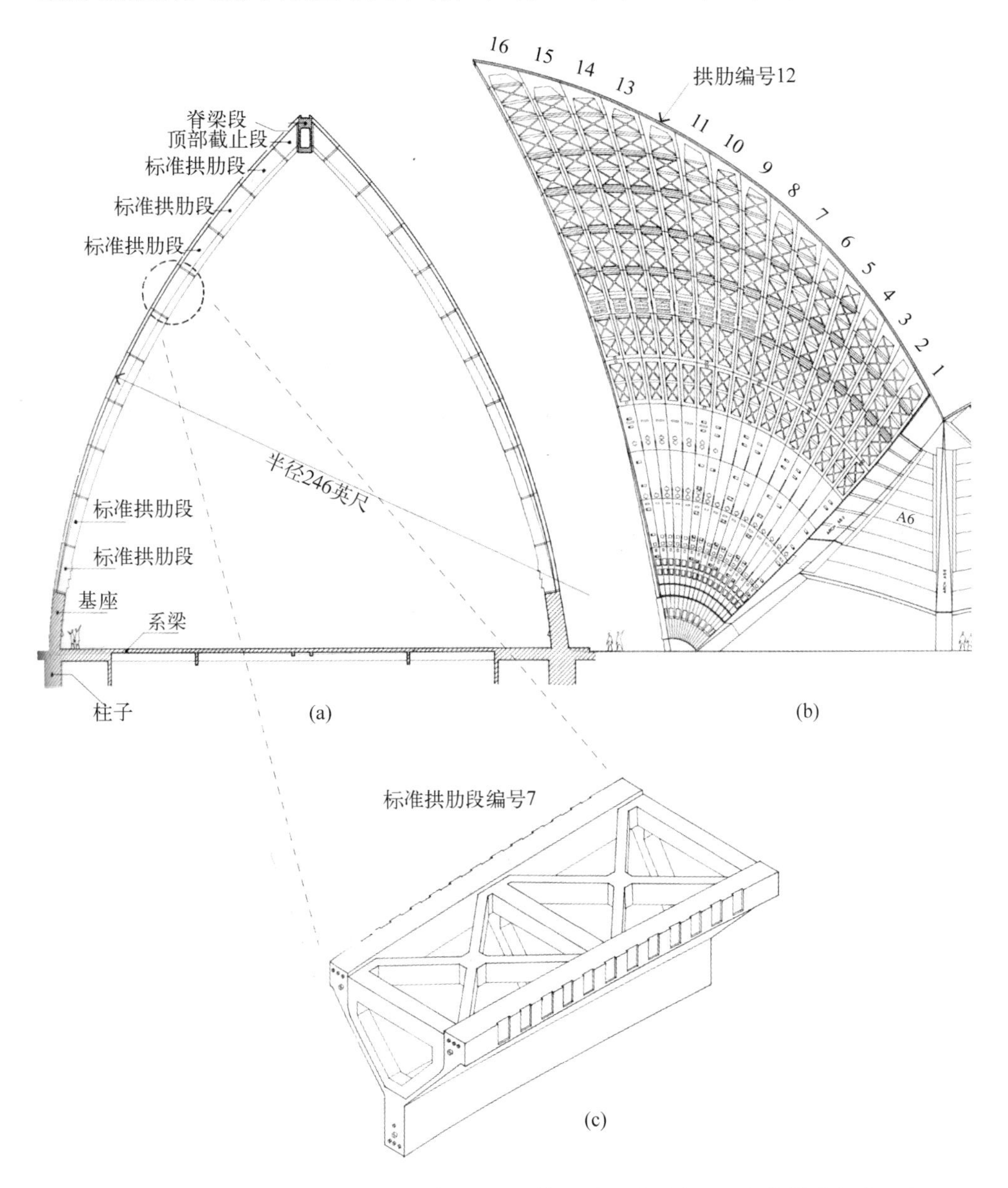

图 6-45　壳 A2 的拱肋方案。选自《乌松的球体：悉尼歌剧院——它的设计和建造方法》，Yuzo Mikami 著，Osamu Murai 摄，Shokokusha 出版，东京，2001，图 9-13、图 9-15 及图 9-16。普林斯顿大学图书馆，马昆德艺术考古藏书室。由阿鲁普提供

现在可以开始建造拱顶了。人们现场预制各种混凝土拱肋段。共浇筑了 1498 块标准及 280 块非标准拱肋段，每个长 15 英尺，共有 12 种类型，其中 7 种在壳的最底部，分别制作了 280、280、260、196、174、110 和 82 块。数量如此多的相同的预制构件简化了拱形屋顶的施工。更关键的是，它降低了成本，节省了时间。图 6-46 展示了 1966 年施工中的两个壳。注意壳底部已封闭的拱肋段及较高处还未封闭的拱肋段。图片还展示了位于建造中的两个拱顶过渡处的较小的壳。这些侧壳在主穹顶完工前就已经开始建造。

图 6-46　1966 年壳的施工现场。Max Dupain 摄。版权归 Max Dupain 和 Associates Pty 公司所有

拱顶中拱肋的建设面临一个问题。正如在图 6-42a 和图 6-45a 中所看到的，三角形壳的每根拱肋在对面一侧的镜像壳内都有一根拱肋与它匹配。一般而言，从拱肋段开始建造每组配对拱肋的方法与从拱石开始建造拱券相同。但麻烦的是，在拱肋高度增加的同时，它还要倾斜并变宽。我们在 2.5 节已了解到，在建成前拱券并不稳定，

需要由拱鹰架结构进行支撑。而在拱顶的拱肋施工过程中，这些要怎么做到？问题的关键是采用由曲面三角形钢桁架制成的安装拱券，它是起作用的。用最大的一台起重机吊起拱肋段，将其放在上一块已放好的拱肋段上方。它的一边由前面已完成的拱肋支撑，另一边由安装拱券支撑。在把这段拱肋放到已就位的那段的上方之前，可以涂上环氧树脂涂层，以便将两个接触表面粘到一起。安装拱券可以根据正在施工的拱肋尺寸和倾斜度展开或压缩。它可以在图 6-46 中看到，即左侧拱顶边界处的深色拱券。它旁边的拱肋正在建设中，最底下的几段已经放好了，它们的上面是上层段的开口。用这种方法，逐段逐根地建造拱肋，壳逐渐得以完工。

剩下的难题是覆盖和密封壳的外表面。乌松用复杂的瓦片系统完成这一工作。他选择了两种方形瓦，一种毛糙，一种光滑，颜色为略有差别的乳白色。它们需保护该结构免受一些因素的影响，并要按一种好看的图案来铺设。他们决定将瓦片黏合成 V 形，铺在波浪形的混凝土板上。这些瓦片板称为盖子，约有 6 英寸厚，7.5 英尺长。从图 6-46 中能看到 3 个已铺好的这种盖子，就在右侧壳的高处。这些盖子用几层钢丝网加固，它们很轻，不会给壳增加很大的重量。为了减少下面壳的热效应，它们的背部都喷有绝缘泡沫。为了使其能完全贴合壳的轮廓，盖子也是球面的一部分，该球的半径比壳所属的球的半径 246 英尺大一点（约大 8.5 英寸）。最后，每个盖子都用支架和螺栓锁好，支架和螺栓可以进行调整，以便让它精确地处于所要求的球面位置。毋庸置疑，这些复杂的瓦片盖子的设计考虑了许多因素，使用了数学与计算机分析。盖子的球面几何形状使人们能标准化制作所需要的 4000 多块盖子。当最后一块盖子于 1967 年 1 月放好后，歌剧院建筑群的拱形屋顶终于完成了。它的 V 形排列的瓦片在阳光下闪闪发亮，达到了惊人的视觉效果。

驶向胜利　现在已经为主厅和副厅的内部施工做好了准备。有 3 个方面需要特别注意：座位（包括其数量和安排）、音响效果及将拱形休闲区的开口处封闭起来的大玻璃幕墙。类似这样的问题以前解决过。无疑，歌剧院项目从此将向着胜利的终点“航行”。可是还没那么快。座位数、音响特性、费用超支以及项目是否能按时完工等问题不断出现。

工程的成本随技术难度及其所带来的工期延误成比例地增加。乌松的成本预算从 1958 年 3 月的 960 万澳元，飙升到 1961 年 8 月的 1860 万澳元，又到 1962 年 4 月的 2750 万澳元，再到 1965 年 7 月的 5000 万澳元。（这期间，1 澳元约值 89 美分。）为该建筑筹资的彩票抽奖越来越频繁。（该建筑竣工时，最后的总花费达到 1.02 亿澳元。）

起初，希望主厅既作为歌剧院也作为音乐厅使用，每种功能都有各自的座位分配，并想将其打造成澳大利亚歌剧团和悉尼交响乐团之家。但乌松的设计给可用空间带来了压力。作为歌剧厅使用，副舞台比较小，对主舞台而言是个问题，因而在设计时使用了搭载大型电梯的舞台塔。歌剧舞台布景可以垂直而不是水平移动，与航空母舰上的飞机从下方的飞机棚升到甲板上的方式相同。作为音乐厅使用，澳大利亚广播委员会希望座位数至少达到 2800 个，还希望有足够大的舞台区，使其不仅能供管弦乐团也能供合唱团使用。对音响效果的期待增加了问题的难度。委员会想要中频时的混响时间为 2.0 秒，这意味着主厅内部的体积至少为 100 万立方英尺。

歌剧院项目一度是澳大利亚工党的主张。但 1965 年，在工党统治了 24 年后，自由党赢得国家大选。在竞选运动中，自由党承诺要对不断上升的项目成本和歌剧院工期延误采取措施。新的自由党公共事务部部长指控乌松只为其设计的内部音效提供了含糊的信息，并决定不再为该项建设追加资金。1966 年 2 月 28 日，壳接近完工时，施工遇到了最可怕的挑战，乌松被迫辞职。一个建筑师小组被任命替代他的位置。在阿鲁普公司的帮助下，他们完成了这座建筑的建设任务。主厅从双重功能设施变成单功能音乐厅。已安装的用于移动舞台布景的机械被拆除，歌剧院被移到副厅中。休闲区的玻璃正面完工了，但其设计风格与乌松所要的并不相同。现在，它们从顶部以椭圆柱体的形状向下延伸，在底部则按圆锥体的形式扇形展开。这一建筑在 1973 年 10 月 20 日对外开放，伊丽莎白女王参加了此次落成典礼。典礼上演奏了贝多芬的《第九交响曲》及《欢乐颂》。

悉尼歌剧院体现了旧时代伟大建筑的品质。如因地制宜、对光线的反射、空间的创造、规模和比例的恰当选择以及合适材料的使用，这些仍然是一座伟大建筑必须具备的关键品质。它是堪与古代文明成果相匹配的当代建筑，奠定了乌松作为 20 世纪最具原创性、最重要的建筑师之一的地位。他重新考虑了标准构件的工业预制，从而产生了复杂、富于表现力的曲面形式，并与实用的矩形秩序相区别。正如图 6-47 和彩图 23 所显示的，悉尼歌剧院是一座非凡的建筑物。它是一座背靠海港的大型白色雕塑，从黎明到黄昏，日复一日地捕捉并映现着天空及其变幻无穷的光线。影响深远的美国建筑师路易斯・康说道："以前从不知道太阳的光线如此绚丽，直到它被这座建筑所反射。"它使世界各地的人们对它悠然神往，并成为悉尼的城市象征。2003 年，约恩・乌松荣获普利兹克建筑奖；2007 年，他创造的这一建筑被列入世界遗产名录。

图 6-47　主厅、副厅及餐厅的拱形屋顶。David Messent 摄。选自《建筑杰作：悉尼歌剧院》，Anne Watson 著，Lund Humphries 出版，2006，p176。马昆德艺术考古藏书室

下面将转向 20 世纪的另一座地标性建筑：西班牙毕尔巴鄂的古根海姆博物馆。我们将继续讲述建筑材料、技术和设计之间的联系。

6.5　计算机、CAD、CAM 及毕尔巴鄂的古根海姆博物馆

让我们先退一步，根据前面所学的知识，思考一下传统建筑实践。在建造大型复杂建筑之前，建筑师需要先提供详细的描述。他们必须与工程师一起证明建筑物的结构合理，能经受极端天气和地震的考验，即使时间流逝也依然能达到这些要求。建筑师和工程师需要确定建筑的内部空间，其中的人流、照明、采暖和音响条件都要达到

预期。建筑过程的目标是呈现各种不同的方法和方案，根据相关标准对它们进行分析，最终将选定的方案转化为物理实物。必须要考虑的基本变量包括建筑物的功能、尺寸、形状，施工的可行性、材料、方法，预算及竣工和入住时间等。

传统上，建筑师依靠欧几里得几何学给其想法赋予形状。他们用钢笔、直尺和圆规在纸上画出点、直线、平面、圆弧和球面，从而创造出他们的设计。在木匠和石匠按原比例将其实现后，这些平面构图就转化为建筑物。砖是矩形，砌在一起就形成线或直角。它们一层层平铺，就变成了平面墙。人们最容易用锯实现直线切割，得到平坦表面。人们通过拉伸或旋转绳子，或用铅垂线来引导建筑物实现直线形或拱形。正如哥特时代尤其是米兰大教堂的故事（第 3 章）所说的那样，要根据基本几何学规律考虑结构稳定性，并根据随时间累积的经验进行方案调整。总之，建筑师依靠基本的欧几里得几何工具来绘制他们所能建造的，并建造他们所能绘制的。建筑物由木材、石头、砖和砂浆建成，而这些材料由简易杠杆、升降机、起重机运送到指定位置。几千年来，人类就是这样修建他们的建筑物的。这也是本书前 5 章所讲述的内容。

工业革命及随之而来的技术革命改变了这一进程。它提供了新的建筑材料，包括铁、铸铁、钢和钢筋混凝土，发明了由蒸汽、柴油和电驱动的起重机和悬臂吊车，提出了评估结构稳定性的新方法，包括材料检测和结构工程上的数学方法。所有的这些成就都使建筑师扩大了他们所能建筑的范围。6.1 节描绘了其中的一些方面。19 世纪末到 20 世纪初，内部有机械和电力设施（照明、暖气、空调和电梯设施）的大规模、高复杂度的建筑物，包括摩天大楼已经很常见了。但是，传统的作图工具，如刻度尺、丁字尺、平行线尺（用来快速绘制平行线）、量角器（用来划分角）和坐标纸（上有矩形栅格）仍然是建筑行业使用的工具。结构工程师清楚复杂的分析方法，但仍要用简单的公式、表格、经验数据、计算尺和经验法则处理大部分稳定性问题和建筑物性能问题。

这就是约恩·乌松当初为悉尼歌剧院设计大赛绘制其设计时面临的情况。他用粗的软铅笔画出了形状，找到了弯曲的帆形屋顶结构的节奏。他的助手用传统的绘图工具、标准的画法几何技术和硬尖铅笔将其想法转化为蓝图和施工图。乌松的设计不是一堆上面罩有半球形拱顶的盒子，而是一座史无前例的自由流动的大型雕塑。正如我们在前面一节所见到的，用预应力混凝土和玻璃将其构想转化为能够建造的结构是一项艰巨又旷日持久的工作。从 1957 到 1962 年，乌松和阿鲁普试验了不同的拱顶几何形状，想要找到一种可行方案。他们探讨了单层混凝土壳、双层混凝土壳、以钢桁架承重的混凝土壳以及抛物线和椭圆几何形状。每提出一种新方案和几何形状（在从同一个球面切割所有壳并用从基部呈扇形展开的混凝土拱肋进行建造的灵感产生之前），都必须根据力、挤压力及偏转评估其结构稳定性。这项任务的第一步是找到壳表面的精确的数学描述（正如第 4 章对圣索菲亚大教堂的球心穹顶所做的那样）。完成这项工作后，基本上就能进行必要的计算了。

现在来到了最难的部分。阿鲁普及其团队意识到这些计算需要的计算机能力远远超过了人们所能提供的。20 世纪 50 年代初，第一台电子计算机进入商业领域，但能进行壳分析的强大计算机当时还处于开发阶段，所需要的数学算法也正在整理之中。首先要做的是用矩阵表示壳上单点处的应力或偏移。（矩阵是矩形排列的数字。讨论 3.1 用了简单的例子来表现图案的排列和对称变换。）要表示整个壳上的应力和偏移需要大型系统矩阵。求解这些系统的指令需要用程序员和计算机能够处理的方法表示。这些程序接口和语言也只是刚被创建，不时会根据所构想的几何体的传统素描推出一些必要数据。一些用于具体分析的数据会以一长溜小孔的形式打在细长的卷纸上。核查完这些小孔并为了保证精度再核查一遍后，纸带就被放进计算机内并由其“读出”。阿鲁普使用的计算机的存储容量约为今天个人计算机的百万分之一，现在个人计算机只需数十秒完成的计算，它却要花上数十小时。每次考虑壳的一种新几何形状时，之前所做的技术分析就没有用了，必须舍弃。此时就要修改软件，重新编制计算机程序，整个过程又重新开始。

阿鲁普及其团队谨慎地对待计算机得出的结果。“如果你不知道答案的数量级（换言之，如果你不知道答案可能是什么），就不要使用计算机”的忠告指导着他们。阿鲁普的工程师也依靠对壳的塑料和木制模型的测试来估计力和应力的分布。图 6-48 展现了其中的一个结果。即使他们使用的计算机性能很差，数学算法仅得到初步发展，但是没有它们，就不可能对这些大型帆形壳进行结构评估。事实上，没有计算机技术，乌松设计的具有创新性的壳就不可能问世。

如今，计算机技术的发展已经使这类分析程序化了。计算机辅助设计（CAD）系统是传统绘图工具的精确、高效版本。它提供基本的绘图组件，如点、直线、圆和椭圆。通过在计算机屏幕上进行复制、剪切、粘贴、拖拉、网格对齐、缩放、剪裁等操作，并对这些组件进行组合及修改，可以很容易得到复杂的设计。（本书中的大部分图形是用 Adobe Illustrator 系统获得的。）20 世纪 60 年代至 70 年代早期，计算机科学家开发出用诸如 NURBS 这样的系统对曲面进行数字建模的新软件。后期使用的样条

（NURBS 是非均匀有理 B 样条，即 nonuniform rational B-splines 的缩写）是由多项式分段定义的专用数学函数。这种曲面 CAD 系统已成为汽车、飞机和轮船设计的基本工具。娱乐业也使用这种软件来创作卡通人物，并在二维和三维动画中赋予它们生命。日益提高的计算机性能以及日益复杂的显示技术让设计师能在计算机屏幕上完成自由形式的曲面，不管是静止的还是移动的，就像传统建筑师在纸上完成线、面、圆、圆柱和球一样容易，甚至更容易。

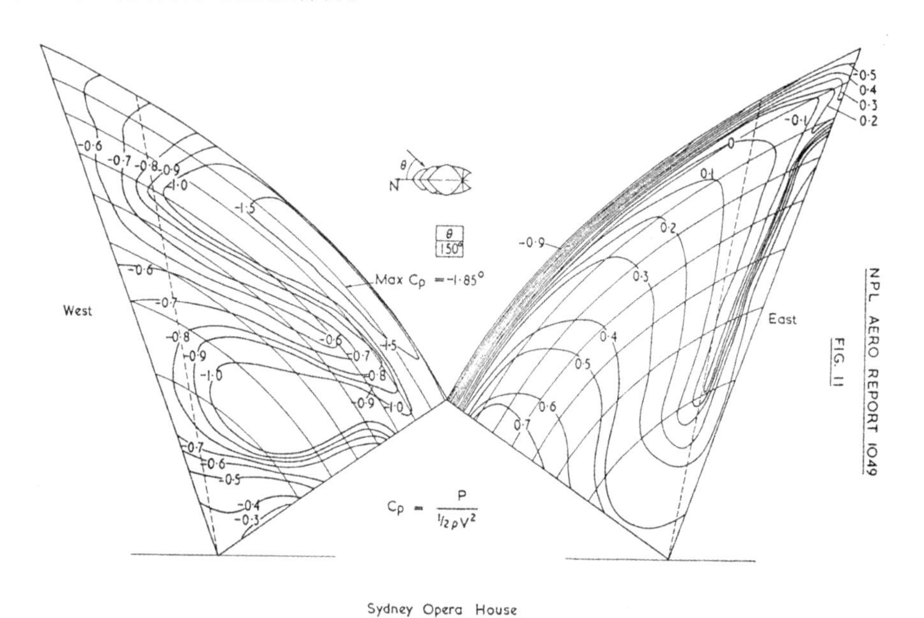

图 6-48　壳 A2 的压力分布，来自壳模型的风洞试验。选自《乌松的球体：悉尼歌剧院——它的设计和建造方法》，Yuzo Mikami 著，Osamu Murai 摄，Shokokusha 出版，东京，2001，p312。普林斯顿大学图书馆，马昆德艺术考古藏书室

20 世纪 90 年代初，建筑师弗兰克·盖里（1929—　）和他的团队首次将建筑实践与数字设计领域联系起来。他在巴塞罗那海滨为 1992 年奥林匹克运动会建造的鱼形雕塑（1989~1992）是一个开创性的项目。它的流动曲面是使用为航空工业开发的 CAD 系统进行数字建模的。数字模型用于设计开发及结构分析。它还生成了之前由传统绘图给出的施工所需的详细文档。巴塞罗那鱼形雕塑为数字曲面建模成功应用于盖里后来的大型项目奠定了基础，如毕尔巴鄂的古根海姆博物馆（1991~1997）和洛杉矶的迪士尼音乐厅（1999~2003）。

在设计和建造具有历史意义的古根海姆博物馆时，盖里采取了如下步骤。纸上的

曲线素描和模型上的曲面塑形让他能自由表达他的初始想法。为了探讨它们，他徒手制作了许多大型的物理模型。他用先进的数字转换器捕捉比较重要的模型的顶点坐标、边及其他表面元素。通过诸如 NURBS 这样的软件，有可能设计出这些模型的三维数字版，可以表达出流线形状的微妙之处以及彼此间的细微差别并达到极大的精度。而后，由计算机控制的三维打印机和多轴铣床就会产生新的物理模型。之后，将它们与原来的设计相比较，对其形状进行修正和调整，直到设计团队对它们之间的匹配程度感到满意。汽车的设计人员也使用同样的策略。他们将用毡尖笔徒手绘制的素描、精心捏塑的黏土模型与先进的计算机模拟相结合，完成其设计。

在这一点上，计算机方法的突出优势显而易见。回想一下阿鲁普及其团队在估计给定壳的几何形状对其穹顶结构属性的影响时遇到的困难。对于每种几何形状，挤压力、张力、偏移和旋转力的计算都需要一套庞大的新数据、重新配置的软件版本以及新的漫长的计算机分析。而这些用现今的几何建模系统和运行速度很快的计算机就能轻松实现。FEM（Finite Element Method，有限元方法）的思想是用平面区域近似估计表面，它是其中的关键技术。将三角形构成的二十面体内接到球体内（参见讨论 4.1 和图 4-45e）从而对其进行估计的方式可以让人初步感受一下上述方法。增加线性结构与表面间的接触点数目会提高估计精度，但增加了需要求解的方程组中的方程个数。事实上，这类方程组现在可以用高性能计算机迅速求解，从而使 FEM 能精确、高效地分析复杂结构的物理性质。通过使用 FEM，可以对结构的弯曲和扭转进行模拟，将应力分布和位移用视觉呈现，研究结构内部及四周的气流、热条件的影响以及声响品质。使用这种技术可以在建造前对设计进行数字化分析、细化和优化。

盖里在最终确定毕尔巴鄂古根海姆博物馆的设计方案并弄清其性能特性后，就开始施工了。这一过程得到了计算机辅助制造（CAM）的协助。正如激光打印机自动将文本文件转换成打印纸输出一样，CAM 制造机器也可以将三维数字文件转化为原尺寸的实物。这一工作可以高速完成且精度几乎丝毫不差。数字控制的激光切割机、水射流切割机和刨槽机能把平面材料高效地切割、塑形并转变成复杂的形状。多轴铣床将此扩展到计算机控制的三维构件制造。通过这些步骤，CAM 技术将博物馆复杂的大型主钢架结构搭建起来，它分为几个约 10 英尺见方的模块。该框架的抽象几何图形并不是对称的，也没有重复，但还是要求有很高的精度。古根海姆博物馆的主钢架结构和外部表面之间有好几层。内层由镀锌钢管制成，按水平梯形图案排列，确立了外层的水平曲线。该层用可以向各方向调节的接头与主结构相连。另有一层承载着镀锌钢盖板，它的内侧铺着保温层，外侧有沥青防水薄膜。它确定了外部的垂直曲线。主结构和这些层可以根据温度条件而胀缩。建筑外表面多数都由钛板组成。钛经过化学处理，由 CAM 机切割成平板。工人现场弯曲这些板子，将它们安装到弯曲结构上并进行连接。镀钛区中的 80% 只需要 4 种标准尺寸，剩余的 20% 需要 16 种不同的板子。流线形的钛板赋予博物馆如雕塑一般的复杂外形。（钛的成本高，但碰巧的是，就在要用它来施工的时候，世界上主要钛产地之一俄罗斯将数量庞大的钛投放到市场上。施工所需要的所有钛都是以极低的价格购买的。）外部也有大量的石头表面以及钢和玻璃墙。它们都在三维计算机控制的 CAM 机的协助下制作完成。建筑材料的装配得到以三维解析几何为原理的激光定位设备的帮助，由计算机驱动的机器人完成。施工过程中共使用了 27 万平方英尺的钛，6.6 万平方英尺的玻璃以及 120 万平方英尺的石灰石。项目成本为 1 亿美元，建设时间为 6 年，二者都没有超过建造大博物馆的标准。

1997 年，毕尔巴鄂的古根海姆博物馆正式向公众开放，很快被评为世界上最壮观的建筑之一。图 6-49 展示了这座开创性建筑的外貌。建筑师菲利普·约翰逊称其为“我们这个时代最伟大的建筑”。“毕尔巴鄂效应”促进了该城部分地区的新生，使毕尔巴鄂成为旅游胜地。

图 6-49　毕尔巴鄂古根海姆博物馆（1991~1997）。Ardfern 摄

约恩·乌松的悉尼歌剧院和弗兰克·盖里的毕尔巴鄂古根海姆博物馆都成为让公众神往的地标性建筑。然而乌松不得不依靠手工绘制的素描及手制的模型来探讨其视觉、空间和结构效果，而盖里能调用可视化软件来即时生成他需要的任何视图和信息。悉尼歌剧院精妙的球体方案很优雅，建成的壳外形也很优美，但它们的几何形状比乌

松最初构想的满帆形要呆板和生硬。盖里设计的毕尔巴鄂古根海姆博物馆则有着自由生动的雕塑形状，在那时，对这类形状的精确分析和构建都已不成问题。建筑恰如现代艺术，如今能创造、探索并追求几乎任何能想象到的形式。补充一点，有趣的是伦敦的阿鲁普合资公司现已成为世界领先的工程公司之一，是它率先使用了一些使上述功能得以实现的 CAD/CAM/FEM 技术。

6.6　问题和讨论

接下来的问题和讨论处理本章出现的各种数学问题。

问题 1　圣保罗大教堂穹顶的规模和美国国会大厦的相近。研究这两个穹顶的基础结构配置，图 6-2 中的圣保罗大教堂、图 6-8 和图 6-10 中的美国国会大厦的截面图都对它们进行了描述。比较这两座穹顶的重量，讨论穹顶上的力和应力以及它们的主支撑结构。

在 6.2 节中，讨论绳子和重物系统的目的是假设给定力 R_1 和 R_2，重物 W_1、W_2 和 W_3 及它们之间的垂直距离，确定绳子段的准确外形及它们上面的张力。问题 2~问题 7 继续讨论这类系统。单位长度和单位重量是给定的。

问题 2　（仔细地使用直尺和圆规）绘制与图 6-20c 和图 6-20d 中的力多边形图相对应的索多边形。

问题 3 和问题 4 基于图 6-50a。该图展示了在 A 点的力 R_1、B 点的力 R_2 及重物 W 作用下的绳索 ACB。

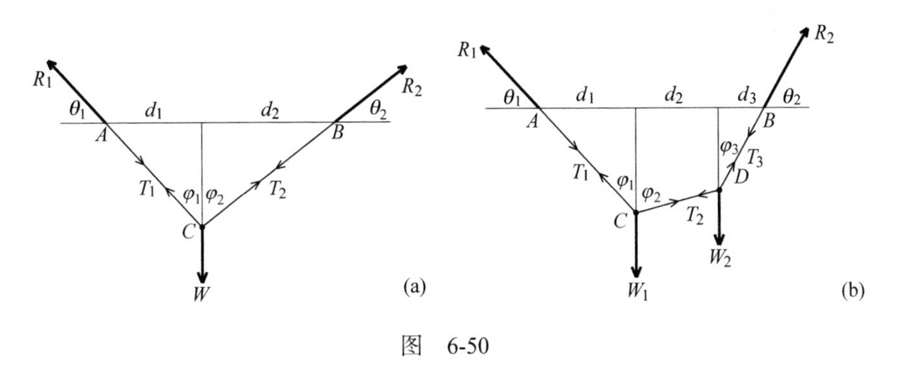

图　6-50

问题 3　设 $d_1 = 4$、$d_2 = 6$ 和 $\theta_1 = 45°$。确定两段绳子 AC 和 CB 的长度。假设 R_1 和 R_2 的水平分量的大小都是 75，计算重量 W 以及张力 T_1 和 T_2。

问题 4　假设 $d_1 = 4$ 、$d_2 = 6$ ，且绳子段 AC=8。计算绳子 ACB 的长度以及 θ_1 和 θ_2 的正弦及余弦。设 W=100，确定力 R_1 和 R_2 的大小。

问题 5 和问题 6 基于图 6-50b。该图展示了在 A 点的力 R_1 、B 点的力 R_2 及重物 W_1 和 W_2 作用下的绳索 $ACDB$。

问题 5　设 $\theta_1 = 45°$ 、$\theta_2 = 60°$ 、$d_1 = 4$ 、$d_2 = 4$ 、$d_3 = 2$ 、$W_1 = 200$ 和 $W_2 = 150$ 。确定力 R_1 和 R_2 。计算张力 T_1 、T_2 和 T_3 。认真绘制此时的力多边形。

问题 6　设 $d_1 = 4$ 、$d_2 = 4$ 、$d_3 = 2$ ，点 C 和点 D 分别在线段 AB 下方 5 和 4 个单位。计算绳子 $ACDB$ 的长度。假设 $W_1 + W_2 = 450$ ，计算张力 T_1 、T_2 和 T_3 ，以及 W_1 和 W_2 。

有负载的绳子（例如图 6-15 中的）的图形建立在假设力及受力的绳子互相平衡的基础上。任何一组使得 $W_1 + W_2 + W_3$ 的大小等于 $V_1 + V_2$ 的重物 W_1 、W_2 和 W_3 及向上的垂直力 V_1 和 V_2 ，以及彼此大小相等的水平力 H_1 和 H_2 ，共同确定一个力多边形。不过，如果预先分配 A、B 之间的水平距离 d_1 、d_2 、d_3 和 d_4 ，以及重物，有可能不存在满足给定的力和距离要求的处于平衡状态的绳子。下面的问题验证了这一点。

问题 7　图 6-15 所示的绳子和受力系统处于平衡状态。重物 W_1 、W_2 和 W_3 分别为 100 磅、150 磅和 125 磅。R_1 和 R_2 的垂直分量大小分别为 175 磅和 200 磅，水平分量为 150 磅。用长度为 x 英寸的向量代表 $100 \times x$ 磅的力，用直尺和圆规画出该系统的力多边形。设点 A、B 和重物之间的水平距离分别为 $d_1 = 1$ 英尺、$d_2 = 2$ 英尺、$d_3 = 1.5$ 英尺，但 d_4 目前尚不确定。用长度为 x 英寸的线段代表长度为 x 英尺的绳子，按比例画出这一绳子系统（还是使用直尺和圆规）。距离 d_4 应为多少？绳子的总长度为多少？

克里斯托夫・莱恩对拱券所做的研究包括图 6-51。该图考虑了半拱 DAC 及其支撑墩柱 $AFGB$。点 N 和 M 分别是半拱和墩柱的质心。

问题 8　莱恩一度认为如果墩柱绕点 B 产生的力矩超过半拱绕 B 点产生的力矩（且如果该拱券的另一半也是这样），则该拱券稳定。评估这种关于拱券稳定性的观点。

问题 9　图 6-52 展示了受到力作用的两根梁。每根梁都固定在 A 点，F 为力的大小，d 为从 A 到力的作用线的垂直距离，θ 为该直线与梁之间的夹角。图 6-52a 中，$F = 800$ 磅，$d = 10$ 英尺，$\theta = 50°$ 。为什么力 F 绕 A 点的力矩等于 8000(磅–英尺)? 将该作用力分解成垂直和平行于该横梁的分量。讨论每个分量的作用，再次计算力矩。对图 6-52b 重复上述分析，其中 $F = 1200$ 磅，$d = 8$ 英尺，$\theta = 60°$ 。

问题 10　回顾库仑在 6.3 节中对铰合的研究。重点关注点 a，解释如果 $Hy_1 - W_\alpha x_1 \leqslant (\tau_\alpha A_\alpha)z_1$，为什么 a 点没有铰合损坏。为什么 $H \leqslant \frac{W_\alpha x_1}{y_1}$ 是 a 点没有铰合损坏的充分条件？为什么如果 $H \leqslant G_1$，则沿拱券外边界任何地方均没有铰合损坏？

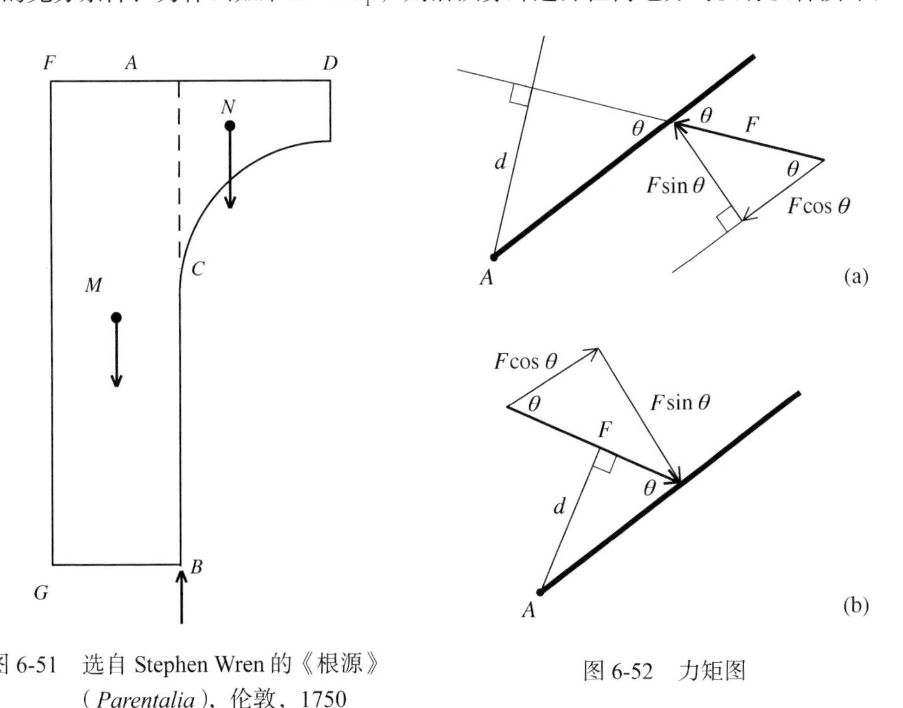

图 6-51　选自 Stephen Wren 的《根源》（*Parentalia*），伦敦，1750

图 6-52　力矩图

下面的 3 个问题研究阿鲁普为悉尼歌剧院墩座设计的大广场梁的几何形状。参照图 6-35 和图 6-36，回忆图 6-38，该图给出了 x（$0 \leqslant x \leqslant 2b$）取任意值时梁的横截面。问题 11 使用的长度单位为英寸，问题 12 和问题 13 使用的长度单位是英尺。这些问题的解答要用到 4.3 节和 4.4 节中的知识。

问题 11　从图 6-35 中可以注意到，随着 x 从 0 增大到 b，梁的横截面从 U 形变到 V 形再到 T 形。该图指出 V 形在 $x = \frac{b}{2}$ 处出现。图 6-38 给出的横截面的精确描述能确定这一点吗？

i. 取英寸为长度单位，用图 6-38 的数据，验证该图的 yz 坐标系中，$A = (28,54)$、$G = (7,54)$、$F = (29,7)$、$B = (7,7)$。

ii. 用 $\cos\alpha = \frac{AG}{2r}$ 和 $\sin\alpha = \frac{BG}{2r}$ 证明 $r\cos\alpha = \frac{21}{2}$ 及 $r\sin\alpha = \frac{47}{2}$。

iii. 验证点 $D=(y,z)$ 的坐标为 $y=\frac{21}{2}(1+\cos\theta)+7$ 和 $z=\frac{47}{2}(1+\cos\theta)+7$。

iv. 证明线段 GD 和 FD 的斜率分别为 $\frac{-47(1-\cos\theta)}{21(1+\cos\theta)}$ 和 $\frac{-47(1+\cos\theta)}{23-21\cos\theta}$。

v. 证明当大广场梁的横截面呈 V 形时，角度 θ 满足 $\cos\theta=\frac{1}{43}$。证明这对应于 $\theta\approx 88.67°$。推出 V 形出现在 $x\approx 0.493b$ 处（接近但不等于 $\frac{b}{2}=0.5b$）。

问题 12　图 6-38 中，yz 平面内点 D 的位置与 x 有关，而对任意 x，点 A、B 的 y 坐标和 z 坐标都相同。验证图中 yz 平面内有 $A=(\frac{28}{12},\frac{54}{12})$，$B=(\frac{7}{12},\frac{7}{12})$，这两点确定直线 $z=\frac{47}{12}y-\frac{26}{36}$。根据 $DB=r(1+\cos\theta)$，计算出 $AD=r\left(1-\cos(\frac{180}{b}\times x)\right)$。

问题 13　参照图 6-37 中的 xyz 坐标空间。问题 12 告诉我们图 6-38 中 $A=(0,\frac{28}{12},\frac{54}{12})$ 和 $B=(0,\frac{7}{12},\frac{7}{12})$，它们均位于方程 $z=\frac{47}{12}y-\frac{26}{36}$ 所确定的平面内。

i. 对任意满足 $0\leqslant x\leqslant 2b$ 的 x，为什么确定大广场梁几何形状的点 D 位于平面 P 内？

ii. 在平面 P 内建立 uv 坐标系。坐标系的原点为点 $(0,\frac{28}{12},\frac{54}{12})$，长度单位为英尺。$u$ 轴与 x 轴平行，其正半轴与 x 轴正半轴的方向相同。v 轴垂直于 u 轴，位于平面 $x=0$（图 6-37 中的 yz 坐标平面）内，要求点 $B=(0,\frac{7}{12},\frac{7}{12})$ 在 v 轴正半轴上，以此确定 v 轴正半轴的方向。在图 6-37 中的 xyz 空间内画出这两个坐标轴。

iii. 考虑函数 $v=f(u)=r\left(1-\cos(\frac{180}{b}\times u)\right)$，其中 u 位于区间 $0\leqslant u\leqslant 2b$ 内。讨论该函数的图形与 uv 平面 P 内 D 点的位置变化之间的关系。根据 u 坐标等于 0、$\frac{b}{4}$、$\frac{b}{2}$、$\frac{3b}{4}$、b、$\frac{5b}{4}$、$\frac{3b}{2}$、$\frac{7b}{4}$ 的点，画出函数 $v=f(u)$ 的图形。

讨论 6.1　高迪的华丽风格　西班牙建筑师安东尼·高迪（1852—1926）建造了奢华的结构，将传统砌筑材料推进到新的极限。他的经典作品是巴塞罗那的圣家族教堂。它飞升的穹顶和尖塔兼具俏皮、超现实和激动人心的特点，是对哥特式风格的一种新诠释。高迪的设计基于对复杂的负载绳索系统的认真且仔细的研究。图 6-53 展示了他的其中一张素描，图 6-54 展示了他的其中一个模型。他从各个角度拍摄所制作的模型，并将其用来设计图 6-55 中拱形结构的起拱形式。大教堂从 19 世纪 80 年代开始在断断续续地建造，直到今天仍在进行。如今高迪使用过的一些砂岩出现损坏，因此维护和施工同步进行，新的施工中使用了与原先砂岩相似的合成砂岩。圣家族教堂计划在 2030 年完工。目前已建成的细尖塔高约 330 英尺，但与高迪设想的 560 英尺高的中央尖塔相比，它们只不过是一些小山而已。高迪的建筑作品以其风格、形式的多变以及对色彩的使用而引人注目。他所构想的几何形状复杂、自由并富有表现力。

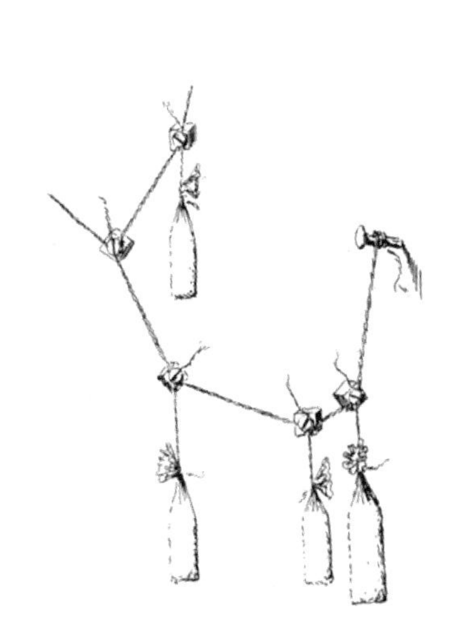

图 6-53　高迪的一幅素描

图 6-54　高迪设计的有负载时的绳子分布模型，Cleftref 摄

图 6-55　圣家族大教堂的一些拱形结构，Sarika Bedi 摄

讨论 6.2 乌松的三角形与测地三角形 回顾 6.4 节，乌松设计的壳中所有的三角形都取自半径为 246 英尺的球。图 6-56 是对图 6-45b 修改后得到的，它展示了壳 A2 及其拱肋结构。它的两个圆弧形边延长并相交到 A 点，其夹角为 α 。图中曲面三角形上的点 B 和 C 的垂直高度分别约为 220 英尺和 86 英尺。

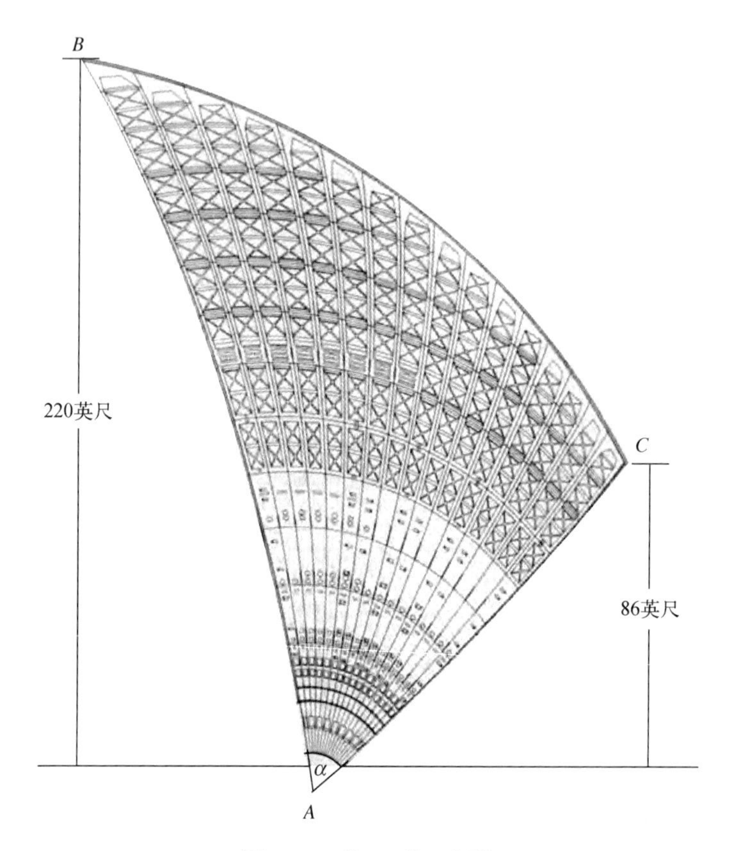

图 6-56 壳 A2 的三角形

问题 14 用壳的拱肋结构的相关知识证明角 α 等于 58.4° 。

平面与球相交会得到一个交点或一个圆。如果该平面经过球心，则称该圆为大圆。大圆的半径与球的半径相等。

问题 15 考虑球面上的两个不同点 P 和 Q。解释为什么存在一个大圆，使 P 和 Q 都位于其上。为什么这样的大圆只有一个？为什么大圆上 P 和 Q 之间的路径是球面上 P 和 Q 之间的最短路径？【**提示**：最短路径必然在过 P 和 Q 点的平面上。】

我们从与图 6-41 相关的讨论中可知，图 6-56 中的两段弧 AB 和 AC 都在半径为 246

英尺的球的大圆上。图 6-57 绘出了大圆上的两段弧及它们所对应的角 ϕ_B 和 ϕ_C 。

问题 16　参照图 6-57a 和图 6-57b，验证 $\sin\phi_B \approx 0.894\,3$ 和 $\sin\phi_C \approx 0.349\,6$ 。据此推出 $\phi_B \approx 63.42°$ 和 $\phi_C \approx 20.46°$ 。用这一结论推出弧 AB 和 AC 的长度分别约为 272 英尺和 88 英尺。

球面上 3 条边均在一个大圆上的三角形称为测地三角形。

问题 17　图 6-41 中，在何种假设下，$\triangle ABC$ 是球面三角形？图 6-43 的哪个地方告诉我们图中的三角形 A1、A2、A3 和 A4 都不是测地三角形？

几个基本性质会有助于我们理解测地三角形。在表述它们之前要先定义角的弧度。它的定义可以由图 6-36 给出。设 θ 为一个角，将其放在半径为 R 的圆内，使它的边在圆心处相交。如果 x 为角 θ 所切割的圆周弧长，则角 θ 的弧度为比值 $\frac{x}{R}$ 。（不管圆的半径 R 为何值，这个比不变。）例如180°、90°、45° 角的弧度分别为 $\frac{\pi R}{R}=\pi$ 、$\frac{\frac{1}{2}\pi R}{R}=\frac{1}{2}\pi$ 、$\frac{\frac{1}{4}\pi R}{R}=\frac{1}{4}\pi$ 。

现转到图 6-58。它描绘了球心为 O、半径为 R 的球上的一个普通测地三角形。三角形的边在顶点处所确定的夹角分别记作 α 、β 和 γ 。这些角的相对边长度分别为 a、b 和 c。该图展示了连接球心 O 和 3 个顶点的 3 条半径。可以看到每两条半径在 O 点的夹角的弧度分别为 $\frac{a}{R}$ 、$\frac{b}{R}$ 和 $\frac{c}{R}$ 。

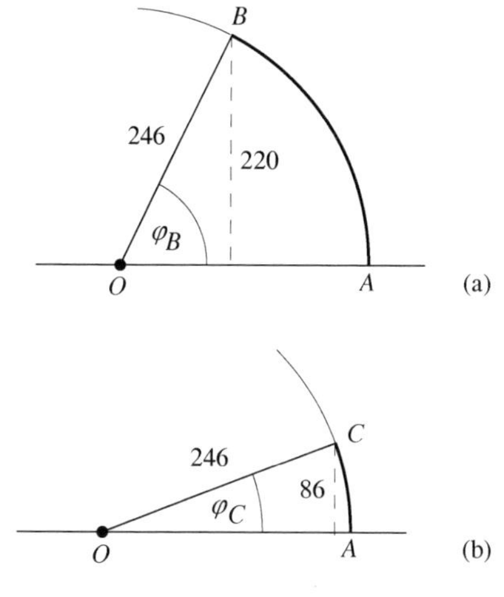

图 6-57　壳 A2 沿两个大圆的横截面

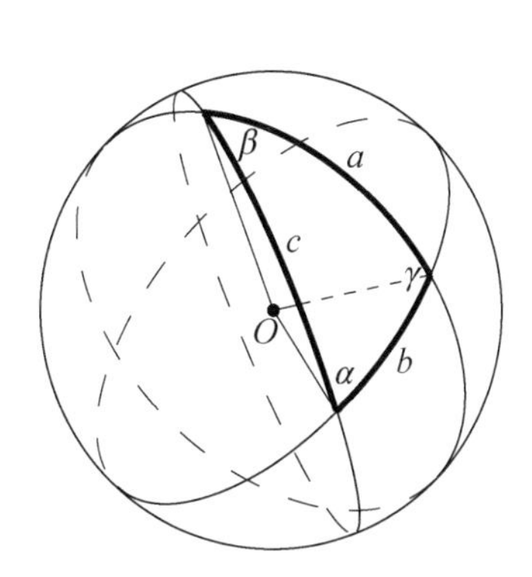

图 6-58　球面三角形

吉拉尔定理（艾伯特·吉拉尔是 16 世纪的法国数学家和专业鲁特琴演奏家）给出测地三角形的面积为

$$R^2(\alpha+\beta+\gamma-\pi)$$

从该公式可得，测地三角形的内角和总是超过$180°$。测地三角形满足正弦定理

$$\frac{\sin\alpha}{\sin\frac{a}{R}}=\frac{\sin\beta}{\sin\frac{b}{R}}=\frac{\sin\gamma}{\sin\frac{c}{R}}$$

以及两个余弦定理

$$\cos\frac{c}{R}=\left(\cos\frac{a}{R}\right)\left(\cos\frac{b}{R}\right)+\left(\sin\frac{a}{R}\right)\left(\sin\frac{b}{R}\right)(\cos\gamma)$$

和

$$\cos\gamma=-(\cos\alpha)(\cos\beta)+(\sin\alpha)(\sin\beta)\left(\cos\frac{c}{R}\right)$$

参照第 2 章的问题 14 和问题 15，将这些定律与平面内三角形的正余弦定理相比较。

考虑 xyz 坐标系，参考 4.4 节。取球 $x^2+y^2+z^2=R^2$。注意它的球心为原点，它的半径等于 R。重点注意 xy 坐标平面上部的半球。可参照图 4-26。用 xz 坐标平面以及由方程 $y=x$ 给出的垂直平面切割该半球。这两个平面确定了半球上的一个测地三角形，将其用 T 表示。

问题 18　在 xyz 坐标空间内认真画出测地三角形 T。

问题 19　参考所绘制的 T 的图形，解释为什么 T 在 xy 坐标平面内的两个顶点处的角都等于$90°$，为什么剩下一个顶点处的角为$45°$。根据半径为 R 的球的表面积为$4\pi R^2$，证明 T 的面积为$\frac{1}{16}(4\pi R^2)=\frac{1}{4}\pi R^2$。验证这一点与吉拉尔所给出的面积公式结果一致。

问题 20　参考所绘制的 T 的图形，解释为什么连接 O 和 T 位于 xy 坐标平面内的顶点的两条半径间的夹角为$45°$，为什么剩下的两对半径间的夹角都等于$90°$。组织所能获得的信息，证明三角形 T 满足正弦定理和两个余弦定理。

要在穹顶的曲面三角形壳上铺设瓷砖，乌松必须先知道需要用多少块。要解决这一问题，就要估计三角形的表面积。

问题 21　简述与测地三角形有关的一种方法，乌松可以用它来估计壳 A2 的三角形面积。一旦你确认它是正确的，尽量给出细节。你的估计比实际面积大还是小？

微分几何学中有一条比较深奥的定理，可以使人们准确计算出乌松的三角形的面积。这一学科用高等微积分方法研究曲面，其基石为 1827 年高斯出版的杰作《关于曲面的一般研究》（*General Investigations of Curved Surfaces*）。讨论 2.3 中叙述了高斯对尺规作图的深刻见解。高斯对其他的几个领域也做出了重要贡献，包括数论、统计学、函数分析、地球物理学、静电学、天文学和光学。通常他与阿基米德和牛顿一起被认为是历史上 3 位最伟大的数学科学家。上面提到的深奥定理是指高斯–波捏定理。高斯创建了一个具体例子，约 20 年后，法国数学家皮埃尔·波捏（1819—1892）证明了更一般的情况。回到图 6-41 中的$\triangle ABC$。令 R（而非 r）为球的半径。设α、β和γ分别为顶点 A、B 和 C 处的角的弧度，d 为原点 O 到 xy 平面内一直线的垂直距离，该直线由过 B 和 C 的垂直平面确定。应用高斯–波捏定理，可知

$$\text{面积}\triangle ABC = R^2(\alpha+\beta+\gamma-\pi)-\frac{d\times R}{\sqrt{R^2-d^2}}\times \text{弧 } BC \text{ 的长度}$$

问题 22　图 6-41 中的$\triangle ABC$ 是特殊情况下的球面三角形。证明在该情况下，$\triangle ABC$ 的面积公式可以简化为吉拉尔定理。

第 7 章

微积分基础及其在结构分析中的应用

几乎与贝尼尼完成罗马圣彼得广场的收尾工作及莱恩开始兴建新圣保罗大教堂同时，牛顿和莱布尼茨发展出了微积分，这是一种强大且应用广泛的新数学。不过这两位天才所处的环境天差地别。

牛顿那时是一个 20 岁出头的英国大学生，在剑桥大学因黑死病关闭后，他返回家庭农场。1665 年和 1666 年，他凭借敏锐的洞察力和强大的专注力在家中独自工作。在这段短暂的时间内，牛顿阐述了运动物理学的基本定律，认识到它们适用于整个宇宙，发展了微积分，这门数学让他能对上述基本定律做出分析。他接着证明伽利略描述过的抛物线轨迹和开普勒记录的行星的椭圆形轨道不仅仅是观测到的现实，它们是基本运动定律的数学结果。由于他的早期作品曾使其陷入到与当时科学家旷日持久的争论之中，他把《自然哲学的数学原理》（*The Principia Mathematica*）的出版推迟到 1687 年。《自然哲学的数学原理》（和达尔文的《物种起源》）是迄今为止最重要的科学著作之一。

另一位天才是威廉·戈特弗里德·莱布尼茨，他是德国人，在他快 30 岁时，被派往巴黎代表其资助人（德国一个州的一位大公）从事外交活动。受一些巴黎知识分子的启发，他在 1673~1676 年间独立发展出了微积分。相较于牛顿偏重于几何方法，莱布尼茨对该问题的处理更偏重于代数方法，他的符号表示也更清楚。莱布尼茨的工作对数学的发展产生了巨大影响。牧师皮埃尔·伐里农学习了莱布尼茨的微积分并用它改写了牛顿的《自然哲学的数学原理》。我们在 6.2 节中曾提过他对结构图形分析所做出的贡献。瑞士两兄弟雅各布·伯努利（1654—1705）和约翰·伯努利（1667—1748）也从莱布尼茨的作品中学习了微积分并将其拓展到新领域。约翰·伯努利用它研究悬链的数学形状。法国贵族洛必达侯爵曾雇用约翰·伯努利教授新数学，随后在 1696 年出版了自己的微积分著作，即《无穷小分析》（*Analysis of the Infinitely Small*）。这是一本微积分课本。伯努利的另一名学生瑞士人莱昂哈德·欧拉（1707—1783）成为 18 世纪最多产和最有影响力的数学家。让人难以置信的是，他的作品整理出版了多达 70 卷，这些作品促进了微积分的发展，拓展了数学的新领域，并将数学用来研究力学、火炮、音乐和船只（以及一系列其他内容）。欧拉引入的变分法是强大的有限元方法（FEM）的主要内容之一。有限元方法是现代工程学极其重要的基础，已在 6.5 节简单讨论过。

就其在建筑结构分析方面的应用而言，需要重点注意的是，微积分不仅仅是求解相关问题的一种计算方法。它的核心解释与我们理解这类结构所依赖的基本概念相一致，它还给出了理解这些基本概念的重要启示。这些概念包括体积、重量、力、力矩和质心。因此，微积分方法能为本书涉及的大量结构问题提供信息，这一点并不让人感到意外。

本章的第一节回顾了微分学和积分学基础以及旋转体体积和曲线长度。第二节应用微积分估计圣索菲亚大教堂及罗马万神殿的穹顶壳的体积和重量。第三节将注意力转到对理想拱的详细数学分析上。所谓理想，是指重力完全与其对挤压力的反作用力相平衡。这类拱的形状由胡克提出的倒置均匀负载的悬链的方法获得。我们将研究圣路易斯的大拱门，人们认为它与理想拱密切相关。第四节用微积分方法研究质心、力矩，分析库仑的拱券损坏理论（在 6.3 节讨论过）。

7.1　微积分基础

微积分领域分为两部分，其一是微分学，它考虑直线的斜率，围绕“如何求曲线的斜率”这一问题建立。其二是积分学，其要义是有组织地计算许多极小数的和。考虑某物体在某个系统中的作用，计算物体的点状粒子在系统中的影响通常很容易。积分学提出了这样一个问题：“如何把所有粒子的影响相加，从而得到整个物体的影响效果？”我们的综述将以微积分基本定理结束。奇妙的是，它会告诉我们微分学和积分学，尤其上面提到的两个问题之间是紧密联系的。

接下来对微积分基础的概述针对的是下文中的应用。它是该论题的总结与回顾，而非学习微积分的教科书。我们很快会看到，微积分建立在 4.3 节研究过的同一坐标平面内。（我们不会研究类似的三维或更高维微积分。）微积分围绕数学函数的概念进行组织。事实上，简单来说，微积分是对数学函数的研究。函数是指用一种明确、特定的方式把实数赋值给其他实数的法则。$f(x)=\sqrt{x^2+x}$ 给出的法则就是一个代数例子。函数的定义域是指用来定义法则（或使其有意义）的数的集合。在刚才提到的例子里，只有当实数 x 满足 $x(x+1)\geqslant 0$ 时，$\sqrt{x^2+x}$ 才能被定义，也就是说，它的定义域是所有满足 $x\geqslant 0$ 或 $x\leqslant -1$ 的实数 x 的集合。函数 f 的图形是坐标平面上满足 $f(a)=b$ 的所有点 (a,b) 的集合。如果函数的图形为一条连续的线，则该函数是连续的。所以连续函数的图形没有间断。

微分学 第 4 章我们已经讨论并计算过直线的斜率。现在我们讨论曲线的斜率，更确切地说是函数图形的斜率。已知函数 $y=f(x)$，一般情况下，$y=f(x)$ 图形的斜率将随着 x 的变化而变化，因此它不能只用一个数计算。我们将会看到可以用函数表示函数 f 的斜率，这个函数就是 f 的导数。

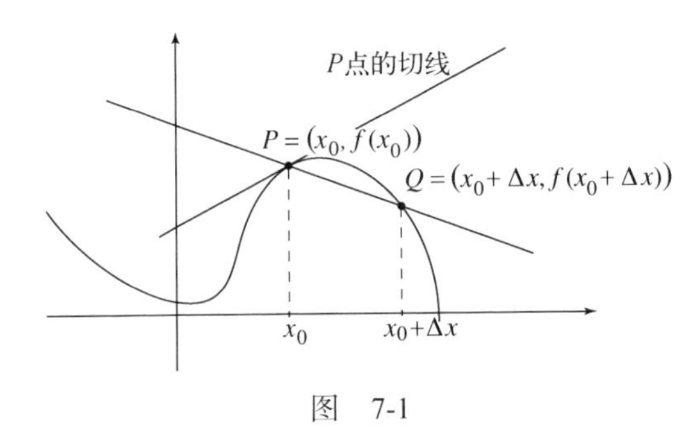

图 7-1

给定 f 的图形上的一点，可以将图形在该点的斜率定义为图形在该点切线的斜率。接下来的讨论将对此作精确表述。如图 7-1 所示，在 x 轴上取固定一点 x_0，设 Δx 为某个正数并考虑点 $x_0+\Delta x$（Δx 也可以为负数，但这里我们只考虑其为正数）。设 x_0 和 $x_0+\Delta x$ 之间的所有点都在 f 的定义域内。重点注意图中点 $P=\left(x_0,f(x_0)\right)$ 和 $Q=\left(x_0+\Delta x,f(x_0+\Delta x)\right)$。沿该图形从 Q 到 P，x 坐标的变化量为 $\Delta x=(x_0+\Delta x)-x_0$，$y$ 坐标的变化量为 $\Delta y=f(x_0+\Delta x)-f(x_0)$。应用 4.3 节的讨论，这些变化量的比为

$$\frac{\Delta y}{\Delta x}=\frac{f(x_0+\Delta x)-f(x_0)}{(x_0+\Delta x)-x_0}=\frac{f(x_0+\Delta x)-f(x_0)}{\Delta x}$$

正好是过 Q 和 P 点的直线的斜率。现保持 x_0 不变，让 Δx 趋于 0，这样就使 P 点固定，Q 趋于 P 点。参见图 7-1，在这个过程中，过 Q 和 P 的直线旋转到图中点 $P=\left(x_0,f(x_0)\right)$ 的切线上，这条旋转直线的斜率 $\dfrac{\Delta y}{\Delta x}$ 逼近切线的斜率。因为它与 x_0 有关，所以我们把该斜率记为 m_{x_0}。

上述切线在 P 点的斜率 m_{x_0} 的推导过程通常可以用极限的简化形式来表示，为

$$m_{x_0} = \lim_{\Delta x \to 0} \frac{f(x_0 + \Delta x) - f(x_0)}{\Delta x}$$

差 $\Delta y = f(x_0 + \Delta x) - f(x_0)$ 是函数 f 的图形的 y 坐标的变化量，它与其 x 坐标变化量 $\Delta x = (x_0 + \Delta x) - x_0$ 相对应。所以比 $\dfrac{\Delta y}{\Delta x} = \dfrac{f(x_0 + \Delta x) - f(x_0)}{\Delta x}$ 是 x 从 $x_0 + \Delta x$ 到 x_0 时该变化量的平均变化率。极限 $\lim\limits_{\Delta x \to 0} \dfrac{f(x_0 + \Delta x) - f(x_0)}{\Delta x}$ 是 x_0 处的 y 坐标变化率。

设 x 是 f 的定义域内的一点，对 x 重复上面对 x_0 的做法。现在考虑把 x 赋给 m_x 的法则。这样定义的函数称为 f 的导数，用 f' 表示。这个函数度量了 f 的图形斜率变化。如图 7-2 所示，给定它的法则为

$$f'(x) = m_x$$

其中

$$m_x = \lim_{\Delta x \to 0} \frac{f(x + \Delta x) - f(x)}{\Delta x}$$

是 f 的图形在点 $\big(x, f(x)\big)$ 处的切线斜率。函数 $y = f(x)$ 的导数也可以表示为 $\dfrac{\mathrm{d}y}{\mathrm{d}x}$ 或 $\dfrac{\mathrm{d}}{\mathrm{d}x} f(x)$。

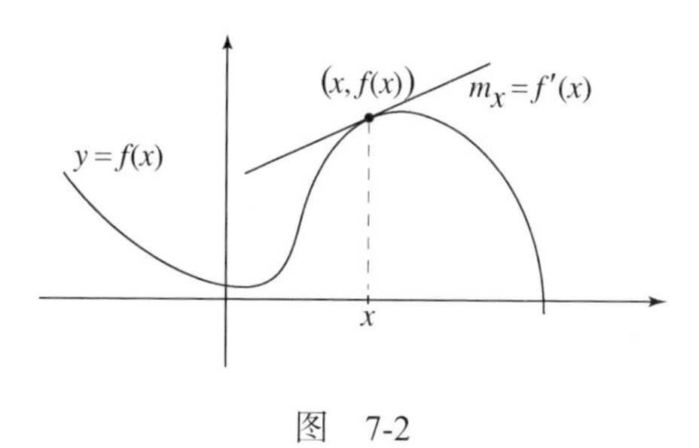

图　7-2

如果极限

$$\lim_{\Delta x \to 0} \frac{f(x + \Delta x) - f(x)}{\Delta x}$$

存在，或者换言之，如果定义 f' 的法则对 x 有意义，则我们称函数 f 在 x 点可微，即

f 在 x 处的导数存在。考虑上述过程的几何意义，你会发现如果 $f(x)$ 的图形在点 $(x, f(x))$ 处平滑，有一条非垂直的切线，则函数 f 在 x 点可微。对我们将考虑的所有函数，下面的内容同样成立，即如果 f 在 x 点可微，则 $f(x)$ 的图形在点 $(x, f(x))$ 处平滑，有一条非垂直的切线。（应当指出，可以构造函数 f 及点 x_0，使 f 在 x_0 点可微，f 的图形从左侧和右侧以越来越小的锯齿形图案趋近于 $(x_0, f(x_0))$。数学家称这种函数为“病态函数”，其图形在点 $(x_0, f(x_0))$ 处并不平滑。）

各种法则，如加、减、乘、除、幂等运算的法则和链式法则（通常是组合）告诉我们如何计算函数的导数。例如，幂运算法则告诉我们，对任何常数指数 r，有

$$f(x) = x^r \text{ 的导数是 } f'(x) = rx^{r-1}$$

在工程学和物理学里，人们通常感兴趣的是研究相关量的增长率、降低率并估计它们的最大值和最小值，其中一些问题可以用平滑变化的函数建模。这类函数可用微积分进行分析。

函数的导数提供了一种方法，用来确定函数递增或递减的区间，也用来确定函数在何处达到极大值和极小值。它们用函数的图形表示，分别是指 x 轴上从左到右图形上升和下降的区间以及图形的高低点。考虑函数 $y = f(x)$，已知 c 是满足 f 在 c 处可微且 $f'(c)>0$ 的一个数。这告诉我们 f 的图形在 c 处平滑，有一条斜向上的切线（非垂直）。因为这条切线在点 $(c, f(c))$ 附近与 f 的图形紧靠在一起，所以当图形通过点 $(c, f(c))$ 时呈上升状态，如图 7-3 所示。类似地，如果 $f'(c)<0$，图形过点 $(c, f(c))$ 时下降。这些内容告诉我们如果在定义域上的一段区间 $a \leqslant x \leqslant b$ 内 $y = f(x)$ 的导数等于 0，则在该区间内函数的图形既不上升也不下降，也就是说在该区间内函数图形是水平的。因此 $f(x) = C$，其中 C 为常数，对所有 x 均满足 $a \leqslant x \leqslant b$。

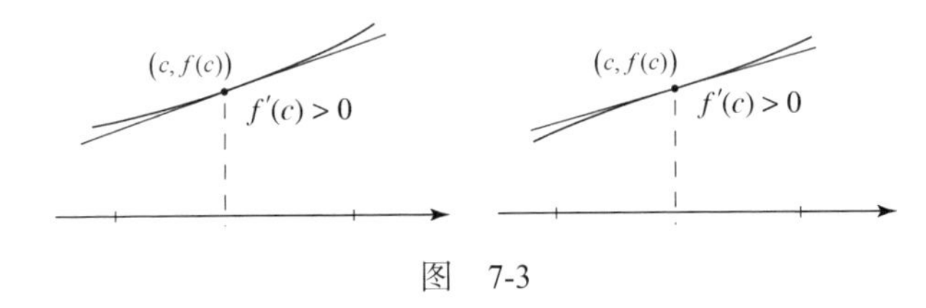

图 7-3

根据以上内容，可推出一个重要结论：

如果 f 的图形在 $(c, f(c))$ 处有一高点或低点，则在 c 点，有 $f'(c)=0$ 或 $f'(c)$ 不存在（没有定义）。

满足 $f'(c)=0$ 或 $f'(c)$ 不存在的数字 c 称为函数 f 的临界点。

可以用上述事实来分析函数 f 的性质，方法如下。计算导数 f' 并确定 f 的所有临界点。设 $c_1 < c_2 < \cdots$ 是所有的临界点。f 在 c_1 的左边处处可微，否则 c_1 的左边会有一个临界点。（实际上，不可能存在这样的点，因为 c_1 是第一个出现的临界点。）由于任何递增或递减转换点都将在 c_1 左侧产生临界点，因此对所有 $x < c_1$，都有 $f'(x)>0$（故 f 递增）或者 $f'(x)<0$（故 f 递减）。由同样的推论可知，f 在任何两个相邻的临界点之间可微，并且在它们之间的区间内单调递增或单调递减。用同样的方法可知，对右边最后一个临界点也有相似的结论。现在只剩下检查所有临界点 $c_1, c_2, \cdots$，确定 f 的图形中是否存在高点、低点或二者均不存在。

图 7-4 绘出了函数 $y = f(x)$ 的图形，用图形解释了上述问题。数 $c_1, c_2, \cdots, c_9$ 是临界点的全部集合。函数的图形在区间 $x < c_1$, $c_1 < x < c_2$, $c_2 < x < c_3, \cdots$, $c_9 < x$ 上均平滑，且函数在这些区间内要么单调递增，要么单调递减。因为图形在 c_1 和 c_2 处到达尖点（故 f 在 c_1 或 c_2 处均不可微），所以这两个点是临界点。因为图形在 c_4 和 c_6 处有间隙因而没有切线（故 f 在 c_4 或 c_6 处均不可微），所以这两个点是临界点。因为图形在 c_8 处的切线是垂直的（故 f 在 c_8 处不可微），所以这个点是临界点。因为图形在 c_3、c_5、c_7 和 c_9 处有水平切线（故在这些点导数等于 0），所以这些点是临界点。注意图形在 c_1、c_3、c_6 和 c_9 处有高点，在 c_2 和 c_7 处有低点，在 c_4 处有“无底洞”。函数在 c_1、c_3、c_6 和 c_9 处有极大值，在 c_2 和 c_7 处有极小值。

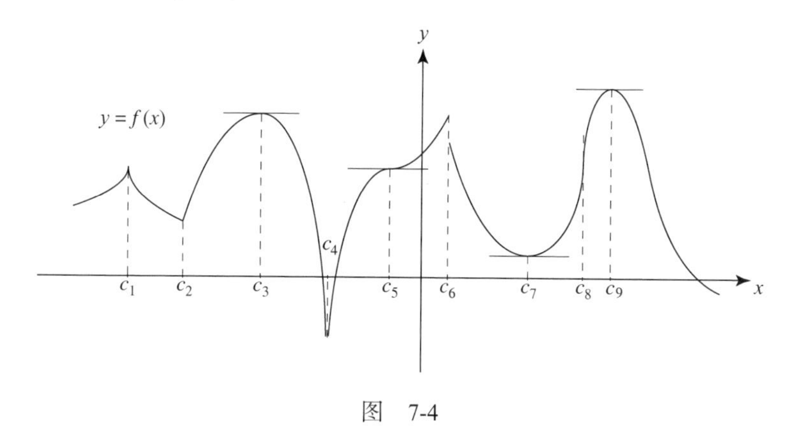

图　7-4

最后一个问题是关于函数的最大值和最小值。对上面提到的函数，存在一个最大值，只要比较 $f(c_1)$、$f(c_3)$、$f(c_6)$ 和 $f(c_9)$ 哪一个最大（可以看出 $f(c_9)$ 最大）即可。然而因为在 c_4 处凹陷无底，所以没有最小值。将该函数的图形上下颠倒后（对应的函数是 $y = -f(x)$），得到一个只有最小值而没有最大值的例子。所以一个函数也许有，也许没有最大值和最小值。但有一种情况保证既有最大值，也有最小值。设函数 $y=f(x)$ 的定义域包括区间 $a\leqslant x\leqslant b$ 且函数在该区间上连续，则 $y=f(x)$ 在 $a\leqslant x\leqslant b$ 上既有最大值，也有最小值。

我们简单回顾了微积分中的导数，下面将回顾微积分中的积分。这是微积分这枚两面硬币中的另一面。

积分学 我们知道矩形的面积是什么及如何计算它，我们也知道如何计算平行四边形和三角形的面积。但如何计算一个平面曲边形的面积呢？这种情形下如何定义面积？你如何给定一个数作为其面积？这个问题的一个解决方法是使用笛卡儿直角坐标系。只要用非常细的垂直矩形填充该区域，它们的面积之和几乎等于曲边形区域的面积。矩形切片越细，近似程度越高。这种求面积的方法是定义定积分的开始。设 a,b 为常数，且 $a<b$，满足 $a\leqslant x\leqslant b$ 的所有实数 x 的区间记为 $[a,b]$。

已知函数 $y=f(x)$，假设 f 定义在 $[a,b]$ 上且在 $[a,b]$ 上连续，则它在这个区间上的图形是一条连续曲线，即一条没有间断的曲线。

设 n 是一正整数，把区间 $[a,b]$ n 等分，每个子区间的长度是 $\dfrac{b-a}{n}$。令 $\mathrm{d}x=\dfrac{b-a}{n}$。将所有的分割点加在 a,b 之间，可以注意到每两个相邻分割点的距离是 $\mathrm{d}x$。参考图 7-5 所示的数轴。对于其中一个典型分割点 x（不等于 b），紧挨着它的右分割点是 $x+\mathrm{d}x$。对于从 $x=a$ 开始到 b 之前的最后一个分割点为止的每个分割点 x，都有乘积 $f(x)\times\mathrm{d}x$。注意第一个乘积是 $f(a)\mathrm{d}x$，最后一个是 $f(b-\mathrm{d}x)\mathrm{d}x$。下一步要把所有这些乘积加起来。把 n 个分割点记为

$$a=x_0<x_1<x_2<\cdots<x_{n-2}<x_{n-1}<x_n=b$$

则和为

$$f(x_0)\mathrm{d}x+f(x_1)\mathrm{d}x+\cdots+f(x_{n-2})\mathrm{d}x+f(x_{n-1})\mathrm{d}x=\left(f(x_0)+f(x_1)+\cdots+f(x_{n-2})+f(x_{n-1})\right)\mathrm{d}x.$$

现把 n 取为一个与区间长度 $b-a$ 相比极大的数，例如区间 $[a,b]$ 的长度是 5 或 7 或 20，则 $n=1\ 000\ 000$ 或 $n=5\ 000\ 000$ 就是极大数。如果区间 $[a,b]$ 的长度是 1000，则 $n=10^{12}$（1 万亿）或 $n=10^{14}$（100 万亿）为极大数。n 极大，则有非常多的分割点，两个相邻分割点的距离 $\mathrm{d}x=\dfrac{b-a}{n}$ 相对于区间 $[a,b]$ 的长度就极小。如果 n 极大，$\mathrm{d}x$ 极小，我们定义

$$\int_a^b f(x)\mathrm{d}x$$

表示上面的和。符号∫是拉长的 S，表示要求的是一个“长”和。把这样一个长和 $\int_a^b f(x)\mathrm{d}x$ 称为 $f(x)$ 从 a 到 b 的定积分。这时，先忘记你记得的与定积分有关的知识（后面将简单讨论它与面积、体积的联系），只把 $\int_a^b f(x)\mathrm{d}x$ 看成是通过上面一系列步骤获得的小数的长和。

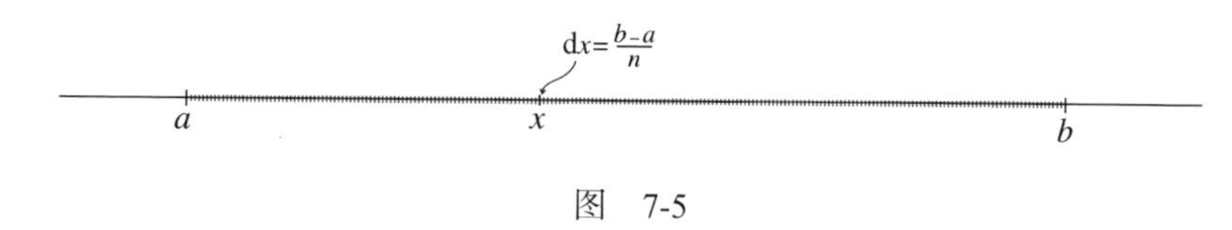

图　7-5

事实上，这个定积分的“初步”定义并不十分准确。上述求长和的过程只是真值 $\int_a^b f(x)\mathrm{d}x$ 的近似。这是因为无论你选择的 n 有多大，你总能找到更大的 n，再重新构成长和。这一过程可以一而再，再而三地进行。$\int_a^b f(x)\mathrm{d}x$ 的真值被定义为这个过程的极限。不过，我们再次强调：如果细分的数 n 足够大，上述长和基本上等于 $\int_a^b f(x)\mathrm{d}x$ 的真值，类似于 11.999 999 999 9 基本上等于 12。

$\int_a^b f(x)\mathrm{d}x$ 形式的和有很多不同的情形和解释。它们可以是面积、体积或曲线的长度。在物理学和工程学里，它们可以代表诸如力、能量、动量和力矩等基本概念。

我们下面来看定积分是怎么在面积计算中出现的。设有一连续函数 f 对所有 x 属于 $[a,b]$，均满足 $f(x)\geqslant 0$，则 f 在区间 $[a,b]$ 上的图形位于 x 轴上方。如前所述，设 n 是一正整数，点

$$a=x_0<x_1<x_2<\cdots<x_{n-1}<x_n=b$$

把区间 $[a,b]$ n 等分，每个子区间的长度 $\mathrm{d}x=\dfrac{b-a}{n}$。如果 x_i 是一典型分割点，则 $\mathrm{d}x$ 是这个分割点到其右边分割点的距离。乘积 $f(x_i)\times\mathrm{d}x$ 是一高为 $f(x_i)$、底边长为 $\mathrm{d}x$ 的细矩形的面积。i 的取值从 0 到 $n-1$，所有用这种方法获得的矩形面积之和为

$$f(x_0)\mathrm{d}x+f(x_1)\mathrm{d}x+f(x_2)\mathrm{d}x+\cdots+f(x_{n-2})\mathrm{d}x+f(x_{n-1})\mathrm{d}x$$

这些矩形如图 7-6 所示。图中为了区分这些小矩形，它们的颜色在黑色和灰色之间交替。该图选择的 n 较小，我们可以看到整个情况。不过现在假设相对于距离 $b-a$，n 极大，则矩形填满了区间 $[a,b]$ 内 f 的图形之下的区域 A。因此上面的和是对 A 的面积的一个近似估计，这个和也是 $\int_a^b f(x)\mathrm{d}x$ 的近似估计。考虑前面提到的极限过程，

我们得出 $A=\int_a^b f(x)\mathrm{d}x$ 。

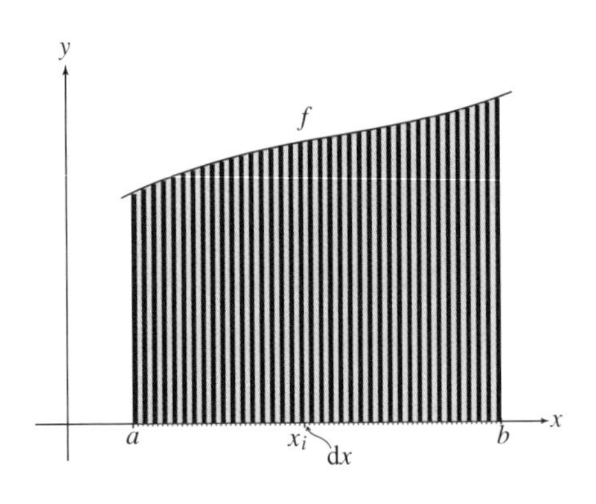

图 7-6

现在知道了数 $\int_a^b f(x)\mathrm{d}x$ 意味着什么，我们将介绍一种方法，对它进行计算。哪怕在最乐观的情况下，把无数个小数加起来也非常费力，而在最坏的情形下，这是不可能完成的。所以现在的问题是：这个数的计算有没有有效的方法？

给定一个连续函数 f 及在定义域内的区间 $[a,b]$ 。令 F 是一个导数为 f 的函数。因此对区间 $[a,b]$ 上的所有 x ，均有 $F'(x)=f(x)$ 。这样的函数 F 为 f 的不定积分。由导数定义得

$$\lim_{\Delta x\to 0}\frac{F(x+\Delta x)-F(x)}{\Delta x}=f(x)$$

也就是说，当 x 固定且 Δx 趋于 0 时，比值 $\frac{F(x+\Delta x)-F(x)}{\Delta x}$ 趋于 $f(x)$ 。因此，给定 x 和很小的 $\mathrm{d}x$ ， $f(x)$ 和 $\frac{F(x+\mathrm{d}x)-F(x)}{\mathrm{d}x}$ 非常接近。从极限的观点看，$\mathrm{d}x$ 越小，近似程度越高。因此

$$f(x)\mathrm{d}x\approx F(x+\mathrm{d}x)-F(x)$$

且 $\mathrm{d}x$ 越小，近似值越好。$\mathrm{d}x$ 足够小，则两个值基本相等。

注意，这里我们同时使用了 Δx 和 $\mathrm{d}x$ ，它们的差别是什么呢？我们使用 Δx 表示趋于 0 的数，用 $\mathrm{d}x$ 表示具体讨论中固定的小数。

回到一般情况下的连续函数 f 及其定义域 $[a,b]$ 、 f 的不定积分 F 和估计 $f(x)\mathrm{d}x\approx F(x+\mathrm{d}x)-F(x)$ 上。根据定积分 $\int_a^b f(x)\mathrm{d}x$ 的定义，令 n 为极大的数，它把区

间 $[a,b]$ 等分为 n 份。将 a,b 之间的分割点记为

$$a = x_0 < x_1 < x_2 < \cdots < x_{n-1} < x_n = b$$

任意两个相邻分割点间的距离是 $\mathrm{d}x = \dfrac{b-a}{n}$。因此 $x_{i+1} = x_i + \mathrm{d}x$。因为数 n 极大，所以 $\mathrm{d}x$ 非常小。利用刚才讨论的估计，我们得到

$$f(x_i)\mathrm{d}x \approx F(x_i + \mathrm{d}x) - F(x_i) = F(x_{i+1}) - F(x_i)$$

对 $i = 0,1,\cdots,n-1$ 成立。对 $i = 0,\ i = 1,\cdots,i = n-1$ 连续使用该估计，可知所有这些 $f(x_i)\mathrm{d}x$ 的和近似等于

$$\begin{aligned}&[F(x_1) - F(a)] + [F(x_2) - F(x_1)] + [F(x_3) - F(x_2)] + \cdots \\ &+ [F(x_{n-1}) - F(x_{n-2})] + [F(b) - F(x_{n-1})]\end{aligned}$$

注意，项 $F(x_1) - F(x_1)$、$F(x_2) - F(x_2)$ 直到 $F(x_{n-1}) - F(x_{n-1})$ 成对相减，最后只剩下 $F(b) - F(a)$。可得 $F(b) - F(a)$ 是和式

$$f(x_0)\mathrm{d}x + f(x_1)\mathrm{d}x + f(x_2)\mathrm{d}x + \cdots + f(x_{n-2})\mathrm{d}x + f(x_{n-1})\mathrm{d}x$$

的一个近似估计。对以上所有近似值取极限，可得 $\int_a^b f(x)\mathrm{d}x$ 等于 $F(b) - F(a)$，这个等式就是微积分基本定理。现总结如下：给定一个定义在区间 $[a,b]$ 上的连续函数 f，微积分基本定理告诉我们

$$\int_a^b f(x)\mathrm{d}x = F(b) - F(a)$$

其中 F 是 f 的不定积分。微积分基本定理给出了计算 $\int_a^b f(x)\mathrm{d}x$ 的基本方法。找到函数 f 的任一个不定积分 F，计算差式 $F(x)\big|_a^b = F(b) - F(a)$ 即可。不过要注意按顺序计算。求函数 f 的显式表示的不定积分 F 可能非常困难甚至是不可能完成的任务。

最后我们再多说几句来结束积分学的讨论。对给定函数 $y = f(x)$ 和区间 $a \leqslant x \leqslant b$，定积分 $\int_a^b f(x)\mathrm{d}x$ 是一个数。这个数与函数变量的写法无关。例如 $\int_1^4 x^2\mathrm{d}x$、$\int_1^4 t^2\mathrm{d}t$ 和 $\int_1^4 u^2\mathrm{d}u$ 均等于同一个值，即 $\left.\dfrac{x^3}{3}\right|_1^4 = \left.\dfrac{t^3}{3}\right|_1^4 = \left.\dfrac{u^3}{3}\right|_1^4 = \dfrac{4^3}{3} - \dfrac{1^3}{3} = 21$。如果上限（或下限）允许变化，则定积分变为一个函数。例如 $\int_a^x f(t)\mathrm{d}t$ 是 x 的一个函数（为了不过度使用 x，我们选择 t 作为函数 f 的变量）。微积分基本定理告诉我们，如果 F 是 f 的

不定积分，则 $\int_a^x f(t)\mathrm{d}t = F(x)-F(a)$，从而有 $\frac{\mathrm{d}}{\mathrm{d}x}\int_a^x f(t)\mathrm{d}t = F'(x) = f(x)$，因此函数 $\int_a^x f(t)\mathrm{d}t$ 也是 f 的不定积分。

旋转体体积和曲线长度 我们先从圆柱体的体积等于底面积乘以高开始。可知高为 h、底圆半径为 r 的圆柱体（见图 7-7）体积等于 $\pi r^2 h$。

设 f 是一连续函数，在 $[a,b]$ 上对所有 x 满足 $f(x)\geqslant 0$。同前面一样，取一个极大的正整数 n，把区间 $[a,b]$ n 等分，每个子区间的长度 $\mathrm{d}x = \frac{b-a}{n}$。分割点和 f 的图形确定了一些极细的矩形，典型的一个矩形如图 7-8 所示。它的左边在 x 处，长为 $\mathrm{d}x$，高为 $f(x)$。现把由图形、x 轴、直线 $x=a$ 和 $x=b$ 围成的区域绕 x 旋转一周，可以看到旋转产生的梨形立体的体积 V 近似等于从 a 到 b-$\mathrm{d}x$ 间的分割点所确定的所有矩形旋转产生的小圆柱体的体积之和。典型的圆柱体（由图中的矩形产生）底面积为 $\pi\left(f(x)\right)^2$、高为 $\mathrm{d}x$，故其体积为 $\pi\left(f(x)\right)^2\,\mathrm{d}x$。根据我们对 $\int_a^b \pi\left(f(x)\right)^2\mathrm{d}x$ 的初步定义，可以估计 V。取极限即得

$$V = \int_a^b \pi f(x)^2\mathrm{d}x$$

参考上文中积分与面积之间的联系，可以注意到这个定积分还等于函数 $\pi\left(f(x)\right)^2$ 的图形从 a 到 b 的面积。

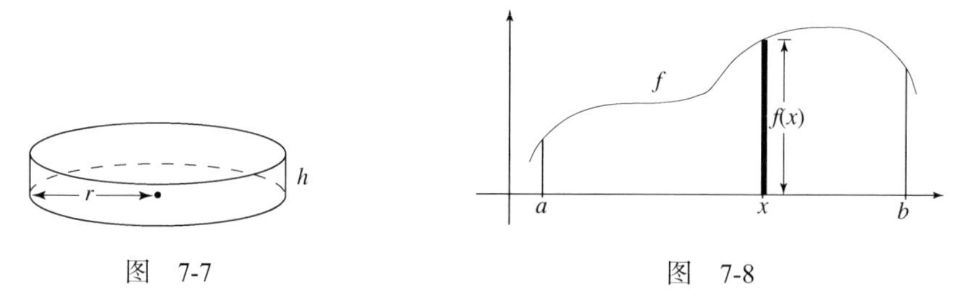

图 7-7　　图 7-8

也能用定积分来计算曲线长度，方法如下。设 f 是一连续函数，点 $P=(a,c)$ 和 $Q=(b,d)$ 为它的图形中的两点，如图 7-9 所示。下面是计算曲线在点 P 和 Q 之间的曲线长度 L 的方法。同样取一极大的正整数 n，把区间 $[a,b]$ n 等分，每个子区间的长度 $\mathrm{d}x = \frac{b-a}{n}$。$x$ 是一个典型分割点。$x+\mathrm{d}x$ 是紧邻它的下一个分割点。设 (x,y) 是图形上的一点，用长为 $\mathrm{d}x$ 的线段和过 (x,y) 的切线建立一个直角三角形。用 $\mathrm{d}y$ 表示它的高。图 7-10 展示了“显微镜下”的该三角形。注意到过 (x,y) 的切线的斜率为 $\frac{\mathrm{d}y}{\mathrm{d}x}$。因此

$f'(x)=\frac{\mathrm{d}y}{\mathrm{d}x}$。根据勾股定理，直角三角形的斜边长度为 $\sqrt{(\mathrm{d}x)^2+(\mathrm{d}y)^2}$ 。对它进行因式提取，可得 $(\mathrm{d}x)^2+(\mathrm{d}y)^2=\left[1+\left(\frac{\mathrm{d}y}{\mathrm{d}x}\right)^2\right](\mathrm{d}x)^2$ ，所以

$$\sqrt{(\mathrm{d}x)^2+(\mathrm{d}y)^2}=\sqrt{\left[1+\left(\frac{\mathrm{d}y}{\mathrm{d}x}\right)^2\right](\mathrm{d}x)^2}=\sqrt{1+\left(\frac{\mathrm{d}y}{\mathrm{d}x}\right)^2}\,\mathrm{d}x=\sqrt{1+\left(f'(x)\right)^2}\,\mathrm{d}x$$

既然 $\mathrm{d}x$ 极其小，为了方便计算，小三角形里的 $f(x)$ 图形的弧长等于直角三角形的斜边长度。点 P 和 Q 之间的曲线长度 L 等于从点 P 到点 Q 之间的所有这些小弧长的和。它约等于分割点从 a 变到 $b-\mathrm{d}x$ 时，所有 $\sqrt{1+\left(f'(x)\right)^2}\,\mathrm{d}x$ 项的长和。取极限，我们得到

$$L=\int_a^b\sqrt{1+\left(f'(x)\right)^2}\,\mathrm{d}x$$

有了这个公式，我们就完成了对微积分基础的简介。

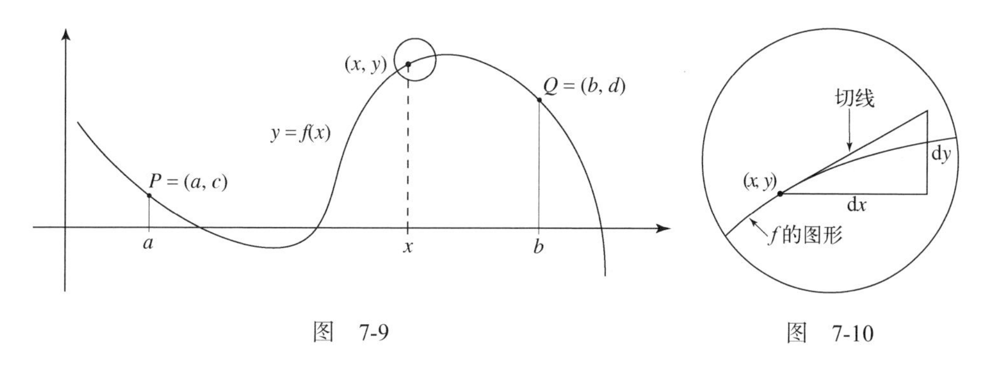

图　7-9　　　图　7-10

7.2　球形穹顶的体积

这是本书一再出现的主题，即大型穹顶产生的向外的力相当大，给结构稳定性带来问题。上一节介绍的微积分为我们估计圣索菲亚大教堂穹顶（在第 3 章讨论过）和罗马万神殿（在第 2 章讨论过）的重量提供了数学工具。

计算圣索菲亚大教堂穹顶的重量　图 7-11 对图 3-3 进行了修改。它展示了穹顶基座四周环廊窗户上方的圣索菲亚大教堂穹顶的横截面，记录了它的壳的基本信息。我们假设壳的内外表面是球的一部分，并将注意力放在壳的体积上。（如今这些内外表

面不再是球形了。几个世纪以来，对它的各种重建工作导致了这种变形，见图 3-6。）我们所讨论的球的球心相同，半径分别为 $R=52.5$ 英尺，$r=50$ 英尺。因此壳的厚度为 2.5 英尺。建造穹顶所使用的砌筑材料和灰泥的平均密度为每立方英尺 110 磅。图中从内外圆的公共球心出发的斜线与水平线的夹角约为 20°，其中内外圆确定了窗户上方穹顶的边界。我们将要采用的方法是估计壳的体积，其单位是立方英尺，然后将它乘以 110，得到穹顶重量，其单位是磅。

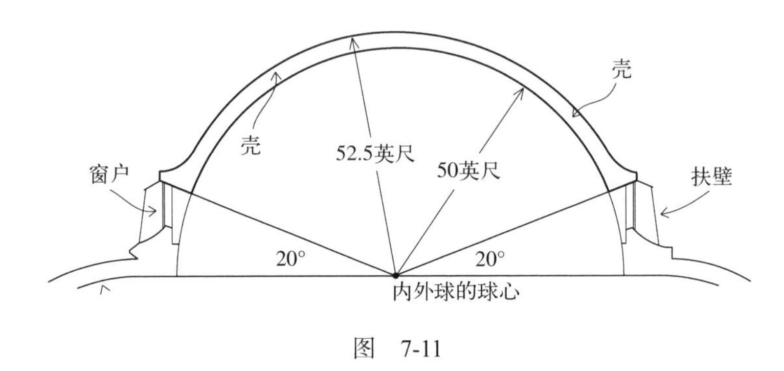

图 7-11

图 7-12 将左侧穹顶的横截面放到 xy 平面内。为了把壳的体积计算置于前面“旋转体体积和曲线长度”所讨论的方法框架中，已将该横截面旋转了 90°。因为 $\cos 70^\circ=\dfrac{a}{r}$，可得 $a=r\cos 70^\circ\approx 0.34r=17$。因此我们取 $a=17$ 英尺。可按如下方法估计壳的体积。首先计算上半圆下方和区间 $[a,R]$ 上方之间的区域绕 x 轴旋转所得到的体积 V_1。接着计算下半圆下方和区间 $[a,r]$ 上方之间的区域绕 x 轴旋转得到的体积 V_2。二者的差 $V=V_1-V_2$ 是穹顶窗户上方的壳的近似体积。

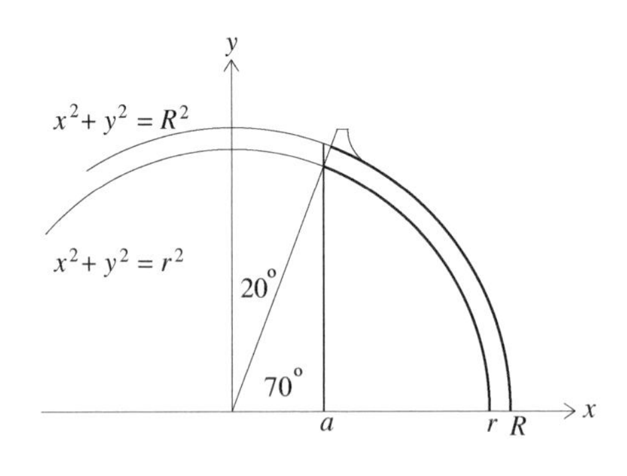

图 7-12

外圆的上半部是函数 $f(x)=\sqrt{R^2-x^2}$ 的图形，内圆的上半部是函数 $g(x)=\sqrt{r^2-x^2}$ 的图形。把我们从对旋转体体积的讨论中学到的知识与微积分基本定理相结合，可得

$$V_1=\int_a^R \pi(\sqrt{R^2-x^2})^2\mathrm{d}x=\int_a^R \pi(R^2-x^2)\mathrm{d}x=\pi\left[R^2x-\frac{1}{3}x^3\Big|_a^R\right]$$
$$=\pi\left[\left(R^3-\frac{1}{3}R^3\right)-\left(R^2a-\frac{1}{3}a^3\right)\right]=\pi\left[\frac{2}{3}R^3-R^2a+\frac{1}{3}a^3\right]$$

用同样的方法，可得

$$V_2=\int_a^r \pi\left(\sqrt{r^2-x^2}\right)^2\mathrm{d}x=\int_a^r \pi(r^2-x^2)\mathrm{d}x=\pi\left[r^2x-\frac{1}{3}x^3\Big|_a^r\right]$$
$$=\pi\left[\left(r^3-\frac{1}{3}r^3\right)-\left(r^2a-\frac{1}{3}a^3\right)\right]=\pi\left[\frac{2}{3}r^3-r^2a+\frac{1}{3}a^3\right]$$

因此

$$V=V_1-V_2=\pi\left[\frac{2}{3}R^3-R^2a+\frac{1}{3}a^3\right]-\pi\left[\frac{2}{3}r^3-r^2a+\frac{1}{3}a^3\right]=\pi\left[\frac{2}{3}(R^3-r^3)-a(R^2-r^2)\right]$$

代入 $R=52.5$ 英尺、$r=50$ 英尺及 $a=17$ 英尺，可得

$$V=\pi\left[\frac{2}{3}(52.5^3-50^3)-17(52.5^2-50^2)\right]\approx\pi(13\,135.42-4356.25)\approx 27\,581\text{ 立方英尺}$$

由于实际给出的尺寸精度只有两个有效数字，因此需要四舍五入所得到的体积，以达到同样的精度水平。所以穹顶壳的体积 $V\approx 28\,000$ 立方英尺。假设穹顶施工中所用的砌筑材料和灰泥的混合物的密度为每立方英尺 110 磅，可得窗户上面的穹顶重量约为

$$27\,581\times 110\approx 3\,000\,000\text{（磅）}$$

假设这一重量平均分布在 40 根支撑拱肋上，可得每根拱肋的重量约为 75 000 磅。我们在 3.1 节中看到，这会在穹顶基部附近的 40 根扶壁的每一根上产生约 27 000 磅的水平侧推力。

圣索菲亚大教堂穹顶的壳由两个同心球确定，估计它的体积相对简单。事实上，它的密度基本相同，我们容易从它的体积估计值中推出壳的重量的估计值。罗马万神殿的穹顶在这两种计算方面都更复杂。这是因为构成其壳内外表面边界的球不是同心球，且壳的混凝土密度也不同。

计算罗马万神殿穹顶的重量 我们先从图 2-45 给出的万神殿壳的横截面开始。在图 7-13 中，增加了构成横截面的外边界和内边界的圆及其圆心。在图中用水平虚线表示被我们称为壳冠的下边界。壳冠将是我们讨论的焦点。

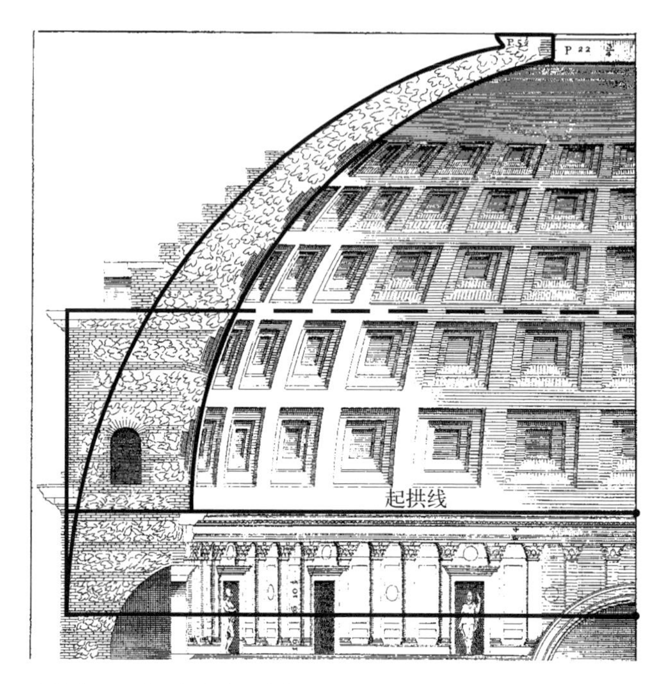

图 7-13 选自帕拉迪奥的《建筑四书》，普林斯顿大学，马昆德艺术建筑藏书室

图 7-14 为图 7-13 的抽象图。它将穹顶横截面的一半放置到 xy 坐标平面内。x 轴由穹顶横截面外边界所在的圆的水平直径所确定。y 轴位于穹顶的垂直中心轴上。常数 R、r、D、E、a、b 和 c 的含义如下。

R——确定壳横截面外边界的圆的半径。该圆的圆心为原点 O。

r——确定壳横截面内边界的圆的半径。

D——内圆圆心的 y 坐标（它的 x 坐标为 0）。

E——冠的下边界（用虚线表示）的 y 坐标。

a——圆孔（穹顶内的圆孔）边界的 x 坐标。

b——冠的下边界与内圆的交点的 x 坐标。

c——冠的下边界与外圆的交点的 x 坐标。

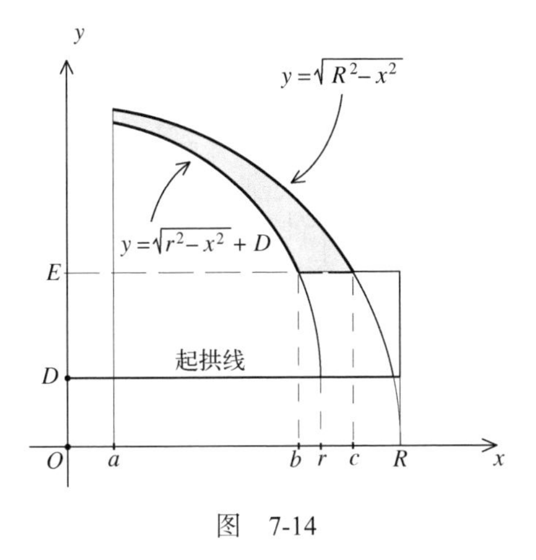

图　7-14

外圆的方程是 $x^2+y^2=R^2$，求解 y 得 $y=\pm\sqrt{R^2-x^2}$ 。因为只考虑圆的上半部分，所以只取方程 $y=\sqrt{R^2-x^2}$ 。内圆的方程是 $x^2+(y-D)^2=r^2$，所以 $y-D=\pm\sqrt{r^2-x^2}$ 。我们将只考虑内圆位于直线 $y=E$ 之上的部分，因此 $y\geqslant D$， $y-D=\sqrt{r^2-x^2}$ ，则相应的方程是 $y=\sqrt{r^2-x^2}+D$ 。回顾第 2 章，万神殿壳的内表面半径为 71 英尺，它的圆孔直径为 24 英尺。可以根据这些数据和图 2-45 得到估计值

$$r=71 、R=92 、D=16 、E=48 、a=12 、b=64 \text{ 和 } c=78$$

单位都是英尺。接下来对万神殿壳冠体积和重量的计算将忽略台阶和镶板。我们将假设以上所列数据具有两位有效数字，且是可靠的。计算完成后，也要相应地对答案进行四舍五入。

我们现在将按照上一节中定义定积分的方法继续讨论。设 n 是一个极大的正数，将区间 $[a,b]$（a 和 b 上面已给出）等分成 n 份，每份长 $\mathrm{d}x=\dfrac{b-a}{n}$ 。设 x 为典型的分割点，令 $\mathrm{d}x$ 为它到下一个分割点的距离。如图 7-15 所示，取一条从外圆延长到内圆的垂直线段。设它的左边界在 x 处，线段宽 $\mathrm{d}x$。使这条线段按图中所示绕 y 轴旋转，可以看到这条线段围出了一条圆形环带，它的厚度为 $\mathrm{d}x$。圆的半径为 x，则环带的长度等于该圆的周长 $2\pi x$ 。该环带的高度为两个圆的 y 坐标之差 $\sqrt{R^2-x^2}-\left(\sqrt{r^2-x^2}+D\right)$。因此该环带的体积为

$$2\pi x\left(\sqrt{R^2-x^2}-(\sqrt{r^2-x^2}+D)\right)\mathrm{d}x$$

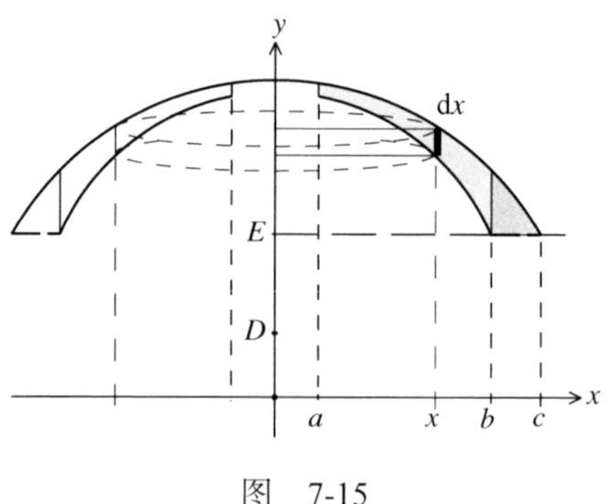

图 7-15

（因为 $2\pi x$ 为该带的内周长，这个体积表达式只是估计值。但随着 dx 变小，该估计值的精度增加，取极限，则它趋于相等。）当 x 从 a 变到 $b-dx$ 时，取所有的这些环带，注意它们一起构成落在垂直线 $x=b$ 内（更准确地说，是落在垂直线 $x=b$ 所产生的圆柱内部）的那部分壳冠的体积 V_1（更准确地说，是抽象形式的壳冠体积）。取极限，可得

$$V_1=\int_a^b 2\pi x\left(\sqrt{R^2-x^2}-(\sqrt{r^2-x^2}+D)\right)dx$$

为了求得壳冠余下部分的体积（同样是它的抽象形式），对区间 $[b,c]$ 重复刚才对区间 $[a,b]$ 所做的工作。取任意一个满足 $b\leqslant x\leqslant c-dx$ 的 x，考虑 x 处从外圆延长到该冠下边界（虚线表示）的垂直线段。同样，设 dx 为该线段的宽。像以前那样旋转该线段，得到一条圆形环带，体积为

$$2\pi x(\sqrt{R^2-x^2}-E)dx$$

将这些圆形环带的体积累加起来，取极限，得到壳冠余下部分的体积 V_2，为

$$V_2=\int_b^c 2\pi x(\sqrt{R^2-x^2}-E)dx$$

抽象形式的壳冠的体积 V 等于两个定积分的和，即 $V=V_1+V_2$。为计算 V_1，验证 $-\frac{2}{3}\pi(R^2-x^2)^{\frac{3}{2}}+\frac{2}{3}\pi(r^2-x^2)^{\frac{3}{2}}-\pi Dx^2$ 是 $2\pi x\left(\sqrt{R^2-x^2}-(\sqrt{r^2-x^2}+D)\right)$ 的不定积分，接着用微积分基本定理，可得

$$V_1=\frac{2}{3}\pi\left((R^2-a^2)^{\frac{3}{2}}-(R^2-b^2)^{\frac{3}{2}}\right)-\frac{2}{3}\pi\left((r^2-a^2)^{\frac{3}{2}}-(r^2-b^2)^{\frac{3}{2}}\right)-\pi D(b^2-a^2)$$

代入 $R=92$，$a=12$，$b=64$，$r=71$，$D=16$，可得

$$V_1 \approx 984\ 818-656\ 875-198\ 649=129\ 294\text{（立方英尺）}$$

用同样的计算方式可得

$$V_2=\int_b^c 2\pi x\left(\sqrt{R^2-x^2}-E\right)\mathrm{d}x=\frac{2}{3}\pi\left((R^2-b^2)^{\frac{3}{2}}-(R^2-c^2)^{\frac{3}{2}}\right)-\pi E(c^2-b^2)$$

代入之前的值以及 $E=48$ 和 $c=78$，可得

$$V_2 \approx 361\ 442-299\ 783=61\ 659\text{（立方英尺）}$$

因此万神殿的壳冠体积的估计值为

$$V \approx 129\ 294+61\ 659=190\ 953\text{（立方英尺）}$$

壳冠的密度是多少？参考图 7-13 中的穹顶横截面图。壳的混凝土密度从顶部向下到第三个环形台阶（含该台阶）约为每立方英尺 81 磅，从第三个环形台阶向下到第五个台阶（含该台阶）约为每立方英尺 94 磅，从第五个台阶向下到内穹顶的起拱线约为每立方英尺 100 磅。将该冠的体积的估计值取为 190 000 立方英尺，可知壳冠的重量 W 满足以下估计（单位：磅）:

$$15\ 000\ 000 \leqslant 191\ 000\times 81 \leqslant W \leqslant 190\ 000\times 100 \leqslant 19\ 100\ 000$$

回忆一下，圣索菲亚大教堂穹顶的壳的体积和重量分别约为 27 500 立方英尺和 3 000 000 磅。万神殿壳冠的重量和体积比它大这么多是合理的吗？答案是肯定的，因为比较它们的形状和尺寸可知，万神殿穹顶的壳要大得多。（问题 13 考虑了该问题。）

看完微积分在穹顶研究中的作用，我们的注意力将集中到拱上。你可能已回忆起（6.2 节）罗伯特 · 胡克的深刻见解，即“像悬挂柔软的线那样，不过要把它倒过来，就会架起一个拱”。经验告诉我们，悬挂的柔软绳子、弦和链子的形状一般是抛物线。但它在数学上是精确的抛物线吗？还是只不过是表面上像？接下来的讨论会考虑通过悬链倒置后得到的拱形，证明它不是一条抛物线，而是由一些指数项组合而成的函数的图形。

7.3　理想拱的形状

本节研究满足以下条件的稳定拱：(i)拱的唯一负载是该拱的重量；(ii)拱的唯一外部支撑是它的基座；(iii)拱上的重力完全与这些力所产生的挤压力的反作用力相平衡。（第三个条件与被拉伸的柔软悬链只对作用在它上面的重力有反作用力的情况相似）核心问题是：这样一个理想化拱的精确形状是什么？

答案要从拱的中心曲线的概念开始。这条曲线由以下性质确定：如果点 P 是拱的横截面的质心，则该点在中心曲线上，且该横截面垂直于这条曲线过 P 点的切线。图 7-16 展示了上述情况。中心曲线被认为是拱内部的侧推力线。我们将假定拱由同一材料制成，继续探究拱中心曲线的形状。

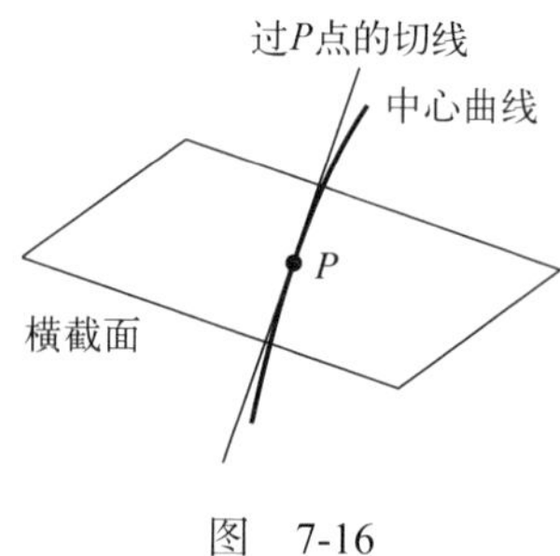

图 7-16

以下研究将使用 2.4 节中与向量相关的基础知识。图 7-17 展示了拱的边界和中心曲线。设中心曲线是函数 $y = f(x)$ 的图形，确定这个函数的精确形式。设 $\left(x, f(x)\right)$ 是中心曲线上的任一点，其中 $-b \leqslant x \leqslant b$ 。设 $C(x)$ 为该点处拱内的挤压力的值（见图 7-17a，$\theta(x)$ 为中心曲线在该点的切线与水平线之间的夹角（见图 7-17b）。最后，令 w 为单位长度拱的重量。假设它的值为常数。

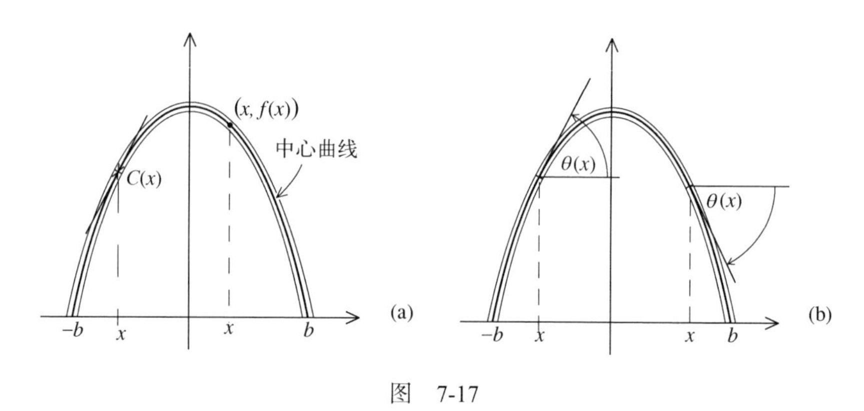

图 7-17

设 Δx 是一个很小的正数，考虑如图 7-18a 所示的在 $[x, x+\Delta x]$ 上的拱段。这个拱段的上下边界由与中心曲线在 x 和 $x+\Delta x$ 处的切线相垂直的直线所确定。该拱段的重量约等于 $w\Delta s$ ，这里 Δs 是落在该拱段内的中心曲线的长度。重点注意放大后的这段拱，如图 7-18b 所示。和我们的基本假设相一致，该拱段上的重力由从下向上推它的挤压力 $C(x)$ 与从上向下推的挤压力 $C(x+\Delta x)$ 的差抵消。通过平衡该段上的垂直力，

我们得到 $C(x)\sin\theta(x) \approx C(x+\Delta x)\sin\theta(x+\Delta x) + w\Delta s$。由此得到

$$C(x+\Delta x)\sin\theta(x+\Delta x) - C(x)\sin\theta(x) \approx -w\Delta s$$

Δx 越小，3 个力越接近作用在同一点，近似程度越高。现在设 $\Delta y = f(x+\Delta x) - f(x)$，对图 7-18b 应用勾股定理，我们得到 $(\Delta s)^2 \approx (\Delta x)^2 + (\Delta y)^2$，所以

$$\Delta s \approx \sqrt{(\Delta x)^2 + (\Delta y)^2} = \sqrt{\left(1+\frac{(\Delta y)^2}{(\Delta x)^2}\right)(\Delta x)^2} = \sqrt{\left(1+\frac{(\Delta y)^2}{(\Delta x)^2}\right)}\Delta x$$

因此

$$\frac{C(x+\Delta x)\sin\theta(x+\Delta x) - C(x)\sin\theta(x)}{\Delta x} \approx -w\sqrt{1+\left(\frac{\Delta y}{\Delta x}\right)^2}$$

现令 Δx 趋于 0，可以发现以下 3 个情况同时发生。等式左边变为函数 $C(x)\sin\theta(x)$ 的导数，平方根变为 $\sqrt{1+\left(f'(x)\right)^2}$，中间的约等号变为等号。所以

$$\frac{\mathrm{d}}{\mathrm{d}x}C(x)\sin\theta(x) = -w\sqrt{1+\left(\frac{\mathrm{d}y}{\mathrm{d}x}\right)^2} = -w\sqrt{1+\left(f'(x)\right)^2}$$

两边取不定积分（参考前文对积分学的介绍），我们得到

$$C(x)\sin\theta(x) = -w\int_{-b}^{x}\sqrt{1+\left(f'(t)\right)^2}\,\mathrm{d}t + \text{常数}$$

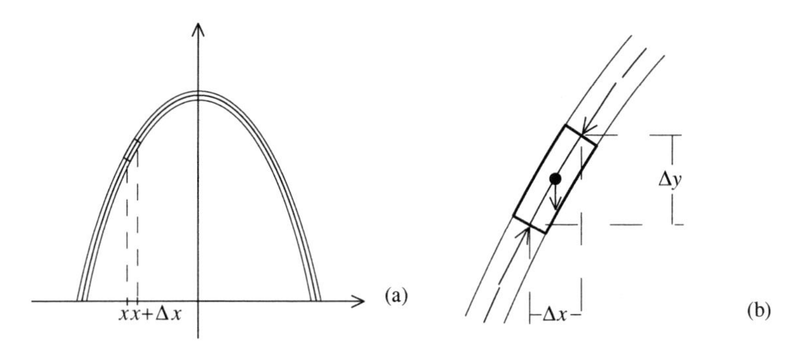

图　7-18

接着我们求力的水平分量。设 m 是单位长度拱的质量。重量等于质量乘以重力加速度，即 $w = mg$。因为拱段的重量近似等于 $w\Delta s$，所以该拱段的质量近似等于 $m\Delta s$。

挤压力的两个水平分量相减得到一个力，它会使该拱段产生水平加速度 a 。因此根据牛顿力学定律，

$$C(x+\Delta x)\cos\theta(x+\Delta x)-C(x)\cos\theta(x)\approx(m\Delta s)a\approx am\sqrt{1+\left(\frac{\Delta y}{\Delta x}\right)^2}\Delta x$$

（这只是一个近似，因为两个水平力并不完全作用在同一点，且 $m\Delta s$ 是拱段的近似质量。）从而得到

$$\frac{C(x+\Delta x)\cos\theta(x+\Delta x)-C(x)\cos\theta(x)}{\Delta x}\approx am\sqrt{1+\left(\frac{\Delta y}{\Delta x}\right)^2}$$

再让 Δx 趋于 0。因为拱稳定，拱段并不会移动，所以加速度是 0，我们得到

$$\frac{\mathrm{d}}{\mathrm{d}x}C(x)\cos\theta(x)=0$$

因此 $C(x)\cos\theta(x)$ 是常数。设 $x=0$ ，我们得到

$$C(x)\cos\theta(x)=C_0$$

这里 $C_0=C(0)\cos 0=C(0)$ 是在拱最顶端的挤压力。结合两个已经得到的主要结论，可得

$$\frac{C(x)\sin\theta(x)}{C(x)\cos\theta(x)}=-\frac{w}{C_0}\int_{-b}^{x}\sqrt{1+\left(f'(t)\right)^2}\mathrm{d}t+\text{常数}$$

从而有 $\tan\theta(x)=-\frac{w}{C_0}\int_{-b}^{x}\sqrt{1+\left(f'(t)\right)^2}\mathrm{d}t+\text{常数}$ 。因为 $\tan\theta(x)$ 和 $\frac{\mathrm{d}y}{\mathrm{d}x}=f'(x)$ 都等于中心曲线在点 $\left(x,f(x)\right)$ 处的切线的斜率，则有

$$\frac{\mathrm{d}y}{\mathrm{d}x}=-\frac{w}{C_0}\int_{-b}^{x}\sqrt{1+\left(f'(t)\right)^2}\mathrm{d}t+\text{常数}$$

两边求导之后，得

$$\frac{\mathrm{d}^2y}{\mathrm{d}x^2}=-\frac{w}{C_0}\sqrt{1+\left(\frac{\mathrm{d}y}{\mathrm{d}x}\right)^2}$$

（一般用 $f''(x)$ 或 $\frac{\mathrm{d}^2y}{\mathrm{d}x^2}$ 表示 $f'(x)$ 的导数。）这个所谓的微分方程能明确确定函数 $y=f(x)$ 。

考虑指数函数 $g(x)=\mathrm{e}^x$，分别用下式定义双曲正弦函数和双曲余弦函数：

$$\sinh x=\frac{\mathrm{e}^x-\mathrm{e}^{-x}}{2}\text{ 和 }\cosh x=\frac{\mathrm{e}^x+\mathrm{e}^{-x}}{2}$$

（这两个函数名称中有“双曲”一词是因为它们和双曲线有关，其关联方式与三角函数和圆的关联非常相似。）图 7-19 绘出了它们的图形。对大的正数 x，数量 $\mathrm{e}^{-x}=\frac{1}{\mathrm{e}^x}$ 非常小，故 $\sinh x$ 和 $\cosh x$ 都近似等于 $\frac{1}{2}\mathrm{e}^x$。对大的负数 x，值 $\mathrm{e}^{-x}=\frac{1}{\mathrm{e}^x}$ 占优。容易证明 $(\cosh x)^2-(\sinh x)^2=1$，又因为 $g'(x)=\mathrm{e}^x$，故 $\frac{\mathrm{d}}{\mathrm{d}x}\sinh x=\cosh x$ 和 $\frac{\mathrm{d}}{\mathrm{d}x}\cosh x=\sinh x$。

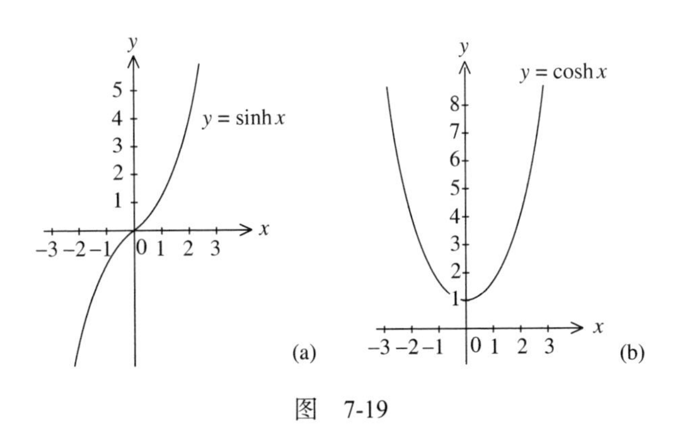

图　7-19

现在考虑函数

$$y=-\frac{C_0}{w}\cosh\left(\frac{w}{C_0}x\right)+D$$

其中 w 和 C_0 前面已给出，D 是一个常数（未明确给出）。根据链式法则，$\frac{\mathrm{d}y}{\mathrm{d}x}=-\sinh\left(\frac{w}{C_0}x\right)$，所以 $\left(\frac{\mathrm{d}y}{\mathrm{d}x}\right)^2=\left(\sinh\left(\frac{w}{C_0}x\right)\right)^2$，因此 $1+\left(\frac{\mathrm{d}y}{\mathrm{d}x}\right)^2=1+\left(\sinh\left(\frac{w}{C_0}x\right)\right)^2=\left(\cosh\left(\frac{w}{C_0}x\right)\right)^2$，可得 $\sqrt{1+\left(\frac{\mathrm{d}y}{\mathrm{d}x}\right)^2}=\cosh\left(\frac{w}{C_0}x\right)$。对 $\frac{\mathrm{d}y}{\mathrm{d}x}=-\sinh\left(\frac{w}{C_0}x\right)$ 应用链式法则，得到 $\frac{\mathrm{d}^2y}{\mathrm{d}x^2}=-\frac{w}{C_0}\cosh\left(\frac{w}{C_0}x\right)$。据此可知函数 $y=-\frac{C_0}{w}\cosh\left(\frac{w}{C_0}x\right)+D$ 和中心曲线的函数 $y=f(x)$ 满足同样的微分方程。因为这个微分方程基本上只有一个解（这是根据微分

方程的理论所确定的），从而有 $y=f(x)=-\frac{C_0}{w}\cosh\left(\frac{w}{C_0}x\right)+D$，其中 D 为某具体常数。设 h 是中心曲线达到的最大高度，则有 $h=f(0)=-\frac{C_0}{w}\cosh(0)+D=-\frac{C_0}{w}+D$，所以 $D=h+\frac{C_0}{w}$。因此拱的中心曲线是函数

$$y=f(x)=-\frac{C_0}{w}\cosh\left(\frac{w}{C_0}x\right)+\left(h+\frac{C_0}{w}\right)$$

的图形。该图形给出了由同一材料建造的拱的精确形状，此时拱上的重力与这些力产生的挤压力的反作用力相平衡。该形状即是悬链线的一个代表（拉丁语中，catena 意为“链”）。

给人印象最深的例子是圣路易斯大拱门，它的几何形状与悬链线密切相关，如图 7-20 所示。大拱门是由埃罗·沙里宁（1910—1961）设计的，是进入美国西部的象征。在沙里宁去世后，它由 Saarinen & Associates 公司在 1963 年 2 月到 1965 年 10 月建造完成。

图 7-20　圣路易斯大拱门，Bev Sykes 摄

大拱门约有 630 英尺高，底部约有 630 英尺宽。拱门的中心曲线方程由 Saarinen & Associates 公司的建筑工程师给出，它在蓝图上被表示为

$$y=-A\cosh\left(\frac{B}{b}x\right)+(h+A)$$

这里 $h=625.0925$ 英尺，是中心曲线的最大高度，$b=299.2239$ 英尺，是中心曲线在底部的两个端点间距离的一半。$A=\frac{h}{Q_b/Q_t-1}\approx 68.7672$，$B=\cosh^{-1}\frac{Q_b}{Q_t}\approx 3.0022$（意味着 $\cosh B=\frac{Q_b}{Q_t}$），其中 $Q_b\approx 1262.6651$ 和 $Q_t\approx 125.1406$ 分别是拱门底部和顶端的横截面面积（单位：平方英尺）。

最好这样理解该拱门的横截面：考虑中心曲线上的一点 P 和过点 P 垂直于中心曲线的平面，该平面内拱门的横截面是一个以 P 为形心且有一个顶点位于中心曲线的竖直平面上的等边三角形。三角形的边长从拱门底部的 54 英尺到顶部的 17 英尺不等。

为了了解大拱门的几何形状与悬链线的关系，我们先研究以下方程给出的曲线：

$$y=-\frac{b}{B}\cosh\left(\frac{B}{b}x\right)+\left(y_0+\frac{b}{B}\right)$$

其中 b 和 B 上文已给出，$y_0=y(0)$ 是曲线的高。为了证明该曲线是上文讨论过的悬链线的一种，只要变化一下，使 $\frac{b}{B}=\frac{C_0}{w}$。现将该悬链线的 y 坐标乘以常数 $\frac{AB}{b}=\frac{68.7672\times 3.0022}{299.2239}\approx 0.69$。这一乘法运算把该悬链线沿垂直方向压缩了约五分之三（如图 7-21a 所示），得到函数

$$f(x)=-\frac{AB}{b}\frac{b}{B}\cosh\left(\frac{B}{b}x\right)+\frac{AB}{b}\left(y_0+\frac{b}{B}\right)=-A\cosh\left(\frac{B}{b}x\right)+(h+A)$$

这样，大拱门的中心曲线是悬链线的一种压缩形式。这种压缩方式就像人们把椭圆挤成圆一样，如图 7-21b 所示。在设计大拱门时，为什么沙里宁要用这种方式压缩一条悬链线呢？可能是因为美学效果，压缩后的拱门完美地符合 630×630 平方英尺的尺寸。

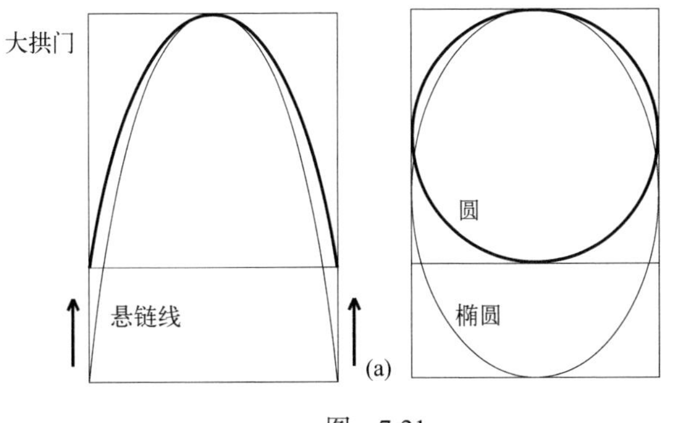

图　7-21

下一节应用微积分方法研究力矩、质心以及库仑所用的拱券稳定性方法。这些应用都建立在 6.3 节内容的基础上。

7.4 力矩和质心的微积分

我们首先从阿基米德发现的重要理论入手，即当计算由结构构件的重量所产生的力绕结构中某点的力矩时，可以假定整个构件的重量集中在它的质心。我们将用一个简单的例子来说明这个原理，然后用它来确定一个半圆形拱段的质心。

考虑一根均匀细梁。如图 7-22 所示，它被放在 xy 平面上，它的一端固定在原点 $x=0$ 上，另一端放在 x 坐标为 b 的点上。梁与水平线的夹角是 θ，长度为 L，每单位长度的重量是 w，所以梁的总重量是 wL。用点 C 表示梁的质心位置。因为梁是均匀的，所以 C 是其矩形横截面的形心。用相似三角形验证 C 的 x 坐标是 $\frac{b}{2}$。假定梁的重量集中于 C。这样从重力对梁的作用线到原点的距离是 $\frac{b}{2}$，根据阿基米德的理论可知作用在梁上的力绕原点的力矩是 $wL\times\frac{b}{2}$。它与把梁分为若干个很小的部分并把它们绕原点的力矩加起来所得到的结果相同吗？微积分告诉我们答案是肯定的。

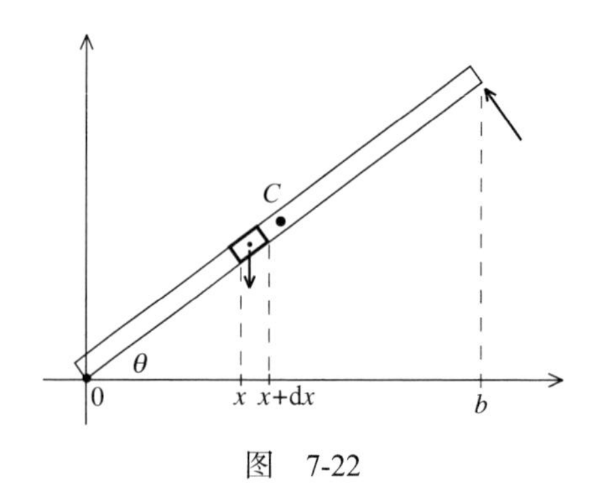

图 7-22

继续用本章前面对积分学的讨论，设 n 是一极大的正数，把区间 $[0,b]$ n 等分，每个子区间的长度是 $\mathrm{d}x=\frac{b}{n}$。对于一个典型的分割点 x，$x+\mathrm{d}x$ 是紧邻的下一个分割点。这两个分割点确定了图 7-22 所示的梁的小段。设 l 是该段的长度，可以看到 $\cos\theta=\frac{\mathrm{d}x}{l}$，则 $l=\frac{\mathrm{d}x}{\cos\theta}$，该小段的重量是 $wl=w\frac{\mathrm{d}x}{\cos\theta}$。该段重力的作用线与原点 $x=0$ 之间的距

离几乎等于 x，所以该段绕原点 0 的力矩几乎等于 $w\frac{\mathrm{d}x}{\cos\theta}\times x=\frac{w}{\cos\theta}x\mathrm{d}x$。当 x 从 0 到 $b-\mathrm{d}x$ 时，把全部小力矩加起来并取极限，我们得到

$$\int_0^b \frac{w}{\cos\theta}x\mathrm{d}x$$

根据微积分基本定理，它等于 $\left[\frac{w}{\cos\theta}\frac{1}{2}x^2\right]_0^b=\frac{w}{\cos\theta}\times\frac{b^2}{2}=w\frac{b}{\cos\theta}\times\frac{b}{2}$。注意 $\cos\theta=\frac{b}{L}$，所以 $L=\frac{b}{\cos\theta}$，进而可得这些小力矩的和等于 $wL\times\frac{b}{2}$，这与前文的计算结果一样。这就确定，至少在均匀的细梁中，计算力矩时，可以认为物体的重量集中于它的质心。这就证明了一般而言这都是正确的。

我们现在回顾一下库仑对拱的分析。图 7-23 将图 6-30 内的拱段 $ABba$ 放在 xy 平面上并添加了相关信息。在 6.3 节无须要求拱为圆形，但此处假设该条件成立。拱的内外边界由以原点为圆心、半径分别为 R 和 r 的圆确定。我们假设拱的厚度（垂直于 xy 平面的尺寸）是1单位，它由密度是 w 的均匀材料建成。点 C 是拱段的质心且 c 为点 C 到 y 轴的距离。图中展示了一条过边界 ab 的直线，它与 x 轴的夹角是 $90°-\alpha$。因为拱的材料均匀，所以 C 位于过 O 点由 $90°-\frac{\alpha}{2}$ 角所确定的直线上。事实上，这两

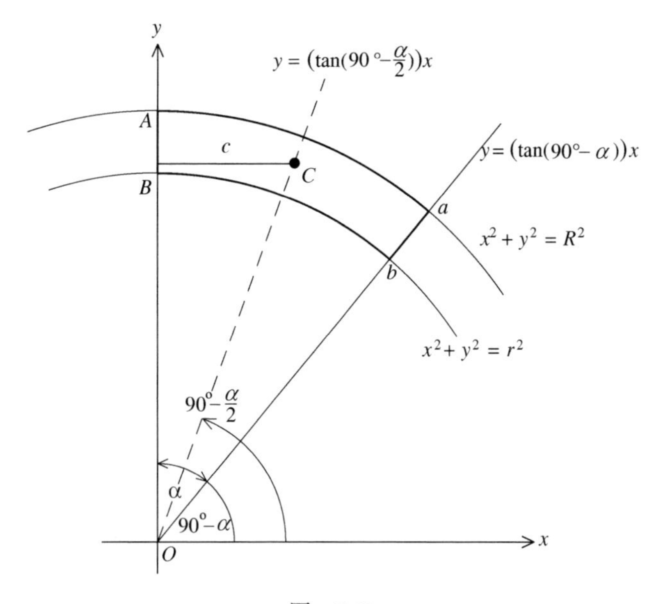

图　7-23

条直线的斜率分别为 $90^\circ-\alpha$ 和 $90^\circ-\dfrac{\alpha}{2}$ 的正切，这就决定了它们的方程是 $y=\left(\tan(90^\circ-\alpha)\right)x$ 和 $y=\left(\tan\left(90^\circ-\dfrac{\alpha}{2}\right)\right)x$。

下一步研究的目的是确定质心 C 的位置。因为拱均匀（厚度是1单位），所以能够在 xy 平面内确定 C 的位置。因为 C 位于直线 $y=\left(\tan\left(90^\circ-\dfrac{\alpha}{2}\right)\right)x$ 上，可以用 x 坐标 c 确定它的位置。我们将用两种方法计算拱段绕 y 轴的力矩 M_y。我们先考虑把拱段分成小长条，通过把全部长条的小力矩加起来计算 M_y。接着假设整个拱段的重量都集中在 C 处，再次计算 M_y。让这两个结果相等，确定 x 坐标 c，从而确定 C 的位置。把图 7-23 中 xy 平面看成水平的，认为重力垂直向下作用于该平面且将 y 轴作为旋转轴，这些都有助于理解这些讨论的细节。

图 7-24 绘出了一个贯穿拱段的竖直细长条。它处于典型位置，其左边界在 x 处，厚度为 $\mathrm{d}x$。该长条的重量等于它的面积乘以它的密度 w。该长条绕 y 轴的力矩是它的重量和它到 y 轴的距离 x 的乘积。因为该长条的厚度为 $\mathrm{d}x$，它的长度由拱段的上下边界确定，所以当 $0\leqslant x<r\sin\alpha$ 时，该长条的力矩是 $x\times w\left(\sqrt{R^2-x^2}-\sqrt{r^2-x^2}\right)\mathrm{d}x$，当 $r\sin\alpha<x\leqslant R\sin\alpha$ 时，为 $x\times w\left(\sqrt{R^2-x^2}-\tan(90^\circ-\alpha)x\right)\mathrm{d}x$。用定积分的知识，可得所有这些细长条的力矩和是

$$M_y=\int_0^{r\sin\alpha}x\times w\left(\sqrt{R^2-x^2}-\sqrt{r^2-x^2}\right)\mathrm{d}x+\int_{r\sin\alpha}^{R\sin\alpha}x\times w\left(\sqrt{R^2-x^2}-\tan(90^\circ-\alpha)x\right)\mathrm{d}x$$

使用链式法则证明 $-\dfrac{1}{3}(R^2-x^2)^{\frac{3}{2}}$ 是 $x\sqrt{R^2-x^2}=x(R^2-x^2)^{\frac{1}{2}}$ 的不定积分，同样可以证明 $-\dfrac{1}{3}(r^2-x^2)^{\frac{3}{2}}$ 是 $x\sqrt{r^2-x^2}=x(r^2-x^2)^{\frac{1}{2}}$ 的不定积分。所以根据微积分基本定理有

$$\begin{aligned}M_y&=\left[-\frac{1}{3}w(R^2-x^2)^{\frac{3}{2}}+\frac{1}{3}w(r^2-x^2)^{\frac{3}{2}}\right]\Bigg|_0^{r\sin\alpha}\\&\quad+\left[-\frac{1}{3}w(R^2-x^2)^{\frac{3}{2}}-\frac{1}{3}w\tan(90^\circ-\alpha)x^3\right]\Bigg|_{r\sin\alpha}^{R\sin\alpha}\\&=-\frac{1}{3}w(R^2-r^2\sin^2\alpha)^{\frac{3}{2}}+\frac{1}{3}w(r^2-r^2\sin^2\alpha)^{\frac{3}{2}}+\frac{1}{3}wR^3-\frac{1}{3}wr^3\\&\quad-\frac{1}{3}w(R^2-R^2\sin^2\alpha)^{\frac{3}{2}}-\frac{1}{3}w\tan(90^\circ-\alpha)\times R^3\sin^3\alpha\end{aligned}$$

$$
+\frac{1}{3}w(R^2-r^2\sin^2\alpha)^{\frac{3}{2}}+\frac{1}{3}w\tan(90^\circ-\alpha)\times r^3\sin^3\alpha
$$

$$
=\frac{1}{3}wr^3(1-\sin^2\alpha)^{\frac{3}{2}}+\frac{1}{3}w(R^3-r^3)-\frac{1}{3}wR^3(1-\sin^2\alpha)^{\frac{3}{2}}
$$

$$
-\frac{1}{3}w(R^3-r^3)\tan(90^\circ-\alpha)\sin^3\alpha
$$

$$
=\frac{1}{3}wr^3\cos^3\alpha+\frac{1}{3}w(R^3-r^3)-\frac{1}{3}wR^3\cos^3\alpha
$$

$$
-\frac{1}{3}w(R^3-r^3)\times\frac{\sin(90^\circ-\alpha)}{\cos(90^\circ-\alpha)}\times\sin^3\alpha
$$

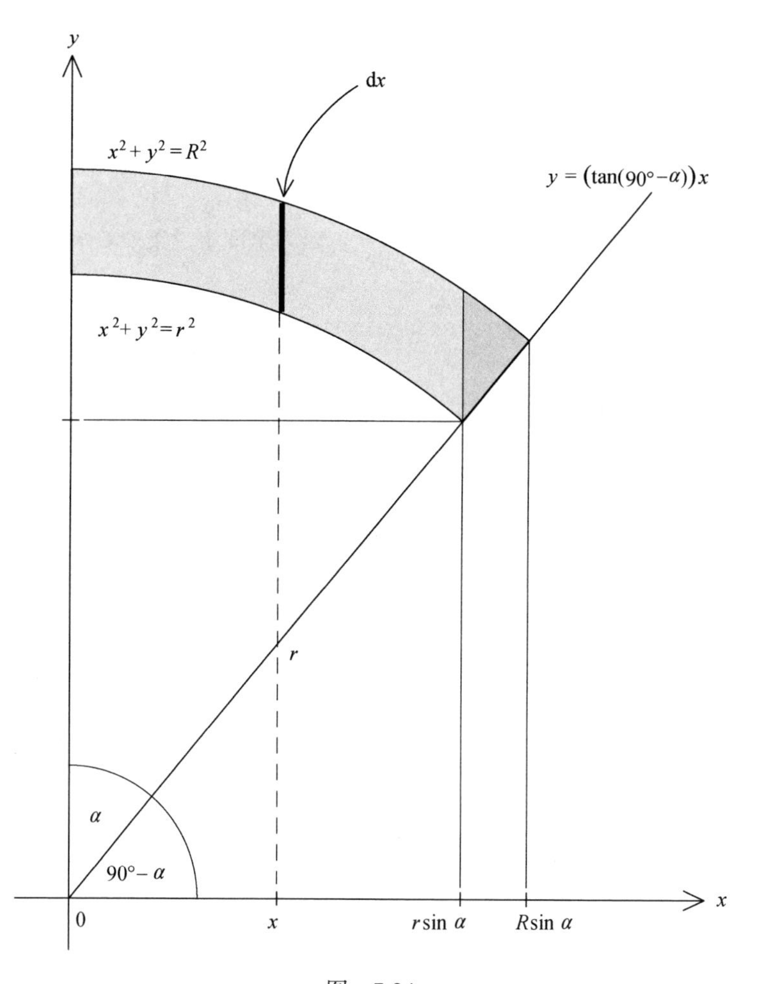

图　7-24

最后一步利用了 2.3 节中的恒等式$\sin^2\alpha+\cos^2\alpha=1$。代入那一节的另两个公式，即$\sin(90°-\alpha)=\cos\alpha$和$\cos(90°-\alpha)=\sin\alpha$后，我们得到

$$\begin{aligned}M_y&=\frac{1}{3}w(R^3-r^3)\left(1-\cos^3\alpha-\frac{\cos\alpha}{\sin\alpha}\times\sin^3\alpha\right)\\&=\frac{1}{3}w(R^3-r^3)\left(1-\cos^3\alpha-\cos\alpha\times\sin^2\alpha\right)\\&=\frac{1}{3}w(R^3-r^3)(1-\cos^3\alpha-\cos\alpha\times(1-\cos^2\alpha))=\frac{1}{3}w(R^3-r^3)(1-\cos\alpha)\end{aligned}$$

$M_y=\frac{1}{3}w(R^3-r^3)(1-\cos\alpha)$就是把所有细长条的力矩加起来后得到的拱段力矩，至此用第一种方法计算M_y就完成了。

要第二次计算M_y，首先注意图 7-23 中两个圆之间的区域的面积是$\pi R^2-\pi r^2=\pi(R^2-r^2)$。拱段 $ABba$ 的面积是它的$\frac{\alpha}{360°}$。因为拱段的厚度是1单位，密度为w，可得该拱段的重量为$W_\alpha=w\pi(R^2-r^2)\times\frac{\alpha}{360°}$。因为全部重量集中$C$处，我们可得

$$M_y=c\times w\pi(R^2-r^2)\times\frac{\alpha}{360°}$$

根据M_y的两个结果相等，我们最后得到

$$c=\frac{\frac{1}{3}(R^3-r^3)(1-\cos\alpha)}{\pi(R^2-r^2)(\frac{\alpha}{360°})}$$

用弧度而不是度数度量角大大方便了三角函数的微积分计算。例如，若x的单位是弧度，则函数$\sin x$和$\cos x$的导数分别是$\cos x$和$-\sin x$。用度数就不会这么简单。从度数到弧度的转化由半径为1的圆给出。该圆的$360°$的圆心角环绕整个圆周2π，所以$360°$角对应于长度2π。因此$1°$角对应于圆周上的弧长$\frac{2\pi}{360}=\frac{\pi}{180}$，任何度数为$\alpha$的角相当于长度$\alpha\times\frac{\pi}{180}$，这个长度就是角$\alpha$的弧度。都用度数为单位的两个角的比值$\frac{\alpha}{360}$等于都用弧度表示的两个角的比值$\frac{\alpha}{2\pi}$。因此用$\frac{\alpha}{2\pi}$替换$\frac{\alpha}{360°}$可以将前文的$W_\alpha$和$c$表达式转换为

$$W_\alpha = \frac{1}{2}w(R^2 - r^2)\alpha \text{ 和 } c = \frac{\frac{2}{3}(R^3 - r^3)(1-\cos\alpha)}{(R^2 - r^2)\alpha}$$

这里 α 的单位为弧度。

计算库仑拱　这部分内容用微积分方法探究库仑对拱的稳定性的分析。回顾一下，根据图 6-30 和 6-32 的数据，库仑确信如果拱顶部的水平挤压力 H 满足 $G_0 < H \leqslant G_1$，则该拱不会受到铰合损坏，这里 G_0 为 $\frac{W_\alpha x_0}{y_0}$ 的最大值，G_1 为 $\frac{W_\alpha x_1}{y_1}$ 的最小值，这两个极值中，α 都在 $0° \leqslant \alpha < 90°$ 范围内变化。假定与铰合损坏相比，不太能发生滑动损坏，则不等式 $G_0 < H \leqslant G_1$ 是库仑判断拱稳定性的基本判据。

接下来的研究会使用本节前文得出的结论，将 $\frac{W_\alpha x_0}{y_0}$ 明确表示为 α 的函数，接着考虑将微积分应用到它的最大值 G_0 求解问题中。（讨论 7.3 解决了类似的函数 $\frac{W_\alpha x_1}{y_1}$ 及其最小值 G_1 的问题。）图 7-25a 和图 7-25b 给出了相关信息。对 G_0 的讨论建立在图 7-25a 的基础上并结合了库仑在《论静力学问题》中对读者的指导，即必须假设 H 作用在 A 点，这样可以使 y_0 尽可能大，从而使 G_0 尽可能小。对 G_1 需要做类似的假设，如图 7-25b 所示。设 H 作用在 B 点，这样就使 y_1 尽可能小，从而使 G_1 尽可能大。（讨论 7.3 将考虑 H 的作用位置不同时的结果。）

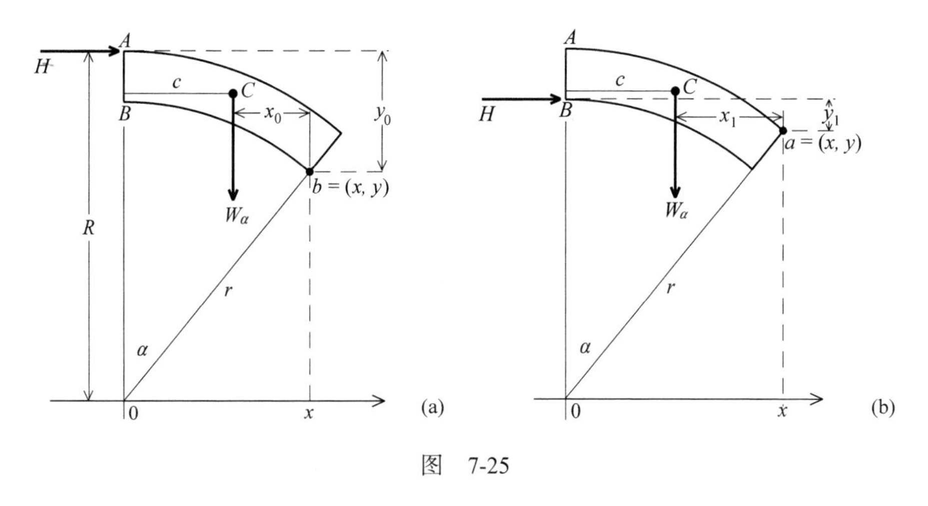

图　7-25

我们先把 $\frac{W_\alpha x_0}{y_0}$ 表示为 α 的函数，这里 α 的单位是弧度。图 7-25a 告诉我们，点

$b=(x,y)$ 的坐标为

$$x=r\sin\alpha \text{ 和 } y=r\cos\alpha$$

从图 7-25a 可知

$$x_0=x-c=r\sin\alpha-\frac{\frac{2}{3}(R^3-r^3)(1-\cos\alpha)}{(R^2-r^2)\alpha} \text{ 和 } y_0=R-y=R-r\cos\alpha$$

又可知

$$\begin{aligned}W_\alpha x_0&=\frac{1}{2}w(R^2-r^2)\alpha\left(r\sin\alpha-\frac{\frac{2}{3}(R^3-r^3)(1-\cos\alpha)}{(R^2-r^2)\alpha}\right)\\&=\frac{1}{2}w(R^2-r^2)r\alpha\times\sin\alpha-\frac{1}{3}w(R^3-r^3)(1-\cos\alpha)\end{aligned}$$

因此有

$$\frac{W_\alpha x_0}{y_0}=\frac{\frac{1}{2}wr(R^2-r^2)\alpha\sin\alpha-\frac{1}{3}w(R^3-r^3)(1-\cos\alpha)}{R-r\cos\alpha}$$

如果需要，这时可以回顾一下正余弦函数及其导数的基本知识。因为正余弦函数可微，且分母 $R-r\cos\alpha>0$（因为 $R>r$），所以函数 $g_0(\alpha)=\frac{W_\alpha x_0}{y_0}$ 在区间 $0\leqslant\alpha\leqslant\frac{\pi}{2}$ 上可微。因而可以通过令 $g_0(\alpha)$ 的导数等于 0 来求解 α。在得到的值中进行筛选，从而求出 $g_0(\alpha)$ 的最大值 G_0。通过应用除法法则（以及在中间应用乘法法则），验证 $g_0(\alpha)$ 的导数的分子为

$$\begin{aligned}&\left[\frac{1}{2}wr(R^2-r^2)(\sin\alpha+\alpha\cos\alpha)-\frac{1}{3}w(R^3-r^3)\sin\alpha\right](R-r\cos\alpha)\\&\quad-\left[\frac{1}{2}wr(R^2-r^2)\alpha\sin\alpha-\frac{1}{3}w(R^3-r^3)(1-\cos\alpha)\right]r\sin\alpha\end{aligned}$$

分母为 $[R-r\cos\alpha]^2$。进行代数运算后，可得

$$g_0'(\alpha)\frac{\frac{1}{2}wr(R^2-r^2)[R(\sin\alpha+\alpha\cos\alpha)-r(\sin\alpha\cos\alpha+\alpha)]-\frac{1}{3}w(R^3-r^3)(R-r)\sin\alpha}{[R-r\cos\alpha]^2}$$

为了确定 G_0，先将 R^2-r^2 因式分解为 $(R+r)(R-r)$ 并去掉 $w(R-r)$ 项，然后令

$$\frac{1}{2}r(R+r)[R(\sin\alpha+\alpha\cos\alpha)-r(\sin\alpha\cos\alpha+\alpha)]-\frac{1}{3}(R^3-r^3)\sin\alpha=0$$

解出 α，这里 $0<\alpha\leqslant\frac{\pi}{2}$。对给定的 r 和 R 值，有几种方法可以求解，既可以是“硬”方法，即用诸如牛顿法这种逐次逼近技术，也可以是“软”方法，即使用诸如 Maple、Mathematica 和 MATLAB 这样的计算机程序。所有的求解方法都超出了本书的范围，这也验证了库仑的观点，即用反复试凑的方法总比用微积分这类“精确方法”更容易。讨论 7.3 根据库仑的建议（见 6.3 节中倒数第三段），即先从 $\alpha=\frac{\pi}{4}$（即 $\alpha=45°$）开始，计算 $\frac{W_\alpha x_0}{y_0}$，然后不断减小 α 的值（向着拱顶石的方向移动），重复上述计算，很容易得到 G_0 的值。

我们最后将考虑一个问题。尽管库仑对拱的稳定性的研究（见第 6 章）引入了一些反映材料强度的参数（如系数 τ、σ 和 μ），但他接下来所做的假设将这一研究简化成了严格的几何问题。例如，$\frac{W_\alpha x_0}{y_0}$ 的最大值 G_0 只与 R 和 r 有关，与建造拱的材料（除了 w）无关。最后，库仑的分析与海曼的安全定理（见 6.2 节）一致，即砌筑拱券的稳定性主要取决于它的几何形状（假设建筑材料耐挤压）。

7.5　问题和讨论

以下所有的问题都与本章涉及的内容相关。

问题 1　已知 $f(x)=x^2$，应用极限定义

$$\lim_{\Delta x\to 0}\frac{f(x+\Delta x)-f(x)}{\Delta x}$$

证明 $f'(x)=2x$。再应用它求 $g(x)=\frac{1}{x}=x^{-1}$ 的导数。【**提示：在每种情况下，重新整理代数表达式，使得在取极限之前就可以消掉 Δx。**】

问题 2　使用链式法则求函数 $f(x)=(4-x^2)^{\frac{3}{2}}$ 的导数。

问题 3 函数 $f(x)=(x^2-1)^3$ 的定义域是什么？这个函数有 3 个临界点，它们把数轴分成 4 个区间。求出这些临界点并确定函数在每个区间上是递增还是递减。确定图形最高点（函数的最大值点）和图形最低点（函数的最小值点）的 x 坐标。对函数 $g(x)=(x^2-4)^{\frac{1}{3}}$ 和 $h(x)=(x^2-9)^{\frac{2}{3}}$ 重复上述过程。

问题 4 已知函数 $f(x)$ 和 $f(x)$ 的一个不定积分 $F(x)$。回想一下，对任意小数 $\mathrm{d}x$，乘积 $f(x)\mathrm{d}x$ 约等于 $F(x+\mathrm{d}x)-F(x)$。已知 $f(x)=3x^2$，并注意到 $F(x)=x^3$ 是它的一个不定积分。取 $x=3$，$\mathrm{d}x=0.01$，验证近似程度。再取 $\mathrm{d}x=0.001$，同样进行验证。是否后者的近似程度更高？

问题 5 考虑函数 $f(x)=5-x^2$，其中 $0\leqslant x<2$。

i. 取 $n=4$，计算定义积分 $\int_0^2(5-x^2)\mathrm{d}x$ 的过程中出现的和，其精度取小数点后两位。

ii. 取 $n=6$，重复计算定义积分 $\int_0^2(5-x^2)\mathrm{d}x$ 的过程中出现的和，其精度取小数点后两位。

iii. 应用微积分基本定理求出该积分的精确值。为什么(i)和(ii)的结果非常接近精确值？

问题 6 考虑方程为 $y=x^2+1$ 的抛物线。绘制它的图形，强调积分 $\int_{-3}^{3}(x^2+1)\mathrm{d}x$ 所表示的区域并通过积分计算求出该区域的面积。现用水平线 $y=10$ 切割该抛物线。使用 4.1 节的阿基米德面积公式，计算切线所确定的抛物线截面的面积。通过从矩形中减去抛物线截面的面积来验证积分的值。

问题 7 解释定积分 $\int_{-4}^{4}\sqrt{16-x^2}\,\mathrm{d}x$ 是在一条曲线下的区域的面积，并根据这个解释求积分值。

问题 8 通过将积分看成圆弧下的区域的面积来证明 $\int_2^5\left(4+\sqrt{9-(x-5)^2}\right)\mathrm{d}x=12+\frac{9}{4}\pi$。

问题 9 研究本章前面的讨论“旋转体体积和曲线长度”。利用图 7-26，用定积分表示下文给出的立体的体积。使用微积分基本定理计算它们的值。

i. 一个高为 h 的截面圆锥体，其圆形边界的半径分别为 r_0 和 r_1。

ii. 一个半径为 r 的球。

iii. 一个高为 h 且底圆半径为 r 的圆锥体。在这种情况下，用变量 y 建立积分。

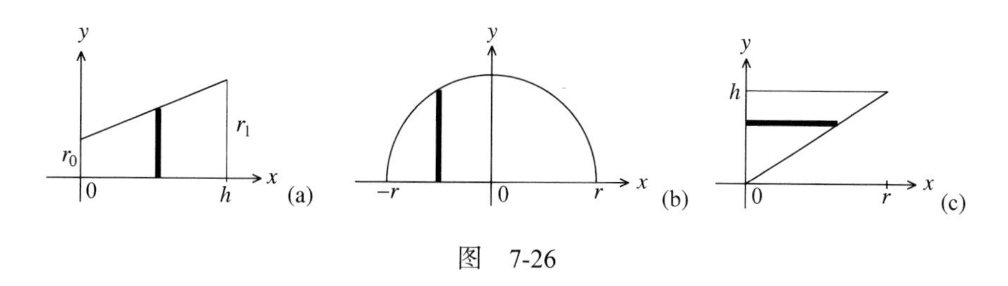

图 7-26

问题 10 复习指数函数 e^x 的基本性质，研究 7.3 节中的双曲函数 $y=\sinh x$ 和 $y=\cosh x$ 的定义。

i. 证明 $(\cosh x)^2-(\sinh x)^2=1$。考虑一个 uv 坐标平面，可以注意到点 $(\cos x,\sin x)$ 位于圆 $u^2+v^2=1$ 上，点 $(\cos x,\sin x)$ 位于双曲线 $u^2-v^2=1$ 上。

ii. 根据 $\frac{\mathrm{d}}{\mathrm{d}x}e^x=e^x$，证明 $\frac{\mathrm{d}}{\mathrm{d}x}\sinh x=\cosh x$ 和 $\frac{\mathrm{d}}{\mathrm{d}x}\cosh x=\sinh x$。

问题 11 使用曲线的弧长公式，计算图 7-27 中两个图形的给定点之间的长度。在图 7-27a 中，用距离公式验证你的答案。图 7-27b 中的情况则要参考问题 10。

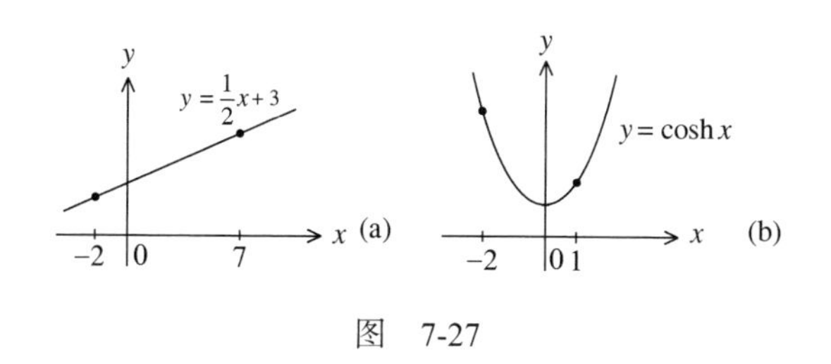

图 7-27

问题 12 回顾 3.7 节，参考 3.7 节中问题 4 和问题 5 关于圣索菲亚大教堂原始穹顶的结论和推出结论所需要的猜测。使用这一知识和本章中的讨论“计算圣索菲亚大教堂穹顶的重量”，推出原始穹顶的重量约为 23 300 磅。

问题 13 利用图 7-14 和数据 $r=17$、$R=92$、$a=12$、$b=64$，估计万神殿穹顶的壳冠的最大和最小厚度。结果会证实它的壳比内半径为 50 英尺、厚为 2.5 英尺的圣索菲亚大教堂的球形壳要大得多。

问题 14 研究万神殿穹顶壳冠体积的计算，特别注意图 7-13、图 7-14 和图 7-15。通过再给 $V_1=\int_a^r 2\pi x\left(\sqrt{R^2-x^2}-\left(\sqrt{r^2-x^2}+D\right)\right)\mathrm{d}x$ 增加两个定积分，把起拱线以上的穹顶壳的体积表示成这 3 个积分的和。估计这 3 个积分，从而得到该体积的估计值。随后估计这部分壳的重量。

问题 15 考虑图 7-14 所给出的万神殿壳冠的抽象横截面图。将该截面翻转并旋转，使得横截面外圆的圆心仍然位于 O 点，内圆中心在 (D,a) 点，起拱线在竖线 $x=D$ 上，壳冠的边界为竖线 $x=F$。仔细画出 xy 平面内新位置处的该壳冠的横截面。横截面处于新的位置时，壳冠的体积等于绕 x 轴旋转的旋转体的体积。用该事实将壳冠的体积表示为两个定积分的和。注意积分的上下限（不必求出积分的值）。

问题 16 已知 xyz 坐标系的 z 轴代表穹顶的垂直中心轴。假设用来竖立穹顶的鼓座顶部在 xy 平面上，鼓座上方穹顶的外侧高度为 h。令 $A(z)$ 为壳在 z 高度处的横截面面积，其中 $0<z\leqslant h$。仔细地绘出图形，解释为何穹顶壳的体积可由定积分 $\int_0^h A(z)\mathrm{d}z$ 给出。

问题 17 参考图 4-29 和图 4-32，讨论怎样应用问题 16 的结论来估计佛罗伦萨圣母百花大教堂的双壳体积。参考图 5-36 以及第 5 章的问题 8 和问题 9，描述如何应用问题 16 来估计圣彼得大教堂的双壳体积。

以下几个问题源自 7.3 节中的内容。此时，图 7-17b 的角 θ 顺时针方向测量时是负的，逆时针测量时是正的。特别地，角 $\theta(-b)$ 是正的，$\theta(b)=-\theta(-b)$ 是负的。

问题 18 应用 $\sin(-\theta)=-\sin\theta$，证明 $C(b)\sin\theta(b)=-C(-b)\sin\theta(-b)$。考虑图 7-17a，令 $L(x)=\int_{-b}^{x}\sqrt{1+\left(f'(t)\right)^2}\mathrm{d}t$ 为该拱从 $(-b,0)$ 到 $\left(x,f(x)\right)$ 之间的中心曲线的长度，$L=L(b)$ 为这条中心曲线的全长。回忆公式

$$C(x)\sin\theta(x)=-w\int_{-b}^{x}\sqrt{1+\left(f'(t)\right)^2}\mathrm{d}t+\text{常数}$$

取 $x=b$ 和 $x=-b$，使用该公式证明其常数为 $\frac{wL}{2}$。从而有 $C(x)\sin\theta(x)=w\left(\frac{L}{2}-L(x)\right)$。证明拱内的挤压力满足 $C(x)=\sqrt{w^2\left(\left(\frac{L}{2}-L(x)\right)\right)^2+C_0^2}$。

问题 19 验证点 $(0,h)$ 和 $(b,0)$ 满足大拱门的中心曲线方程 $y=-A\cosh\left(\frac{B}{b}x\right)+(h+A)$。

问题 20 回忆一下，大拱门的中心曲线方程 $y=-A\cosh\left(\frac{B}{b}x\right)+(h+A)$ 的图形是压缩一条悬链线得到的，实际上它不是悬链线。这意味着对理想拱的分析不能用到它身上。复习一下该分析的基本假设，大拱门满足它们中的哪一个？不满足哪一个？

问题 21　我们的分析表明，理想拱的中心曲线是形式为 $y=-H\cosh\left(\frac{x}{H}\right)+$ 常数的函数图形（H 为一常数），这个方程满足微分方程 $\frac{\mathrm{d}^2y}{\mathrm{d}x^2}=-\frac{1}{H}\sqrt{1+\left(\frac{\mathrm{d}y}{\mathrm{d}x}\right)^2}$。大拱门的中心曲线是形式为“$y=-KH\cosh\left(\frac{x}{H}\right)+$ 常数”的函数图形，这里 H 和 K 是常数。证明这个函数满足微分方程 $\frac{\mathrm{d}^2y}{\mathrm{d}x^2}=-\frac{1}{H}\sqrt{K^2+\left(\frac{\mathrm{d}y}{\mathrm{d}x}\right)^2}$。

问题 22　悬链线（均匀，相当柔软，拉伸也不会变长）只靠张力支撑其自身重量，这与理想拱的情况类似。调整理想拱的研究，推出悬链线的数学形状。你的结果（如果正确）将验证罗伯特·胡克的结论：“像悬挂柔软的线那样，不过要把它倒过来，就会架起一个拱”。

接下来两个问题涉及 7.4 节，尤其是图 7-23 和拱段的质心 C 的 x 坐标 $c=\dfrac{\frac{2}{3}(R^3-r^3)(1-\cos\alpha)}{(R^2-r^2)\alpha}$。因为假设该拱均匀，所以 C 就是它的形心。因为它位于直线 $y=\tan\left(\frac{\pi}{2}-\frac{\alpha}{2}\right)x$ 上，所以 C 的坐标是 $\left(c,\tan\left(\frac{\pi}{2}-\frac{\alpha}{2}\right)c\right)$。

问题 23　设 $\alpha=\frac{\pi}{2}$ 和 $r=\frac{1}{2}R$，证明 C 的坐标是 $\left(\frac{14}{9\pi}R,\frac{14}{9\pi}R\right)$。因为 $\frac{14}{9\pi}\approx 0.495$，所以它非常接近于点 $\left(\frac{1}{2}R,\frac{1}{2}R\right)$。绘制该拱段并评价这个答案。

问题 24　设 $\alpha=\frac{\pi}{2}$ 和 $r=\frac{5}{6}R$，证明 $C=\left(\frac{182}{99\pi}R,\frac{182}{99\pi}R\right)$，距离 $CO<0.828R$。注意 $0.833R<r$，这意味着 C 位于该拱段之外，这个结论有问题吗？

讨论 7.1　帕普斯与古尔丁定理　数学家和天文学家保罗·古尔丁（1577—1643）出生在瑞士圣加伦的一个犹太家庭。他在罗马的耶稣会学院和维也纳大学教授数学。古尔丁的著作《关于重心》（*De centro gravitatis*）第二卷含有以下表述：

> 如果任何平面图形绕其平面外的轴旋转，所获得的旋转体的体积等于该平面图形的面积乘以它的质心所经过的距离。

回忆一下，对于一个均匀区域，形心也是它的质心。古尔丁似乎并不知道他的见解之前被古希腊亚历山大时期最后一位伟大的数学家帕普斯（生活在约公元 300 年）在其著作《数学汇编》（*Mathematical Collection*）里明确表述过。

让我们验证一下古尔丁的表述，它现在被称为帕普斯定理。在图 7-23 中，平面图形是拱段 $ABba$，平面外的轴是 y 轴。该拱段的形心 C 到 y 轴的距离为 $c=\dfrac{\frac{2}{3}(R^3-r^3)(1-\cos\alpha)}{(R^2-r^2)\alpha}$（这里 α 用弧度度量）。所以需要证明 $V=A\times 2\pi c$，这里 A 是拱段的面积，V 为该拱段绕 y 轴旋转一周所得到的旋转体体积。

问题 25 证明拱段的面积是 $A=\frac{1}{2}(R^2-r^2)\alpha$。【**提示**：求出整圆面积的差，取它的适当比例。】

问题 26 验证图 7-28a 中的扇形绕 y 轴旋转一周后得到的旋转体体积是 $\frac{2}{3}\pi R^3(1-\cos\alpha)$。【**提示**：参考万神殿穹顶壳冠的体积计算（7.2 节）来寻找求解方法，参考拱段力矩的计算（7.4 节）来寻求具体细节。】

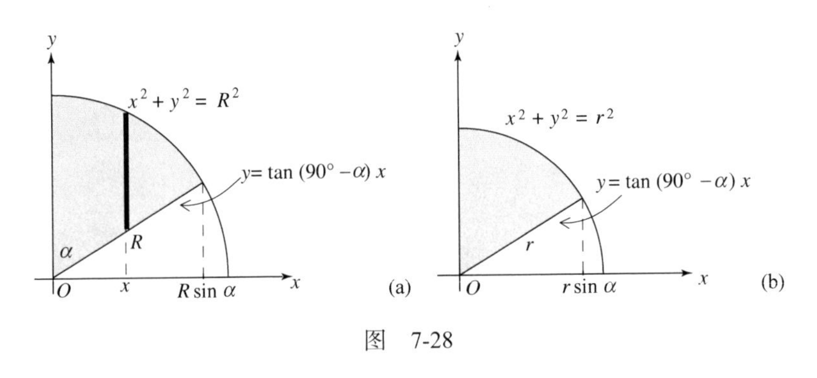

图 7-28

问题 27 考虑问题 26 的结论并参考图 7-28b，解释为什么拱段绕 y 轴旋转一周所得的旋转体体积 $V=\frac{2}{3}\pi(R^3-r^3)(1-\cos\alpha)$。

问题 28 利用已有知识验证帕普斯定理对拱段 $ABba$ 旋转后的旋转体成立。

讨论 7.2 薄壳拱顶 旅行通常在机场结束（和开始），所以本书在接近结尾的时候讨论一座机场航站楼再恰当不过了。埃罗·沙里宁与奥韦·阿鲁普及其他杰出的建筑师和结构工程师一起，为 20 世纪 50 年代的薄壳混凝土拱顶设计做出了贡献。因此，不出意料，沙里宁被邀请加入评审委员会，最终把悉尼歌剧院的设计委托给约恩·乌松。他对乌松设计的正面评价深具影响力，这座著名的澳大利亚地标建筑的存在就得益于他的评价。

也许沙里宁最值得称赞的结构设计是纽约肯尼迪机场的环球航空飞行中心，而不是大拱门。该项目始于 1956 年，1961 年沙里宁去世后，由 Saarinen & Associates 公司在 1962 年完成。这个建筑物很快成为纽约市的地标和现代建筑的代表。也许部分因为研究过雕塑并想对国际风格的盒状外形做出反应，沙里宁创造了一种动态高飞的建筑，它表现出旅行的兴奋。这种构造包含 4 个互相作用的拱形穹顶，由 4 根 Y 形柱子支撑。拱顶合在一起构成一个巨大的伞状壳，它蜿蜒覆盖整个乘客区，高 50 英尺、长 315 英尺。这个拱顶雕塑用混凝土建成，内部由看不见的钢筋网做支撑。从远处看，该建筑物的外形就像一只展翅飞翔的鸟。向上倾斜的曲线和拱顶交界面上的一系列天窗为建筑内部采光和通风。沙里宁这样看待该航站楼："一座自身会体现戏剧性、特殊性和旅行的兴奋的建筑物……，一个行动和转变的地方……精心设计的外形用来强调向上翱翔的线条。我们想要一次提升。" 2008 年，在成为捷蓝航空的第 5 航站楼之前，该建筑物被彻底整修，焕然一新。

问题 29　1956~1962 年也正是乌松和阿鲁普为悉尼歌剧院的拱顶设计绞尽脑汁的时候。（这在第 6 章讨论过。）比较图 7-29 中沙里宁的薄壳混凝土拱顶和彩图 23 中乌松设计的拱顶。相同之处是什么？你认为为什么乌松的拱顶面临的挑战更大？

图 7-29　沙里宁为肯尼迪机场设计的航站楼，此处展示了 4 个拱顶中的 3 个以及两根 Y 形柱子。Pheezy 摄

讨论 7.3　研究库仑判据　该讨论探讨在 6.3 节提出并在 7.4 节检验过的关于库仑稳定性判据 $G_0 \leqslant H \leqslant G_1$ 的相关知识。

问题 30 假设 $R=5$ 和 $r=4$，单位都是英尺，$w=$ 每立方英尺 150 磅。使用库仑提出的反复试凑法，找到函数 $g_0(\alpha)=\dfrac{W_\alpha x_0}{y_0}$ 在 $0\leqslant\alpha\leqslant\dfrac{\pi}{2}$ 上的最大值。【提示：从 $\alpha=\dfrac{\pi}{4}$ 或 $\alpha=45°$ 开始。首先以 $\dfrac{\pi}{20}$ 即 9°（包括正的和负的）为增量改变 α 的值，获得一般意义上的 α 值，从而找到最大值。然后利用增量 $\dfrac{\pi}{40}$，即 4.5° 来优化你的搜寻，再利用增量 $\dfrac{\pi}{180}$ 或1° 进行尝试。】

问题 31 利用图 7-25b，将 $\dfrac{W_\alpha x_1}{y_1}$ 表示为一个函数 $g_1(\alpha)$，其中 α 以弧度为单位，$0\leqslant\alpha\leqslant\dfrac{\pi}{2}$。然后证明

$$g'_1(\alpha)=\frac{\frac{1}{2}wR(R^2-r^2)[r(\sin\alpha+\alpha\cos\alpha)-R(\sin\alpha\cos\alpha+\alpha)]+\frac{1}{3}w(R^3-r^3)(R-r)\sin\alpha}{[r-R\cos\alpha]^2}$$

在利用 $g'_1(\alpha)$ 确定函数 $g_1(\alpha)$ 的最小值 G_1 时，需要克服什么困难?

最后讨论图 7-25a 和图 7-25b 中的水平力 H 的作用位置问题。我们将看到如果 H 在图 7-25a 中作用在 B 点、在图 7-25b 中作用在 A 点，就会遇到困难。

问题 32 假设力 H 在图 7-25a 中作用在 B 点（与 G_0 相关），在图 7-25b 中作用在 A 点（与 G_1 相关）。证明

$$\frac{W_\alpha x_0}{y_0}=\frac{1}{2}w(R^2-r^2)\left(\frac{\alpha\sin\alpha}{1-\cos\alpha}\right)-\frac{1}{3}\frac{w}{r}(R^3-r^3)$$

和

$$\frac{W_\alpha x_1}{y_1}=\frac{1}{2}w(R^2-r^2)\left(\frac{\alpha\sin\alpha}{1-\cos\alpha}\right)-\frac{1}{3}\frac{w}{R}(R^3-r^3)$$

问题 33 考虑函数 $f(\alpha)=\dfrac{\alpha\sin\alpha}{1-\cos\alpha}$。利用除法和乘法法则，证明 $f'(\alpha)=\dfrac{\sin\alpha-\alpha}{1-\cos\alpha}$。注意 $f(\alpha)$ 和 $f'(\alpha)$ 在 $\alpha=0$ 时都没有定义。利用正弦和余弦的基本知识，证明函数 f 在区间 $0<\alpha\leqslant\dfrac{\pi}{2}$ 上递减。

问题 34　继续考虑 $f(\alpha)=\dfrac{\alpha\sin\alpha}{1-\cos\alpha}$。回顾洛必达法则并应用两次，证明 $\lim\limits_{\alpha\to 0}f(\alpha)=\lim\limits_{\alpha\to 0}\dfrac{\alpha\sin\alpha}{1-\cos\alpha}=2$。既然 $f\left(\dfrac{\pi}{2}\right)=\dfrac{\pi}{2}$，从问题 33 的结论可以得到在 $0<\alpha\leqslant\dfrac{\pi}{2}$ 区间上，$\dfrac{\pi}{2}\leqslant f(\alpha)<2$。

问题 35　结合问题 32 和问题 34 提供的知识，得出 $\dfrac{W_\alpha x_0}{y_0}$ 在 $0<\alpha\leqslant\dfrac{\pi}{2}$ 上没有最大值，但取 $G_0=w\left[(R^2-r^2)-\dfrac{1}{3r}(R^3-r^3)\right]$ 有意义。也能得出 $\dfrac{W_\alpha x_1}{y_1}$ 在 $0<\alpha\leqslant\dfrac{\pi}{2}$ 区间的最小值为 $G_1=w\left[\dfrac{\pi}{4}(R^2-r^2)-\dfrac{1}{3R}(R^3-r^3)\right]$.

问题 36　考虑 $R=5$，$r=4$（单位：英尺），$w=$ 每立方英尺 150 磅时的情形。验证将其代入问题 35 的方程后，得到值 $G_0=150\left(9-\dfrac{61}{12}\right)\approx 588$ 磅，$G_1=150\left(\dfrac{9\pi}{4}-\dfrac{61}{15}\right)\approx$ 450 磅。在这种情况下，水平力 H 如何满足 $G_0\leqslant H\leqslant G_1$？

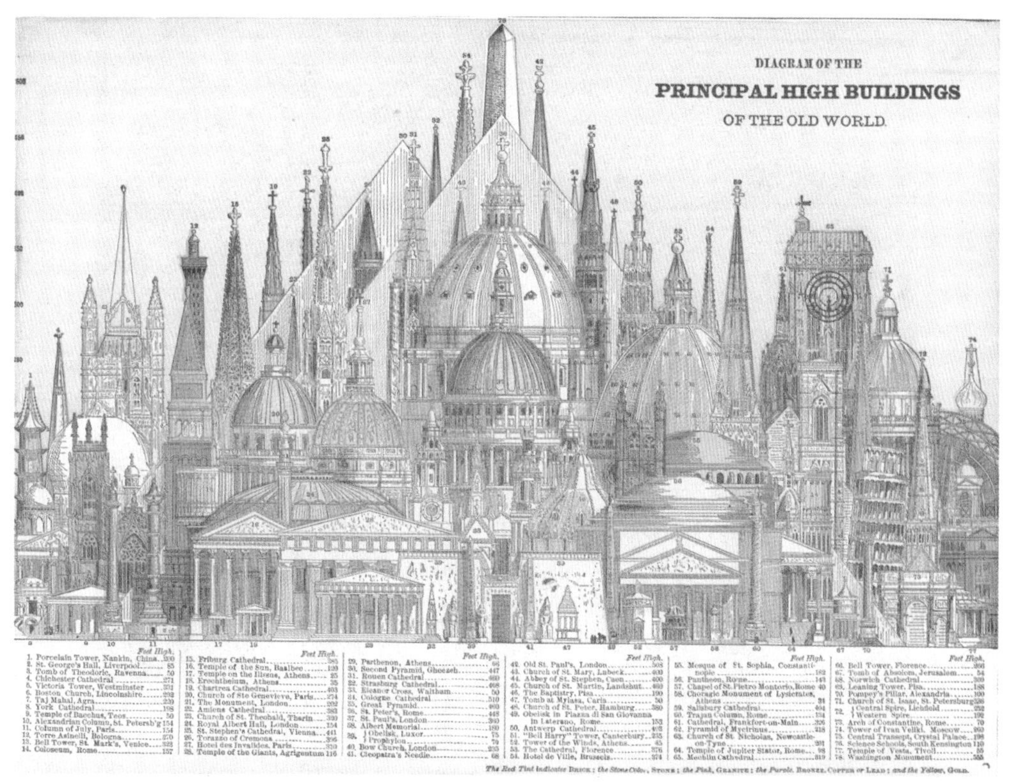

彩图 1　George F. Gram，《绝佳家用世界地图册》平板彩印，1884 年，芝加哥（注意，页面底部对彩图的解释并不准确）

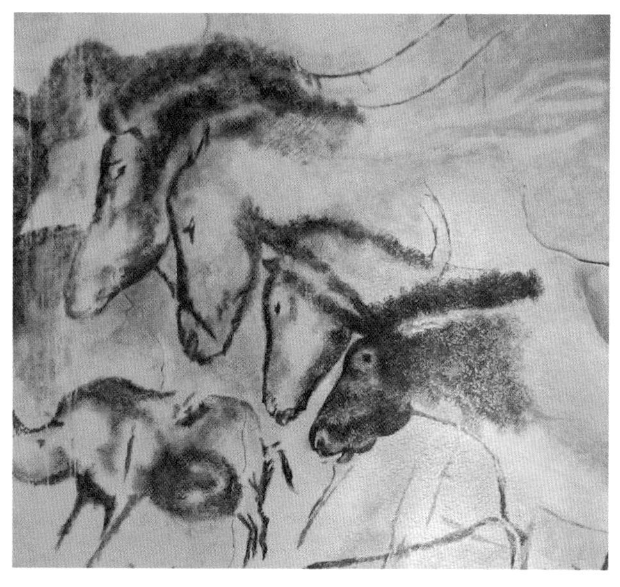

彩图 2　法国南部肖维岩洞洞壁上的史前绘画。HTO 摄

彩图 3　卢克索神庙的柱厅，卡尔纳克，埃及。由 Louis Haghe 印刷，1842~1849，选自 David Roberts 的绘画，1838~1839

彩图 4　雅典卫城，ccarlstead 摄

彩图 5　罗马万神殿内部，黄庭萱摄

彩图 6　13 世纪圣索菲亚大教堂中耶稣的马赛克画。PavleMarjanovic/Shutterstock，版权归 Shutterstock 所有

彩图 7　圣索菲亚大教堂，付元鑫摄

彩图 8　成排的双拱勾画出科尔多瓦大清真寺广阔的祷告厅，Timor Espallargas 摄

彩图 9　科尔多瓦大清真寺米哈拉布的三叶拱券和马蹄形拱券

彩图 10　塞维利亚内的吉拉达塔，GrahamColmTalk 摄

彩图 11　德国施派尔的罗马式教堂，Karl Hoffmann 摄

彩图 12　法国韦兹莱的圣玛德莱纳大教堂及其中殿、隔间、十字拱顶、高侧窗和半圆形后殿，Vassil 摄

彩图 13　沙特尔的圣母院（从南面看）

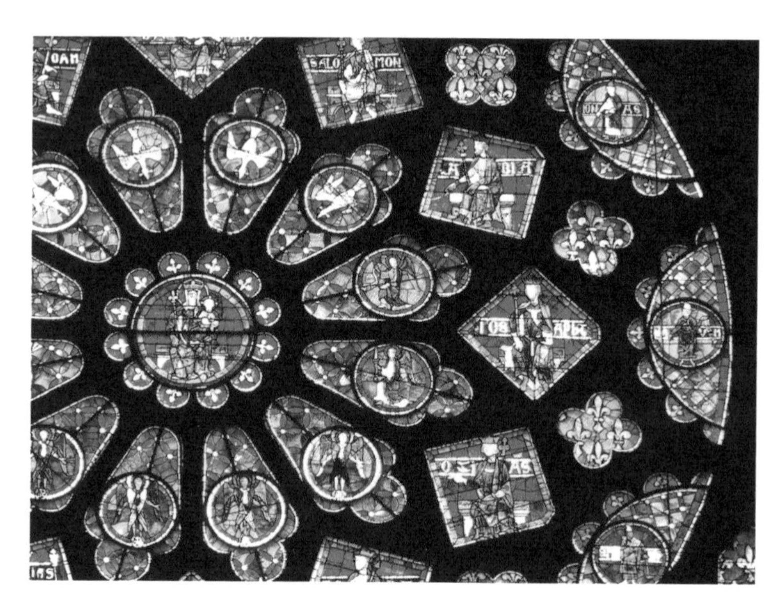

彩图 14　沙特尔的圣母院北侧的玫瑰花窗细部。花窗的直径为 10.5 米。MOSSOT 摄

彩图 15　本图体现了几何学的重要性。维也纳《圣经》的扉页插图，Vindobonensis 抄本 2554（法语，约 1250 年），奥地利国家图书馆，维也纳。普林斯顿大学图书馆，马昆德艺术考古藏书室

彩图 16　威尼斯圣马可大教堂的正面及穹顶，Andreas Volkmer 摄

彩图 17　阿罕布拉宫中的几何图案。最左边和右上，Jebulon 摄。中上，Jebulon 摄，版权归 GFD and Creative Commons Attribution 所有。右下，R. S. Tan 摄。中下，Dharvey 摄，版权归 GFD and Creative Commons Attribution 所有

彩图 18　圣母百花大教堂及其穹顶和它在19 世纪的大理石外部，Benjamin Sattin 摄

彩图 19　拉斐尔的《雅典学派》，1508~1511，梵蒂冈

彩图 20　乔万尼·保罗·潘尼尼，《圣彼得大教堂内部》，1731 年，圣路易斯艺术博物馆

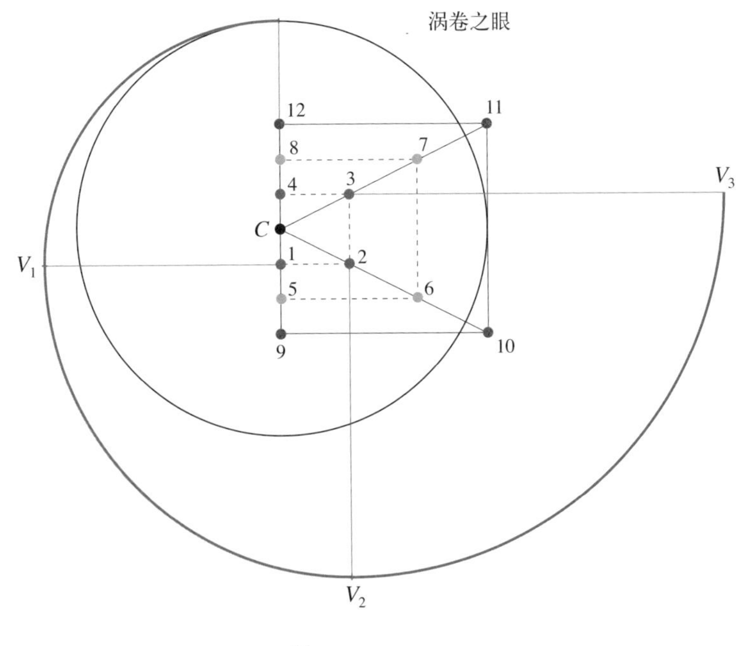

彩图 21　戈尔德曼的爱奥尼亚式涡卷构造法（从眼部开始）

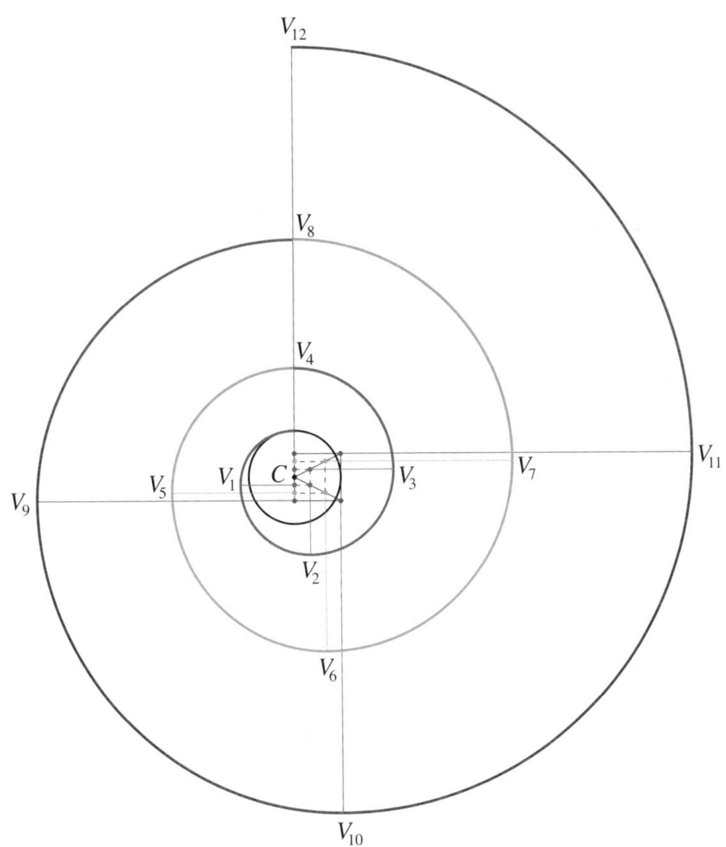

彩图 22　戈尔德曼的爱奥尼亚式涡卷构造法（以螺旋线作结）

彩图 23　悉尼歌剧院建筑群的壳和墩座，Matthew Field 摄